先进电化学能源存储与转化技术丛书

张久俊　李箐　丛书主编

直接液体燃料电池

Direct Liquid Fuel Cells

冯立纲　等 编著

化学工业出版社

·北京·

内容简介

《直接液体燃料电池》是"先进电化学能源存储与转化技术丛书"分册之一。本书根据直接液体燃料电池的特点、组成、结构，从燃料电池的关键材料和技术出发，重点介绍当今直接液体燃料电池在电极材料、离子交换膜、膜电极及电池集成技术方面的进展，并对其他具有潜在应用价值的液体燃料电催化给予关注。书中对直接液体燃料电池关键电极材料的制备与应用、电池组装与测试技术均有详细介绍，具有很重要的学术参考价值，借鉴本书内容可以快速展开相关的基础与应用研究，并能深入了解当前能源电化学技术在本领域的研究进展。

本书适合从事电化学、电催化、能源、材料及燃料电池技术等学科领域的科研工作者以及相关专业的研究生和高年级本科生参考学习。

图书在版编目（CIP）数据

直接液体燃料电池 / 冯立纲等编著． —北京：化学工业出版社，2024.5

（先进电化学能源存储与转化技术丛书）

ISBN 978-7-122-45214-6

Ⅰ．①直… Ⅱ．①冯… Ⅲ．①液体燃料-燃料电池-研究 Ⅳ．①TM911.4

中国国家版本馆 CIP 数据核字（2024）第 053044 号

责任编辑：成荣霞　　　　　　　　文字编辑：向　东
责任校对：王鹏飞　　　　　　　　装帧设计：王晓宇

出版发行：化学工业出版社
　　　　　（北京市东城区青年湖南街 13 号　邮政编码 100011）
印　　装：北京盛通数码印刷有限公司
710mm×1000mm　1/16　印张 23½　字数 401 千字
2024 年 8 月北京第 1 版第 1 次印刷

购书咨询：010-64518888　　　　　售后服务：010-64518899
网　　址：http://www.cip.com.cn
凡购买本书，如有缺损质量问题，本社销售中心负责调换。

定　　价：188.00 元　　　　　　　版权所有　违者必究

当前，用于能源存储和转换的清洁能源技术是人类社会可持续发展的重要举措，将成为克服化石燃料消耗所带来的全球变暖/环境污染的关键举措。在清洁能源技术中，高效可持续的电化学技术被认为是可行、可靠、环保的选择。二次（或可充放电）电池、燃料电池、超级电容器、水和二氧化碳的电解等电化学能源技术现已得到迅速发展，并应用于许多重要领域，诸如交通运输动力电源、固定式和便携式能源存储和转换等。随着各种新应用领域对这些电化学能量装置能量密度和功率密度的需求不断增加，进一步研发以克服其在应用和商业化中的高成本和低耐用性等挑战显得十分必要。在此背景下，"先进电化学能源存储与转化技术丛书"（以下简称"丛书"）中所涵盖的清洁能源存储和转换的电化学能源科学技术及其所有应用领域将对这些技术的进一步研发起到促进作用。

"丛书"全面介绍了电化学能量转换和存储的基本原理和技术及其最新发展，还包括了从全面的科学理解到组件工程的深入讨论；涉及了各个方面，诸如电化学理论、电化学工艺、材料、组件、组装、制造、失效机理、技术挑战和改善策略等。"丛书"由业内科学家和工程师撰写，他们具有出色的学术水平和强大的专业知识，在科技领域处于领先地位，是该领域的佼佼者。

"丛书"对各种电化学能量转换和存储技术都有深入的解读，使其具有独特性，可望成为相关领域的科学家、工程师以及高等学校相关专业研究生及本科生必不可少的阅读材料。为了帮助读者理解本学科的科学技术，还在"丛书"中插入了一些重要的、具有代表性的图形、表格、照片、参考文件及数据。希望通过阅读该"丛书"，读者可以轻松找到有关电化学技术的基础知识和应用的最新信息。

"丛书"中每个分册都是相对独立的，希望这种结构可以帮助读者快速找到感兴趣的主题，而不必阅读整套"丛书"。由此，不可避免地存在一些交叉重叠，反映了这个动态领域中研究与开发的相互联系。

我们谨代表"丛书"的所有主编和作者，感谢所有家庭成员的理解、大力支持和鼓励；还要感谢顾问委员会成员的大力帮助和支持；更要感谢化学工业出版社相关工作人员在组织和出版该"丛书"中所做的巨大努力。

如果本书中存在任何不当之处，我们将非常感谢读者提出的建设性意见，以期予以纠正和进一步改进。

张久俊

[中国工程院　院士（外籍）；

上海大学/福州大学　教授；

加拿大皇家科学院/工程院/工程研究院　院士；

国际电化学学会/英国皇家化学会　会士]

李　箐

（华中科技大学材料科学与工程学院　教授）

可持续发展是当今社会的主旋律，"碳达峰"和"碳中和"的"双碳"目标对实现文明社会的可持续发展至关重要。因此，开发可再生能源，建立清洁高效的新能源体系，是人类社会面临的共同挑战。燃料电池技术是直接将化学燃料的化学能通过电化学技术转换成电能的一种清洁能源转换技术，如果实现燃料的可持续与循环供给，则燃料电池技术将会带给能源领域深刻的变革。

直接液体燃料电池属于聚合物电解质膜燃料电池，是直接以富氢的液体小分子物质作为燃料，在电催化剂的作用下，将燃料的化学能转变为电能。与氢氧燃料电池技术相比，其功率密度较低，但具有较高的能量密度，结构适中，燃料容器尺寸小，可立即增压以及易于存储和运输等优点；迄今为止，已经成功地以商业规模生产了由甲醇和乙醇制成的直接液体燃料电池。尽管它们已经有了一定的影响，受制于一些关键材料与技术，其大规模的商业化应用仍然面临巨大挑战。为此，研究者们花费了大量的精力去推动直接液体燃料电池技术的发展。直接液体燃料电池的关键材料主要包括电催化剂与聚合物电解质膜。鉴于近年来取得的一系列进展，本书将围绕直接液体燃料电池的特点、组成、结构从燃料电池的关键材料和技术出发，重点介绍当今直接液体燃料电池在电极材料、离子交换膜、膜电极及电池集成技术的进展，并对其他具有潜在应用价值的液体燃料电催化给予关注。本书的内容与素材主要来自专业研究人员的研究报道与研究经验。鉴于术业有专攻，本书将直接液体燃料电池的内容分为阳极催化剂、阴极催化剂、质子交换膜、膜电极技术、电池集成及应用、碱性燃料电池技术与其他相关液体燃料电催化技术。

本书由扬州大学冯立纲教授负责组织并对内容进行审核。全书以第1章绪论开篇，由扬州大学冯立纲教授概述了直接液体燃料电池的相关概念、关键材料与电池结构、电池的性能评价，为以后章节的分类介绍进行铺垫。第2章介绍了阳极电催化剂的相关内容,由华南理工大学崔志明教授和余素云博士撰写,涵盖了小分子燃料电催化的机理、催化剂的设计及制备、表征技术及性能评价、催化性能的深层次理解等。第 3 章讲述了阴极催化剂的相关内容,由山东大学张进涛教授、舒欣欣和陈思博士撰写,包括阴极侧氧还原反应的原理与催化剂测量技术、催化剂性能评价、催化剂的设计及制备、催化剂理论模拟及催化机理和催化剂的发展现状等。第 4 章是关于质子交换膜的相关内容,由武汉理工大学唐浩林教授和王朝博士负责,主要讲述了质子交换膜材料的分类与表征方法,并阐述了全氟磺酸质子交换膜的特点、性质、应用及新型全氟磺酸质子交换膜的发展趋势等。膜电极作为电池的核心发电部件在第 5 章进行了详细介绍,由经验丰富的中国科学院大连化学物理研究所王素力研究员负责撰写,其主要内容包括膜电极的概念、表征及制备技术和相关制备工艺对性能的影响等。第 6 章直接液体燃料电池技术,由中国地质大学(武汉)的蔡卫卫教授负责,重点介绍了燃料电池的进料方式、关键技术、燃料电池的数学模型及数值模拟和电池集成技术。近年来,碱性直接液体燃料电池越来越多地受到人们的关注,第 7 章侧重于在碱性条件运行的液体燃料电池技术,由北京航空航天大学卢善富教授和张劲博士负责撰写,其内容包括碱性直接液体燃料电池的概念、原理、催化剂、阴离子交换膜等。除了比较常见的直接醇类燃料电池,其他一些富氢液体小分子燃料也得到了研究者的关注,因此,第 8 章由深圳大学的宋中心和邓晓辉博士、符显珠教授负责,介绍了一些潜在液体小分子燃料,比如二甲醚、硼氢化物、氨、肼、尿素等,并对其电催化氧化特点、电极材料进行了阐述。

　　本书的相关章节均来自该领域的知名教授或一线科研人员,他们根据自己的研究经验与知识结构,尽量做到将该领域的基本知识与研究进展呈现给读者,力求做到内容覆盖较全面又突出重点。本书深入浅出,不仅具有专业性较强的知识体系探讨,也具有研究进展的科普知识介绍,可以供大中专院校的学生及专业研究领域的研究人员阅读参考。

　　本书的撰写得到了一些朋友的帮助和支持,然而由于时间问题和学识水平有限,难免出现一些不足,敬请读者批评指正。

编著者

第 2 章
阳极催化剂

第 3 章
阴极催化剂　　　　　　　　　　　　　108

第 4 章
燃料电池质子交换膜材料

179

第 5 章
膜电极　　　　　　　　　　　　　　　　　215

第 6 章
直接液体燃料电池技术 **253**

第 7 章
碱性直接液体燃料电池 **289**

第 8 章
其他液体燃料电催化氧化

329

第 1 章

绪 论

1.1
直接液体燃料电池概述

1.1.1 直接液体燃料电池概况

能源是人类社会经济发展和科技进步的重要物质基础。随着历史的发展与进步，人们对能源的利用方式也进行了多次变革。从第一次工业革命的蒸汽机发展到现在的内燃机、大型动力电源等，进一步证明了能源体系的每一次变革都可以加速经济社会的进步和发展[1]。随着国家经济水平的不断增长，能源作为现代社会的重要物质基础和动力，已与人们的日常生活、国防建设、航空航天等领域息息相关。化石燃料为传统能源的不可再生资源，煤和石油等的大量使用所产生的废水、废气、废渣等对人类赖以生存的自然环境造成了严重的污染和破坏，比如酸雨、温室效应、臭氧层破坏等。随着能源危机和环境的恶化，开发高效节能、清洁和可持续发展的新能源动力技术，达到有效地减少化石燃料在目前能源体系中的分量，已成为当今社会解决能源问题的必然选择[2]。镍氢、镍镉二次电池存在能量密度低、循环寿命短等问题，已逐步被可循环充放电的锂离子电池取而代之。但是锂离子电池在实际应用中也存在一定的问题，比如充放电管理设备的复杂结构、高昂的维修成本、充电所耗费的大量时间以及需要外界电源的供给等，限制了其在大型野外设备或者移动通信终端等领域的应用[3]。

目前，燃料电池（fuel cell）作为一种将燃料的化学能转变为电能和热能的能源装置，具有较高的能量转换效率、环境友好型、燃料广泛等优点，被誉为21世纪能源之星，使其在现代化能源系统的突破和创新中占据着举足轻重的位置。质子交换膜燃料电池（PEMFC）较于其他类型的燃料电池，能量转换效率高、低温启动、几乎不排放含氮或硫的有害物质以及运行过程中无电解质泄漏等特点，被认为是后石油时代最为重要的能源替代技术之一。但是以氢气为燃料的质子交换膜电池，其氢气高度易燃，并且氢气的储存和运输中存在较大的安全隐患问题[4,5]。然而，通过利用富含氢的有机小分子取代氢气作为燃料用于离子交换膜燃料电池，可以有效解决以氢气为燃料存在的问题，从而衍生出了直接以甲醇、甲酸、乙醇等为燃料的液体燃料电池。

直接液体燃料电池是阳极直接采用富含氢的液体小分子物质作为燃料的一类

燃料电池，其工作与以氢气为燃料的质子交换膜燃料电池类似；液体小分子燃料在阳极催化剂的催化作用下产生电子与质子及相应氧化产物，质子通过质子交换膜到达阴极，而电子通过含负载的外电路到达阴极与质子和氧气结合生成产物水[6,7]。此类燃料电池直接以液体为燃料，无需燃料重整就可将化学能转化为电能，在移动和便携电源中具有广阔的应用前景。随着研究的深入发展，可以作为燃料的有机小分子液体的种类逐渐增多（甲酸、二甲醚、肼、硼氢化钠和氨硼烷等），进而衍生出了多种类型的直接液体燃料电池（DLFC）[8,9]。这些有机小分子来源比较丰富，能量密度高，价格相对低廉，储存和运输过程中存在的安全隐患也相对较小，并且便于携带，具有广阔的发展前景。目前直接醇类燃料电池的研究在基础和应用层面已经陆续取得了一些重要的进展，并且推进了相关技术的商业化应用；而其他液体燃料电池目前的研究主要处于基础研究阶段。因此，我们主要以直接醇类燃料电池作为主线，对此类燃料电池的关键材料与技术及最新的研究进展进行介绍。

直接甲醇燃料电池（DMFC）作为最早研发的直接液体燃料电池，它始于二十世纪六七十年代，由英国的 Shell 和法国的 Exxon-Alsthom 公司进行了以酸或碱为电解质的研究。但是在强酸或者碱性电解液中，由于电极板的腐蚀、电池结构复杂以及内部水分的处理难度大等一系列问题，该项研究被终止[10,11]。鉴于氢氧燃料电池的氢源问题以及全氟磺酸膜（Nafion®）的成功商业化应用，20世纪 90 年代后，DMFC 的研究与开发又重新引起了美国、日本、中国、加拿大、欧共体等诸多国家和机构的高度关注，目前已有部分产品投放市场，并迈入了商业化的初始阶段，其中美国的洛斯阿拉莫斯国家实验室（Los Alamos National Laboratory，LANL）和美国的加利福尼亚工学院喷气推进实验室（Jet Propulsion Laboratory，JPL）、德国的 Siemens 公司和 SFC 能源公司（SFC Energy AG）、加拿大的 Ballard 公司、英国的纽卡斯尔大学、中国科学院大连化学物理研究所及长春应用化学研究所等对 DMFC 的相关电极材料、关键技术及应用集成作出了很大的贡献。2001 年 5 月，美国陆军研究室（ARL）组织了由 22 个单位参加的技术合作联盟，重点开发单兵作战武器电源的 DMFC。2002 年 8 月，MTI Micro Fuel Cells 公司展示了空气自呼吸式（air-breathing）用于 PDA、手机电源的 DMFC 样机[12]。2003 年 2 月，美国总统布什试用该样机进行了长时间通话[13]。在 DMFC 作为笔记本电脑电源的研制方面，日本 NEC 公司于 2003年 9 月披露了总重约 900g、燃料容量为 300mL 的样机，连续工作 5h，最大输出功率达 24W，输出电压为 12V。此外，2003 年 8 月，德国 Smart Fuel Cell（SFC）公司推出了世界上第一个面向终端用户的 DMFC 独立系统 SFC A25，使用 2.5L 甲醇燃料可在全功率下工作 70~80h。

日本的诺基亚公司利用直接甲醇燃料电池取代常规的可充电锂离子电池作为动力电源，成功试制的蓝牙耳机交予其公司员工进行试用，它的待机时间是锂离子电池的3～4倍[14]。当电量耗尽时，通过直接填充甲醇进行充电，且样式已不再受耳机形状的影响。德国的SFC能源公司作为固定式和便携式发电领域混合解决方案的领导者，迄今已销售共计超过40000组EFOY燃料电池，并且该电池发电机可随时供应电力，其蓄电能力是太阳能系统的3～10倍。德国Siemens公司也成功研制出了可在110℃高温下工作，且功率密度已达100mV·cm^{-2}的燃料电池。SAIT公司在"Small Fuel Cells 2007"会议上，展示了正在研制的可以直接给手机充电用的燃料电池，并在会议上进行了手机的充电演示，外置充电器的容积为150mL（15cm×8cm×1.5cm），重约180g，燃料舱容积为15mL，可以加入100%的甲醇使用，输出功率和电能容量较高；同时，还介绍了试制的主动式DMFC的笔记本电脑充电器，该充电器配备的燃料盒容积为156.5mL，重约823.9g，输出功率为20W，一个燃料盒的电能容量高达160W·h[15]。以液体为进料的DMFC作为便携可移动式电源与传统电源相比，具有很多优势以及广阔的商业前景，随着人们加大投入研究与开发，DMFC实现产业化的进程正在加快。

国内DMFC的研究始于20世纪90年代初，目前有20余个单位先后开展了DMFC研究工作，并取得了长足进展，但总体水平与国外先进水平相比仍有一定差距。2007年5月，中国科学院长春应用化学研究所与大连化学物理研究所、南京师范大学获得国家"863计划"课题"直接甲醇燃料电池技术"的支持。经过3年攻关，课题组研究改进了催化剂的制备方法，优化了电极及膜电极组（MEA）制备工艺，研究了不同流场及电池结构对电池性能的影响，突破了催化剂制备及性能、电极及膜电极集合体制备工艺、电池结构改进等技术关键，其批量制备出多种催化剂，部分催化剂的电催化性能优于商品化产品。同时批量制备出了高性能的膜电极组，组装了小型自呼吸式和中型主动式直接甲醇燃料电池样机，进行了电动自行车、手机及笔记本电脑电源的演示应用。由中国科学院大连化学物理研究所醇类燃料电池及复合电能源研究中心承担的"甲醇燃料电池系列"项目，于2014年研制出了一系列直接甲醇燃料电池样机，如DMFC-25-R-12型、DMFC-50-U型和DMFC-200-U型，2016年2月经鉴定检验合格，2017年12月14日通过鉴定审查。直接甲醇燃料电池电源系统工艺技术、检测技术、低温环境适应性、设计模型优化、可靠性技术等通过技术鉴定。项目全面完成了技术平台建设，形成了25～500W直接甲醇燃料电池的研制能力，满足直接甲醇燃料电池系列产品的研发和批量生产要求。该项目研制的直接甲醇燃料电池系列产品是我国首套通过定型鉴定的燃料电池产品，可广泛用于车载、通信等便携移动电源。2019年，中国科学院大连化学物理研究所醇类燃料电池及复合电能源研究中心研制的直接甲醇燃料电池驱动天津飞眼公司的垂直起降无人机在天津滨海无人机试验场成功试飞，并通过了大功率变载、冲击振动、低温等可靠性验证。与锂离子电池相比，直接甲醇燃料电池续航时间延长3倍以上，满足了无人机市场对复杂场地起飞和长续航时间的需要。本次试飞属国内首次将直接甲醇燃料电池用于驱动无人机，为直接甲醇燃料电池技术在无人机领域的实际应用奠定了重要基础。"十二五"国家"863计划"主题项目"先进燃料电池发电技术"针对现有直接甲醇燃料电池长时发电系统和千瓦级燃料电池与太阳能电池互补的供能系统这两种燃料电池发电技术在成本、效率和寿命方面的应用瓶颈，研制了质子交换膜、纳米电催化剂等关键材料及核心部件膜电极[16,17]。膜电极在80℃时峰值功率密度达到 $262mW \cdot cm^{-2}$；开展了直接甲醇燃料电池电堆及系统集成技术研究，组装了额定输出功率为5W、10W、20W、100W、150W及500W等系列样机，能量转化效率达到26.3%，累计运行2600h，衰减率8.9%。为建立我国自主的燃料电池产业及在能源、交通等重要领域的社会经济发展提供了良好的保障[18,19]。

1.1.2 直接液体燃料电池工作原理

直接液体燃料电池的工作原理如图1-1所示，液体燃料（醇类、甲酸、二甲醚、肼、硼氢化钠和氨硼烷等）可以直接供给到电池的阳极，当燃料在阳极发生电催化氧化反应时，主要产物是液体水和 CO_2 气体，同时释放出电子和质子，质子通过电解质膜传递到阴极，同时电子通过外部电路传递到阴极。在阴极，空气或者氧气等氧化剂被注入到阴极发生还原反应，同时，质子和电子与氧发生化

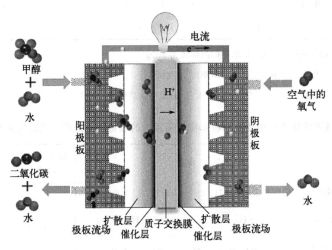

图1-1 直接液体燃料电池的工作原理

学反应生成水[20,21]。

根据所使用液体燃料的种类，多种不同类型的直接液体燃料电池已经被提出。①醇类：甲醇、乙醇、乙二醇、丙醇等是最常用的液体燃料；②非醇类：甲酸、二甲醚、肼、氨硼烷和硼氢化钠等。表1-1列出了目前直接液体燃料电池的常用液体燃料的种类、化学式和密度。表1-2列出了目前直接液体燃料电池在电池阴极和阳极发生的氧化还原反应以及相关的理论电压和能量密度。

表 1-1　直接液体燃料电池的常用液体燃料

液体燃料	化学式	密度/$g \cdot mL^{-1}$
硼氢化钠	$NaBH_4(aq)$	1.07[①]
二甲醇缩甲醛	$(CH_3O)_2CH_2(l)$	0.86
二甲醚	$(CH_3)_2O(g)$	0.002[②]
乙醇	$C_2H_5OH(l)$	0.79
乙二醇	$C_2H_6O_2(l)$	1.11
甲酸	$HCOOH(l)$	1.22
肼	$N_2H_4(l)$	1.00
甲醇	$CH_3OH(l)$	0.79
丙二醇甲醚	$CH_3OCH(OH)CH_3(l)$	0.92
1-丙醇	$CH_3CH_2CH_2OH(l)$	0.81
2-丙醇	$CH_3CH(OH)CH_3(l)$	0.79
原碳酸四甲酯	$(CH_3O)_4C(l)$	1.02
原甲酸三甲酯	$(CH_3O)_3CH(l)$	0.89
三聚甲醛	$C_3H_6O_3(s)$	1.17[③]

① 25℃时，硼氢化钠固体在1L水中的溶解度为550g。

② 25℃时，二甲醚气体在1L水中的溶解度为3280g。

③ 65℃时的密度；25℃时，三聚甲醛固体在1L水中的溶解度为211g。

表 1-2　不同直接液体燃料电池在阴极和阳极所发生的氧化还原反应以及理论电压、能量密度

液体燃料		反应	标准理论电压$(E^\ominus)$/V	能量密度/$W \cdot h \cdot L^{-1}$
甲醇	阳极	$CH_3OH + H_2O \longrightarrow CO_2 + 6H^+ + 6e^-$	1.21	4820
	阴极	$6H^+ + 6e^- + \frac{3}{2}O_2 \longrightarrow 3H_2O$		
	总反应	$CH_3OH + \frac{3}{2}O_2 \longrightarrow CO_2 + 2H_2O$		

液体燃料		反应	标准理论电压 $(E^\ominus)/V$	能量密度 $/W \cdot h \cdot L^{-1}$
乙醇	阳极	$C_2H_5OH+3H_2O \longrightarrow 2CO_2+12H^++12e^-$	1.145	6280
	阴极	$12H^++12e^-+3O_2 \longrightarrow 6H_2O$		
	总反应	$C_2H_5OH+3O_2 \longrightarrow 2CO_2+3H_2O$		
丙醇	阳极	$C_3H_7OH+5H_2O \longrightarrow 3CO_2+18H^++18e^-$	1.122	7080
	阴极	$18H^++18e^-+\frac{9}{2}O_2 \longrightarrow 9H_2O$		
	总反应	$C_3H_7OH+\frac{9}{2}O_2 \longrightarrow 3CO_2+4H_2O$		
乙二醇	阳极	$C_2H_6O_2+2H_2O \longrightarrow 2CO_2+10H^++10e^-$	1.220	5800
	阴极	$10H^++10e^-+\frac{5}{2}O_2 \longrightarrow 5H_2O$		
	总反应	$C_2H_6O_2+\frac{5}{2}O_2 \longrightarrow 2CO_2+3H_2O$		
丙三醇	阳极	$C_3H_8O_3+3H_2O \longrightarrow 3CO_2+14H^++14e^-$	1.210	6400
	阴极	$14H^++14e^-+\frac{7}{2}O_2 \longrightarrow 7H_2O$		
	总反应	$C_3H_8O_3+\frac{7}{2}O_2 \longrightarrow 3CO_2+4H_2O$		
甲酸	阳极	$HCOOH \longrightarrow CO_2+2H^++2e^-$	1.480	1750
	阴极	$2H^++2e^-+\frac{1}{2}O_2 \longrightarrow H_2O$		
	总反应	$HCOOH+\frac{1}{2}O_2 \longrightarrow CO_2+H_2O$		
二甲醚	阳极	$(CH_3)_2O+3H_2O \longrightarrow 2CO_2+12H^++12e^-$	1.198	5610
	阴极	$12H^++12e^-+3O_2 \longrightarrow 6H_2O$		
	总反应	$(CH_3)_2O+3O_2 \longrightarrow 2CO_2+3H_2O$		
肼 (联氨)	阳极	$N_2H_4 \longrightarrow N_2+4H^++4e^-$	1.615	5400
	阴极	$4H^++4e^-+O_2 \longrightarrow 2H_2O$		
	总反应	$N_2H_4+O_2 \longrightarrow N_2+2H_2O$		
氨硼烷	阳极	$BH_2^-+6OH^- \longrightarrow BO_2^-+4H_2O+6e^-$	1.620	6100
	阴极	$3H_2O+6e^-+\frac{3}{2}O_2 \longrightarrow 6OH^-$		
	总反应	$BH_2^-+\frac{3}{2}O_2 \longrightarrow BO_2^-+H_2O$		
硼氢化钠	阳极	$BH_4^-+8OH^- \longrightarrow BO_2^-+6H_2O+8e^-$	1.64	9295
	阴极	$4H_2O+8e^-+2O_2 \longrightarrow 8OH^-$		
	总反应	$BH_4^-+2O_2 \longrightarrow BO_2^-+2H_2O$		

1.2
直接液体燃料电池基本结构

一个直接液体燃料电池电堆主要由一系列单电池和端板组成，其中单电池的核心部件包括膜电极（MEA）、双极板和密封圈；膜电极包括质子交换膜、催化剂层和气体扩散层（图 1-2）。

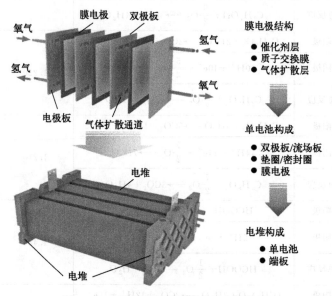

图 1-2 直接液体燃料电池的基本结构图

1.2.1 膜电极

膜电极组（membrane electrode assembly，MEA，简称膜电极）是直接液体燃料电池发生电化学反应的场所，是传递电子和质子的介质，为反应物、产物的进出提供传质通道[22,23]。膜电极是燃料电池的核心部件，其性能的优劣直接决定了整个燃料电池工作的性能。膜电极组主要由阴极电极、阳极电极和质子交换膜组成；可以分为 5 部分，即中间的质子交换膜、两侧的阳极催化层和阴极催化层、最外侧的阳极气体扩散层和阴极气体扩散层[24]。膜电极技术经历了三代发展，大体上可以分为热压法、CCM（catalyst coating membrane）法和有序化膜电极三种类型[25]。目前主要采用第二代 CCM 三合一膜电极技术，有序化膜电极是当下工艺发展趋势。采用有序化膜电极能兼顾超薄电极和结构控制，拥有巨大的单位体积的反应活性面积及孔隙结构相互贯通的新奇特性，可以达到高效三相传输、高催化剂利用率、高耐久性，是下一代膜电极制备技术的主攻方向。

质子交换膜是燃料电池的关键材料，其作用是将阴极电极和阳极电极隔开，并保证质子在电池工作时顺利通过电解质膜，但阻止电子、氢分子、水分子等通过[26,27]。一般要求具有以下几个特性：①高选择性的离子电导率；②在化学反应条件下，具有高的稳定性；③热稳定性好；④良好的力学性能；⑤反应气体的透气率低、水的电渗系数小；⑥可加工性好、价格适当。目前主要采用全氟磺酸型膜，复合膜、高温膜、碱性膜是未来发展方向。国内的武汉理工新能源公司、山东东岳集团、上海神力科技、大连新源动力和三爱富都有均质电解质膜的生产能力，武汉理工的产品还出口国外；在复合膜方面，武汉理工已向国内外数家研究单位提供了测试样品；中国科学院大连化学物理研究所、上海交通大学也在质子交换膜的研究领域有所突破。

催化剂层是电化学反应的场所，也是质子和电子、反应气体和水的传输通道，其结构对燃料电池的性能有很大的影响。催化剂层由聚合物电解质如 Nafion、催化剂和聚四氟乙烯（PTFE）溶液组成，其中催化剂实现电催化反应和传导电子，而聚合物电解质则负责质子传导，二者共同形成复杂的网状多孔结构，可以实现反应物和产物的传输[28,29]。理想的催化剂层应该既有足够大的三维活性反应区，又要有足够小的质子和电子传导阻力以及反应物与产物传输阻力，这样才会增加催化剂的利用效率，提高燃料电池的性能。目前，催化剂层的优化主要集中在两个方面，一是根据不同催化剂的特性进行催化剂层制备工艺的优化，二是基于微孔结构理论对催化剂层的结构进行改善，以提供更多的利于传输质子和电子及反应物和产物的通道[30]。然而，催化剂层中催化剂的成本仍是当前燃料电池商业化进程中的主要阻碍之一，超低铂或无铂基催化剂成了未来研究重点。

气体扩散层作为质子交换膜燃料电池的重要组成部分，在燃料电池中起到支撑催化剂层、收集电流、传导气体和排出反应产物的重要作用[31,32]。扩散层基底材料的性能将直接影响燃料电池的性能——气体扩散层必须具备良好的机械强度、合适的孔结构、良好的导电性、高稳定性。通常气体扩散层由支撑层和微孔层组成，支撑层材料大多是憎水处理过的多孔碳纸或碳布；微孔层通常是由导电炭黑和憎水剂构成，作用是降低催化剂层和支撑层之间的接触电阻，使反应气体和产物水在流场和催化剂层之间实现均匀再分配，有利于增加导电性，提高电极性能[33,34]。性能优异的扩散层基材应满足以下要求：①低电阻率；②高孔隙度和一定范围内的孔径分布；③一定的机械强度；④良好的化学稳定性和导热性能；⑤较高的性价比。理想的扩散层需要具备以下三个特点：良好的透气性，良好的排水性和良好的导电性。扩散层是多相流多组分共存的区域，微观结构十分复杂，目前还没有有效的研究手段来考察其内部进行的各种传递过程。从扩散层的制备工艺角度看，其结构还处于一种无序状态，即只是通过对扩散层成分的简单调整，来制备性质不同的扩散层，没能从根本上解决扩散层的最佳设计问题。设计一种有序化的扩散层结构，改善物质无序传递效率低的缺点，降低整个电极的活化极化、欧姆极化和浓差极化，从而提高电池的整体性能是扩散层研究和发展的一个重要方向；并进一步从微观角度认识气体扩散层中的水、气传输机理，对扩散层进行理论模拟，优化各种参数，可以为实验开展提供理论依据。

1.2.2 双极板

为了提高质子交换膜燃料电池的功率，通常将两个或两个以上的单电池通过直叠的方式或平铺的方式连在一起组成电池组，或称作电池堆。这种电池组通常通过前端板、后端板及拉杆紧固在一起成为一体[35]。在电池组中，位于两质子交换膜之间的极板的两面都设有导流槽，称为双极板。双极板的其中一面作为一个膜电极的阳极导流面，另一面则作为另一个相邻膜电极的阴极导流面。燃料电池双极板是电堆中的"骨架"，与膜电极层叠装配成电堆，在燃料电池中具有分配气体、导电、导热、排水等重要作用[36,37]。从功能上要求双极板材料是电与热的良导体，具有一定的强度以及气体致密性等；稳定性方面要求双极板在燃料电池的酸或碱性、氧化电位、湿热环境下具有耐腐蚀性且对燃料电池其他部件与材料的相容无污染性；产品化方面要求双极板材料要易于加工、成本低廉。目前，采用的双极板主要有金属双极板、石墨双极板和复合双极板（表1-3）。石墨基双极板在燃料电池的环境中具有非常好的化学稳定性，同时具有很高的导电率和长的耐久性，是目前燃料电池研究和应用中最为广泛的材料，但是有较重、脆性、加工昂贵等缺点[38,39]。复合材料的耐腐蚀性好、质量轻、易成型，但目前生产的复合双极板的成本高、加工周期长、长期工作可靠性较差，因此没有大范围推广。复合材料双极板如石墨/树脂复合材料、碳/碳复合材料等，逐渐开始推广应用，是双极板材料发展的趋势之一。

目前双极板中使用最多的是金属材料，其具有导热导电性强、价格低廉、加工性能好、工艺制法多样、机械强度高等优点，但其易受腐蚀和金属离子污染、质重、密度大、表面易形成氧化物薄膜[40]。由于钝化膜的电导率低，使得金属双极板材料的电阻率升高，导致燃料电池的输出功率降低。如何实现金属材料的导电性和耐腐蚀性的合理匹配，在保证合理导电性的前提下，实现双极板的高耐腐蚀性，保障整个体系的服役寿命延长，是金属双极板广泛应用的关键。金属双极板的技术难点在于成型技术和表面处理技术。目前，金属基体材料中研究最多的有不锈钢、钛合金以及铝合金三种。不锈钢具有价格低、力学性能优异等优点，是基体材料中的首选。钛合金和铝合金的耐腐蚀性好，可以用于特殊用途的质子交换膜燃料电池的双极板材料。在金属材料表面镀涂层可以提高双极板在燃料电池环境下的耐腐蚀性和电导率，但这种方法增加了双极板制造成本和工艺的复杂性[41]。如何在保证良好导电性和耐腐蚀性的前提下降低成本和工艺的复杂性，寻找出一种适合基体的涂层材料来改善金属双极板耐腐蚀性和导电性，保障整个电池体系的服役寿命，是质子交换膜燃料电池下一步需要解决的问题。

表 1-3　多种不同类型双极板的优点和缺点

材料	优点	缺点
金属	导电性高 较高的机械强度	易腐蚀、密度大、接触电阻高
修饰的金属	导电性高、机械强度高	不均匀膨胀、密度大
石墨双极板	导电性高 耐腐蚀	机械强度小、氢气渗透率高 流场加工
碳/碳复合材料	中等的导电性 耐腐蚀	处理时间长、生产温度高 多孔性、成本效率低
碳/聚合物复合材料	中等的导电性 耐腐蚀、机械强度好	处理时间长

1.2.3　端板

在一个质子交换膜燃料电池单电池的构造中，只存在一个膜电极和两块导流极板，两块导流极板分设在膜电极两边，一个作为阳极燃料的导流极板，另一个作为阴极氧化剂的导流极板[42,43]。这两块导流极板既作为电流集流板，也是膜电极两边的机械支撑，称为端板。对于一个电池堆（组），前后两块导流极板也称为端板。导流极板上的导流槽既是燃料或氧化剂进入阳极或阴极表面的通道，也是将电池运行过程中生成的水带走的出水通道。端板配合紧固件的封装会对膜电极的表面接触压力分布产生重要影响，合理的端板结构才能保证载荷尽可能均匀合理地传递到内部接触面上，需要具备足够的机械强度、刚度以及能够保证内部接触压力均匀分布，以及质量轻、体积小、易于加工的特点。从制造角度看，端板一般采用金属板，比如不锈钢板、钛板等；端板增加端板强度、刚度只需增加其厚度便可实现，但同时端板的质量及体积会增加，造成电堆笨重、材料浪费，不宜于大多数实际应用[44]。

1.2.4　流场

流场的设计直接影响到电池内部反应物的分布和传输、水管理、燃料利用率，最终影响电池的输出性能，是质子交换膜燃料电池重要的研究方向之一[45]。流场设计的第一要点就是均匀性，因为不均匀的流场分布会引起催化剂层反应物的分布不均，导致部分活化区域反应不充分，使得局部电流密度偏低，进而直接影响电池的性能[46,47]。质子交换膜燃料电池流场的形式有很多种，主要类型有点阵流场、平行流场、蛇形流场、交指型流场和 Z 型流场及其他组合设计[48]。各种设计均有各自的特点和不足，均对电池性能有很大的影响。点阵流场、Z 型流场、交指型流场与蛇形流场均能提供更加高且稳定的性能。如何在流场设计中提取和提升各形式流场的有益特性，使燃料电池最终取得最佳性能是当前一个重要的研究方向。

1.2.5　密封性

直接燃料电池的密封除要具备防止水蒸气泄漏的低透湿性、低透气性外，还要能够在运行环境中具有耐酸、耐湿、耐热性及耐液体燃料的特性。另外，从密封胶中溶出的离子越少越好，因为溶出的离子会破坏质子交换膜的质子导电性，导致用于催化反应的催化剂失活，从而降低燃料电池的性能[49]。根据材料的形式，密封垫圈可以分为固态和液态垫圈。固态垫圈是基于垫圈自身受压反弹的特点而密封，同时较厚的垫圈具有更好的隔音性和抗震性，其缺点是垫圈和被粘接表面之间不易密合，但能方便地去除或更换。液态密封胶因其具有流动性，可以流入到非常复杂的表面结构中，在一些复杂不规则的界面有着好的密封性，不容易产生泄漏[50,51]。

1.2.6　辅助设备

直接液体燃料电池系统除了燃料电池堆本身，还需要集成一些辅助设备才能作为发电装置。这些辅助设备主要用来管理气体/液体燃料的供给，以及电池运行产生的水热管理，用以调节燃料电池电源系统直流输出、调压、稳压、过载保护等电源管理[52,53]。直接液体燃料电池的运行条件诸如燃料电池的物理状态（温度、湿度、封装压力）、运行温度、液体燃料的浓度及流量、电气负载及外界环境等因素都会影响燃料电池的工作状态和使用寿命，需要一个整合系统进行管理[54]。对于主动式燃料电池系统，这些辅助设备涉及电磁阀、泵、风扇、温度或浓度传感器等[55]。对于被动式燃料电池，微加工技术是目前最重要的制造技术。这要求微型化相关设备，涉及微型泵、微型阀、微型扇、微型 DC 转换器、微型传感器等微型部件的集成，需要很高的加工技术要求。

1.3
直接液体燃料电池的分类

根据燃料的供给方式，直接液体燃料电池可以分为主动式和被动式两类[56]。主动式又可分为一般主动式和主动呼吸空气式。一般主动式指醇类、甲酸等液体燃料由泵供给，氧气是由气瓶等装置在一定的压力下供给的；主动呼吸空气式主要是指液体燃料由泵供给，以扩散的形式吸收空气中的氧气。被动式也指被动呼吸式，其阴阳两极都以扩散形式吸收液体燃料和氧气。由于主动式和被动式的进料方式不同，其所适用的领域也不同。

主动式直接液体燃料电池的功率密度相对较高，但是作为一个完整的电池系统，通常需要额外的辅助设备[13,57]。该辅助设备主要是在电池运行过程中向阳极、阴极持续性供料的同时，把反应生成的产物排走，因此整个电池系统的体积和质量相对较大，不利于其向小型化、轻型化转变。此外，由于需要外部辅助设备，需要额外消耗能量，从而造成较多能量的损失，降低了电池实际输出功率[58]。因此，主动式直接液体燃料电池主要适用于较大功率（百瓦至千瓦级）的大型电源场合，如车用电源等。经过科学家们的不懈努力，对其小型化或中型化的研究已取得一定的突破。

与主动式燃料电池不同，被动式直接液体燃料电池不需要额外的辅助设备，其阳极具有一定体积的燃料腔，液体燃料主要依靠重力、毛细现象等作用，从燃料腔由扩散层传输至催化剂层；阴极则一般采用自呼吸式结构，直接利用常压下空气中氧气的浓度梯度差，通过对流和自主扩散到达阴极[59,60]。由于电池的燃料和氧气供给不充分，导致整个电池系统的性能相对偏低。其优势在于无需额外的辅助设备，从很大程度上简化了电池系统，更有利于该类型的电池向小型化、轻型化转变，同时维护也更加容易。因此，被动式直接液体燃料电池更适用于便携式设备的动力源，比如笔记本电脑、手机等。

（1）酸性和碱性燃料电池　直接液体燃料电池根据电解质膜及电解质中离子转移的电荷性质的不同可以分为酸性和碱性燃料电池（表 1-4）。酸性燃料电池使用质子交换膜作为电解质，其中 Nafion 膜是最常用的质子膜；碱性燃料电池的电解质采用氢氧化钾、阴离子交换膜作为固体电解质[61,62]。作为直接液体燃料电池的一种，直接甲醇燃料电池在酸性和碱性条件下的性能均已被研究。在碱性溶液中运行时，直接液体燃料电池被称为碱性直接液体燃料电池（DLFC），额外的碱性溶液如氢氧化钾，可能会导致阴极变为碱性环境[63,64]。酸性燃料电池功率密度高，可低温启动，唯一的缺点是需要贵金属催化剂。然而，碱性燃料电池可以解决昂贵的贵金属催化剂的困扰，因为它可以使用便宜的催化剂，比如镍基催化剂等，可以大大降低催化剂的成本[65]。此外，液体燃料在碱性燃料电池中，电解质离子从阴极向阳极的反向移动降低了酸性燃料电池所承受的渗透阻力。大多数用于直接液体燃料电池的液体燃料是由碳原子组成（除了肼和硼氢化钠），所以碱性燃料电池面临的问题是燃料在氧化生成二氧化碳时，并伴随着有碳酸盐副产物的生成[66,67]。碳酸盐的生成使阴离子交换膜的电导率降低，最终导致整个燃料电池效率的降低。截至目前，酸性燃料电池仍被认为是直接液体燃料电池较好的选择，因为它具有较高的功率密度；如果燃料在氧化过程中生成碳酸盐的问题可以解决，则非常有利于碱性燃料电池的研究和应用。

表 1-4　酸性和碱性直接液体燃料电池的优缺点

电池类型	典型的电解质	优点	缺点
酸性	质子交换膜	功率密度高 启动速度快 离子电导率高 对污染物不敏感	燃料渗透率高 需要高价的贵金属
碱性	氢氧化钾 阴离子交换膜	可利用低价的非贵金属 燃料渗透率低 氧还原反应效率更高	生成碳酸盐 对污染物比较敏感 容易被二氧化碳污染 离子电导率低

（2）直接甲醇燃料电池（DMFC）　甲醇是结构最为简单的饱和一元醇，可以通过水煤气或者天然气大量制备，是一种重要的化工原料和液体燃料。与气态氢相比，甲醇存储和使用更方便、更安全，它是一种极有前途的燃料电池燃料。这些优势使直接甲醇燃料电池在移动电站中的作用更为突出，尤其在小功率的便携式移动电子设备（比如手机、笔记本电脑等）中。与石油产品和其他有机燃料相比，甲醇的比能量约为 $6kW \cdot h \cdot kg^{-1}$，略低于石油的比能量（$10kW \cdot h \cdot kg^{-1}$），但是甲醇有较高的电化学活性致使它成为令人满意的液体燃料[68,69]。

直接甲醇燃料电池的氧化还原反应主要发生在阴极和阳极，甲醇在催化剂的催化作用下发生氧化生成 CO_2，释放出氢离子，产生电子。氢离子经由质子交换膜传导进入阴极。在阴极上，氧气与氢离子发生反应，氧气被还原。阳极产生的电子，经由外路负载进入阴极，形成回路。

具体的电极反应方程和在平衡电极电位下的热动力学参数如下所示[70,71]：

阳极：$\qquad CH_3OH + H_2O \longrightarrow CO_2 + 6H^+ + 6e^- \qquad E^\ominus = 0.02V$ $\qquad$ (1-1)

阴极：$\qquad \dfrac{3}{2}O_2 + 6H^+ + 6e^- \longrightarrow 3H_2O \qquad\qquad E^\ominus = 1.23V$ $\qquad$ (1-2)

总反应：$\qquad CH_3OH + \dfrac{3}{2}O_2 \longrightarrow CO_2 + 2H_2O \qquad E^\ominus = 1.21V$ $\qquad$ (1-3)

总反应的热动力学反应焓变（ΔH）或者热能（Q）为：

$$\Delta H = -726 kJ \cdot mol^{-1} = 1.25 eV$$

吉布斯自由能变（ΔG）或者最大功（W_e）如下：

$$\Delta G = -702 kJ \cdot mol^{-1} = 1.21 eV$$

由阳极的电化学氧化方程可知，氧化反应的机理相对比较复杂，在 6 个电子转移过程中，会伴随有许多稳定或者不稳定的副产物，并且有的副产物对电催化剂有一定的毒化作用，进而严重降低电催化剂的活性；同时，各种极化损失都会减小 DMFC 的实际输出电压。目前 DMFC 使用的质子交换膜对甲醇的透过率较高，会导致液体燃料的浪费和缩短燃料电池的使用寿命。

甲醇溶液发生氧化反应或者到达阴极的过程中可能会产生以下问题：①大量的液体甲醇会穿过质子交换膜，造成燃料的严重浪费；②阴极催化剂大多为铂基催化剂，除了电极上发生氧气的还原反应外，通过质子交换膜的甲醇也会同时进行氧化反应，因此产生"混合电位"，进而严重影响燃料电池的输出电压与功率；③阳极上甲醇的不完全氧化生成的一氧化碳会吸附在催化剂的表面占据铂表面的活性位点，阻止甲醇在铂表面的氧化，从而使得催化剂"中毒"。因此在直接甲醇燃料电池开发过程中，上述三个问题是科学研究的重点和难点。

如果 DMFC 的电解液为碱性，则阳极氧化反应为[72]：

$$CH_3OH + 6OH^- \longrightarrow CO_2 + 5H_2O + 6e^-$$ $\qquad$ (1-4)

同时，阴极氧的还原生成了 OH^-，

$$\dfrac{3}{2}O_2 + 3H_2O + 6e^- \longrightarrow 6OH^-$$ $\qquad$ (1-5)

阳极氧化反应生成的二氧化碳，会进一步与碱性电解液形成碳酸盐，因此限制了 DMFC 在商业化碱性燃料电池的应用前景。然而，阴离子质子交换膜的出现，重新燃起了碱性 DMFC 的希望；在碱性条件下直接阳极氧化会减小电压损失并且可以利用低成本催化剂，这些特点有利于 DMFC 的商业化发展。

（3）直接乙醇燃料电池（DEFC） 乙醇在化学性质上与甲醇相似，但是乙醇的毒性相对较低，从生态学的观点来看，乙醇是独一无二的燃料[73]。乙醇可以通过多种农业生物发酵制得，也可以由二氧化碳和太阳能的光合作用形成，利用乙醇作为能量载体，本质上是利用太阳能的一种有效途径。世界各国也陆续地开展此类相关工作的研究和应用[74]。巴西已经开始从生物质中大规模生产和使

用乙醇，相应的基础设施已经建成，分布在加油站作为替代石油的内燃机汽车燃料，大部分的汽车运输也已逐步开始采用乙醇代替汽油作为燃料。在欧洲，乙醇被认为是一种理想的燃料添加剂，因乙醇的比能量约（$8kW \cdot h \cdot kg^{-1}$）与汽油（$10kW \cdot h \cdot kg^{-1}$）相当接近。乙醇的这些优势，增强了乙醇在直接液体燃料电池中的应用。

总的反应方程式和相关热动力学参数如下：

阳极：　　$C_2H_5OH + 3H_2O \longrightarrow 2CO_2 + 12H^+ + 12e^-$　　$E^\ominus = 0.084V$　　(1-6)

阴极：　　$3O_2 + 12H^+ + 12e^- \longrightarrow 6H_2O$　　　　　　　$E^\ominus = 1.229V$　　(1-7)

总反应：　$C_2H_5OH + 3O_2 \longrightarrow 2CO_2 + 3H_2O$　　　　　　$E^\ominus = 1.145V$　　(1-8)

总反应的热动力学反应焓变（ΔH）或者热能（Q）为：

$$\Delta H = -1367kJ \cdot mol^{-1}$$

吉布斯自由能变（ΔG）或者最大功（W_e）如下：

$$\Delta G = -1325kJ \cdot mol^{-1}$$

由于乙醇中含有较强的 C—C 键，致使乙醇的完全反应比较困难，氧化反应效率降低。研究发现，虽然高温可以提高氧化反应速率和乙醇的完全反应程度，但是聚合物电解质膜在高温下会发生脱水现象导致电池性能恶化，因此，相关技术仍然需要进一步探索突破[75]。由于乙醇分子比甲醇大，所以乙醇在通过质子交换膜时的渗透率比甲醇低，相对降低了其在阴极的对消作用。乙醇较低的电化学活性，使它的氧化反应过程相对缓慢，导致了 DEFC 的输出功率密度约为 DMFC 的 1/7；同时，乙醇电氧化的副产物如醋酸、甲醛等会使 DEFC 的性能降低。因为醋酸在电氧化过程中不能被进一步氧化，所以醋酸的移除，为 DEFC 电池系统增加了难度。

早期的 DEFC 使用的是碱性电解液（KOH 溶液），此时，氢氧根离子也是电活性物质，阳极电极反应如下：

$$C_2H_5OH + 12OH^- \longrightarrow 2CO_2 + 9H_2O + 12e^- \quad E^\ominus = -0.743V \quad (1-9)$$

同时，阴极氧的还原生成了 OH^-：

$$3O_2 + 6H_2O + 12e^- \longrightarrow 12OH^- \quad E^\ominus = 0.40V \quad (1-10)$$

与碱性 DMFC 一样存在二氧化碳的污染问题。利用 OH^- 导电膜取代 KOH 溶液是重要的研究方向。

（4）直接乙二醇燃料电池（DEGFC）　乙二醇是一种带有两个羟基的醇类有机小分子，是汽车工业的防冻剂和聚对苯二甲酸乙二醇酯的原料，该产品具有完善的供应链，年生产能力超过 700 万吨[76,77]。乙二醇的许多特点使其在用于燃料电池时优于甲醇，具体如下：

① 沸点高（198℃，甲醇 64.7℃），比较低的蒸气压；

② 比容量高 （4.8A·h·mL^{-1}，甲醇 4.0A·h·mL^{-1}）；

③ 为汽车工业建设了基础设施；

④ 每个碳原子上连接一个羟基，因此比乙醇等更容易氧化。

直接乙二醇燃料电池的工作原理与之前的直接醇类燃料电池一样[78]。在酸性溶液中，燃料在阳极的氧化反应如下：

$$(CH_2OH)_2 + 2H_2O \longrightarrow 2CO_2 + 10H^+ + 10e^- \tag{1-11}$$

如果乙二醇可以完全氧化成二氧化碳，一个燃料分子可以获得 10 个电子。但是即使是催化性能最好的阳极催化剂，也不可能实现完全氧化，其主要的瓶颈和乙醇一样需要额外的能量断裂 C—C 键。大多数 DEGFC 是基于 PEM 电解质，其质子从阳极传递到阴极。在常温和电压低于 0.9V 时，乙二醇分解为不可进一步氧化的草酸；液体燃料随水渗透产生混合电位也是 DEGFC 存在的一个问题。

在碱性溶液中，阳极的氧化反应如下[79]：

$$(CH_2OH)_2 + 10OH^- \longrightarrow 2CO_2 + 8H_2O + 10e^- \quad E^\ominus = -0.81V \tag{1-12}$$

和其他碱性燃料电池一样，阳极产生二氧化碳，直接影响电解液的 pH 值。如果液态电解液被换成了阴离子交换膜，在降低 pH 的前提下，稳定性成了一个问题。因此，需要进一步研制阴离子交换膜来满足此类电池的应用。

（5）直接甲酸燃料电池（DFAFC） 甲酸（HCOOH）分子中只含有一个碳原子，是最简单的羧酸，其理论能量 （1.6kW·h·kg^{-1}）比其他类型的燃料相对较低。甲酸氧化的平衡电极电位比其他有机燃料更负 （-0.171V）[80,81]。甲酸作为燃料，唯一的产物是二氧化碳和水，从本质上说，它是不可能形成中间产物。在水溶液中，甲酸会电离为 HCOO$^-$，因此可以作为质子交换膜燃料电池的燃料[82,83]。

甲酸作为一种较好的甲醇替代液体燃料，直接甲酸燃料电池具有如下优点[84,85]：

① 与甲醇相比，甲酸无毒，已被美国食品和药物管理局许可作为食品添加剂使用。

② 甲酸不易燃烧，使其在存储和运输过程中的安全隐患较小。

③ 与甲醇相比，甲酸的电化学氧化性能好，当用作液体燃料时，通过吉布斯自由能计算的燃料电池在标准状态下的理论开路电压为 1.45V，明显高于直接甲醇燃料电池。

④ 甲酸的能量密度较低，不及甲醇的 1/3。经研究证明，甲酸作为燃料电池的工作浓度范围较大 （3～10mol·L^{-1} 最佳），同时在较高浓度下 （20mol·L^{-1}），性能依然良好。然而，甲醇的最佳工作浓度只有 2mol·L^{-1}。

⑤ 甲酸具有较低的冰点，所以 DFAFC 的耐低温性能明显优于 DMFC。

⑥ 甲酸亦可作为一种电解质，可以电离出 $HCOO^-$，远远降低了甲酸在电解质膜中的渗透，同时有助于增加阳极溶液的质子电导率。

⑦ 甲酸电化学氧化的主要产物为二氧化碳和水，不易使催化剂中毒。

目前国内外对甲酸液体燃料电池的研究逐渐增多，相关文章主要报道的是用一些 Pd 基或 Pt 基催化剂作为甲酸氧化的主要催化剂。当以甲酸溶液为液体燃料时，小功率的 DFAFC 器件很容易制得，很可能率先迈入商业化行列，且今后的发展前景更为广阔。

不同于直接醇类燃料电池，直接甲酸燃料电池可以通过两种途径对甲酸进行电化学氧化。其中，第一种途径是甲酸首先催化分解为二氧化碳和氢气，然后氢气分子氧化失去两个电子[86,87]：

$$HCOOH \longrightarrow CO_2 + H_2 \text{ 和 } H_2 \longrightarrow 2H^+ + 2e^- \tag{1-13}$$

第二种途径是 CO 途径，与甲醇的类似

$$HCOOH \longrightarrow M—CO_{ads} + H_2O \tag{1-14}$$

$$H_2O \longrightarrow M—OH_{ads} + H^+ + e^- \tag{1-15}$$

$$M—CO_{ads} + M—OH_{ads} \longrightarrow CO_2 + H^+ + e^- \tag{1-16}$$

电池内部总的反应方程为：

$$HCOOH + \frac{1}{2}O_2 \longrightarrow CO_2 + H_2O \tag{1-17}$$

甲酸通过第一种途径氧化，不会产生一氧化碳中间产物，因而不会毒化阳极催化剂。然而在直接甲酸燃料电池中，按照第一种途径电氧化甲酸，整个电池内部的反应如下[88,89]：

阳极： $\qquad HCOOH \longrightarrow CO_2 + 2H^+ + 2e^- \qquad E^\ominus = -0.25V \tag{1-18}$

阴极： $\qquad \frac{1}{2}O_2 + 2H^+ + 2e^- \longrightarrow H_2O \qquad E^\ominus = 1.23V \tag{1-19}$

总反应： $\qquad HCOOH + \frac{1}{2}O_2 \longrightarrow CO_2 + H_2O \qquad E^\ominus = 1.48V \tag{1-20}$

反应的标准吉布斯自由能变（$\Delta G_{298}^\ominus$）和反应的标准焓变（$\Delta H_{298}^\ominus$）为：

$$\Delta G_{298}^\ominus = -285.49 kJ \cdot mol^{-1}; \Delta H_{298}^\ominus = -270.14 kJ \cdot mol^{-1}$$

标准状态下，DFAFC 的理论能量转换效率为：

$$\eta = \Delta G_{298}^\ominus / \Delta H_{298}^\ominus = 1.06$$

（6）直接硼氢化物燃料电池（DBHFC） 硼氢化钠（$NaBH_4$）是一种氢含量（质量分数为 10.6%）较高的固态储氢材料，其储氢工艺简单易操作、氢气产生速率可控、水解反应的原料易获取，因此，它被认为是一种理想的储氢介质[90]。它是一种强还原剂，在固态或者浓度（质量分数）为 30% 的溶液状态下相对比较安全。由于硼氢化钠在强碱性溶液中，可以产生氢气，所以有时可以用作小型 PEMFC 的氢源。一般来说，DBHFC 采用含有（质量分数）10％～30％ $NaBH_4$ 和 10％～40％ NaOH 的混合溶液作为燃料，O_2/空气/H_2O_2 为氧化剂，在催化剂作用下发生氧化和还原反应，将 $NaBH_4$ 化学能在阳极催化剂作用下直接转化为电能[91]。

电池的工作原理和相应的热动力学参数为[92,93]：

阳极：$\quad BH_4^- + 8OH^- \longrightarrow BO_2^- + 6H_2O + 8e^- \quad E^\ominus = -1.25V \qquad (1-21)$

阴极：$\quad 2O_2 + 8e^- + 4H_2O \longrightarrow 8OH^- \qquad\qquad E^\ominus = 0.40V \qquad (1-22)$

总反应：$\quad BH_4^- + 2O_2 \longrightarrow BO_2^- + 2H_2O \qquad\qquad E^\ominus = 1.65V \qquad (1-23)$

反应的吉布斯自由能变（ΔG）和反应的焓变（ΔH）为：

$$\Delta G = -285.49 kJ \cdot mol^{-1}; \Delta H = -270.14 kJ \cdot mol^{-1}$$

从理论上讲，硼氢化钠氧化时会生成 8 个电子，说明它是一种含能量比较高的反应物（9.3kW·h·kg^{-1}）[94]。事实上，由于在同等的碱性溶液中，硼氢化物的电极电位大于氢电极电位，导致较少的电子用于产生电流。当硼氢化钠溶液进入燃料电池时，由于较高的电极电位，阴极析氢可能发生在阳极金属催化剂上，并伴随有硼氢化物的氧化反应。这类电负性金属的腐蚀在"局部元素"的作用下，促进了氢的析出。镍催化剂催化阳极反应时产生电流的电子的有效数量是 4[95]；在铂基催化剂中，这个数字更低。在黄金中，产生电流的电子数（6.9）较高。不同的金属化合物，包括一些含有稀土元素的化合物，也被认为是可替代贵金属的阳极催化剂。即使硼氢化物的有效电子数量较低，但它的能量含量仍然很高。假如有效电子数为 6 时，能量密度约 7kW·h·kg^{-1}。因此，这种物质相当有希望用于开发小型燃料电池作为便携式设备的电源。

（7）直接肼燃料电池（DHFC）　在众多液体燃料中，肼（联氨）的含氢量（质量分数）高达 12.5％，储氢能力高于硼氢化钠（10.6％）[96]。20 世纪 60 年代肼首次作为燃料用于碱性燃料电池，由于当时的质子交换膜燃料电池的技术不成熟，并且肼本身有一定的毒性和易挥发等原因，严重影响了直接肼燃料电池的发展，减慢了其商业化进程。随着质子交换膜燃料电池的发展和技术的不断完善，使肼在燃料电池中的应用又重燃了希望[97]。直接肼燃料电池具有较高的理论电动势（1.61V）和功率密度（5400W·h·L^{-1}），其氧化产物（氮气和水）是无碳无害的，电池的运行温度也高达 60℃[98]。直接肼燃料电池在碱性溶液中的电极反应如下：

阳极：$\quad N_2H_4 + 4OH^- \longrightarrow N_2 + 4H_2O + 4e^- \quad E^\ominus = 0.4V \qquad (1-24)$

阴极：$\quad O_2 + 4e^- + 2H_2O \longrightarrow 4OH^- \qquad\qquad E^\ominus = -1.2V \qquad (1-25)$

总反应：$\quad N_2H_4 + O_2 \longrightarrow N_2 + 2H_2O \qquad\qquad E^\ominus = 1.61V \qquad (1-26)$

随着直接肼燃料电池的发展，其电化学性能逐渐得到改善；采用阴离子交换膜可有效抑制肼在电池内部的渗透现象，并保证电池有足够的输出电流密度和输出功率；在电解质中加入适量的 OH^- 也可以有效阻止肼的渗透[99]。针对其催化剂的研究，主要工作仍是集中在贵金属如铂、钯、金和银等的研究，并取得一定的进展；通过不断深入研究，可以利用非贵金属代替贵金属作为燃料电池的催化剂，在此研究领域内成为热点[100,101]。同时，针对单一金属催化剂，二元或者三元金属催化剂的研究逐步受到关注，研究结果证明，其电化学催化活性优于单一金属，更多类型的催化剂目前仍在继续研发中。

1.4
直接液体燃料电池关键材料

1.4.1 催化剂

在直接液体燃料电池中，电催化是电极与电解质界面上的电荷转移反应得以加速的一种催化作用，电催化的反应速度主要由电催化剂的活性决定，并且还受双电层内场和电解质的影响[102,103]。电场强度较高的双电层内场可大幅降低反应所需的活化能，从而达到提高催化活性的目的。由于直接液体燃料电池采用的电解质具有酸或碱性，所以可用于直接液体燃料电池的电催化剂必须满足以下条件：

（1）电的良导体　如果催化剂本身的导电性较好，可降低催化剂载体的使用量；如果催化剂本身的导电性较差，则须负载在电的良导体上增加电极的导电性，比如活性炭等。

（2）催化稳定性　在燃料电池正常的工作电极电压范围内，并且有阳极液体燃料和阴极氧化剂同时存在的条件下，具有一定的耐酸或碱性电解质腐蚀的能力，具有可靠的催化稳定性和持久性。

（3）化学相容性　在电池的正常工作条件下，电催化剂与隔膜或者电解质均不能发生任何化学反应。

（4）电催化活性　催化剂降低电化学反应物的活化能而使化学反应更易进行，具有提高反应速率的能力。特定反应的催化活性与反应条件有关，如反应物的浓度、反应温度、电解质特性等，常用反应速率方程式中的反应速率常数、活化能、电子转移系数、电荷转移电阻等来表征催化剂的活性。

在直接液体燃料电池迈向商业化的过程中，降低成本和提高电池的使用寿命是目前需要解决的主要问题，而突破这两个障碍的关键在于提高催化剂的活性、利用率和稳定性[104]。因此开发具有高性能、低成本的电催化剂对直接液体燃料电池的商业化有着重大意义。目前研发的电催化剂分为阳极催化剂和阴极催化剂两类，而且阳极催化剂需要有一定的抗中间产物中毒能力。电催化剂主要可分为：贵金属类催化剂、非贵金属类催化剂和非金属催化剂。贵金属类催化剂又可分为单贵金属催化剂、贵金属基二元合金电催化剂和三元合金电催化剂，其中Pt、Pd 等贵金属及其合金是目前性能最佳、应用最普遍的电催化剂。贵金属基二元合金催化剂在保证催化剂活性不变或者提高的同时，可以有效降低贵金属的使用量。在二元贵金属合金的技术基础上，加入另外一种金属构成三元合金催化剂，如 Pt-Ru-M（M 代表 Fe、Co、Ni、Au、Cu、Ir 等）也得到了大量的研究和关注。虽然过渡金属的引入有效地降低了贵金属的含量和提高了催化剂的电化学性能，但是在燃料电池正常的工作环境中极易被氧化溶解，其稳定性需要进一步提高。

针对贵金属催化剂存在的价格问题等因素，开发非贵金属或非金属电催化剂一直以来都是科学家们研究的热点。此类催化剂主要作为阴极侧氧还原催化剂，其包括过渡金属氧化物[105]、过渡金属硫族化合物[106,107]、过渡金属氮族化合物[108]、过渡金属碳化物[109] 以及过渡金属碳氮化合物[110,111]。不同于贵金属基催化剂和非贵金属基催化剂，非金属催化剂（石墨、石墨烯、碳纳米管、活性炭等）可通过对表面电化学环境的修饰，引入杂原子（N、S、P 等）来调控材料的表面电子结构，从而达到提高电催化活性的目的[112,113]。非金属催化剂在碱性条件下的催化活性较好，但在酸性条件下却仍有很大的提升空间。目前，构筑高效、稳定的非金属催化剂是非金属氧还原催化剂发展的趋势。

1.4.2 载体

在燃料电池电催化剂中，载体对提高催化剂的催化活性有着重要的影响。载体不仅可以为催化剂提供良好的分散性、提高纳米材料的利用率、降低贵金属的使用量，并为催化反应提供了有利的电子传输通道，确保了催化过程的有序进行；载体能够影响纳米材料的电子构型从而影响催化剂的整体性能[114]。燃料电池的载体具有以下几个特点：

① 导电性能好，有利于电极反应过程中电子的传输；

② 比表面积大，可以减少贵金属的使用量并提高贵金属催化剂的分散性；

③ 化学稳定性和电化学稳定性：不与酸性或者碱性电解液、液体燃料等发生化学反应，在电池正常的工作温度和电压下，电池工作稳定；

④ 良好的结合性能：载体表面富含一定类型的功能化官能团，可使贵金属催化剂稳定地负载在载体上。

比较理想的催化剂载体主要是碳材料、导电聚合物和金属氧化物等，其中碳材料来源广泛、价格便宜、导电性好、耐腐蚀并且电化学稳定性好等，是目前应用最广的催化剂载体[115,116]。碳材料主要包括碳纳米管、石墨烯、炭黑、碳纳米纤维、有序多孔碳等。掺杂非金属元素也是一种非常有效的改性方式，引入非金属元素对载体进行掺杂，可改变载体的结构，影响金属晶格或电子转移及反应中间体的吸附行为。因此，探索适宜的非金属与载体的作用方式促进非金属元素的高效、稳定掺杂是提高催化剂性能的重要研究方向。导电聚合物是通过化学或电化学修饰后形成的具有共轭 π 键的聚合物，它的导电性可根据合成条件和反应物种类的选择进行调节，使它成为燃料电池催化剂载体的备选之一[117,118]。部分金属氧化物导电性良好，可以作为活性催化剂的负载，促进电催化性能；部分金属氧化物修饰的碳材料也可以用作催化剂载体，通过催化剂与载体之间的协同作用促进电催化性能。

1.4.3　固体电解质

固体电解质膜是直接液体燃料电池中最重要的部件之一，它主要是传导离子，同时将阳极的液体燃料与阴极的氧化剂隔离开[119,120]。在质子交换膜的组成中存在多种离子基团，只传导氢离子或氢氧根离子，其他离子或者液体等不允许透过隔膜传输至电池的另外一端，因此须满足燃料电池电解质的以下条件：

① 具有高度选择透过性：只允许传导氢离子，不传导电子等，可有效避免电池的短路；

② 电流效率高：在电池正常工作的电压和温度范围内，保证反应物和反应的中间产物在隔膜中有较低透过率；

③ 稳定性高：在电池正常工作的电压和温度范围内，电极材料在液体燃料和电解质中具有较高的稳定性，不与其发生反应，从而保证良好的电化学稳定性；

④ 电解质膜具有一定的黏弹性：满足电极与隔膜之间的黏结要求，最大程度地减小电极与隔膜间的电阻；

⑤ 具有良好的机械强度：为满足燃料电池的某些特殊应用，电解质膜需具有一定的拉伸强度。

目前用于直接液体燃料电池的质子交换膜仍以全氟磺酸膜（Nafion系列膜）为主。然而，Nafion膜在直接醇类燃料电池中的能量转化效率比较低，主要是因为阳极侧的醇类液体燃料经过电迁移和扩散至阴极侧，增加了阴极极化和液体燃料的消耗，最终导致阴极产生混合电位，致使电池的开路电压降低[121,122]。针对全氟磺酸膜存在的问题，经过全球科学家的探索，研究出多种不同类型的质子交换膜，甚至有一些在特殊条件下（100℃高温左右）仍可以稳定工作。新研究和开发的质子交换膜主要包括全氟磺酸树脂型膜、共混聚芳烃型质子交换膜、全氟磺酸树脂与无机物共混膜、磷酸掺杂的聚苯并咪唑膜、部分氟化的质子交换膜和非氟化的质子交换膜等[114,123]。通过对膜的组分优化和结构调整，可控性地减小质子膜的厚度、降低膜的成本和在电池工作过程中的降解、提高膜的质子电导率和电池的性能。通过改善液体燃料在隔膜中的渗透效率，使隔膜具有热学稳定性和电化学稳定性，达到进一步提高电池能量转化效率的目的。

1.4.3.1　全氟化质子交换膜

Nafion 膜通过缩合和共聚反应制得。首先，全氟磺酰氟烯醚单体由四氟乙烯与 SO_3 反应，通过加入 Na_2SO_3 发生缩合反应生成，通过该单体与四氟乙烯发生共聚反应制备全氟磺酰氟树脂，该树脂热塑成膜，通过水解，最终得到 Nafion 系列的质子交换膜[124,125]。目前商业化应用的全氟化质子交换膜主要有杜邦公司的 Nafion® 膜（包括 Nafion 117、Nafion 115、Nafion 112、Nafion 1135 和 Nafion 105）、美国 Dow 化学公司研制的 XUS-B204 膜。它们是一种固体聚合物电解质，具有较好的化学稳定性和热稳定性、超选择性、离子电导率高、机械强度高，同时，可以在强酸、强氧化剂等比较苛刻的条件下使用，并展现出较好的电化学催化活性和稳定性，但是该类膜的交换容量、工作温度等还有待进一步提高[126,127]。全氟磺酸质子交换膜是目前质子交换膜燃料电池的关键组件，虽然该膜价格昂贵，但是它的综合性能并没有新的电解质可以取代。

目前，国内多所大学在研究全氟离子交换树脂，比如清华大学和上海交通大学等。清华大学研究了全氟磺酸树脂 Nafion NR50 在不同溶剂中的溶解作用，研究结果发现，在其溶解过程中，NR50 催化醇发生异构化、醚化和脱水等，甲醇起到了促进 NR50 溶胀进而增加其溶解的作用。上海交通大学制备了磺酸全氟烯烃接枝聚苯乙烯离子交换树脂，该树脂具有良好的热稳定性和化学惰性，交换当量高、易于合成，可用于有机催化或者燃料电池质子交换膜等领域，相关工作已获得国家专利（CN1687166）[128]。在国外，除了杜邦公司，比利时的 Solvay 公司（E87-03、E87-05、E87-10、E79-03S、E79-05S 等型号）、美国的 Gore 公司（Gore-Select、Gore-Primea 膜）和 3M 公司（PFSA 膜）、日本的 Asahi Glass 公司（Flemion 膜）和 Asahi Kasei 公司（Acplex 膜）、燃料电池业的巨头 Ballard 公司、德国的 FuMA-Tech 公司等采用不同的合成方法、原料等制备了全氟磺酸树脂，然后成膜用于燃料电池。

1.4.3.2　部分氟化质子交换膜

虽然 Nafion 膜具有较高的电化学稳定性和离子导电性，但是它自身依然存在无法克服的缺点，比如吸水能力低导致质子传导能力下降、工作温度相对偏低、液体燃料渗透率高以及价格昂贵且含氟等[129]。针对全氟磺酸型质子交换膜价格昂贵、工作温度低等缺点，研究人员还开展了大量的部分氟化磺酸型质子交换膜的工作，比如聚三氟苯乙烯磺酸膜、Ballard 公司的 BAM3G 膜、聚四氟乙烯-六氟丙烯膜等部分氟化膜[130]。由于氟原子的存在，使聚合物在电化学氧化环境中具有抵抗电化学氧化的特性，这样有利于燃料电池在苛刻的氧化环境下保证质子交换膜具有良好的稳定性和使用寿命[131]。在质子交换过程中，根据不同的磺酸基引入方式，部分氟化磺酸型质子交换膜可以分为：①全氟主链聚合后，将带有磺酸基的单体接枝到主链上；②全氟主链聚合后，将单体接枝到侧链后磺化处理；③直接将磺化单体聚合。部分氟化质子交换膜相对应全氟化质子交换膜，其含氟量明显降低，同时会明显降低薄膜成本。但是此类膜质子传导率和甲醇的渗透率都不及 Nafion 膜。

1.4.3.3　非氟化质子交换膜

如果单纯从原有的全氟磺酸膜基础上进行改进，其存在的问题不能得到有效解决，其对环境的污染依然很大。因此，通过改进和开发新型非氟化质子交换膜是提高燃料电池电催化性能的一种有效途径。

（1）磺化聚苯并咪唑（SPBI）体系　聚苯并咪唑（PBI）是耐热型高分子材料，其主链含有梯形结构，它的咪唑环在分子间断裂可形成连续氢键，共聚物失去 H 后可继续形成氧化态和还原态。该类型的膜具有优良的抗氧化性能和热稳定性[132,133]。但是，PBI 主链中的共轭结构和刚性的基团使它的溶解性和加工性变差，一定程度上限制了 PBI 的应用。研究者做了大量的 PBI 改性工作，比如通过掺杂无机酸等方式提供质子，进一步增加膜的导电能力。掺杂后的 PBI 膜的高温性能变好，燃料渗透系数降低，质子的传递过程不携带水分子，简化了燃料电池的管理，因此，它很有可能成为高温直接甲醇燃料电池最佳候选电解质[134,135]。但是，掺杂的无机酸会随水分子排出，导致膜的质子传导率急剧降低。针对此问题，将碳纳米管、咪唑和 1-甲基咪唑掺入到磷酸平衡的 PBI 膜中，热力学稳定性会随咪唑含量的增加而增加，同时增强膜的吸水性和导电能力；通过 1,3-丙烷磺内酯与 PBI 反应制备的 PBI-PS，由于极性侧链丙基磺酸的存在，导致吸水率随润湿度增加而增加，而且在高温下有较好的吸水性能和较好的质子传导率[136]。

（2）磺化聚芳醚酮（SPEAK）体系　此类电解质膜根据所富含的官能团又可分为富醚型和富酮型，由于官能团的特殊性，导致它们的氧化稳定性随酮链段增长而增高。通过酸碱基的离子键或共价键形成的交联结构，可以有效地降低甲醇分子的渗透，同时提高其热稳定性，这一类的体系有 PEEK-SO₃H（磺化聚醚醚酮）与 PSU-NH₂（聚砜-正-砜二胺）、磺化 PSU 与 PSU-NH₂、磺化 PSU 与 P4VP（4-乙烯基吡啶）、PEEK-SO₃H 与 PBI、磺化 PSU 与 PBI、磺化 PSU 与 PEI（聚乙烯基亚胺）和 PEEK-SO₃H 与 PEI 等一系列带酸碱基的共聚物混合膜。将金属氧化物如 SiO₂、TiO₂、ZrO₂ 和磷钨酸等掺杂入聚醚酮（PEK）或者聚醚醚酮（PEEKK）中，甲醇的渗透率远小于 Nafion 117 膜[137,138]。但是，这类膜的溶胀度较高且随着相对湿度的降低，膜的吸水率下降幅度太大，从而导致膜的质子传导率大幅降低，这就限制了它的适用范围。

（3）磺化聚磷氮烯膜体系　聚磷氮烯或聚磷腈（POP）中含有相互交联的 —P＝N— 官能团，决定了其具有好的热稳定性；其交联结构降低了液体燃料的渗透率[139,140]。同时，由于 POP 磺化后含有 SO₃⁻ 可以结合氢离子，所以 POP 的导质子性能好，同时 POP 内部的交联结构也形成了与 Nafion 膜类似的胶束通道。经研究证明，磷酸化和磺酸化的 POP 膜的质子传导率增加，而且磷酸化和磺酸化的甲醇渗透系数均低于 Nafion 117 膜[141]。

（4）磺化聚砜（SPAES）体系　聚砜是一类热塑性聚合物材料，其结构中含有 —SO₂⁻ 官能团，具有良好的热力学性质和水解稳定性。聚砜具有抗酸、抗碱和耐电解质的腐蚀、抗氧化、抗表面活性剂等性质[142]。聚砜的酸性比 Nafion 弱，需要较高的离子化程度。通过与杂多酸等生成共聚物，使聚合物膜的质子传导率达到与 Nafion 膜相当的水平，同时杂多酸的流失较少、稳定性高。在聚砜上引入带磺酸基的直链烷烃，可同时提高热稳定性和质子传导率[143]。

（5）磺化聚酰亚胺体系　聚酰亚胺（PI）作为耐高温聚合物材料，具有很高的氧化稳定性以及较低的气体渗透性。磺化聚酰亚胺质子膜对外部温度变化不敏感、质子传导率与膜中水含量相关性弱、单体内部结构是聚合物链的离子部分和膜的微结构可能是层状[144]。通过实验模型证实，二苯型聚酰亚胺水解变脆，而萘型聚酰亚胺在水中则变化不大，通过水解平衡的调节，进一步抑制了水解反应。通过不同的磺化温度处理，二苯型聚酰亚胺的吸水率和膜内离子簇数目随磺化度的增加而增加。当磺化度为 63％时，质子传导率为 Nafion 117 膜的一半左右，但是甲醇的渗透率远远低于 Nafion 膜；由碱性更强的含柔性链二胺合成的磺化萘型聚酰亚胺，展现出更好的高温水稳定性[145,146]。

（6）其他聚合物体系　美国 DAIS 公司研发的磺化苯乙烯/乙烯-丁二烯/苯乙烯（SSEBS）聚合物膜，通过对膜磺化度的控制或在表面引入马来酸酐等，有效地提高了质子膜的质子传导率和甲醇渗透率，但甲醇渗透率依然比 Nafion 117 膜低一半左右；由含氧的脂肪烃聚合物与杂多酸掺杂形成的含氧脂肪烃聚合物膜，其力学性能、质子传导率和耐温性能等都得到大大改善[147]；通过含有吡咯结构单元的聚喹啉芳杂环高分子与无机酸配合兼顾吡咯酸性和喹啉碱性，展现出了良好的热稳定性、机械强度、耐水解性，是非常有潜在应用价值的导质子材料。

1.5
直接液体燃料电池性能评价

1.5.1 极化曲线

极化曲线是测试燃料电池最常用的方法之一，它显示出在给定的电流密度负载下燃料电池的电压输出能力[148]。极化曲线通常采用恒电位或者恒电流的方法进行测量。恒电位法就是将燃料电池的放电电压恒定在不同的数值上，然后测量对应于各电压下的电流。恒电流法就是控制燃料电池的放电电流密度依次恒定在不同的数值，同时测量相应的稳定电压值[149]。

极化曲线的测量应尽可能接近体系稳态，即研究体系的极化电流、电极电势、电极表面状态等基本上不随时间而改变。在实际测量中，常用的恒电位测量方法有以下两种。静态法：将电极电势恒定在某一数值，测定相应的稳定电流值，测量一系列电压下的稳定电流值，以获得完整的极化曲线。动态法：控制电位以较慢的速度连续地扫描，并测量对应电位下的瞬时电流值，以瞬时电流与对应的电压作图，获得整个极化曲线。为了测得稳态极化曲线，需要采用小扫描速度测定若干条极化曲线，当测至极化曲线不再有明显变化时，可确定此扫描速度下测得的极化曲线即为稳态极化曲线。与计算机联用，动态法可以控制扫描速度实现自动测绘，因而测量结果重现性好，特别适用于对比实验。

测量燃料电池可靠的极化曲线需要一个稳定的环境，在进行测试时，温度、压力、湿度和流量保持在所需的水平，如果条件波动，电流/电压会随着改变。除了保持测试环境的稳定，燃料电池本身可能需要一段时间达到稳定状态。根据燃料电池的设计和尺寸，在电流或电压改变后，燃料电池可能需要数分钟才能稳定下来[150,151]。图 1-3 为质子交换膜燃料电池的极化曲线。

燃料电池极化曲线上有三个不同的区域：

① 活化极化（activation polarization，AP）：在低功率密度下，燃料电池的电压下降；

② 欧姆极化（Ohmic polarization，OP）：在中等电流密度下，由于欧姆损

耗，燃料电池的电压随电流线性下降；

③ **浓差极化**（concentration polarization，CP）：在高电流密度下，由于更明显的浓差极化，燃料电池的电压降低偏离了与电流密度的线性关系。

电池电压下降主要由几种不可逆损耗机制造成的。电压的损失（V_{Loss}）是指燃料电池单元的电压（V_{Irrev}）和理论电压（V_{Rev}）的差异（$V_{Loss}=V_{Rev}-V_{Irrev}$）。开路电压的损失主要由活化极化、欧姆极化和浓差极化造成的[152]。因此电池的工作电压可以表示为这些极化引起的与理想电压的偏离。计算方法如下：$V_{Loss}=V_{Rev}-V_{AP\text{-}anode}-V_{AP\text{-}cathode}-V_{CP\text{-}anode}-V_{CP\text{-}cathode}-V_{OP}$，$V_{AP}$、$V_{OP}$、$V_{CP}$ 代表活化极化、欧姆极化和浓差极化。通过该公式可以看出，活化极化和浓差极化发生在阴极和阳极上，同时欧姆极化表示燃料电池的欧姆损耗[153]。

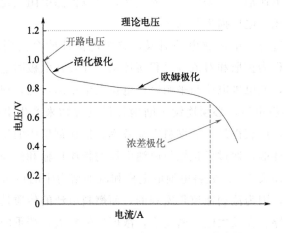

图 1-3　质子交换膜燃料电池的极化曲线

（1）活化极化　电压损失归因于极化过电位。

活化极化是克服催化剂表面电化学反应的活化能所需要的电压过电位，这种极化在低电流密度下占主导地位，并在给定的温度下测定催化剂的有效性[154]。这是一个复杂的三相界面问题，因为气态燃料、固态金属催化剂和电解质都必须接触。虽然催化剂降低了活化势垒的高度，但是由于反应速率缓慢，导致电压损失仍然存在。燃料电池的活化极化又可分为阳极活化极化和阴极活化极化，其中阳极活化极化意味着在阳极上进行电氧化反应难以释放电子，为促使其释放电子，就必须使阳极电位更正于平衡电位；而阴极活化极化意味着在阴极上进行的电还原反应难以吸收电子，为促使其吸收电子，就必须使阴极电位更负于平衡电位，因此电极极化的特征可以被认为是阴极电位比平衡电位更负（阴极极化）和阳极电位比平衡电位更正（阳极极化）[155]。

（2）欧姆极化　电压损失归因于电子转移。

当电池有电流通过，电流通过电解质溶液和电极表面时，导致了电池电压的损失，产生欧姆电压降，这种现象被称为"欧姆极化"[156]。它的产生主要由于电池组件中的电子和离子电阻，这种类型的电压损失又称为"欧姆损失"。如下方程式所示：

$$V_{Ohmic} = iR_{Ohmic} = i(R_{elec} + R_{ionic})$$

由于离子传输比电子电荷传输困难，所以 R_{ionic} 占主导地位。R_{ionic} 是电解质的电阻；R_{elec} 包括双极板、电池互连、接点和电子流经的其他电池组件的电阻[157]。因此，燃料电池的欧姆极化主要取决于体系的欧姆电阻，并不与电极反应过程中的某一步骤相对应。在电阻固定时，电阻极化与电流成正比；当电流中断时，电阻极化迅速消失。采用断电测量法，可以消除电阻极化的影响。

（3）浓差极化　电压损失归因于传质。

燃料电池在进行大电流放电的时候，整个电池性能会受到传质的影响。此时，整个电极过程为扩散和对流等过程所控制，导致在电极附近的反应物浓度与溶液本体有差异，使电极电位与平衡电极电位发生偏离，这种现象称为"浓差极化"[158]。对于燃料电池，必须连续不断地提供反应物来产生电能；同时产物还必须不断被移除，以获得最大的燃料电池效率。催化剂层中的反应物和产物浓度决定燃料电池的性能，通过优化燃料电池电极的物质传输和流动结构，可以最大限度地减少浓度损失[159]。燃料电池的电极和流动结构中的传质受对流和流体动力学规律的支配，因为流动通道是宏观的，而燃料电池的传质是在微尺度上进行的，以扩散为主导。在较大电流密度下，浓度损失较大，严重的浓度损失限制了燃料电池的性能；浓差极化随电流密度的增加而增大，它是大电流密度下产生的主要极化形式[160]。

1.5.2　功率密度和能量密度

功率密度和能量密度是评价燃料电池的两个重要参数[161]。功率密度，即单位面积的燃料电池的功率，可以通过极化曲线里电压与电流密度的乘积得到[162]。功率密度曲线可以客观地反映燃料电池的内在性能即燃料电池电催化剂、膜电极及燃料电池组装的好坏，在计算的时候单位面积一般采用燃料电池膜电极的面积进行计算。功率密度与燃料电池的核心部件膜电极的性能紧密相关，通过优化膜电极的制备工艺技术，可以提高燃料电池的功率密度[163]。直接液体燃料电池的功率密度一般较低，以直接醇类燃料电池的功率为例，被动式自呼吸直接甲醇燃料电池的功率密度一般在 $20mW \cdot cm^{-2}$ 左右，主动式直接甲醇燃料电池的功率密度可以高达 $150 \sim 200 \mathrm{mW} \cdot \mathrm{cm}^{-2}$。

能量密度是另外一个重要的参数，采用单位体积或单位质量的功率来表示，通常用来表示燃料电池的整体性能，包括整个燃料电池系统的体积或质量[164]。燃料电池的能量密度并不取决于燃料电池电堆本身，而取决于其燃料的能量密度和膜电极的性能，即液体燃料的储存质量[165]。对于一个功率一定的燃料电池系统，其能量密度实际上是由储存燃料的质量/体积分数决定的。因此，在不增加系统质量或者体积的前提下，必须采用更高效率的液体燃料储存系统才能进一步提高燃料电池系统的性能[166]。即便是通过最简单的增加液体燃料的储存量来保证电池的长时运行能力，燃料电池的长时续航性能也能得到保证。这与全密封系统的二次电池不一样，燃料电池是一个开放式系统，电堆本身只是电化学反应场所而已，系统的能量密度主要取决于液体燃料的储存量[167]。正因为是个开放体系，燃料电池在能量密度上提高的潜力更大，并且先天具有更好的安全性。直接液体燃料电池由于采用液体作燃料受制于缓慢的电化学反应动力学，它们的功率密度一般较低，因此它们不适用于驱动需要大型功率的装置，但非常适合小型和便携式的装置，如笔记本电脑、手机、数码相机等；同时由于低噪声和热特征、无毒性流出物，使它们在军事上是一个新兴的应用，比如单兵携带战术装备电源、用于测试和训练仪器的自主电源[168]。

1.5.3　长效性

燃料电池作为一种新能源技术在未来的能源市场有广阔的应用前景，然而，燃料电池的使用寿命一直是制约其商业化的技术挑战之一。燃料电池寿命降低的主要原因可以从两个方面进行分析：从物理角度分析，在燃料电池放电过程中，电池的温度、湿度等频繁波动，最终导致膜电极或者电池其他部件的物理损伤；从化学角度分析，燃料电池在实际运行过程中由于电池电压的变化引起膜电极的性能衰减，如催化剂活性降低、溶解或者质子交换膜降解、化学污染或腐蚀等[164,169]。实现燃料电池的商业化运行，其寿命最少要达到 5000h；为了加快实现燃料电池商业化的寿命目标，需要优化燃料电池系统及控制策略达到减缓衰减的目的，同时还要持续性地研发具有高稳定性的新材料[170]。

从本质上讲，提高燃料电池使用寿命的最切合实际的方案是研发新型耐久性材料，比如催化剂、载体、双极板、膜电极组件、质子交换膜等关键材料使其达到燃料电池商业化应用的要求。构建高稳定的催化剂主要是对现有的催化剂的改性（比如形貌控制、合金化催化剂的结构和组成控制）和研发新型催化剂两方面入手[65,171,172]。比如通过选择合适的合成方法制备可控结构 Pt 基合金提高催化剂的活性和稳定性；通过与过渡金属的合金化处理，利用它们之间的电子效应和几何效应，降低贵金属含量并提高 Pt 催化活性和稳定性；或者利用特殊的核壳结构构筑的催化剂，可大大提高材料的质量比活性[74,173]。针对载体方面，要求其具有较好的导电性和稳定性，在燃料电池工作状况下维持载体的比表面积和电子传导性是当前研究的一个重要方向[174]。在聚合物电解质膜方面，不可逆的物理衰减（温度、湿度、压力等变化造成膜的机械损伤）和化学衰减（反应过程中膜结构的损害）会导致燃料电池性能降低；国内外的研究人员针对这些问题采用了多种措施并取得了一定的成效[175]。在燃料电池双极板方面，为了满足商业化需求需要继续开发新型双极板，使其具有较低的成本和较高的导电性和耐腐蚀性[176]。作为燃料电池的核心部件，膜电极的制备工艺需要进一步改进，以降低贵金属的含量、提高催化剂的利用率和稳定性，进一步提高燃料电池的性能和使用寿命。

1.6
总结与展望

能源被认为是整个世界发展和经济增长的最基本的动力，也是人类赖以生存的基础。依赖化石燃料能源带来了一系列环境问题，世界各国都把未来能源战略瞄准在高效清洁、可持续发展的新能源动力技术。燃料电池是一种将持续供给的燃料和氧化剂中的化学能连续不断地转化成电能的电化学装置，被誉为可持续能源发展的终极模式。以醇类液体燃料电池为代表的直接液体燃料电池也迎来了商业化发展的春天，商业化样机产品也陆续地推向市场。由于其较低的功率密度，其应用前景主要集中在分散电源（偏远地区小型分散电源、家庭不间断电源）、移动电源（国防通信移动电源、单兵作战武器电源等移动电源），便携式电子产品电源（手机、PDA、摄像机、笔记本电脑等电源），微电子器件微电源以及传感器件等领域。直接液体燃料电池的商业化进程会受到许多因素影响，但是燃料电池技术的研究和开发越来越受到重视。就技术层面上讲，燃料电池的研究和开发目前依然面临着以下挑战：

① 催化剂问题。常温下液体燃料分子在阳极电催化氧化过程中反应速率较慢，如醇类分子的吸附分离会产生毒性物质（如强吸附的 CO）吸附在电催化剂表面从而导致性能降低，因此需要开发一些活性高、稳定性好、使用寿命长、成本低、抗中间体毒化的阳极电催化剂。阴极电催化剂的开发主要是减少贵金属用量，开发低成本、高性能的非贵金属催化剂。

② 燃料渗透问题。直接液体燃料电池由于直接采用液体燃料作为反应物，

很容易透过聚合物电解质膜从而在阴极侧形成混合电位，导致电池性能下降。这就需要开发新型高效的聚合物电解质膜来解决燃料渗透的问题，要求电解质膜燃料渗透率低、化学稳定性好、机械强度适中、价格易被市场接受。

③ 膜电极稳定性。由于膜电极是燃料电池的电化学反应部位，作为核心部件决定着整个燃料电池的性能，因此开发高性能、长寿命、低成本 MEA 和电池组制备技术是维持高性能燃料电池的关键。

④ 燃料电池系统集成与微型化技术。燃料电池作为真正的发电系统，除了核心电堆外，需要将各个辅助系统整合与集成，是基础研究与工程设计结合的产物。燃料电池运行的可靠性、稳定性、安全性及寿命等需要不断提高系统集成和加工工艺水平。

⑤ 燃料电池成本问题。目前燃料电池的成本太高，没有商业化应用市场，从而阻碍其产业化发展。降低成本是燃料电池实现商业化应用的必由之路，必须通过减少贵金属材料用量或发现新材料而取代目前使用的催化剂、离子交换膜和双极板，才能大幅度降低电池的价格。

参考文献

[1] Burke M J, Stephens J C. Political power and renewable energy futures: A critical review. Energy Research & Social Science, 2018, 35: 78-93.

[2] Zhu Y, Tahini H A, Wang Y, et al. Pyrite-type ruthenium disulfide with tunable disorder and defects enables ultra-efficient overall water splitting. J Mater Chem A, 2019, 7: 14222-14232.

[3] Chang Z, Xu J, Zhang X. Recent Progress in electrocatalyst for Li-O_2 batteries. Adv Energy Mater, 2017, 7: 1700875.

[4] 刘世伟, 梁亮, 李晨阳, 等. 高温质子交换膜燃料电池的复合催化层电极. 应用化学, 2019, 36: 1085-1090.

[5] 杜新, 张宇. 用开路电压研究 PEMFC 内氢气渗透影响. 长春理工大学学报（自然科学版）, 2019, 42: 48-51.

[6] Huang L, Zhang X, Wang Q, et al. Shape-control of Pt-Ru nanocrystals: Tuning surface structure for enhanced electrocatalytic methanol oxidation. J Am Chem Soc, 2018, 140: 1142-1147.

[7] Huang L, Yang J, Wu M, et al. PdAg@Pd core-shell nanotubes: Superior catalytic performance towards electrochemical oxidation of formic acid and methanol. J Power Sources, 2018, 398: 201-208.

[8] 王复龙. 基于磷化铁促进剂的高效直接液体燃料电池催化剂 [D]. 扬州: 扬州大学, 2019.

[9] 苗睿瑛, 方勇, 唐玲, 等. 直接甲醇燃料电池用离子液体复合膜的制备及性能研究. 华南师范大学学报（自然科学版）, 2009: 44-45.

[10] 闽金军, 宋金香. 燃料电池的发展现状. 中国科技信息, 2020: 52-53.

[11] 黄桂兰．直接甲醇燃料电池低温运行及传输特性［D］．重庆：重庆大学，2010．

[12] 张博，梁新义．Pt基纳米粒子在直接甲醇燃料电池应用展望．电源技术，2014，38：178-180．

[13] 姜鲁华．直接醇类燃料电池阳极铂基电催化剂的研究［D］．大连：中国科学院大连化学物理研究所，2005．

[14] 刘博．直接液体（乙醇、甲酸）燃料电池电催化剂研究［D］．长沙：湖南大学，2009．

[15] 狩集浩志，千江水．面向便携设备应用的小型燃料电池．电子设计应用，2007（6）：67-70．

[16] 张博，孙旭东，刘颖，等．能源新技术新兴产业发展动态与2035战略对策．中国工程科学，2020，22：38-46．

[17] 陈巨辉，孟诚，李九如，等．整体煤气化联合循环中流化床气化炉的数值模拟．哈尔滨理工大学学报，2017，22：132-136．

[18] 汪晓光，钱蒙．863计划对先进制造技术发展的启示．机电产品开发与创新，2018，31：8-10，30．

[19] Zhu Y, Ding L, Liang X, et al. Beneficial use of rotatable-spacer side-chains in alkaline anion exchange membranes for fuel cells. Energy Environ Sci, 2018, 11: 3472-3479.

[20] Liu J, Chen T, Yan X, et al. $NiCo_2O_4$ nanoneedle-assembled hierarchical microflowers for highly selective oxidation of styrene. Catal Commun, 2018, 109: 71-75.

[21] Du M J, Chen B L, Hu Y, et al. Pt-based alloy nanoparticles embedded electrospun porous carbon nanofibers as electrocatalysts for methanol oxidation reaction. J Alloys Compd, 2018, 747: 978-988.

[22] 康启平，张国强，刘艳秋．PEMFC膜电极的活化研究进展．中北大学学报（自然科学版），2020，41：193-198．

[23] 国北辰，陈少华，王书强，等，一种薄膜材料电阻率测试用环形电极设计．计量学报，2020，41：349-353．

[24] 康启平，张国强，刘艳秋．质子交换膜燃料电池膜电极研究进展．中北大学学报（自然科学版），2020，41：97-102，123．

[25] 樊智鑫，宋珂，章桐．空冷质子交换膜燃料电池性能优化研究．汽车技术，2020：1-8．

[26] Tian X L, Wang L, Deng P, et al. Research advances in unsupported Pt-based catalysts for electrochemical methanol oxidation. J Energy Chemistry, 2017, 26: 1067-1076.

[27] Lu S, Eid K, Ge D, et al. One-pot synthesis of PtRu nanodendrites as efficient catalysts for methanol oxidation reaction. Nanoscale, 2017, 9: 1033-1039.

[28] Lu C, Kong W, Zhang H, et al. Gold-platinum bimetallic nanotubes templated from tellurium nanowires as efficient electrocatalysts for methanol oxidation reaction. J Power Sources, 2015, 296: 102-108.

[29] Lee Y-W, Lee J-Y, Kwak D-H, et al. Pd@Pt core-shell nanostructures for improved electrocatalytic activity in methanol oxidation reaction. Appl Catal B, 2015, 179: 178-184.

[30] 赵俊杰，涂正凯．高温车用燃料电池的发展及现状．化工进展，2020，39：1722-1733．

[31] 谢屹，陈涛，刘士华，等．PTFE含量对PEMFC性能影响的数值分析．电池，2020，

50：118-122.

[32] 黎方菊，吴伟，汪双凤．PEMFC 带沟槽气体扩散层内传输特性孔隙网络模拟．化工学报，2020，71：1976-1985.

[33] 易伟，陈涛，刘士华，等．PEMFC 气体扩散层变形对流道内水传输的影响．电源技术，2019，43：580-582，621.

[34] 罗鑫，陈士忠，夏忠贤，等．气体扩散层厚度对 PEMFC 性能的影响．可再生能源，2018，36：144-150.

[35] 郝凯歌，吴爱民，王明超，等．燃料电池钛基金属双极板的表面改性．电池，2019，49：270-273.

[36] Lu J，Li Y，Li S，et al. Self-assembled platinum nanoparticles on sulfonic acid-grafted graphene as effective electrocatalysts for methanol oxidation in direct methanol fuel cells. Sci Rep，2016，6：21530.

[37] 邹宝捷，林国强，吴博，等．PEMFC 不锈钢双极板表面改性用 Cr-C 薄膜的成分设计与制备．表面技术，2020，49：61-67.

[38] 吕波，邵志刚，瞿丽娟，等．PEMFC 用聚丙烯/酚醛树脂/石墨复合双极板研究．电源技术，2019，43：1488-1491.

[39] Zhang W，Yao Q，Jiang G，et al. Molecular trapping strategy to stabilize subnanometric Pt clusters for highly active electrocatalysis. ACS Catal，2019：11603-11613.

[40] 康启平，张国强，刘艳秋，等．PEMFC 用石墨/树脂复合材料双极板的研究进展．电池，2019，49：346-349.

[41] 王东，李国欣，夏保佳．质子交换膜燃料电池金属双极板材料腐蚀性能研究．复旦学报（自然科学版），2004，43：515-520.

[42] 王浩然，吴私，杨林林，等．高温质子交换膜燃料电池电堆端板拓扑优化．大连理工大学学报，2020，60：142-148.

[43] 张智明，商亚鹏，张娟楠，等．钢带捆扎燃料电池电堆端板尺寸和形状优化．同济大学学报（自然科学版），2017，45：575-581.

[44] 蒋化南．质子交换膜燃料电池堆端板优化设计及抗冲击性能研究 [D]．大连：大连理工大学，2014.

[45] 叶东浩，詹志刚．PEM 燃料电池双极板流场结构研究进展．电池工业，2010，15：376-380.

[46] 沈俊．基于强化传质的燃料电池流场优化及水热管理研究 [D]．武汉：华中科技大学，2018.

[47] 李文娟．质子交换膜燃料电池传质传热过程参数的数值模拟研究 [D]．湛江：广东海洋大学，2009.

[48] 李伟，李争显，刘林涛，等．多孔金属流场双极板研究进展．材料工程，2020，48：31-40.

[49] 陆维，刘元宇，杨凯，等．燃料电池双极板的密封性检测装置与方法：CN109781359A. 2019-05-21.

[50] 李鹏，刘建峰，李磊磊，等．空间站燃料电池系统中某液路切换阀密封失效问题分析及改进．液压与气动，2018：70-75.

[51] 刘元宇，陆维，杨凯，等．燃料电池膜电极的密封性检测装置：CN209470826U. 2019-

10-08.

[52] 陈运恩，毕海权，苟琦林. 用于燃料电池列车的辅助散热方案分析. 制冷与空调（四川），2017，31：612-615.

[53] 苏智利，曹玲芝，李春文，等. 自呼吸式直接甲醇燃料电池混合系统的研究. 电源技术，2012，36：18-20.

[54] 蔡卫卫. 直接液体燃料电池结构、组成与反应过程的模拟与优化 [D]. 北京：中国科学院大学，2012.

[55] 陈秋霖，纪少波，陈忠言，等. 燃料电池运行控制参数影响规律仿真分析. 内燃机与动力装置，2019，36：15-19.

[56] 张晶，冯立纲，蔡卫卫，等. 甲醇浓度对被动式自呼吸直接甲醇燃料电池性能的影响. 中国科学（化学），2011，41：1864-1870.

[57] 叶丁丁. 空气自呼吸式直接甲醇燃料电池两相流动及传输特性 [D]. 重庆：重庆大学，2009.

[58] Chang R, Zheng L, Wang C, et al. Synthesis of hierarchical platinum-palladium-copper nanodendrites for efficient methanol oxidation. Appl Catal B, 2017, 211: 205-211.

[59] 薛艳青. 全被动式直接甲醇燃料电池内部传热传质数值模拟 [D]. 北京：北京工业大学，2013.

[60] 陈悦平. 被动式直接甲醇燃料电池内传质数值模拟 [D]. 北京：北京工业大学，2011.

[61] Jing S, Guo X, Tan Y. Branched Pd and Pd-based trimetallic nanocrystals with highly open structures for methanol electrooxidation. J Mater Chem A, 2016, 4: 7950-7961.

[62] Cai Z, Lu Z, Bi Y, et al. Superior anti-CO poisoning capability: Au-decorated PtFe nanocatalysts for high-performance methanol oxidation. Chem Commun, 2016, 52: 3903-3906.

[63] Wang G, Wu X, Cai Y, et al. Design, fabrication and characterization of a double layer solid oxide fuel cell (DLFC). J Power Sources, 2016, 332: 8-15.

[64] Yu X, Pascual E J, Wauson J C, et al. A membraneless alkaline direct liquid fuel cell (DLFC) platform developed with a catalyst-selective strategy. J Power Sources, 2016, 331: 340-347.

[65] Chang J, Feng L, Jiang K, et al. Pt-CoP/C as an alternative PtRu/C catalyst for direct methanol fuel cells. J Mater Chem A, 2016, 4: 18607-18613.

[66] 谢富丞，王诚，刘同乐，等. 燃料电池用 LSGM-碳酸盐复合电解质的稳定性. 稀有金属材料与工程，2017，46：1699-1703.

[67] 王洪建，许世森，程健，等. 熔融碳酸盐燃料电池发电系统研究进展与展望. 热力发电，2017，46：8-13.

[68] Guo Y, Chen S, Li Y, et al. Pore structure dependent activity and durability of mesoporous rhodium nanoparticles towards the methanol oxidation reaction. Chem Commun, 2020, 56: 4448-4451.

[69] Yin S, Wang Z, Qian X, et al. PtM(M=Co,Ni) mesoporous nanotubes as bifunctional electrocatalysts for oxygen reduction and methanol oxidation. ACS Sustain Chem Eng, 2019, 7: 7960-7968.

[70] 吕银荣，孙维艳，王峰．用于直接甲醇燃料电池的高活性 PtCo-CNT@TiO$_2$ 复合纳米阳极催化剂．燃料化学学报，2019，47：1522-1528.

[71] 邓光荣，梁亮，李晨阳，等．直接甲醇燃料电池甲醇传质过程分析及浓度控制策略．应用化学，2019，36：1211-1220.

[72] Cohen J L，Volpe D J，Abruña H D. Electrochemical determination of activation energies for methanol oxidation on polycrystalline platinum in acidic and alkaline electrolytes. Phys Chem Chem Phys，2007，9：49-77.

[73] Badwal S P S，Giddey S，Kulkarni A，et al. Direct ethanol fuel cells for transport and stationary applications—A comprehensive review. Appl Energ，2015，145：80-103.

[74] Wang F，Fang B，Yu X，et al. Coupling ultrafine Pt nanocrystals over the Fe$_2$P surface as a robust catalyst for alcohol fuel electro-oxidation. ACS Appl Mater Interfaces，2019，11：9496-9503.

[75] 朱昱，朱杨杨，汪兴兴，等．直接乙醇燃料电池电催化剂活性成分研究进展．南通大学学报（自然科学版），2017，16：58-63.

[76] 杨勇，吴海涛，宗俊斌，等．乙二醇再生系统工艺创新性改造．天然气技术与经济，2020，14：46-51，92.

[77] 陈嘉丽．乙二醇"负油价"突现 它在低谷徘徊．广州化工，2020，48：6.

[78] 赵亚飞，马宪印，李云华，等．直接乙二醇燃料电池阳极催化材料的研究进展．电池，2017，47：48-51.

[79] An L，Zeng L，Zhao T S. An alkaline direct ethylene glycol fuel cell with an alkali-doped polybenzimidazole membrane. Int J Hydrogen Energy，2013，38：10602-10606.

[80] 于彦存，王显，葛君杰，等．聚吡咯改性炭载 Pd 催化剂促进甲酸电氧化．应用化学，2019，36：1317-1322.

[81] 季芸，沈莉萍，孙丹丹，等．直接甲酸燃料电池近年来的发展概况．电池工业，2013，18：86-89.

[82] Zhang L，Ding L-X，Luo Y，et al. PdO/Pd-CeO$_2$ hollow spheres with fresh Pd surface for enhancing formic acid oxidation. Chem Eng J，2018，347：193-201.

[83] Wang Y，Wu B，Gao Y，et al. Kinetic study of formic acid oxidation on carbon supported Pd electrocatalyst. J Power Sources，2009，192：372-375.

[84] 刘丽．直接甲酸燃料电池阴极催化剂的研究进展．生物化工，2016：69-72.

[85] 李楠．直接甲酸燃料电池的研究发展．中国化工贸易．2015：3-4，7.

[86] 何峰．质子交换膜燃料电池催化剂理论设计与反应机理研究 [D]．北京：中国科学院大学，2018.

[87] 亓媛媛，甲酸在贵金属表面和均相体系中催化分解机理的理论研究 [D]．济南：山东大学，2015.

[88] Wang S，Chang J，Xue H，et al. Catalytic stability study of a Pd-Ni$_2$P/C catalyst for formic acid electrooxidation. Chem Electro Chem，2017，4：1243-1249.

[89] Wang K，Wang B，Chang J，et al. Formic acid electrooxidation catalyzed by Pd/SmO$_x$-C hybrid catalyst in fuel cells. Electrochim Acta，2014，150：329-336.

[90] 辛义秀，梁德勇，姜妍彦．模拟状态下硼氢化钠水解产氢动力学条件优化．大连工业大学学报，2020，39：136-142.

[91] Ma J, Choudhury N A, Sahai Y. A comprehensive review of direct borohydride fuel cells. Renewable and Sustainable Energy Reviews, 2010, 14: 183-199.

[92] 尤秀. 直接硼氢化物燃料电池金基阳极催化剂的制备及性能研究 [D]. 太原: 太原理工大学, 2016.

[93] 刘慧红, 尤秀, 段东红, 等. 核壳结构 Co@Cu/C 电催化材料对 BH_4^- 氧化性能研究. 化工新型材料, 2016, 44: 139-142.

[94] Ma J, Sahai Y. Direct borohydride fuel cells—Current status, issues, and future directions. in: An L, Zhao T S. Anion exchange membrane fuel cells: Principles, materials and systems. Cham: Springer International Publishing, 2018: 249-283.

[95] 马孝坤. Pd、Au 基贵金属催化剂的制备及催化 $NaBH_4$ 电氧化性能的研究 [D]. 哈尔滨: 哈尔滨工程大学, 2018.

[96] Zhao Y, Setzler B P, Wang J, et al. An efficient direct ammonia fuel cell for affordable carbon-neutral transportation. Joule, 2019, 3: 2472-2484.

[97] Lan R, Tao S, Ammonia as a suitable fuel for fuel cells. Frontiers in Energy Research, 2014, 2.

[98] Aoki Y, Yamaguchi T, Kobayashi S, et al. High-efficiency direct ammonia fuel cells based on $BaZr_{0.1}Ce_{0.7}Y_{0.2}O_{3-\delta}$/Pd oxide-metal junctions. Global Challenges, 2018, 2: 1700088.

[99] Lee K R, Song D, Park S B, et al. A direct ammonium carbonate fuel cell with an anion exchange membrane. RSC Adv, 2014, 4: 5638-5641.

[100] Giddey S, Badwal S P S, Munnings C, et al. Ammonia as a renewable energy transportation media. ACS Sustainable Chem Eng, 2017, 5: 10231-10239.

[101] Siddiqui O, Dincer I. A new solar energy system for ammonia production and utilization in fuel cells. Energy Conversion and Management, 2020, 208: 112590.

[102] Chen G, Dai Z, Sun L, et al. Synergistic effects of platinum-cerium carbonate hydroxides-reduced graphene oxide on enhanced durability for methanol electro-oxidation. J Mater Chem A, 2019, 7: 6562-6571.

[103] Yu F, Xie Y, Tang H, et al. Platinum decorated hierarchical porous structures composed of ultrathin titanium nitride nanoflakes for efficient methanol oxidation reaction. Electrochim Acta, 2018, 264: 216-224.

[104] Lin K, Lu Y, Du S, et al. The effect of active screen plasma treatment conditions on the growth and performance of Pt nanowire catalyst layer in DMFCs. Int J Hydrogen Energy, 2016, 41: 7622-7630.

[105] Jia Q, Ghoshal S, Li J, et al. Metal and metal oxide interactions and their catalytic consequences for oxygen reduction reaction. J Am Chem Soc, 2017, 139: 7893-7903.

[106] 赵东江, 马松艳, 乔秀丽, 等. 阴极氧还原催化剂 Co 基过渡金属硫族化合物的研究进展. 材料导报, 2010, 24: 313-316.

[107] 赵东江, 尹鸽平, 魏杰. 聚合物膜燃料电池阴极非 Pt 催化剂. 化学进展, 2009, 21: 2753-2759.

[108] Youn D H, Bae G, Han S, et al. A highly efficient transition metal nitride-based electrocatalyst for oxygen reduction reaction: TiN on a CNT-graphene hybrid support. J

Mater Chem A，2013，1：8007-8015.

[109] Xiao M，Zhu J，Feng L，et al. Meso/Macroporous nitrogen-doped carbon architectures with iron carbide encapsulated in graphitic layers as an efficient and robust catalyst for the oxygen reduction reaction in both acidic and alkaline solutions. Adv Mater，2015，27：2521-2527.

[110] 张亨博．杂原子掺杂碳/过渡金属复合材料的设计制备及氧还原性能研究［D］．郑州：河南师范大学，2018.

[111] 杭阳．g-C_3N_4 基复合材料作为氧电极催化剂的研究及应用［D］．合肥：合肥工业大学，2018.

[112] Huang S，Meng Y，Cao Y，et al. N-，O-and P-doped hollow carbons：Metal-free bifunctional electrocatalysts for hydrogen evolution and oxygen reduction reactions. Appl Catal B：Environ，2019，248：239-248.

[113] Han H，Noh Y，Kim Y，et al. An N-doped porous carbon network with a multidirectional structure as a highly efficient metal-free catalyst for the oxygen reduction reaction. Nanoscale，2019，11：2423-2433.

[114] 罗燚，冯军宗，冯坚，等．新型碳材料质子交换膜燃料电池 Pt 催化剂载体的研究进展．无机材料学报，2020，35：407-415.

[115] 石变芳，查斌斌，张俊，等．聚苯胺衍生碳材料负载的 Fe 基合成气直接制低碳烯烃催化剂：载体碳化温度的影响．化工学报，2018，69：699-708.

[116] 张世渊，连晓飞，李帆，等．纳米碳材料做载体在质子交换膜燃料电池中的应用．中国化工贸易，2018，10：246-247.

[117] 王万兵，高晓辉，李怀阳，等．石墨烯/导电聚合物复合防腐蚀材料制备及应用研究进展．化工进展，2020，39：1080-1089.

[118] 宛朋．石墨烯导电聚合物复合材料．科技风，2019：168.

[119] 许伟，张小锋，周克崧，等．等离子喷涂-物理气相沉积制备 7YSZ 纳米结构固体氧化物燃料电池电解质层．稀有金属材料与工程，2019，48：3835-3840.

[120] 尹俊，郭为民，乐志文，等．固体氧化物燃料电池膜电解质的研究进展．应用化工，2020，49：177-181.

[121] 王莉莉，吴崇珍．直接醇类燃料电池工作原理及研究进展．河南化工，2004：7-9.

[122] 刘振泰．质子交换膜燃料电池电极催化剂电催化性能及其制备工艺的研究［D］．上海：上海交通大学，2005.

[123] 梁艳，邢占员，杨晓惠，等．质子交换膜中质子传递机理的分子模拟研究进展．科学技术与工程，2019，19：18-25.

[124] 李恒俊．全氟磺酸化质子交换膜的修饰再生及应用［D］．西安：长安大学，2019.

[125] 王梓同．质子交换膜氢燃料电池自增湿膜电极的研究进展．价值工程，2020，39：204-206.

[126] 李辰楠．改性 Nafion 膜在直接醇类燃料电池中应用的研究［D］．大连：中国科学院大连化学物理研究所，2005.

[127] 魏英聪．纳米晶纤维素/磺化聚合物复合质子交换膜的制备及性能研究［D］．长春：长春工业大学，2017.

[128] 王海，王建武，徐柏庆，等．全氟磺酸树脂 Nafion NR50 溶液的制备．应用化学，

2001, 18: 798-801.

[129] 赵经纬, 蔡园满, 易秘, 等. 燃料电池用质子交换膜产业分析. 江西化工, 2019: 322-326.

[130] 王雷, 朱光明, 王拴紧, 等. 质子交换膜用部分含氟磺化聚芳醚的合成与性能研究. 化工新型材料, 2007, 35: 48-50.

[131] 李道喜. 全氟磺酸复合膜的表征与衰减行为研究 [D]. 武汉: 武汉理工大学, 2006.

[132] 杨金田, 王康成, 计兵, 等. 几种功能高分子材料的设计合成和性能研究 [Z]. 湖州师范学院, 上海交通大学, 2008.

[133] 刘改花. 新型苯并咪唑类聚合物的合成及其质子导电性能的研究 [D]. 上海: 同济大学, 2004.

[134] Mader J A, Benicewicz B C. Sulfonated polybenzimidazoles for high temperature PEM fuel cells. Macromolecules, 2010, 43: 6706-6715.

[135] Imran M A, He G, Wu X, et al. Fabrication and characterization of sulfonated poly-benzimidazole/sulfonated imidized graphene oxide hybrid membranes for high tempera-ture proton exchange membrane fuel cells. Journal of Applied Polymer Science, 2019, 136: 47892.

[136] 胡慧萍, 张霞, 胡红英, 等. 改性 SiO_2/磺化聚醚醚酮复合质子交换膜的形貌与性能研究. 功能材料, 2008, 39: 1915-1918.

[137] 孙媛媛, 屈树国, 李建隆. 质子交换膜燃料电池用磺化聚醚醚酮膜的研究进展. 化工进展, 2016, 35: 2850-2860.

[138] 张书香, 蒋圣俊, 李辉, 等. 磺化聚醚醚酮膜的制备和性能研究进展. 济南大学学报(自然科学版), 2009, 23: 42-46.

[139] 何彦莹, 谭潇. 用于质子交换膜的磺化氢化聚苯乙烯-丁二烯嵌段共聚物的制备、结构与性能. 塑料工业, 2018, 46: 87-91.

[140] 李笑晖, 潘牧, 沈春晖, 等. 磺化 SEBS 质子交换膜的研究进展. 材料导报, 2005, 19: 36-38, 42.

[141] 赵晓东, 宋林花, 杨海靓. 环交联聚磷腈高分子材料的研究概况. 高分子材料科学与工程, 2018, 34: 157-165.

[142] 梁勇芳, 朱秀玲, 张守海, 等. 一种非氟掺杂型质子交换膜材料的制备及表征. 功能材料, 2007, 38: 408-411.

[143] 邢丹敏, 刘富强, 于景荣, 等. 磺化聚砜膜的燃料电池性能初步研究. 膜科学与技术, 2002, 22: 12-16, 24.

[144] 张永明. 聚酰亚胺薄膜的渗透性研究及应用进展. 中国胶粘剂, 2016, 25: 51-55.

[145] 尚玉明, 谢晓峰, 刘洋, 等. 一种新型磺化聚酰亚胺质子交换膜的合成与表征. 化工学报, 2005, 56: 2440-2443.

[146] 高燕, 张丽荣, 张春庆, 等. 新型磺化聚酰亚胺的合成. 中山大学学报(自然科学版), 2003, 42: 88-90.

[147] 周婉秋, 赵玉明, 刘晓安, 等. 1-乙基-3-甲基咪唑硫酸乙酯盐离子液体中采用电化学法合成聚苯胺薄膜及其耐蚀性. 材料导报, 2020, 34: 12152-12157.

[148] Santarelli M G, Torchio M F, Cochis P. Parameters estimation of a PEM fuel cell po-larization curve and analysis of their behavior with temperature. J Power Sources, 2006,

159：824-835.

[149]　Hao D，Shen J，Hou Y，et al. An improved empirical fuel cell polarization curve model based on review analysis. International Journal of Chemical Engineering，2016，2016：4109204.

[150]　张新丰，罗明慧，姚川棋，等. 大功率车用质子交换膜燃料电池发动机性能测试实验室设计. 同济大学学报（自然科学版），2017，45：132-137.

[151]　戴朝华，史青，陈维荣，等. 质子交换膜燃料电池单体电压均衡性研究综述. 中国电机工程学报，2016，36：1289-1302.

[152]　Nomnqa M，Ikhu-Omoregbe D，Rabiu A. Parametric analysis of a high temperature PEM fuel cell based microcogeneration system. International Journal of Chemical Engineering，2016，2016：4596251.

[153]　胡军，衣宝廉，才英华，等. 常规流场质子交换膜燃料电池阴极二维两相流模型. 化工学报，2004，55：967-973.

[154]　Wang W，Wei X，Choi D，et al. Chapter 1—Electrochemical cells for medium-and large-scale energy storage：Fundamentals. in：Menictas C，Skyllas-Kazacos M，Lim T M. Advances in batteries for medium and large-scale energy storage. Oxford：Woodhead Publishing，2015：3-28.

[155]　Zouhri K，Lee S-Y. Exergy study on the effect of material parameters and operating conditions on the anode diffusion polarization of the SOFC. International Journal of Energy and Environmental Engineering，2016，7：211-224.

[156]　Husar A，Strahl S，Riera J. Experimental characterization methodology for the identification of voltage losses of PEMFC：Applied to an open cathode stack. Int J Hydrogen Energy，2012，37：7309-7315.

[157]　Wijewardena Gamalath K A I L，Peiris B M P. Theoretical approach to the physics of fuel cells. International Letters of Chemistry Physics and Astronomy，2012，2：15-27.

[158]　Prakash S，Yeom J. Chapter 6—Energy and environmental applications. in：Prakash S，Yeom J. Nanofluidics and microfluidics. New York：William Andrew Publishing，2014：241-269.

[159]　Li P，Ki J-P，Liu H. Analysis and optimization of current collecting systems in PEM fuel cells. International Journal of Energy and Environmental Engineering，2012，3：2.

[160]　Chan S H，Xia Z T. Polarization effects in electrolyte/electrode-supported solid oxide fuel cells. Journal of Applied Electrochemistry，2002，32：339-347.

[161]　Logan B E，Wallack M J，Kim K-Y，et al. Assessment of microbial fuel cell configurations and power densities. Environmental Science & Technology Letters，2015，2：206-214.

[162]　Fan Y，Hu H，Liu H. Enhanced coulombic efficiency and power density of air-cathode microbial fuel cells with an improved cell configuration. J Power Sources，2007，171：348-354.

[163]　He Z. Development of microbial fuel cells needs to go beyond "power density". ACS Energy Lett，2017，2：700-702.

[164]　Ong B C，Kamarudin S K，Basri S. Direct liquid fuel cells：A review. Int J Hydrogen

Energy, 2017, 42: 10142-10157.

[165] Layton B E. A comparison of energy densities of prevalent energy sources in units of joules per cubic meter. International Journal of Green Energy, 2008, 5: 438-455.

[166] 张忠山. 新型化学和太阳能电池技术进展——评《新型清洁能源技术：化学和太阳能电池新技术》. 电池, 2020, 50: 后插 2-后插 3.

[167] Staffell I, Scamman D, Velazquez Abad A, et al. The role of hydrogen and fuel cells in the global energy system. Energy Environ Sci, 2019, 12: 463-491.

[168] Yu X, Manthiram A. Scalable membraneless direct liquid fuel cells based on a catalyst-selective strategy. Energy & Environmental Materials, 2018, 1: 13-19.

[169] Zhang Z, Liu J, Gu J, et al. An overview of metal oxide materials as electrocatalysts and supports for polymer electrolyte fuel cells. Energy Environ Sci, 2014, 7: 2535-2558.

[170] Yu J, Tian Y, Zhou F, et al. Metallic and superhydrophilic nickel cobalt diselenide nanosheets electrodeposited on carbon cloth as a bifunctional electrocatalyst. J Mater Chem A, 2018, 6: 17353-17360.

[171] Zheng Y, Wan X, Cheng X, et al. Advanced catalytic materials for ethanol oxidation in direct ethanol fuel cells. Catalysts, 2020, 10: 166.

[172] Feng L, Li K, Chang J, et al. Nanostructured PtRu/C catalyst promoted by CoP as an efficient and robust anode catalyst in direct methanol fuel cells. Nano Energy, 2015, 15: 462-469.

[173] Bao Y, Wang F, Gu X, et al. Core-shell structured PtRu nanoparticles@FeP promoter with an efficient nanointerface for alcohol fuel electrooxidation. Nanoscale, 2019 (40).

[174] Du H, Zhao C X, Lin J, et al. Carbon nanomaterials in direct liquid fuel cells. The Chemical Record, 2018, 18: 1365-1372.

[175] Abdullah N, Kamarudin S K, Shyuan L K. Novel anodic catalyst support for direct methanol fuel cell: Characterizations and single-cell performances. Nanoscale Research Letters, 2018, 13: 90.

[176] Chang J-Y, Kuan Y-D, Lee S-M. Experimental investigation of a direct methanol fuel cell with hilbert fractal current collectors. Journal of Chemistry, 2014, 2014: 371616.

第 2 章

阳极催化剂

液体燃料的化学能释放是通过阳极侧液体燃料电催化氧化来实现的，其催化氧化反应对燃料电池的性能具有极其重要的影响。目前直接醇类燃料电池的研究在基础和应用层面已经取得了重要的进展，并推动了相关技术的商业化应用。在本章里，我们主要以醇类燃料（包括甲酸）作为燃料电池技术的代表，围绕这些燃料的电池催化反应机理、电催化剂的研究进展、电催化剂的制备技术及电催化催化剂的电化学和物理表征技术进行介绍。

2.1
阳极反应氧化机理

2.1.1 甲醇电氧化机理

2.1.1.1 酸性环境中的甲醇氧化

在液体有机燃料中，由于甲醇分子简单，只有一个碳原子，不含 C—C 键，易被氧化，能量密度高，来源丰富，价格便宜，因此以甲醇为燃料的直接甲醇燃料电池（DMFC）成为研究和开发的重点与热点，并取得了长足的进展[1-3]。尽管有这些优点，DMFC 与氢燃料电池（质子交换膜燃料电池，PEMFC）相比，其能量密度和效率显著降低，这是因为甲醇的氧化动力学迟缓，且甲醇由阳极运输到阴极的过程也较为缓慢[1,2]。MOR（甲醇氧化反应）相对于氢氧化是一个非常缓慢的过程，并且涉及将 6 个电子转移到电极以完全氧化生成二氧化碳[1,4]。

$$\text{阳极反应：} \quad CH_3OH + H_2O \longrightarrow CO_2 + 6H^+ + 6e^- \quad E^\ominus = 0.016V \quad (2-1)$$

$$\text{阴极反应：} \quad \frac{3}{2}O_2 + 6H^+ + 6e^- \longrightarrow 3H_2O \quad E^\ominus = 1.229V \quad (2-2)$$

$$\text{总反应：} \quad CH_3OH + \frac{3}{2}O_2 \longrightarrow CO_2 + 2H_2O \quad E^\ominus = 1.213V \quad (2-3)$$

酸性环境中甲醇氧化机理的研究表明甲醇氧化存在双反应路径，包括直接路径（非 CO 路径）和间接路径（CO 路径）。在 CO 路径中，甲醇会首先脱氢生成 CO，然后被进一步氧化成 CO_2；而在非 CO 路径中，甲醇则直接氧化生成 CO_2。早期 Matthew Neurock[5] 运用第一性原理密度泛函理论（DFT）计算分析甲醇电催化的反应机制。他认为对于 Pt(111)，主要是 CO 路径占主导地位，当电位小于 0.6V（vs NHE）时，CO 会覆盖活性位点并且难以被氧化；而当电位高于 0.6V（vs NHE）时，水被活化生成 OH；当电位略高于 0.66V（vs NHE）时，

CO 会被氧化。此外他还认为不同的反应路径中，中间体的活化对应所需的 Pt 活性位点数量不一，如对于非 CO 路径而言，中间体的活化仅需 1～2 个 Pt 原子，而 CO 路径则需要较大的表面集合和阶梯状活性位点。根据 DFT，具体反应路径取决于甲醇脱氢是由 C—H 键还是 O—H 键的断裂开始[6]。也就是说，如果最初的脱氢是由 O—H 键断裂产生的，那么甲醇氧化有可能可以通过直接反应路径进行，而如果是从 C—H 键的断裂开始的，则通过间接路径进行。在酸性溶液中，甲醇氧化大多以间接反应路径（CO 路径）进行[7]。从间接反应路径来考虑，Pt 和 Pt 合金催化剂上的 MOR 一般包括以下步骤（s 代表 Pt 催化剂以固体形式存在的状态；M 是指 Pt 以外的金属）：

$$CH_3OH + Pt(s) \longrightarrow Pt\text{-}CH_2OH^* + H^+ + e^-$$

$$Pt\text{-}CH_2OH^* + Pt(s) \longrightarrow Pt_2\text{-}CHOH^* + H^+ + e^-$$

$$Pt_2CHOH^* + Pt(s) \longrightarrow Pt_3\text{-}CHO^* + H^+ + e^-$$

$$Pt_3CHO^* \longrightarrow Pt\text{-}CO^* + 2Pt(s) + H^+ + e^-$$

$$Pt(M) + H_2O \longrightarrow Pt(M)\text{-}OH^* + H^+ + e^-$$

$$Pt(M)\text{-}OH^* + Pt\text{-}CO^* \longrightarrow Pt(s) + Pt(M) + CO_2 + H^+ + e^-$$

近几十年来，纯 Pt 催化剂上 MOR 的反应机理被广泛研究，在 Pt 表面的 MOR 过程包括以下几个主要步骤[8]：①甲醇吸附；②C—H 键活化（甲醇解离）；③水吸附；④水活化；⑤CO 氧化。其中的决速步骤取决于操作温度和催化剂表面的特定结构（结晶取向，缺陷的存在等）。在 MOR 过程中可能形成各种反应中间体。这些类 CO 物质中的一些会不可逆地吸附在电催化剂的表面，导致催化总反应发生的 Pt 催化剂中毒，这将会显著降低燃料消耗效率和燃料电池的能量密度。在 Pt 表面上通过水分子活化形成 OH 是氧化去除吸附的 CO 的必要步骤。当小于 0.7V（vs RHE）时，水的解离被认为是 Pt 表面甲醇电氧化的决速步骤，当高于这个电位时，含氧物种才能在 Pt 的表面生成，因此在更低的电位下能够使水发生解离的催化剂被视为设计甲醇氧化高效催化剂的重要指标。

2.1.1.2　碱性环境中的甲醇氧化

碱性介质中的 MOR 比酸性电解质中的 MOR 快，因此，从动力学角度来看，在碱性电解质中进行 MOR 是有利的[9]。和酸性介质相比，催化剂在碱性介质中的腐蚀并不严重，所以有更多的催化剂可以用于碱性介质中的 MOR[10,11]。但碱性 DMFC 有电解质碳酸化的问题，这个问题可以通过使用碱性阴离子交换膜来克服[12]。

DMFC 的阳极、阴极和总反应描述如下：

阳极反应：$$CH_3OH + 6OH^- \longrightarrow CO_2 + 5H_2O + 6e^- \qquad (2-4)$$

阴极反应：$$\frac{3}{2}O_2 + 3H_2O + 6e^- \longrightarrow 6OH^- \qquad (2-5)$$

总反应：$$CH_3OH + \frac{3}{2}O_2 \longrightarrow CO_2 + 2H_2O \qquad (2-6)$$

25℃和1atm（1atm＝101325Pa）下的总反应的自由能和电势差为：$\Delta G = -686kJ \cdot mol^{-1}$；$\Delta E = 1.18V$。在碱性介质中，MOR可能会生成各种反应中间体，如CO中间体。在低电位时，稳态MOR是一种缓慢的反应[13]。甲醇吸附和脱氢反应在低电位下发生，但是这些过程由于CO中间体的积累而使得催化剂迅速中毒，而CO中间体在低电位下不易被氧化[14,15]。此外，CO中间体的去除需要OH_{ads}的存在，OH_{ads}是通过氢氧根离子放电形成的：

$$OH^- \longrightarrow OH_{ads} + e^- \qquad (2-7)$$

$$2CH_3OH + 12OH^- \longrightarrow CO_3^{2-} + CO_{ads} + 10e^- + 10H_2O \qquad (2-8)$$

$$CO_{ads} + 2OH_{ads} \longrightarrow CO_2 + H_2O \qquad (2-9)$$

碱性介质中MOR的最终副产物一直是个有争议的话题。虽然很多作者都认为最终产物是碳酸盐，但这个猜想没有被证实，原位测量显示在某些条件下，至少在高电位下，主要产物是甲酸盐[16,17]。

$$CH_3OH + 8OH^- \longrightarrow CO_3^{2-} + 6H_2O + 6e^- \qquad (2-10)$$

$$CH_3OH + 5OH^- \longrightarrow HCOO^- + 4H_2O + 4e^- \qquad (2-11)$$

2.1.2 乙醇电氧化机理

与甲醇燃料相比，乙醇不仅能量密度更高（理论上，乙醇电氧化反应每分子乙醇产生12个电子，其能量密度为$8.0kW \cdot h \cdot kg^{-1}$）、毒性更小，并且可以简单地通过农产品的发酵而大批量制备。但由于乙醇分子中的C—C键难以破坏，将乙醇完全电氧化为二氧化碳是一个巨大的挑战[4,18,19]。

DEFC在酸性条件下的阳极、阴极和总反应描述如下：

阳极反应：$$C_2H_5OH + 3H_2O \longrightarrow 2CO_2 + 12H^+ + 12e^- \qquad (2-12)$$

阴极反应：$$3O_2 + 12H^+ + 12e^- \longrightarrow 6H_2O \qquad (2-13)$$

总反应：$$C_2H_5OH + 3O_2 \longrightarrow 2CO_2 + 3H_2O \quad E^\ominus = 1.14V \qquad (2-14)$$

DEFC在碱性条件下的阳极、阴极和总反应描述如下：

阳极反应：$$C_2H_5OH + 12OH^- \longrightarrow 2CO_2 + 9H_2O + 12e^- \qquad (2-15)$$

阴极反应：$$3O_2 + 6H_2O + 12e^- \longrightarrow 12OH^- \qquad (2-16)$$

总反应：$$C_2H_5OH + 3O_2 \longrightarrow 2CO_2 + 3H_2O \quad E^\ominus = 1.14V \qquad (2-17)$$

如图2-1所示，通过对电氧化反应产物的分析，结果表明乙醇电氧化反应存

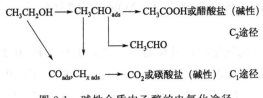

图 2-1　碱性介质中乙醇的电氧化途径

在两种途径：C_1 途径中完全氧化反应转移 12 个电子，溶液中的少量乙醇转化为 CO_2 或者碳酸盐；而 C_2 途径中溶液中的乙醇 C—C 键并未断裂，反应转移 4 个电子，最终得到的产物为乙酸或者乙醛[20-22]。

2.1.3　甲酸电氧化机理

甲酸用作燃料主要有以下优点：在室温下，甲酸是液态，且不易燃，储运安全、方便；甲酸毒性很低，已经被美国食品和药品管理局列为安全的食品添加剂；甲酸是一种强电解质，阳极室内溶液的质子电导率高；与 PEMFC 和 DMFC 相比，DFAFC 具有很高的电动势（约 1.48V）；和甲醇相比，甲酸的电催化氧化性能好，而且由于 Nafion 膜中的磺酸基团与甲酸阴离子间有排斥作用，甲酸对 Nafion 膜的渗透率小，保证了较高的甲酸浓度（可高达 $10mol \cdot L^{-1}$）。虽然 DFAFC 的理论能量密度仅为 $2104W \cdot h \cdot L^{-1}$，但是其较高的甲酸浓度弥补了这一不足，因此，特别是对一些小型的供电系统而言，DFAFC 的优势要明显好于其他的直接液体燃料电池。

DFAFC 的阳极、阴极和总反应描述如下：

途径 1

阳极反应：　　　　　$HCOOH \longrightarrow CO_2 + 2H^+ + 2e^-$　　$\varphi^\ominus = -0.25V$　　　（2-18）

阴极反应：　$\dfrac{1}{2}O_2 + 2H^+ + 2e^- \longrightarrow H_2O$　　　　　　$\varphi^\ominus = 1.229V$　　　（2-19）

总反应：　　　$HCOOH + \dfrac{1}{2}O_2 \longrightarrow CO_2 + H_2O$　　　　$E^\ominus = 1.479V$　　　（2-20）

途径 2　　　　　$HCOOH \longrightarrow CO_{ads} + H_2O \longrightarrow CO_2 + 2H^+ + 2e^-$　　　　（2-21）

目前一般认为，甲酸氧化生成 CO_2 遵循所谓的"平行或双途径机理"[23,24]。直接氧化（途径 1）通过脱氢反应发生，而不形成 CO 作为反应中间体。第二条反应途径（途径 2）通过脱水形成吸附的一氧化碳（CO）作为反应中间体。在反应途径 2 中，甲酸首先吸附在催化剂表面上，形成中间体吸附态的 CO 物质，其是气态 CO_2 终产物的未完全氧化物，会吸附在催化剂表面的活性位点上，导致催化剂中毒。途径 1 不形成中间产物 CO，是人们期待的甲酸电催化氧化的理想途径。选择合适的阳极催化剂使得 FAOR（甲酸氧化反应）通过途径 1 进行是很重要的。

目前，对甲酸催化氧化活性最高的单金属催化剂是 Pd 和 Pt。通常认为，甲酸在金属 Pd 上的氧化是通过途径 1 直接氧化进行的，不产生中间产物 CO_{ads}，因此，Pd 基催化剂可以在一定程度上避免催化剂"中毒"的问题。但是人们发现 Pd 对甲酸只是初始催化活性较高，其稳定性较差。关于 Pd 催化剂的失活机理人们做了大量的研究。在研究的初期，由于没有先进的表征手段去原位监测甲酸在催化剂表面发生催化反应的中间产物，人们普遍将 Pd 的失活归因于一些未被检测到的中间产物的生成。到了 2008 年，Osawa 课题组[25] 分别研究了硫酸和高氯酸体系中甲酸在 Pd 催化剂上的电催化氧化反应，并通过原位衰减全反射表面增强红外光谱（ATR-SEIRAS）法检测到了中间产物 CO_{ads} 的生成，但 CO_{ads} 的生成速率缓慢，不是制约 Pd 活性的因素。2011 年，Cai 课题组[26] 在研究甲酸在 Pd 催化剂上的电催化氧化反应时，通过 ATR-SEIRAS 法检测到了 CO_{ads} 的存在，并且首次揭示了 CO_{ads} 的来源——甲酸直接氧化产物（即 CO_2）的还原。

普遍接受的观点是甲酸在 Pt 上的电氧化反应遵循所谓的双途径机理。在该反应机理中，一条路径涉及通过一种或多种活性中间体的快速反应（直接路径），而第二条路径包括毒物中间体的形成步骤（间接路径）[24]。Pt 上的 FAOR 是对催化剂结构敏感的反应。对铂的三个基础晶面而言，其氧化活性为 Pt(110)＞Pt(100)＞Pt(111)。

2.2
阳极催化剂

2.2.1　甲醇电氧化催化剂

2.2.1.1　一元催化剂

金属 Pt 耐酸性电解液腐蚀程度高、稳定性好，将金属 Pt 作为阳极催化剂时甲醇氧化的过电势较低，说明其性能较优，所以金属 Pt 是当前使用最普遍的单元催化剂。现今，还没有研究出一种可替代 Pt 的单一金属。但是，CO 吸附在Pt 一元催化剂上，从而导致 Pt 催化剂毒化，反应效率急速下降。金属 Pt 的分散度不够导致金属 Pt 的使用效率低，研究者们为了提高金属 Pt 的使用率，尝试使用一些高比表面积的导电基体作载体，如炭黑、碳纳米管钛基化合物等[27]，发现加入碳载体后，金属 Pt 分散度提高，进而提高催化性能，而且 Pt 与碳载体之间产生了协同效应，稳定性也高于单 Pt[28]，所以现今大多使用导电炭黑作为 Pt 催化剂载体。

通过使用 Pt 单晶电极，证明了甲醇的电化学氧化是对催化剂结构敏感的反应[26-28]。Bagotzky 等最初发现，虽然吸附等温线是相同的，但是具有更致密的原子堆积的 Pt 晶体表面会产生更高的 MOR 速率[29]。因此，所观察到的电催化结果应该用电子效应而不是基于活性中心的表面结构来解释。在 20 世纪 80 年代早期，Clavilier 及其同事[30,31] 使用更精确的实验方法重新定义了这些概念，并表明 Pt(110) 是 MOR 最活泼的晶面，但抗中毒能力差；Pt(111) 抗中毒能力较强；Pt(100) 在很宽的电位范围内会被吸附的中间体阻挡，但可以在高阳极电位下清洗去除吸附的反应中间体。一般认为保持催化剂中有较多的 Pt(111) 晶面是必要的。

在 MOR 过程中，CO 更容易在低电位下产生，且其氧化与 Pt 晶体的结构相关。在 Pt 的低指数晶面中，Pt(100) 上的 CO 氧化起始电位低于 Pt(111)。但是，由于 CO 中间体在 Pt(100) 上的吸附较强，使得 Pt(100) 更易于失活[32]。因此，在 Pt 催化剂的结构设计中应突出 Pt(111) 面，以提高 MOR 活性和 CO 耐受性。研究报道了许多具有不同形貌的 Pt 纳米晶体（如纳米立方体[33]、纳米板[34,35]、纳米棒[36]、纳米线[37-39]、纳米管[40] 和纳米枝晶[41] 等），因为能有效提高 Pt 的原子的利用率和 CO 耐受性，这些催化剂都表现出优异的 MOR 活性。在各种不同的形貌中，三维树状枝晶因具有更大的表面积和带有更多台阶位点和边角位点的粗糙表面，因而暴露出更多高效的活性位点，所以能表现出优异的催化性能。周海波课题组报道了一种简便合成 Pt 纳米树状枝晶的方法，由于其结构的特性，所合成的 Pt 纳米树状枝晶具有出色的 MOR 活性和稳定性[41]。

选择一种合适的催化剂载体来锚定和分散 Pt NP（纳米颗粒）也是一种有效的策略。如三维有序的介孔碳球阵列[42]、空心中孔的三氧化钨微球[43]、RGO-$Ti_3C_2T_x$ 3D 结构[44]、泡沫镍[45] 等负载的 Pt 催化剂都能表现出比商业 Pt/C 更高的 MOR 活性。研究发现，Pt NP 能均匀分散在 CCl_4 气体刻蚀碳化硅纳米颗粒原位形成的原子碳层上，且其能作为一种优异的 MOR 催化剂，具有比商业 Pt/C 催化剂更高的活性和抗中毒性。此外，该催化体系的 Pt 含量远低于商业 Pt/C 催化剂和其他已报道的催化体系。DFT 和 XAFS（X 射线吸收精细结构）测试结果表明，该催化体系的活性提高是由于 Pt NP 表面的 CO 吸附能减弱，另外，催化剂表面吸附的 OH 物种增加，从而能加快 CO 的氧化去除[46]。

由于金属氧化物具有良好的耐腐蚀和催化性能，许多金属氧化物材料都可以充当助催化剂。研究表明，金属氧化物可以作为 Pt 的助催化剂，它能有效促进 CO 的氧化。Pt 和金属氧化物之间强大的金属-载体相互作用也有助于增强催化剂的活性和稳定性，而且引入金属氧化物助催化剂也可以减少电催化剂中的贵金属总量，从而降低催化剂的成本。近年来，多种金属氧化物如 WO_3[47]、MoO_x[48]、CeO_2[49]、$Au@CeO_2$[50]、SnO_2[51,52]、TiO_2[53] 等被用作 Pt 的助催化剂应用于 MOR，并对催化性能的提升起到了良好的促进作用。

过渡金属氮化物（碳化物）因其独特的电子特性和高稳定性而在材料科学中引起了广泛的关注。研究发现，过渡金属氮化物（碳化物）可作为 Pt 的助催化剂应用于 MOR。付宏刚课题组报道了一种通用的组装方法，合成了负载在石墨烯上的氮化钨（WN）纳米颗粒，其尺寸约为 2~3nm。随后将 WN/石墨烯作为载体来负载 Pt NP。所得的 Pt-WN/石墨烯产生了优异的 MOR 活性，它的质量活性分别是 Pt/石墨烯、商业 Pt/C（JM）和自制 Pt/Vulcan 催化剂的 2.45 倍、2.88 倍和 3.70 倍。Pt-WN/石墨烯也具有优异的抗 CO 中毒性能和稳定性。其优异的 MOR 性能与 WN 在石墨烯上的小尺寸和高分散性有关，这大大增加了 WN 与 Pt 催化剂接触的机会，以促进协同作用[54]。而陈忠伟课题组采用一种共价偶联的 g-C_3N_4 修饰的碳纳米管（g-C_3N_4-CNT）作为平台来稳定亚纳米尺寸（约 1nm）的 Pt 团簇。Pt-g-C_3N_4-CNT 具有更合适的 d 电子轨道态密度分布，因此比 Pt/碳纳米管（Pt-CNT）更有利于甲醇的电氧化。且 OH* 在 g-C_3N_4 上的吸附更强，这有利于 CO 的氧化去除，所得的 Pt-g-C_3N_4-CNT 表现出优异的 MOR 活性[55]。

过渡金属磷化物（TMP）在光催化、电催化、析氢反应（HER）和燃料电池中都有应用。据报道，TMP 可用作 HER 电催化剂，其活性和稳定性均高于其他 Pt 基催化剂。考虑到 MOR 和 HER 之间类似的反应步骤（水的吸附和解离），所以可以预期 TMP 对 MOR 也应该能起到一定的共催化作用。研究发现 Pt-CoP/C[56]、Pt-Ni_2P/C[57]、Pt-Ni_2P/石墨烯[58]、Pt-MoP/C[59]、Pt-WP/C[60] 等都具有优异的 MOR 活性。卢苇课题组将双金属磷化物（$NiCoP_x$）紧密封装到介孔碳中，所得的 Pt/$NiCoP_x$@NCNT-NG 结合了 TMP 和介孔碳的优点，使负载的 Pt NP 具有更多的活性位点和更高的内在活性，其 MOR 催化性能显著提升。此外，由于碳层的保护作用，Pt/$NiCoP_x$@NCNT-NG 在空气中暴露两个月后，其活性仍没有明显损失[61]。

2.2.1.2 二元催化剂

为了克服纯 Pt 催化剂上甲醇催化氧化的种种缺陷，设计二元合金催化剂是最为常用也是被最广泛研究的一种方法。将另一种金属 M 与 Pt 形成合金，既可以提高 Pt 的利用效率，也能通过协同效应、配体效应（电子效应）和几何效应来增强纯 Pt 催化剂的电催化性能。当与 Pt 结合时，M 对甲醇氧化的协同作用可以用 CO_{ads} 氧化的双功能机理来解释，其中 H_2O 和 OH 优先结合到 M 原子上。M 位上吸附的 OH 能将吸附在邻 Pt 位点上的 CO_{ads} 氧化为 CO_2。配体效应是指另一种金属会使 Pt 的电子结构发生变化，从而导致 Pt 与 CO_{ads} 的吸附作用减弱。至于几何效应，以核壳结构催化剂为例，核原子与壳原子的晶格失配会引起应力效应，从而可能直接影响催化剂表面原子的电子结构，进而改变相应的催化性能。

Pt 的电催化活性可以通过第二种金属如 Ru、Sn、Os、W、Mo 等的存在来促进，该金属的作用是作为吸附原子或双金属[4]。现已有三种理论来解释附加元素的促进作用。第一种假设是作为金属促进剂和吸附原子改变了底物的电子性质或起到氧化还原中间体的作用[62,63]。由实验证据支持的这一假设也表明了氧化速率的增加可能是空间效应的影响。第二种假设认为吸附原子是作为毒物形成反应的阻断剂[63]。第三种假设是基于双功能理论，该理论认为燃料或毒物中间体的氧化反应，可以通过在反应物质附近的促进剂或吸附原子上吸附氧或羟基自由基来增强[64]。

在所有的双金属催化剂中，PtRu 是研究最多的二元催化剂之一。相比于纯 Pt 催化剂，PtRu 二元催化剂对甲醇电氧化反应的活性更强，这归因于双功能机制[64] 和配体（电子）效应。双功能机制涉及在较低电位时在 Ru 上吸附含氧物质，从而促进 CO 氧化成 CO_2，该反应过程可归纳如下[64]：

$$Pt + CH_3OH \longrightarrow Pt(CO)_{ads} + 4H^+ + 4e^- \tag{2-22}$$

$$Ru + H_2O \longrightarrow Ru(OH)_{ads} + H^+ + e^- \tag{2-23}$$

$$Pt(CO)_{ads} + Ru(OH)_{ads} \longrightarrow CO_2 + Pt + Ru + H^+ + e^- \tag{2-24}$$

PtRu 合金的协同促进作用可以通过 X 射线吸收分析来解释[62]。分析表明，Pt 与 Ru 合金化将会导致 Pt 的 d 带空位增加，这可能改变了 Pt 上甲醇残留物的吸附能。这些证据表明甲醇电氧化反应速率不仅受双功能机制的支配，而且还受到 Pt 与 Ru 之间的电子效应的影响[62,65]。董绍俊课题组[66] 通过一步湿化学法合成了具有可调控形态（纳米线、纳米棒、纳米立方体和纳米颗粒）的超薄 PtRu 纳米晶体。可通过加入不同种类或数量的表面活性剂来控制合成的 PtRu 纳米晶体的形态。所得的 PtRu 纳米晶体表现出优异的 MOR 电催化活性。其中，PtRu

NW 的最高质量比活性为 0.82A·(mg Pt)$^{-1}$，面积比活性为 1.16mA·cm^{-2}，优于其它形状的 PtRu 催化剂和商业 Pt/C 催化剂。PtRu 双金属催化剂通过协同效应催化 MOR 的机理分析表明，甲醇在 Pt 基催化剂表面的电氧化有双重反应途径。其中，间接途径是反应的控速步骤，毒物中间体主要是 CO$_{ads}$，它是由甲醇分子的解离吸附得到的。而先前的密度泛函理论（DFT）计算表明，只有当 Ru 和 Pt 原子之间的距离小于 4.0Å（1Å = 10^{-10} m）时，才能够形成中间过渡态，否则将彼此远离。因此，为了实现 Pt 和 Ru 原子之间的紧密连接，PtRu 催化剂的合金结构比核壳结构和异质结构更具优势。此外，{111} 晶面封闭的 PtRu NW 上的 CO$_{ads}$ 和 OH$_{ads}$ 的吸附能比 {100} 晶面封闭的 PtRu NC 的吸附能更接近最佳值，因此，PtRu NW 比 PtRu NC 显示出更高的 MOR 活性。而由于与 PtRu NR 相比，PtRu NW 具有更长的长度和更短的直径，所以能暴露出更多的 {111} 面活性位点，并表现出更高的电催化活性。在所得的纳米晶体中，PtRu NW 也具有最佳的稳定性。经长时间电化学循环测试后，PtRu NW 的形貌基本没有发生明显变化。因此，可以认为其特殊的合金成分和超薄的一维纳米结构有效地防止了 PtRu NW 的团聚，并提高了催化剂的电化学稳定性。

除对 PtRu 合金形貌调控的研究外，也有研究人员关注合金程度对于 PtRu 合金电催化性能的影响。孙世刚团队发现高温退火处理能有效提高 PtRu 的合金化程度。他们通过共还原法得到 PtRu 合金，然后在 700℃ 下进行高温热处理，得到负载在多孔石墨碳上的 PtRu 合金催化剂[67]。这种方法得到的 PtRu 合金催化剂具有小粒径（<3nm）、高合金度，且 Pt 与 Ru 原子之间的电子相互作用更强。电化学测试结果表明，这种方法合成的 PtRu 合金催化剂具有比商业 Pt/C 和商业 PtRu/C 更高的催化性能和 CO 耐受性。研究发现，其优异的催化性能是因为它能够在更低的电位下生成 CO$_2$，这大大提高了 C—H 键的裂解能力并减轻了活性位点上的 CO$_{ads}$ 中毒。在单电池测试中，所得的经过高温处理的 PtRu 合金催化剂的最高能量密度为 83.7mW·cm^{-2}，比将商业 Pt/C 用作阳极催化剂时高 3 倍多。Zhang 等报道了用一锅法合成的具有高度各向异性的五倍孪晶 PtCu 纳米结构，它在碱性介质的 MOR 中表现出了较高的电催化活性[68]。

目前研究的二元催化剂大致有：PtRu、PtSn、PtW、PtAu、PtPb、PtNi、PtPd[69,70] 等，引入不同金属对甲醇电氧化反应的影响不同。研究较多的合金主要有 PtRu、PtMo、PtSn 合金，其中 PtRu 合金相比其他合金抗 CO 中毒能力较强，是催化性能以及稳定性最好的一种二元合金催化剂[70]。

夏宝玉课题组制备了一种独特的一维分层 PtFe 合金纳米结构[71]，该结构具有表面 Pt 层的 1D 形态赋予了催化剂高度的稳定性，而独特的分层结构又促进了有效的电荷和质量转移。此外，Fe 原子能调节 Pt 原子的电子状态，这可以调节 Pt-CO 的结合强度，从而进一步提高催化剂的活性和稳定性。所制备的 PtFe 合金纳米结构显示出比商业 PtRu/C 和 Pt/C 更高的 MOR 活性和稳定性，其质量比活性为 $1.65A \cdot (mg\ Pt)^{-1}$，面积比活性为 $5.26mA \cdot cm^{-2}$，分别比商业 Pt/C 高 6.1 倍和 11.4 倍，比商业 PtRu/C 高 3.0 倍和 5.2 倍。郭少军课题组[72] 用离子辐射法首次在 PtPb NP 中设计了一种新颖的结构（PtPb-A/C NP）。如图 2-2 所示，在该结构中，首次实现了表面上同时共存的结晶相和非晶相，并且该结晶相被非晶相环状地包围，从而形成了晶体/非晶界面。晶体/非晶界面可以通过调控 Pt 原子的电子结构和 d 带中心来提供大量的活性位点。因此，晶体/非晶界面中的原子可以活化 C—H 和 O—H 键，从而增强催化性能。同时，这种界面优化了羟基和中间体在催化剂上的吸附能，以促进小分子的完全氧化，具有这种特殊结构的 PtPb NP 对 MOR 具有极好的催化活性。

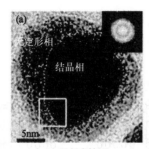

(a) 透射电镜图   **(b) 高分辨透射电镜图**
[(a)中方形区域]

图 2-2　PtPb NP 的透射电子显微镜图[72]

然而，由于 Pt-M 合金的合金度较低，所以在甲醇燃料电池的长期运行过程中，过渡金属 M 会不断溶解，从而破坏合金催化剂的结构，使得催化活性显著降低。为了提高合金催化剂的稳定性，一种方法是构建碳/金属氧化物壳来保护合金。但是对于具有可控纳米结构（例如尺寸、形状、形态和组成均一的金属纳米颗粒）的 Pt 基金属纳米颗粒的封装仍然是一种挑战。马飞课题组通过对铜金属有机骨架（MOF）进行温和退火处理，将球形空心 PtCu NP 包裹在碳壳中，所得催化剂的 MOR 活性、稳定性都显著提高[73]。另一种有效的解决方法是合成 Pt-M 有序金属间化合物，在这种金属间化合物结构中，Pt 与 M 之间的相互作用力更强，从而能有效防止过渡金属 M 的析出，维持催化剂的稳定性。DiSalvo 及其同事发现，与无序的 Pt_3Ti 和 Pt_3V 合金相比，结构有序的 Pt_3Ti 和 Pt_3V 具有更优异的 MOR 性能[74]。Murray 及其同事发现，反应温度在从无序 PtZn 合金到有序 Pt_3Zn 催化剂的结构转变中起着重要作用。所制备的有序 Pt_3Zn 催化剂对 MOR 的活性比无序 PtZn 合金更高[75]。郭少军课题组报道合成了以金属间化合物 hcp-PtBi 为核、超薄 fcc-Pt 为壳的具有核壳结构的新型二维纳米板催化剂。PtBi 纳米板/C 的面积比活性和质量比活性分别达到 $3.18mA \cdot cm^{-2}$ 和 $1.1A \cdot (mg\ Pt)^{-1}$，分别是 Pt/C 的 7.4 倍和 3.7 倍[76]。而木士春课题组用一种简单的方法，在 200℃ 的低温条件下，在乙二醇（EG）溶液中合成了负载在 ATO（Sb 掺杂的 SnO_2）上的结构有序的 PtSn 纳米催化剂。如图 2-3 所示，在此，ATO 不仅作为 Pt 纳米颗粒沉积的导电载体，产生金属与载体之间的强相互作用；而且还提供了 Sn 源，用于将 Pt 纳米颗粒转变为结构有序的 PtSn 金属间纳米颗粒。此外，PtSn 金属间纳米颗粒中的 Sn 可以在相对较低的电势下形成 OH_{ads}，从而有利于在相邻的 Pt 活性位点上氧化去除 CO_{ads}。PtSn 金属间纳米颗粒与 ATO 之间的强相互作用也有利于活性提高。与传统的 PtSn 合金和商业 Pt/C 催化剂相比，所制备的结构有序的 PtSn 金属间纳米催化剂具有更高的 MOR 活性和稳定性[77]。

图 2-3　金属间 PtSn 纳米粒子在乙二醇中于 200℃ 时可能的生长机理示意图[77]

　　此外，对于催化剂的表面调控也是一种精确控制和优化其电催化活性的方法，这种方法产生的表面应变会改变相关反应物种的吸附/解吸特性，从而增强电催化性能。尽管近年来表面应变在电催化方面取得了一些进步，但通常认为催化性能的增强是由压缩应变效应引起的，而拉伸应变效应不利于活性增强。但近来，也有研究表明一定程度的拉伸应变有利于催化性能的提升。李亚栋课题组通过一种简单的方法制备了表面有 2～3 个原子层 Pt 的金属间 Pt_3Ga（AL-Pt/Pt_3Ga）。由于内部 Pt_3Ga 和外部 AL-Pt 之间的晶格失配，使得催化剂产生了表面应变。结果，AL-Pt 沿 [001] 方向具有 3.2% 的拉伸应变，而沿 [100]/[010] 方向的应变可忽略。对 MOR 来说，这种具有拉伸应变的 AL-Pt/Pt_3Ga 催化剂比商业 Pt/C 和没有发生应变的 Pt 纳米晶体（NC）催化剂表现出明显更高的面积比活性和质量比活性。图 2-4 的 DFT 结果显示，拉伸表面发生的甲醇分子氧化反应比未拉伸表面在热力学上更容易进行。所有的电子转移基本步骤都是放热的，表明拉伸应变的催化剂具有高的 MOR 活性，这是因为在拉伸的 Pt

（100）上，水分子更易于活化，从而有利于氧化去除 CO_{ads}。而且，与没有拉伸应变的催化剂相比，具有拉伸应变的催化剂的 d 带中心正移，所以活性增强的一部分原因是电子效应[78]。

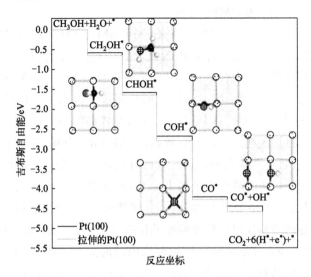

图 2-4　相对于 RHE，在 pH＝0.25，U＝0.88V 的非应变 Pt(100) 和
拉伸 Pt(100) 表面上，MOR 的计算反应路径[78]

所有基本步骤都涉及（H^+＋e^-）对的解离，插图是中间体的优化结构

◎ Pt；● C；⊕ O；○ H

Pd 基材料（如 PdAu，PdAg，PdCu，PdCo，PdNi 等）被认为是 DMFC 阳极和阴极反应的有效催化剂，因为它们具有与 Pt 基材料相当的催化特性，但成本要低得多。Wang 等报道了一种纳米多孔的 PdAu 催化剂[79]，它在碱性介质中的催化活性显著提高且能维持反应的长期稳定性。催化活性的提高可以通过 d 带理论，双功能机理和典型的双峰互连纳米多孔复合结构来解释。Zhen 等[80]报道了一种 $Pd_{40}Ni_{60}$ 合金，它是通过使 20％（质量分数）的三元 $Al_{75}Pd_{10}Ni_{15}$ 前驱体脱合金而制成的。与 Pd 相比，纳米晶 $Pd_{40}Ni_{60}$ 合金对碱性介质中甲醇和乙醇的电氧化具有更高的催化活性，以及更高的稳定性和更好的碳质物质积累耐受性。

2.2.1.3　多元催化剂

由于二元合金催化剂可调控选择空间有限，很难在现有的基础上对催化剂的性能进行优化，所以三元及以上的合金催化剂的设计就显得尤为重要了。研究发现在 Pt-M 二元体系中进一步引入其它亲氧性金属（Rh，Ru，Ir，Os，Sn，Pb

等）能有效增强催化剂的抗 CO 中毒性能[81]。当亲氧性金属存在时，将会促使 OH_{ads} 在较低电位下产生，OH_{ads} 会与 Pt 位点上的 CO_{ads} 发生反应生成 CO_2，从而避免催化剂因毒物中间体的作用而失去活性。加入第三种金属，可使催化剂使用寿命延长，长时间为 DMFC 工作。

目前研究比较成功的三元催化剂有：PtRuMo、PtRuOs、PtRuSn、PtRuW、PtRuNi[82-85] 等。在 PtRu 体系中，Pt 位点上的 CO_{ads} 的氧化电位（大于 0.35V vs RHE）总是比相邻的 Ru 位点上 OH_{ads} 的形成电位（0.2~0.3V vs RHE）要高，这使得 Pt 位点上 CO_{ads} 的去除成了反应的控速步骤。为了加速反应进程，需要对 Pt 的电子结构进行调控，且 Pt 与 Ru 的成本较高，需要进一步开发出具有高活性且成本较低的催化剂。一种能有效提高 PtRu 的 MOR 电催化剂活性的方法是制备 PtRuM 三元合金催化剂，这一方面可以进一步调控 Pt 的电子结构以提高催化活性，另一方面又能减少贵金属 Pt、Ru 的用量。

谢水奋团队合成了组分可调的 PtRuNi 树状枝晶纳米结构（DNS），通过调整 Pt/Ni/Ru 前驱体的进料比可以精确调控 PtRuNi DNS 的组成。其 MOR 测试结果显示，电催化活性与 Ru 含量之间呈现类似火山图的关系。其中，$Pt_{66}Ni_{27}Ru_7$ DNS 具有最高的质量比活性，是商业 Pt/C 的 4.57 倍[86]。Wang 等提出了一种热驱动界面扩散法来制备三元 $Pt_3CoRu/C@NC$ 催化剂。在整个制备过程中，没有使用其他还原剂或表面活性剂。0.7V（vs RHE）时，$Pt_3CoRu/C@NC$ 的质量比活性是商业 Pt/C 的 4.2 倍。其 MOR 活性增强的原因是 Ru 作为水分子的活化剂，而 Co 起到了电子修饰剂的作用。而稳定性的增强是由于杂原子协同效应，此外，高温退火过程中原位形成的有序金属间化合物 Pt_3Co 和 NC 保护壳也对稳定性增强起到了促进作用[87]。该课题组还设计了一种 PtFe@PtRuFe 核壳结构纳米催化剂，这种催化剂是以有序 PtFe 金属间化合物为核，3~5 个原子层厚度的 PtRuFe 为壳。在还原气氛下进行高温退火处理时，原子半径更小的 Fe^{3+}（1.27Å）具有相对更高的扩散速率，因此能够更快地扩散到 Pt 的内部，形成有序 PtFe 金属间化合物核。而原子半径更大的 Ru（1.32Å）扩散速率较慢，则会富集在表面以形成组成为 PtRuFe 的壳。将 Fe 引入到 PtRu 中，能够将更多的电子转移到 Pt 上，从而降低 Pt 上 CO_{ads} 的吸附能，有利于 Pt 位点上的 CO_{ads} 的氧化去除。所得的 PtFe@PtRuFe 催化剂表现出比 PtRu/C 和 Pt/C 更高的 MOR 活性和稳定性。PtFe@PtRuFe 催化剂表面上的 CO 氧化起始电位（0.39V）明显低于商业 PtRu/C（0.43V）和 Pt/C（0.83V）催化剂，且 PtFe@PtRuFe 的面积比活性为 1.30mA·cm^{-2}，分别是 PtRu/C 和 Pt/C 的 1.57 倍和 8.6 倍[88]。

在 PtRu 基多元合金催化剂研究的同时，考虑到 Ru 的高成本和其化学不稳定性，对其他不含 Ru 的 Pt 基多元合金催化剂的研究也十分必要。对 Pt 基多元合金催化剂的改性，除组分调控外，较为常见的方法是通过对催化剂的形貌调控使催化剂表面暴露出更多的活性位点。此外，催化体系的缺陷效应、晶面效应等的作用也能使催化性能大大提升。陈国柱课题组设计了一种微波辅助一锅法来制备具有可调控缺陷密度的 PtCuCo 纳米框架（NF）[89]。在这种合成方法中，可以通过使用不同种类或数量的还原剂和结构导向剂来控制高指数晶面的密度。所合成的催化剂纳米框架中［缠绕六足纳米框架（wh-NF）；锯齿六足纳米框架（sh-NF）；六足纳米框架（he-NF）；粗糙六足纳米框架（rh-NF）］，具有较高缺陷密度的 rh-NF 的最高面积比活性为 $4.06 \mathrm{mA} \cdot \mathrm{cm}^{-2}$，质量比活性为 $1.45 \mathrm{mA} \cdot (\mu \mathrm{g~Pt})^{-1}$，优于其他 PtCuCo NF。PtCuCo NF 活性增强的原因可归为三点：首先，向 Pt 纳米晶体中引入 Cu 和 Co 可以调节 PtCuCo NF 中 Pt 的电子结构（d 带中心），这阻碍了反应中间体物种（例如 CO）在催化剂表面的吸附，并进一步增强了催化性能；其次，PtCuCo 纳米晶体具有三维可接触的六足纳米框架结构，这可增加比表面积并暴露出丰富的活性位点；最后，PtCuCo NF 具有高密度的高指数晶面以及表面上丰富的台阶原子和晶格畸变。电氧化性能测试结果表明，与 sh-NF、wh-NF 和 he-NF 相比，rh-NF 表现出最高的催化活性，这可能是由于 PtCuCo rh-NF 具有粗糙的表面结构以及丰富的凹凸位点，使其具有高密度的高指数晶面，所以能表现出更优异的 MOR 性能。此外，研究发现其他形貌各异的催化剂，如 PtFeSn[90]、AuAgPt[91]、PtNiPb[92]、PtCuRh[93]、PtIrCu[94]、MnPtCo[95] 等也具有优异的 MOR 性能。

王得丽课题组制备了有序三元金属间化合物 $PtFe_x Cu_{1-x}$。与无序结构相比，这些有序结构表现出显著增强的活性和稳定性，这不仅是因为 bct-PtFe 有序结构的稳定性，而且相对惰性的 Cu 部分取代了 Fe，可以减轻非贵金属的溶解。在有序的 $PtFe_x Cu_{1-x}$ 系列材料中，$PtFe_{0.7} Cu_{0.3}$ 表现出最佳的耐久性，这部分归因于最佳的 Cu 浓度（Cu/Fe 为 3:7）。当 Cu/Fe 增加到 5:5 时，所得的 $PtFe_{0.5} Cu_{0.5}$/C 在稳定性测试之后有序结构严重损坏。此外，较小的 Cu 原子部分取代 bct 结构中的 Fe 会引起类 CO 物质的较强吸附，导致甲醇氧化活性略有下降。但是，与稳定性的显著提高相比，其活性的略微下降也不影响对于整体催化性能的改善[96]。邢巍课题组通过使用预先制备的 TePb NW 合成三元 TePbPt 合金纳米管（NT）催化剂，其中 Pb 被用作牺牲模板和还原剂来保护 Te、调节 Pt 的电子结构并促进 CO_{ads} 氧化[97]。俞书宏课题组通过电荷置换反应，以牺牲超薄的 Te 纳米线（NW）为代价来合成具有低 Pt 含量的四元 PtPdRuTe 纳米管（NT）。其中，未反应的 Te 能支撑碳纳米管骨架，并使其他三种贵金属的载量最小化；Pt 原子充当 MOR 的活性位点，通过甲醇脱氢形成 Pt-CO；更具有亲氧性的 Ru 位点有利于含氧物种的吸附，促进 Ru-OH 在较低电势下形成，优先氧化 CO_{ads} 以产生 CO_2 并重新释放活性位点；而由于 Pd 具有较高的还原电位，又能修饰 Pt 的电子结构，在长期稳定性测试中，将少量 Pd 引入碳纳米管中可改善其表面反应性能。与三元 PtRuTe 催化剂相比，四元体系不仅能表现出各组分间更大的协同效应以进一步提高催化活性，而且还具有更高的稳定性[98]。谢水奋团队制备了一种厚度约为 1.5nm 的 PtCoNiRh NW，与不含 Rh 的 PtCoNi NW 相比，PtCoNiRh NW 的 MOR 活性更高，其 MOR 过程具有更低的起始电位，催化剂也表现出了更强的抗毒性。Rh 的耐腐蚀性能有效稳定酸性环境中的 Pt-CoNiRh NW。此外，电化学原位傅里叶变换红外光谱法证实 Rh 的存在能促使催化剂表面的 CO_{ads} 由线式吸附转为桥式吸附，这有利于 CO_{ads} 的去除，从而提高了催化剂的 CO 耐受性[99]。

近来，研究发现 F 掺杂且部分氧化的碳化钽 $TaC_xF_yO_z/C$ 在酸性介质中对于 MOR 具有优异的电催化活性（$y \approx 0.12$，$z \approx 2$），其性能优异，并且与传统的 PtRu/C 催化剂相比，其结构稳定，抗 CO 中毒的能力极高。该催化剂上的电化学氧化过程是通过一种无中毒机理进行的，在这种机理中，因为 Ta 周围具有高的正电荷密度，或是因为 F 掺杂或部分氧化使得 Ta 具有较强的电子亲和力，甲醇首先吸附在 $TaC_xF_yO_z$ 中 Ta 的表面，然后脱氢以逐步从甲基中除去 H，甲醇氧化的最终产物是 CO_2。现在研究已证明 $TaC_xF_yO_z/C$ 能取代 PtRu/C 电催化剂来作为直接甲醇燃料电池的 MOR 的非贵金属催化剂[100]。

2.2.1.4 Pt 基合金-氧化物催化剂

金属氧化物的引入对于 Pt 催化剂有着良好的协同催化作用。类似地，在 Pt 基合金催化剂中引入金属氧化物也能对催化剂的催化性能进行有效调控。

Pt_3Sn 金属间纳米颗粒在酸性环境中表现出了优异的 MOR 活性、稳定性和抗 CO 中毒性能[101-103]。而在众多的金属氧化物材料中，SnO_2 因为它的价格较低、能在较低电位下产生 OH_{ads}、能与 Pt 产生强相互作用，所以被广泛用来提高 Pt 的 MOR 活性。孙学良课题组提出了一种通过将负载在 N 掺杂的石墨烯上的 Pt-Sn 原位转变以制备负载在 N 掺杂的石墨烯上的 $Pt_3Sn-SnO_2$ 的简单方法。如图 2-5 所示，这种原位转变不仅能诱导有序 Pt_3Sn 和 SnO_2 的形成，而且能够精确控制 Pt_3Sn 和 SnO_2 之间的接触，产生较强的 $Pt_3Sn-SnO_2$ 相互作用。这种 $Pt_3Sn-SnO_2/NG$（天然石墨）表现出优异的 MOR 活性、稳定性和抗 CO 中毒性能[104]。

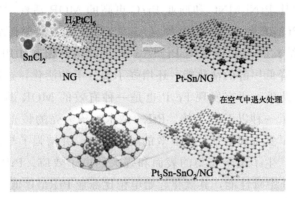

图 2-5　负载在 N 掺杂石墨烯上的 $Pt_3Sn\text{-}SnO_2$ 合成策略示意图[104]

Sang Woo Han 课题组报道了一种简便的一锅合成策略，用于形成紧密耦合的金属（PtNi 合金）-金属氧化物（CeO_x）杂化纳米结构。由于它们的晶粒尺寸较小，所以杂化物中的氧化铈纳米片包含大量的氧空位并且具有较高的电导率。所制备的 $PtNi/CeO_2$ 杂化物表现出出色的 MOR 电催化活性和稳定性[105]。此外，$PtRu\text{-}TiO_2$、$PtRu\text{-}SnO_2$、$PtRu\text{-}IrO_2$[106]、$Pt_3Co\ NW/Ti_{0.7}W_{0.3}O_2$[107]、$PtCu\text{-}TiO_2$[108] 等也表现出优异的电催化性能。

2.2.1.5　非金属元素掺杂 Pt 基催化剂

近年来，出现了一些将过渡金属元素与非金属元素结合或是在碳载体中掺杂非金属元素来进行改性的催化剂设计新思路。通过适当的方法引入一些非金属元素（N、P、B、S 等）能有效调节金属的电子结构或者载体的结构特性，从而极大限度地影响催化材料的物理、化学特性。因此，非金属元素的引入是提高催化剂电催化活性的一种有效策略。

该领域的最新研究趋势是将磷（P）（一种由大量价电子组成的廉价类金属元素）引入 Pt 和 Pt 基纳米结构中。磷具有丰富的价电子，类似于氮，可以有效地修饰活性金属的电子态，从而调节其物理、化学特性。通过采用不同的策略和使用不同的磷源，已经设计出多种含 P 的 Pt 基纳米催化剂，这些催化剂表现出优异的电催化性能和 CO 耐受性[109-112]。研究发现在 PtRu 体系中引入微量的 P 可以减少其团聚和溶解现象，提高 PtRu 对甲醇氧化的催化活性[113]。Jianbo He 课题组成功制备了 Pt_5P_2 合金催化剂，由于 P 的引入对 Pt 电子结构造成影响，这种生成的 Pt_5P_2/C 催化剂表现出显著增强的 MOR 活性和出色的耐久性，优于商业 Pt/C 催化剂和商业 PtRu/C-JM 催化剂[114]。Kai Deng 等制备的三元 PtNiP 纳米结构融合了中空纳米笼和介孔表面的结构优势以及金属-非金属多组分的组成特性，表现出比 PtNi MNC 和商业 Pt/C 更高的 MOR 活性[115]。王海辉课题组合成了多孔 PtAuP 合金纳米管阵列（ANTA）[112]。实验分析结果表明，活性金属 Pt 的电子结构和态密度会因 Pt、Au 和 P 之间的相互作用而改变。因此，电子效应不仅会降低甲醇的活化能，还增强了水分子的活化，这促进了 CHO 与 OH_{ads} 的反应。此外，研究发现 Fe_2P 也是一种有效的 MOR 助催化剂[116]。冯立纲课题组开发了一种以 FeP 为核、PtRu 纳米粒子为壳的核壳结构催化剂，这种核壳结构赋予了贵金属活性位点有效的配体效应，并增强了与相邻的促进剂的相互作用，从而产生了电子富集的表面和强大的电子效应。PtRu@FeP 催化剂具有优异的抗 CO 中毒性能，其氧化起始电位比商业 PtRu/C 低约 110mV，而且还具有出色的催化活性和稳定性[117]。

由于 B 对含氧物种的较强吸附力，在酸性体系中掺入 B 不仅能改善 Pt NP 在载体上的分散性、提高 Pt 的利用效率，而且能加快 Pt 表面 CO 的氧化去除。张根磊团队[118] 报道了一种通过将 B 掺杂到载体或助催化剂中来增强 Pt 基催化剂对 MOR 的电催化性能的策略。与以未经处理的炭黑作为载体的 Pt/C 相比，将 Pt NP 直接沉积在 B 掺杂的炭黑上的 Pt/BC 在酸性介质中表现出更高的 CO 耐受性以及更好的催化活性和稳定性。此外，B 掺杂的 TiO_2 也被用作 Pt/BC 催化剂的助催化剂，所得的 Pt-BTO$_x$/BC 催化剂与 Pt-TiO$_2$/BC 和 PtRu/C-JM 相比，具有更高的电化学活性和 CO 耐受性。这主要归因于 TiO_2 的氧空位浓度的增加和 Pt 的 d 带中心下移。

非金属元素掺杂的纳米碳材料（例如，碳纳米管、石墨烯）被认为是良好的电催化剂载体材料，并且它们的电化学性质与合成方法和掺杂元素的类型密切相关。其中，碳纳米管由于其低成本、良好的化学稳定性、大表面积和高导电性而被认为是一种重要且有前景的载体材料。然而，由于其表面惰性，难以将高度分散的催化纳米颗粒沉积在原始 CNT 上。孙世刚课题组[119] 开发了一种新颖的方法来制备 S 掺杂的 MWCNT（S-MWCNT）载体，以实现高活性 Pt 纳米粒子的均匀分散。所得的 Pt/S-MWCNT 催化剂对 MOR 表现出优异的电催化性能。Du 课题组合成了一种 B、N 共掺杂的石墨烯（BNG）材料，并将其用作增强贵金属催化剂对甲醇氧化反应的催化性能的新型载体。由于 B 和 N 的共掺杂作用，BNG 载体具有更多的缺陷位点，因此能将平均尺寸为 2.3nm 的 Pt 纳米颗粒锚定在 BNG 载体的表面[120]。此外，S 和 P 共掺杂的石墨烯[121]、N 和 B 共掺杂的碳壳[122] 等负载的催化剂也表现出优异的催化性能。

高活性、高稳定性和耐 CO 中毒的 MOR 催化剂的研究取得了很大进展。近年来对酸性环境中的甲醇氧化反应 Pt 基催化剂的改性主要有以下几种策略：

（1）组分调控　对二元及多元合金纳米催化剂来说，在 Pt 中引入其他廉价金属元素不仅能有效降低催化剂中 Pt 的含量，从而降低催化剂的成本，而且会产生协同效应（双功能作用）和配体效应（电子效应），这将有利于催化活性和稳定性的提高。

（2）形貌调控　迄今为止，对定义良好的 Pt 基纳米合金的形貌调控一直被认为是能最大化其催化活性优势的策略之一。核壳结构的催化剂由于其高 Pt 原子利用率而受到研究人员的广泛关注。而与零维纳米粒子相比，一维、二维和三维纳米结构由于其较大的表面积、丰富的活性位点和出色的耐久性也表现出优异的催化性能。同时考虑到结构效应对于催化性能的影响，设计具有特定高指数晶面的催化剂对于 MOR 活性的提高能发挥出显著的促进作用。

（3）引入助催化剂　由于其优异的结构和组成特性，金属氧化物、过渡金属氮化物（碳化物）、过渡金属磷化物等的引入，对于 Pt 和 Pt 基合金催化剂都有着良好的促进作用。这种催化剂与助催化剂之间良好的相互作用有利于催化活性的提高。

（4）合成有序金属间化合物　与无序结构相比，有序结构中 Pt 原子与 M 原子之间的结合力更强，因此这种有序的晶体结构能有效防止较不稳定的 M 金属的析出，从而提高催化剂的稳定性。所以有序结构催化剂的构筑是提升催化性能的一种有效策略。

（5）引入非金属元素　在 Pt 催化剂及其合金材料中掺杂非金属 P 元素能有效调控材料本身的特性，这种结合了金属特性和非金属特性的催化材料通常能表现出优异的电催化性能。此外，P、N、B、S 等非金属元素掺杂的载体材料具有显著改善的结构特性，当被用作催化剂的载体材料时，其能提高催化剂在载体上的分散性，从而促进催化性能的提升。

2.2.2　乙醇电氧化催化剂

2.2.2.1　铂催化剂

Pt 催化剂对乙醇的催化效果存在尺寸效应和结构效应[123]。Pt 纳米粒子越小，比表面积越大，催化剂活性也越大。但研究发现，粒子小到一定程度时并不能继续提高催化剂的活性。因此，不同结构、尺寸的催化剂材料对于乙醇的催化效果有很大不同。李艳艳等[124] 用线性扫描电沉积方法在玻碳电极或多壁碳纳米管表面制备出铂纳米立方体，其尺寸约为 38nm，乙醇在该催化剂上较商业碳负载铂催化剂更易转化为乙酸，且表现出较强的 CO 吸附能力。

2.2.2.2　合金催化剂

Pt 是燃料电池中使用最为广泛的催化剂材料，但由于其价格昂贵，并且单质 Pt 催化剂在使用时吸附 CO 而产生自毒化现象，使得其活性点位减少而导致催化效率降低。因此，添加其他金属元素，以改善 Pt 单质催化剂性能和降低催化剂成本的研究也是一个热门的研究方向。由于添加了其他元素，Pt 与其他金属之间形成协同效应，使得催化剂与吸附物间（如—OH 和 CO）的作用力增强而提升对乙醇的催化氧化性能[125]。徐志花等[126] 采用复合电沉积法制备了 Ni 和 CeO_2 复合镀层，然后利用 Ni 置换铂前驱体中 Pt 的方法制备了纳米 CeO_2 修饰的 Pt/Ni 电催化剂（Pt/Ni-CeO_2）。实验表明 CeO_2 的含量是影响乙醇电催化氧化性能的主要因素，且随着 CeO_2 含量的增大，催化活性先增强后减弱。王琳琳等[127] 采用一步还原法和两步还原法制备了炭黑为负载的 Pt-Sn 双金属催化剂，并探究其对乙醇的电催化氧化性能，研究发现在 Pt 与 Sn 原子数之比为 3、pH＝12、PVP 与 Sn 质量之比为 15、还原温度为 35℃的最佳制备条件下，由两步还原法制备的 Pt_3Sn/C 催化剂对乙醇氧化的电化学活性最高。除此之外，Pt 基二元催化剂 PtCu[128]、PtRu[129,130]、PtPd[131]、PtSn[132]、PtMo[133]、PtSb[134]、PtW[131]、PtRh[135,136] 等皆有学者进行了相关研究。

2.2.2.3 非铂催化剂

催化剂的改进除了围绕 Pt 基催化剂设计外，寻找替代 Pt 作为乙醇催化氧化催化剂的研究也在不断深入。Pd 储藏量较 Pt 丰富，且在碱性溶液中，Pd 基催化剂性能优于 Pt 基催化剂[137,138]，因此除了 Pt 基催化剂之外，Pd 基催化剂的研究也是一大热门。柳鹏等[139] 通过电沉积法在碳纸表面制备了枝状 Pd-Ag 微纳米结构，再将其置入 $0.002mol \cdot L^{-1}$ 的四氯钯酸钾溶液中，置于恒温 277 K 的冰箱中，于不同的时间取出，得到负载有不同钯含量的枝状银-钯复合材料（$Ag_x Pd_y$-Fr）。结果表明，乙醇在该材料上的氧化起始电位较低，仅为 0.71V，比 Pd/C 低 0.08V，这导致电置换反应时间过长，消耗的贵金属钯增多，并且对乙醇的电催化效率过低，此外，由于过程复杂，钯的含量也不好控制。郭盼等[140] 将 Pd 纳米粒子负载到石墨烯材料上，由于石墨烯巨大的比表面积（$2630m^2 \cdot g^{-1}$）[141]、较多的纳米空穴和活性位点，使其作为新的催化剂载体在燃料电池中得到了广泛使用[142,143]。郭盼等将制得的石墨烯-钯（RGO-Pd）复合材料与炭黑-钯（VX-72-Pd）复合材料以电化学活性面积为指标进行了比较（通常采用氢的吸附脱附峰来评定电化学活性面积[144]），由测试结果看出 RGO-Pd 材料的峰面积明显大于 VX-72-Pd 的，即 RGO-Pd 拥有更大的活性面积。因此，RGO-Pd 复合材料有可能成为很好的替代 Pt 基催化剂，成为醇类燃料电池的催化剂。

现有的乙醇电催化剂通常对于乙醇直接氧化生成 CO_2 的选择性较低，而且反应活性衰减快。Xie Zhaoxiong 等报道了一种新的环状五孪晶（CPT）Rh 纳米结构合成的简便途径，这种纳米结构是用一维 CPT 纳米棒作为亚单元构建的自支撑纳米分支（NB）。在结构上，所制备的 Rh 纳米分支具有高百分比的开放面，具有显著的 CPT 诱导的晶格应变。因为这些独特的结构特性，所制备的 CPT Rh NB 对碱性溶液的 EOR 具有出色的电催化性能，且具有将乙醇完全氧化生成 CO_2 的高选择性[145]。

2.2.3 甲酸电氧化催化剂

2.2.3.1 无负载 Pt 基催化剂

直接甲酸燃料电池的研究初期，主要的阳极催化剂为 Pt 基催化剂。俞贵艳等[146] 用液体多元醇方法合成了 Pt 纳米颗粒，得到的 Pt 纳米粒子具有细小和均匀的粒径，纯 Pt 催化剂的催化活性很高，但由于贵金属 Pt 的储存量少、成本较高，且甲醇发生间接氧化生成 CO，容易吸附在 Pt 电极上，致使催化剂中毒而使效率下降。正因为 Pt 催化甲酸遵循的间接途径，即 CO 途径，因此 Reza 等[147] 学者采用化学沉积的方法制备聚合物基的 Pt 纳米颗粒，发现聚合物薄膜越薄，催化过程中直接催化为主要途径，防止催化剂中毒导致催化性能的下降。此外，PtM 双金属催化剂也是研究热点，通过掺杂除 Pt 之外的其他金属元素，不仅能够减少 Pt 的使用量而降低成本，还能改善 Pt 的电子轨道使其具有更优异的电催化活性。Weber 等发现在 Pt 黑和 Pt/Ru 催化剂作用下，甲酸比甲醇具有更高的电化学活性，而且 Ru 的掺入使得 Pt 的活性增强，也能够极大地提高催化剂的稳定性[23]。除此之外，被广泛用于掺杂的元素还有 Cu、Ni、Au[148-153]等。Choi 等通过硼氢化钠还原法制备非负载的 PtAu 合金，和 PtRu 合金相比，PtAu 催化剂的催化活性和稳定性更加优异，进而提出在 PtAu 催化剂的作用下，甲酸的催化氧化途径主要是直接途径，不产生 CO 等有害的中间产物[154]。Paul N. 等报道可用一种简单的胶体法来制备一系列 PtAu 纳米颗粒，这些纳米颗粒具有特定的表面结构，粒径约为 7nm，因具有独特的结构和合金键合性能，表现出优异的催化活性和选择性[155]。

2.2.3.2 负载型 Pt 催化剂

为了提高催化剂的分散程度获得更大的活性面积，进一步降低催化剂的成本，负载型 Pt 催化剂受到人们的广泛关注。相对无载体金属催化剂而言，负载型催化剂的电催化活性和稳定性更加优异。由于碳材料具有高的电子导电性和化学稳定性等独特的优点[156-158]，因此成为研究重点。Jovanović等[159]学者研究发现 Pt/C 催化剂作用下，甲酸的催化氧化动力学跟纯 Pt 催化剂是相似的，遵循的是双途径机制，直接途径占主要部分，伴随着产生 CO 的间接途径。除了常用的碳材料作为负载以外，人们也在开始着手研究其他有效的负载材料，如 Ti、V、Mo、W 等。Yi 等[160]将 H_2PtCl_6 和 $IrCl_3$ 作为前驱体、甲醛作为还原剂，通过水热法合成了一种新型的 Ti 负载的 PtIr 催化剂，比纯 Pt 催化剂具有更优异的催化性能。

2.2.3.3 Pd 基催化剂

跟 Pt 催化剂相比，甲酸在 Pd 催化剂上主要是以直接途径发生反应，因此将 Pd 替换 Pt 作为甲酸氧化的催化剂，能在很大程度上提高其活性。实验表明，在循环伏安曲线中，相同实验条件下，Pd 催化剂具有比 Pt 催化剂更负的甲酸氧化峰电位[161,162]。另外，从晶体结构角度来看，Pd 和 Pt 一样，也是面心立方晶格结构，且具有相似的电子性能；从成本角度考虑，地球上 Pd 的含量大约是 Pt 的 50 倍，因此价格更加便宜；并且具有更好的抗 CO 中毒的能力[163-165]。研究发现，虽然 Pd 催化剂主要是以直接途径来催化氧化甲酸，但随着循环过程的进行，Pd 催化剂也逐渐失活，稳定性变差。为了探究 Pd 催化剂失活的原因，Jung 等[166]学者对电池体系进行阻抗谱的测试，发现在失活的过程中，阻抗谱上圆弧的宽度在增大，这主要是因为电荷转移电阻在增大，而且电荷转移电阻随着甲酸浓度的增加而增加，因此推测在甲酸循环过程中会产生一种类 CO 有机物使得 Pd 催化剂失活。为了提高催化剂的稳定性，通过掺杂其他金属元素来改善 Pd 的电子结构仍然是一种有效的手段。目前主要研究的有三种类型，分别是 Pd 与其他金属元素结合形成 Pd 基复合催化剂；Pd 与金属基化合物结合形成复合催化剂和 Pd 与非金属元素组合形成复合催化剂。Han-Xuan Zhang 等[167]也研究了碳载低 Pt 的 PdPt 纳米合金催化剂，发现此催化剂防止 CO 中毒的能力更强。此外，其他研究过的 Pd 基金属复合催化剂还有：$PdCo^{[168-171]}$、$PdNi^{[172-174]}$、$PdIr^{[175]}$、$PdAu^{[176-178]}$ 等。Zhang 等[179,180]以 NH_4F 和 $PdCl_2$ 为前驱体制备 PdP 催化剂，结果表明，P 的加入能在降低成本的前提下，进一步提高催化剂对于甲酸氧化的电催化活性和稳定性。蔡文斌研究组合成了 PdB/C 催化剂，发现 PdB/C 催化剂对甲酸的电催化活性非常好，而且再对催化剂进行热处理工艺之后，其电催化稳定性进一步得到提高。这可能是由于其粒子的均匀分散及最佳的粒径范围，而且 B 的掺杂能够增加催化剂表面活性位点的数量，以及 B 能够修饰 Pd 的电子结构[181]。

2.3
催化剂制备技术

催化剂的合成方法对催化剂分散度、粒径大小和分布、活性表面积、利用率、结构等方面都有很大的影响，从而影响到催化剂的电催化活性和稳定性。因此选择一个合适的合成方法对质子交换膜燃料电池的性能至关重要。目前为止，通过简单的过程制备粒径可控的高载量、高分散的电催化剂仍然非常具有挑战性，研究较多的主要合成方法介绍如下。

2.3.1 浸渍-液相还原法

浸渍-液相还原法[182] 将载体在一定的溶剂，如水、乙醇、异丙醇及其混合物等中分散均匀，选择加入一定的贵金属前驱体，如 H_2PtCl_6、$RuCl_3$ 等浸渍到碳载体表面或者孔内，调节合适的 pH 值，在一定的温度下滴加过量的还原剂，如 $NaBH_4$、甲醛、甲酸钠、肼、氢气等，得到所需的碳载金属催化剂。最典型的有以 $NaBH_4$ 作还原剂的 Brown 法和以肼作为还原剂的 Kaffer 法等。Van Dam 等[183] 发现化合物与碳载体上的配位基（碳平面上的 C＝C 或含氧基团）相互作用时，被还原剂还原为零价金属粒子。所以，凡是影响碳载体及 Pt^{2+} 质点相互作用的因素，如还原剂浓度（影响 Pt^{2+} 与载体之间的吸附）、溶液的 pH 值（增大或减小载体和 Pt^{2+} 质点之间的静电排斥）及载体表面酸性基团的含量均可影响铂金属颗粒的分散性。此外碳载体与水的界面张力也较重要，水对碳表面的浸润程度较小，常导致载体上的金属颗粒分布不均匀。在这种方法中碳载体的性质非常重要，因为金属粒子还原后，金属晶种的聚集长大过程主要由碳载体的孔道限制，故碳载体的形貌与孔结构对金属粒子尺寸大小及分布起着至关重要的作用。反应温度也可以决定晶种的多少与成核速率，对制备过程非常重要，影响催化剂的组成和金属粒子大小与粒径分布，进而影响催化剂的性能。

在浸渍法合成催化剂中，H_2PtCl_6 和 $RuCl_3$ 是经常使用的前驱体，但是金属氯化物的使用可能导致 Cl^- 对催化剂的毒化，从而使 PtRu/C 催化剂的分散度、催化性能和稳定性降低了。为了防止 Cl^- 引起的催化剂毒化，一些研究者建议使用 $Na_6Pt(SO_3)_4$、$Na_6Ru(SO_3)_4$ 等不含氯的前驱体来制备催化剂[184]。而如 $Pt(NH_3)_2(NO_2)_2$、$RuNO(NO_3)_x$、$Pt(NH_3)(OH)_2$、$Pt(C_8H_{12})(CH_3)_2$

和 $Ru_3(CO)_{12}$ 等前驱体也在浸渍法中被使用[185,186]。这些方法合成的 PtRu/C 催化剂比普通含氯前驱体制备的催化剂具有更好的分散度和催化活性。例如：Takasu 等[185] 采用 $PtCl_4$、$Pt(NO_3)_4$ 和羰基铂制备的催化剂在 500mV（vs RHE），$1mol \cdot L^{-1}$ H_2SO_4 + $0.5mol \cdot L^{-1}$ CH_3OH 溶液 60℃下的质量电流密度为 $8mA \cdot mg^{-1}$、$32mA \cdot mg^{-1}$ 和 $57mA \cdot mg^{-1}$。

这种方法的优点是操作简便，缺点是制得的催化剂的分散性差，金属粒子的粒径大小和分布不易控制。对多组分的复合催化剂，各组分常会发生分布不均匀的问题。因此，优化制备条件也十分关键。庄林等[187] 采用浸渍法合成了高分散、粒径分布均一的高载量（60%，质量分数）PtRu/C 催化剂，其粒径在 1.5nm ± 0.5nm，如图 2-6 所示，该方法采用的前驱体是普通的含氯前驱体。浸渍-液相还原法也可以采用加入一些保护剂的方法，用来限制晶核的生长，从而达到控制催化剂粒径和分布的目的。赵天寿等则报道了一种采用柠檬酸作稳定剂的改进方法，该法制备的 PtRu/C 催化剂在 70℃下，DMFC 中给出的能量密度为 $44mW \cdot cm^{-2}$，在同样条件下，E-TEK 公司的催化剂的能量密度为 $42mW \cdot cm^{-2}$。

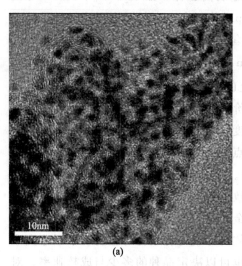
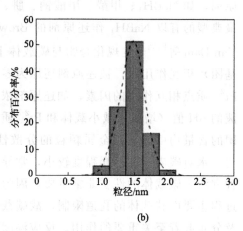

(a)　　　　　　　　　　　　(b)

图 2-6　浸渍法制备催化剂的 TEM 图像（a）及粒径分布（b）[187]

Lee 等[188] 改变浸渍法的制备顺序，把 Pt 的前驱体滴加到活性炭与还原剂 $NaBH_4$ 的混合物中，制备了 Pt/C 催化剂。与传统的浸渍法相比，通过这种相反制备路径得到的 Pt 粒子粒径更大，分布很宽；一些粒子都没有被载到活性炭上；此外，金属态的 Pt 含量也变低了。但是，采用该方法制备的催化剂具有更好的抗 CO 能力，对甲醇的氧化具有更好的催化活性。这种催化剂活性与其粒子的物理形貌的关系，与常规不一致，其原因目前还不明确。即使这样，这种特别的制备方法也开阔了催化剂制备方法的新视野。

2.3.2　胶体法

　　胶体法是催化剂制备中常用的方法。通常情况下，胶体法包括如下过程：①把催化剂的贵金属前驱体制备成金属胶体；②将胶体载至碳载体上，或形成特定的贵金属氧化物胶体；③上述混合物的化学还原。

　　制备 Pt/C 和 PtRu/C 催化剂的经典胶体法为亚硫酸盐合成路线。Watanabe 等[189] 应用该路线制备了 DMFC 阳极 PtRu/C 催化剂。首先将氯铂酸钠制成亚硫酸铂钠，之后加入过量的双氧水将其氧化分解，形成稳定的氧化铂胶体，然后向该胶体中加入氧化钌的化合物以生成铂钌氧化物团簇，通过调节 pH 值负载于碳载体上，最后经过氢气处理，得到 PtRu 粒子均匀分散的 PtRu/C 催化剂。目前 E-TEK 公司用该方法制备的 Pt/C、PtRu/C 催化剂，Pt 载量（质量分数）为 20％ 的 Pt/C 催化剂中 Pt 粒子的粒径为 1.2～4.3nm，平均粒径为 2.6nm[190]。

　　金属氧化物的胶体法制备所得到的催化剂比普通浸渍法制备的比表面积大得多。然而，在这种方法中，粒子的生长和聚集是难以控制的。在用胶体法制备催化剂时，常加入有机大分子作保护剂，以稳定高度分散的金属纳米胶体粒子并控制金属颗粒尺寸。由于胶体制备与担载分离，金属催化剂的担载量仅决定于载体炭黑的加入量，故该方法在高载量下仍能获得非常高的金属分散度。

　　Bönnemann 等[190] 报道了通过有机分子作稳定剂的有机金属胶体法制得容易控制粒径及其分散度的催化剂。Bonnemann 法包含三个主要步骤，先形成表面活性剂稳定的 PtRu 胶体；然后将胶体负载到高表面积的活性炭上，分别在 O_2 和 H_2 氛围下进行高温处理；最后除去有机稳定剂。通过这种方法制备的催化剂具有均一的粒径（≤3nm），同时 PtRu 合金化程度很高，并得到较高的催化性能。为简化制备过程，避免使用含氯前驱体。Bonnemann 等[191] 报道了以 Aramand 配体作为稳定剂，采用无氯前驱体的催化合成过程。结果显示该方法制备的催化剂是高度分散并对甲醇具有好的活性（质量电流密度约 60mA·mg^{-1}，于 500mV 相对 DHE，60℃，0.5mol·L^{-1} H_2SO_4＋0.5mol·L^{-1} CH_3OH），而相同条件下 E-TEK 的催化剂显示的质量电流密度为 50mA·mg^{-1}，这可以归因于该法制备的催化剂具有较小的粒径、表面纯净没有其他物质覆盖其活性位。同时也有报道[192] 采用有机金属稳定剂制备粒径（1.5nm±0.4nm）均匀的催化剂合成金属氧化物胶体。Bonnemann 方法可用于制备控制组成、大小和形态的 PtRu/C 催化剂或其它类型的多金属催化剂。保护剂合成路线可以制备多元复合催化剂，但对溶剂、保护剂及操作条件要求较高，同时操作复杂、成本高不适用于大规模生产。

采用不同的还原剂、有机稳定剂或不同的去除保护剂外壳的方法都曾被研究。Kim 等[193] 采用 SB12 和 PVP 作稳定剂，以醇为还原剂分别制备了催化剂。而 Bensebaa 等[194] 则报道了以 PVP 作稳定剂，乙二醇作溶剂兼还原剂的办法合成了催化剂。采用聚合醇，如聚乙二醇等为溶剂，在高分子，如 PVP（聚乙烯吡咯烷酮）空间效应的保护条件下同样可以制备多种贵金属、贵金属-过渡金属的纳米胶体。聚合醇方法具有简单、容易重复及胶体粒径小、分布窄和合金结构可控等优点，但成本较高，并且高分子聚合物的存在会降低电催化剂导电性。

用非保护剂路线，通过对前驱体、溶剂、还原剂的选择，也能制备多种金属，如 Cu、Pd、Ru、Ti 等的纳米胶体。王远等[195] 首次仅用强碱性的乙二醇溶剂制备出了 Pt、Rh、Ru 等颗粒均匀的纳米胶体。孙公权等[196] 调变该方法制备了高 Pt 载量（40%，质量分数）的 Pt/XC-72 阴极催化剂，Pt 粒子的平均粒径为 3.6nm，其电催化活性高于相同载量的 Johnson Matthey 公司生产的 Pt/C 催化剂。将其扩展到 Pt-Ru/C、Pt-Sn/C 阳极催化剂的制备，发现该方法制备的系列催化剂的金属粒子尺寸小、粒径分布窄、合金化程度高，有效地提高了阳极催化剂的比质量活性。Bock 等[197] 分析乙二醇的作用机理并认为乙二醇被氧化生成了乙二酸和乙醇酸，其中乙醇酸根可以与纳米粒子作用而充当其稳定剂，通过调节 pH 可以改变乙醇酸根的量，从而达到控制催化剂粒径的目的，最后得到了粒径分布均一、大小不同的催化剂，如图 2-7 和图 2-8 所示。将该粒子负载到活性炭上并进行电化学表征，结果显示比 E-TEK 公司催化剂高的催化性能。

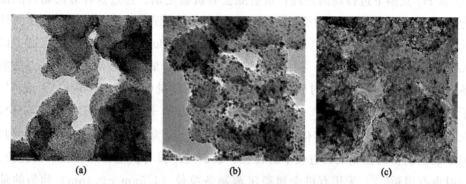

(a)　　　　　　　　(b)　　　　　　　　(c)

图 2-7　胶体法制备的可控粒径催化剂（不同浓度的 NaOH 溶液处理）TEM 图像[197]

(a) 0.1mol·L^{-1}；(b) 0.075mol·L^{-1}；(c) 0.068mol·L^{-1}

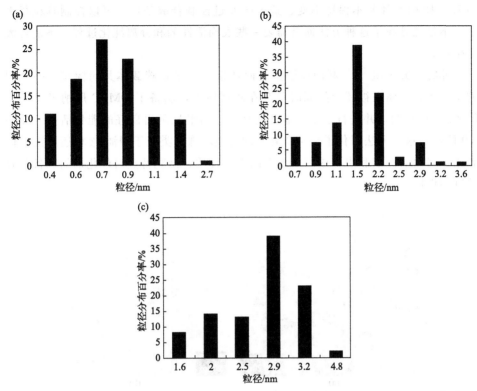

图 2-8　胶体法制备的可控粒径催化剂（不同浓度的 NaOH 溶液处理）的粒径分布[197]

(a) 0.1mol·L^{-1}；(b) 0.075mol·L^{-1}；(c) 0.068mol·L^{-1}

2.3.3　微乳法

微乳法是近年来研究的一种制备催化剂的新型方法[198,199]，在一个水-油相里通过微乳反应形成金属纳米体系，然后进行还原，最后再沉积在碳载体上得到催化剂。进行还原反应时，可以通过加入一种还原剂（如 NaBH$_4$、甲醛、肼），或加入另一种具有还原性的微乳体系。反应过程中，微乳是一个包含贵金属前驱体的纳米液滴，它作为一个纳米尺度的反应器，反应在上面发生。表面活性剂在微乳法合成中起重要作用，它能包住微乳液滴，使其有序地分散在有机相里，这样表面活性剂分子就可以保护金属颗粒不聚集，而最后只需简单的热处理就可以除掉催化剂上的表面活性剂。通过这种微乳法制备的催化剂，比商业的催化剂在DMFC 系统中表现出更好的活性[200]。这种方法的最大优点是可以通过改变反应条件控制金属粒径大小和分布。Manthiram 等[201] 报道纳米粒子的粒径同水与表面活性剂的比例（W）有关，发现 PtRu 纳米粒子的粒径先随 W 增大而增大，

当 $W > 10$ 时粒径基本保持不变。这表明通过控制合成条件，可以控制其粒径大小。不足之处在于这种方法通常需要一些表面活性剂和分离纯化过程，不适合大量生产。

邢巍研究小组[202]利用离子型表面活性剂、水和碳载体共同构建了一个假的微乳相，金属在被还原的同时负载在碳载体上，制备了 DMFC 用纳米尺度的PtRu/C 催化剂，并进行了单电池性能测试，结果显示出良好的催化活性，如图2-9 所示。这种方法简化了传统微乳法的合成步骤，类似于浸渍-液相还原法，但利用了表面活性剂和水构成的微观上的微乳性质，微乳特点对催化剂的制备起着关键的作用。

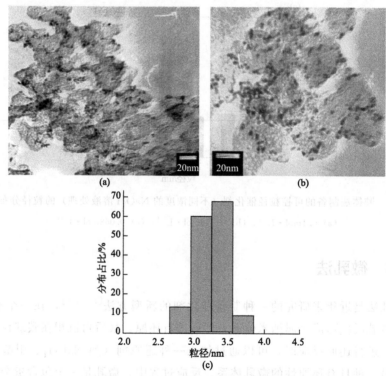

图 2-9　PtRu/C 催化剂 TEM 图像[202]

（a）NaBH₄ 还原；（b）甲醛还原；（c）图（b）的粒径分布

2.3.4　电化学法

电化学沉积的方法主要是将可溶性贵金属盐用循环伏安、方波扫描、恒电位、欠电位沉积等电化学方法将 Pt 或其他金属还原沉积到扩散层、电解质膜或扩散层与膜的界面上，因此，这是一种催化剂制备与电极制备过程同时完成的一种方法。一般可将欲沉积的金属作为阳极或者将金属前驱体溶液与电解质溶液混合，然后通过直流电进行电解。比较有代表性的工作是 Choi 等[203] 完成的，他们采用直流脉冲技术，将 Pt 作为阳极，平整过的扩散层作为阴极，通过优化电流密度、通断电时间以及扩散层的制备工艺，可将 Pt 纳米粒子大小很好地控制在约 1.5nm。但是由于将催化剂沉积到扩散层上，电催化剂的利用率并不高，Thompson 等[204] 改用离子交换法使 $[Pt(NH_3)_4]^{2+}$ 与电解质膜上的磺酸根上的 H^+ 发生交换，然后再通电还原，这样，仅有与导电的碳颗粒接触的 $[Pt(NH_3)_4]^{2+}$ 发生了电还原而可形成较为有序的三相界面区间。这是一种最有可能形成电极反应三相界面有序化的一种方法，但到目前为止，较大电极面积的制备技术尚未见报道，而且已经报道的性能也不高。在这种方法中，由于各金属沉积的速度不一，如何将多元金属均匀地沉积在活性炭上以及共沉积过程中各组分金属含量的控制是一个较难解决的问题。

孙世刚等[205] 首次采用方波电位法在玻碳电极上制备出二十四面体铂，如图 2-10 的扫描电子显微镜（SEM）图像，这种单晶结构的二十四面体包含 {730}、{210} 等晶面，具有很大的原子阶梯和悬空键，而且其粒径大小可以通过制备的时间来控制。这种晶体表面有很好的化学和热稳定性。它对小分子如甲酸、乙醇的电氧化有非常高的催化活性，其单位 Pt 表面积的电流密度比普通

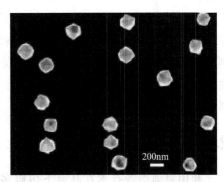

图 2-10　二十四面体 Pt 的 SEM 图像[205]

Pt 纳米粒子高出 3 倍。这种二十四面体 Pt 的制备方法，为质子交换膜燃料电池的性能提高带来很好的前景。

2.3.5　气相还原法

将金属的前驱体浸渍或沉淀在载体上后，干燥，用氢气高温还原可得一元或多元金属复合催化剂，前驱体分为单分子源和多分子源。单分子源法是将含有双金属，如 PtRu 有机大环化合物分子的前驱体载于碳载体上，然后在空气、氮气、氢气、氢气与氮气的混合气气氛下，通过热处理得到 PtRu/C 催化剂。Lukehart 等[187,206,207] 分别用单分子源双金属 PtRu 和 PtOs 前驱体在上述条件下制备了 PtRu/C、PtOs/C 催化剂和载在其他载体上的 PtRuP 催化剂，该方法制备的 PtRu/C 催化剂中 PtRu 的合金化程度高，具有很高的电催化活性。但该

法中的前驱体不易获得，制备繁琐是其致命缺点。多分子源采用两种以上的前驱体分子[208]，例如将 H_2PtCl_6 和 $RuCl_3$ 与乙醇溶液或者水溶液混合均匀预热到110℃，然后加入活性炭或者其他载体材料，保持在此温度下，蒸发掉溶剂，然后将非常稠的泥状物在真空干燥箱中于 110℃下干燥 10 h，再将干燥后的物质放入管式炉中，在120℃通入氢气还原，即得 PtRu/C 催化剂。

2.3.6 气相沉积法

在真空条件下将金属气化后，负载在载体上，就可得到金属催化剂。这种方法制得的催化剂中金属粒子的平均粒径较小，可在 2nm 左右。Takasu 等[209] 利用 Pd 丝作为挥发源，采用真空挥发技术，得到了不同粒径的 Pd 催化剂，并检测其对甲酸的催化性能，发现当 Pd 粒子大小为 4.3nm 时显示出最佳的催化活性。

如果采用低温气相沉积方法，必须使用挥发性的金属盐类，如 Pt 的乙酰丙酮化物。这类盐很容易分解，可以在较低的温度下获得高分散性碳载金属催化剂。在制备过程中，首先将挥发性金属盐挥发，然后在滚动床中与已加热到金属盐分解温度的活性炭接触，从而使得金属盐在活性炭表面发生分解，制得碳载金属催化剂。

2.3.7 高温合金化法

利用氩弧熔等技术在高温下熔解多元金属，分散、冷却后得到合金催化剂。这种方法适用于制备多元金属催化剂，它的最大优点是得到的多元金属复合催化剂的合金化程度很高，因而其电催化性能优异。Ley 等[210] 利用氩弧熔技术，得到了单相 PtRuOs 三元合金催化剂，该合金有助于降低 Pt 表面的 CO 覆盖率，显示出了良好的电催化性能，在 90℃、0.4V 下，对甲醇电催化氧化的电流密度可高达到 340mA·cm^{-2}。

2.3.8 羰基簇合物法

先把金属制备成羰基簇合物，并沉积到活性炭上，然后在适当的温度下分解或用氢进行还原，可得到平均粒径较小的金属粒子。Nashner 等[211] 利用 $PtRu_5C$ $(CO)_{16}$ 在 H_2 下热分解得到分散性很好的 PtRu/C 双金属催化剂，催化剂平均粒径为 1.5nm，得到的催化剂中的两种金属之间的分散性比较好。常用于 Pt 基催化剂金属簇合物的制备方法有以下两种：碱性条件下和非水溶剂中，CO 与金属盐作用而得到簇合物；在水和异丙醇混合溶液中，利用 γ 射线激发合成法。该制备方法相对简单，并且得到的催化剂的比表面积和分散度也较高。但是由于采用贵金属羰基化合物为前驱体，成本相对较高，且尤其要注意羰基化合物的毒性。

2.3.9 预沉积法

预沉积法就是把金属前驱体先制成沉淀，吸附在载体上，然后把它还原得到催化剂。刘长鹏等[212]采用此方法制备了 Pt/C 催化剂，如图 2-11 所示，先将 NH_4Cl 和 H_2PtCl_6 溶液混合生成极细小的 $(NH_4)_2PtCl_6$ 沉淀，并吸附于活性炭表面，从而保证了在还原过程中含 Pt 反应物与活性炭表面的有效结合，并防止在还原过程中 Pt 粒子的聚集，得到平均粒径很小的 Pt 粒子和均匀的 Pt/C 催化剂，对甲醇氧化有很好的电催化活性。该方法操作简单，而且制得的催化剂粒径比较小，主要适合一元催化剂的制备。

图 2-11 采用预沉积法制备的
Pt/C 催化剂[212]

图 2-12 离子液体法制备的
PtRu/C 催化剂[213]

2.3.10 离子液体法

室温离子液体是一种绿色溶剂，它无污染，能循环使用，成本较低，近年来逐渐被认为在合成新型纳米结构的材料上具有优越性，它也被引入到质子交换膜燃料电池催化剂的制备方法中。邢巍等[213]分别采用憎水和亲水性室温离子液体作溶剂，制备了 PtRu/C 催化剂（图 2-12）。先把 Pt、Ru 等催化剂的前驱体化合物溶解在离子液体中，并加入活性炭混合均匀，然后通氢气使 Pt、Ru 等还原和沉积到活性炭上，由于离子液体的性质，金属粒子不易聚集，平均粒径在 3nm 左右，该催化剂被用于甲醇电氧化催化，发现比商业的 PtRu/C 催化剂性能好很多，如图 2-13 所示。该方法制备步骤简单，得到的催化剂粒径小、分散均匀，离子液体可循环使用，是一种很有潜力的质子交换膜燃料电池催化剂制备方法。

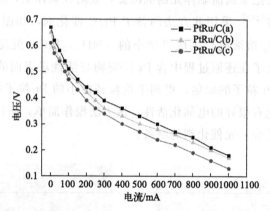

图 2-13 采用不同离子液体制备的 PtRu/C 催化剂：憎水性 (a)、亲水性 (b) 以及商业 E-TEK 公司催化剂 (c) 作阳极催化剂组装的单电池的电流-电压曲线[213]

2.3.11 喷雾热解法

喷雾热解法制备催化剂就是采用喷雾干燥仪把催化剂前驱体喷成雾状并干燥，然后在 N_2 和 H_2 氛围下热处理而制得。邢巍等[214,215] 首次采用喷雾热解法制备了不同粒径的 PtRu 纳米粒子在 Vulcan XC-72 型活性炭和碳纳米管（CNT）表面分散均匀的催化剂（20% Pt+10% Ru，质量分数），以及不同载量的 PtRu/C 催化剂，用于甲醇电氧化催化，显示出比商业催化剂更好的催化性能，如图 2-14 和图 2-15 所示，并研究了喷雾过程中，控制不同的制备条件对所制备的催化剂性能的影响。这种方法一大优点是可大规模或者小规模制备粒径可控的纳米催化剂，因为可以通过改变反应条件（如前驱体溶液的浓度，溶剂的类型及共溶剂的比例等条件）来控制其尺寸大小和粒径分布等参数，从而使催化剂具有较高的活性。相对于其他方法，喷雾热解法具有操作简单、所制备的催化剂在活性炭载体上分散均匀、粒径均一、催化活性高、粒径尺寸可控、化学组分均匀以及制备过程为一连续过程，无需各种液相法中后续的过滤、洗涤、干燥、粉碎研磨过程，操作简单，因而有利于工业放大。

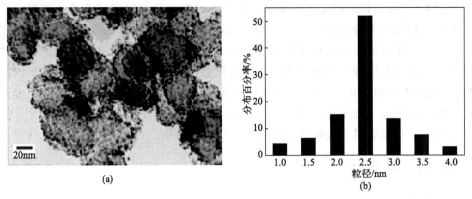

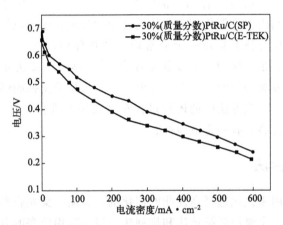

图 2-14　喷雾热解法制备的 PtRu/C 催化剂 TEM 图（a）及粒径分布（b）[214]

图 2-15　喷雾热解法制备的 PtRu/C 和商业 E-TEK 催化剂在 DMFC 中的极化曲线比较[214]

2.3.12　固相反应方法

　　由于固相体系中粒子之间相互碰撞的概率较低，反应生成的金属粒子的平均粒径较小，结晶度较低，因此，制得的催化剂的电催化性能较好。例如，在固相条件下，用 H_2PtCl_6 和聚甲醛及活性炭合成的 Pt/C 催化剂中的 Pt 粒子的平均粒径在 3.8nm 左右，而用液相反应法制得的 Pt/C 催化剂中 Pt 粒子的平均粒径在 8nm 左右，因此，对甲醇氧化的电催化活性也比用液相反应制得的 Pt/C 催化剂好很多。

2.3.13　多醇过程法

　　多醇过程法就是在乙二醇氛围下（在此基础上的不同反应条件都是所谓的多

元醇过程），通过控制温度还原金属，除了乙二醇，还可以用三乙基乙二醇或四乙基乙二醇等醇类化合物[216,217]。Disalvo 等[218] 采用此方法合成了 PtBi 有序的金属间相纳米催化剂，在此制备过程中，乙二醇既是溶剂，还是还原剂。这种催化剂显示出对甲酸氧化的高活性，在氧化起始电位和电流密度方面与 Pt 以及 PtRu 纳米催化剂相比，显示出了绝对的优势。20 世纪 80 年代至今，利用多元醇过程已经制备了很多小粒径金属材料，如 Ni、Pd、Pt、Bi、Co、Au[219,220]，这是质子交换膜燃料电池催化剂的一个重要制备途径。

2.3.14　微波法

微波法原理简单，就是利用微波照射催化剂前驱体，为反应提供一个微波环境，已经广泛应用于制备粒径均一的纳米体系中[221-223]。微波法的特点是能迅速加热，在短时间内促进催化剂前驱体的还原和金属粒子的成核，而且微波加热非常均匀，能为反应体系提供一个非常均一的热环境，这对金属粒子的成核生长、粒径的控制有很大作用。很多研究者[224,225] 结合微波法和多醇法，合成了粒径大小合适且分布均匀的甲醇电氧化催化剂，为质子交换膜燃料电池催化剂的研究提供了新方法。该方法中的还原过程在微波场中进行，反应温度较难控制，而且反应温度比较高，有一定危险性。

2.3.15　组合法

组合方法被用来优化选择高性能的催化剂，是质子交换膜燃料电池阳极催化剂合成的新方向，主要包括筛选法和排列法。目前应用较多的有光学筛选法和电化学筛选法，前者利用光学指示剂评价催化剂的性能，特别适合酸性或碱性条件，但灵敏度不够高；后者采用电化学分析手段评价催化剂性能，具有高的精确度。排列法有喷墨印刷排列法、喷雾法等，这些方法是能应用在多相组成体系里的简单合成方法。Choi 等[226] 利用光学筛选法研究了含 W 和 Mo 的四元甲醇氧化催化剂，发现 $Pt_{77}Ru_{17}Mo_4W_2$ 的组合最佳，其催化性能比 $Pt_{50}Ru_{50}$ 催化剂好很多。Sullivan 等[227] 发展了一种采用复合的 64 电极系列于相同电解质溶液中测量质子浓度和电化学电流的电化学分析系统。该电化学分析系统比光学筛选系统具有更高的灵敏度和准确度，对组成类似的催化剂性能分辨较为敏感。组合法具有快速、高效率的优点，对多元催化剂的组成优化具有重大的意义，为质子交换膜燃料电池的高性能催化剂选择提供了很好的途径。

2.3.16　离子交换法

碳载体表面存在各种类型的结构缺陷，缺陷处的碳原子较为活泼，可以和很多基团结合，如羧基、酚基、醌基等。这些表面基团在恰当的介质中可以和溶液中的离子进行交换，使催化剂离子负载在载体上，然后还原得到具有高分散性的电催化剂。例如，将四氨铂盐溶液添加到悬浮着碳载体的氨水中，发生如下反应：

$$2ROH+[Pt(NH_3)_4]^{2+} \longrightarrow (RO)_2Pt(NH_3)_4+2H^+$$

经过一段时间后将固体过滤、洗涤、干燥，最后利用氢气还原得到碳载铂催化剂颗粒。离子交换法可以控制碳载体上的铂载量和颗粒粒径，碳载体上铂载量受载体的交换容量所限，而交换容量与载体表面的官能团含量有关，故需对碳载体进行适当的预处理以增加官能团含量。此外，还原条件也影响颗粒大小。

2.3.17 辐照法

有研究人员[228]采用 Co 源产生的 γ 射线，对 Pt 前驱体进行辐照，制备了多壁碳纳米管作为载体的 Pt 纳米催化剂（图 2-16）。该催化剂纳米粒子均一、分散均匀，大小约 2～4nm。将其应用于直接质子交换膜燃料电池，表现出很好的性能。该方法简单易行，实际有效，具有很好的应用前景。

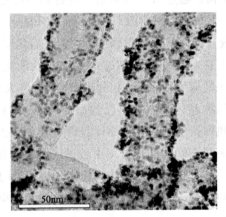

图 2-16　采用辐照法制备的 Pt/碳纳米管催化剂[228]

2.4
催化剂表征技术

催化剂的电催化活性和稳定性是燃料电池性能好坏的关键，随着对催化剂研究的不断深入，多种表征技术被应用到电催化剂的研究与表征中。对催化剂的表征主要包括物理表征和电化学表征，物理表征主要是研究催化剂的组成、结构等，电化学表征一般是研究催化剂的电催化活性、稳定性和耐久性。

2.4.1 物理表征

2.4.1.1 X射线衍射（XRD）

X射线是一种波长很短（约为$20\sim0.06\mathring{A}$）的电磁波，能穿透一定厚度的物质。用高能电子束轰击金属"靶"材产生的X射线，它具有与靶中元素相对应的特定波长，称为特征（或标识）X射线。当一束单色X射线入射到晶体时，由于晶体是由原子规则排列成的晶胞组成，这些规则排列的原子间距离与入射X射线波长有相同数量级，故由不同原子散射的X射线相互干涉，在某些特殊方向上产生强X射线衍射，衍射线在空间分布的方位和强度，与晶体结构密切相关。这就是X射线衍射确定晶体结构的基本原理。X射线衍射技术主要用于物相鉴定、物相分析及晶胞参数的确定。每一种晶相都有自己的一组谱线，称为特征峰，特征峰的位置、数目和强度只取决于物质本身的性质，可通过对比PDF卡片和衍射结果来确定物质的组成和结构。通过X射线衍射来进行物相的定量分析是以衍射强度为定量依据的。在一个混合物的衍射图上，每一种物质的衍射峰强度，是它在样品中含量的近似线性函数，因此根据衍射强度，可以进行定量分析。用X射线技术测定微晶的大小，是基于X射线通过晶态物质后衍射线的宽度与微晶大小成反比。XRD在电催化剂表征中的应用主要是物相分析和平均晶粒大小的测定。

（1）物相分析　每种晶体都有它自己的晶面间距（d），而且其中原子有特定的排布方式。这反映在衍射图上各种晶体的谱线有它自己特定的位置、数目和强度（I）。因此，只需将未知样品衍射图中各谱线测定的角度（θ）及强度（I）和已知样品所得的谱线进行比较就可以达到物相分析的目的。

在缺乏对照样品的情况下，可以采用下列方法。由实验的θ值按下式求出各个线条的d/n值：

$$d/n = \lambda/(2\sin\theta)$$

选出其中三条最强粉末线的d/n值（θ）及其强度（I），去和ASTM（American Society for Testing Materials）左上角的数值进行对比就可以确定未知样品的物相。

图2-17给出了不同组成的PdFe二元金属纳米颗粒的XRD谱图，在25°附近的宽峰归因于碳载体，而其他的特征峰与PdFe标准谱图对应一致，因此可以初步判断物相组成含有碳材料和PdFe金属（具体需要结合材料制备）。具体来讲，其余的峰从左到右分别对应于Pd面心立方（fcc）结构中的（111）、（200）、（220）、（311）和（222）晶面。由于PdFe形成了合金，则特征峰的位置也会有些变化。如

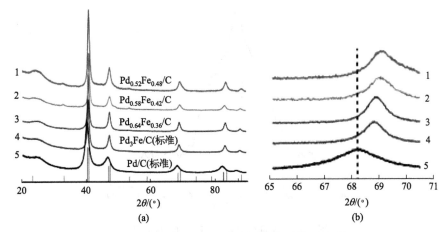

图 2-17　不同组成的 PdFe 二元金属纳米颗粒 XRD 谱 （a），

Pd（220）衍射峰的局部放大图 （b）[229]

图 2-17(b) 清楚地表明，当 PdFe/C 合金纳米颗粒中 Fe 含量较高时，衍射峰会偏移到更高的角度，这是由于 Fe 尺寸小于 Pd 引起的晶格掺杂效应[229]。

（2）平均晶粒大小的测定　XRD 谱图可以反映催化剂的结晶强度，可以确定样品是无定形还是具有晶体结构；无定形样品为大包峰，没有精细谱峰结构；晶体则有丰富的谱线特征。样品特征峰的宽度也可以反映平均晶粒尺寸。其基本原理为：当 X 射线入射到小晶体时，其衍射线条将变得弥散而宽化，晶体的晶粒越小，X 射线衍射谱带的宽化程度就越大。因此晶粒尺寸与 XRD 谱图半峰宽之间存在一定的关系，即如下谢乐公式 （Scherrer equation）

$$D_{hkl} = \frac{k\lambda}{\beta\cos\theta_{hkl}}$$

式中，β 为半峰宽度，即衍射强度为极大值一半的宽度，rad[$1° = (\pi/180)$ rad]；D_{hkl} 只代表晶面法线方向的晶粒大小，与其他方向的晶粒大小无关；k 为形状因子，对球状粒子 $k = 1.075$，立方晶体 $k = 0.9$，一般要求不高时就取 $k = 1$；λ 为 X 射线波长；θ_{hkl} 为衍射角。测定范围为 3～200nm。

下面我们给出一个具体的例子，如图 2-18 镍催化剂晶粒大小的测定，由镍催化剂 X 射线衍射图可以求出其垂直于 （111）面的平均晶粒大小，即

$$D_{111} = \frac{0.9\lambda}{\beta\cos\theta_{hkl}} = \frac{0.9 \times 1.542 \times 57.3}{2 \times 0.926} = 43(\text{Å})$$

当催化剂颗粒越小时，衍射峰越宽，此为宽化效应。当催化剂颗粒结晶越好时，衍射峰越标准，峰越尖锐；而对于无定形态的催化剂颗粒，XRD 峰不明显，呈弥散状态。

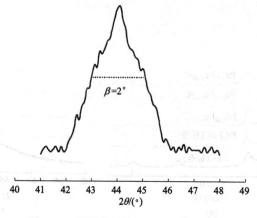

图 2-18 镍催化剂的（111）峰（Cu 靶）

2.4.1.2 能量散射 X 射线能谱（EDS 或 EDX）

EDS 是利用 X 光量子的能量不同进行元素分析的方法，对于某一种元素的 X 光量子从主量子 n_1 的能级上跃迁到主量子数为 n_2 的能级上时有特定的能量 $\Delta E = E_{n_1} - E_{n_2}$。X 光量子的数目是作为测量样品中某元素的相对含量，即不同的 X 光量子在多道分析器的不同道址出现，而脉冲数-脉冲高度曲线在荧光屏上显示出来，就是 X 光量子的能谱线。EDS 只能分析原子序数在 11 以上的元素，对轻元素定量分析不准确；只能半定量分析，当含量大于 20% 且无重叠谱线时，分析误差小于 5%，低含量时，准确度很低。

EDS 的工作原理是：当电子束撞击样品时，会有样品中外层轨道的电子能量的跃迁，从而产生特性 X 射线信号。不同的元素，甚至相同元素不同的电子轨道所产生的特性 X 射线能量也会有所不同。特性 X 射线进入 EDS 侦测器被其 Si 晶体侦测，将光信号转换产生电信号，经过前置放大器和脉冲处理器对电信号进行放大处理，经模数转换成数字信号，在多道分析器中，针对不同能量强度的信号进行分别处理，以图谱的形式进行显示。在图谱显示的坐标轴上，水平位置对应的是不同能量强度的特性 X 射线，在竖直方向对应的是不同强度的 X 射线产生的数量的多少。经检测所得的不同的能量来判断样品中元素的组成，即为定性测试。而定量则是采用半定量的测试，即测试元素相对的百分比含量。元素相对含量的多少，可以经过不同强度的 X 射线的数量来半定量检测。系统会把分析产生的图谱的面积看成 100%，然后根据每种元素的特征峰所形成的面积占整个图谱面积的多少来计算元素的含量。

如图 2-19 给出了一种 Ru@Co/N-CNT 材料的 EDS 元素扫描图[230]。从图

2-19（a）中可以看到元素的分布情况，所有的元素分布比较均匀，并且还可以看到特定元素的分布形貌；Ru 元素几乎分布在外层，以壳的形式长在碳纳米管的表面。这种元素分布情况可以进一步通过元素线性扫描技术观察到，如图 2-19（b）清楚地反映出一种纳米管的形貌，Ru 主要分布在外层；图（c）是所有元素的 EDS 谱图，可以得到 Ru/Co 的含量比为 0.06。

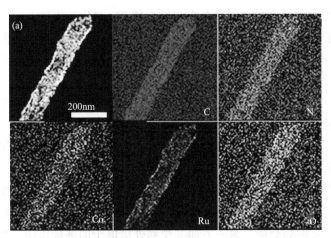

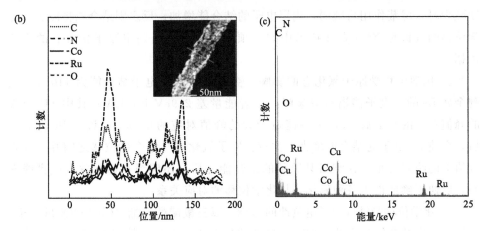

图 2-19　Ru@Co/N-CNT 材料的 EDS 元素扫描图（a）、元素含量线性
扫描曲线（b）和 EDS 元素含量谱（c）

2.4.1.3　X 射线光电子能谱（XPS）

XPS（X-ray photoelectron spectroscopy）又称 ESCA（electron spectroscopy for chemical analysis），能够分析除了氢、氦以外的所有元素。测定可精确到 0.1%（以原子计），空间分辨率为 $100\mu m$，X 射线的分析深度在 1.5nm 左右。

X射线光电子能谱是一种基于光电效应的电子能谱，它是采用软X射线（$E<$ 5keV）照射被测样品，使被测样品中的金属原子核外电子（通常是内层电子）受激发射，研究受激发射电子的结合能的一种表征手段（关于各元素原子轨道电子结合能的数据可以从物理手册、电子能谱学专著或仪器手册中得到，作为定性依据）。

XPS研究中的两个重要参数是电子结合能E_b和化学位移。

（1）电子结合能　将某能级上的电子放至无穷远并处于静止状态所需的能量，称为结合能，又称为电离位能。结合能的值等于该轨道能量的绝对值。对固体样品，通常选取费米（Fermi）能级为E_b的参考点。

对于同一元素原子，越是内层（离核近）电子结合能越大；对于同一电子层的电子，原子序数大的元素的电子结合能高。

（2）化学位移　由于原子所处的化学环境不同而引起的内层电子结合能的变化，在谱图上表现为谱峰的位移，这一现象称为化学位移。

当被测原子的氧化价态增加，或与电负性大的原子结合时，都导致其XPS峰将向结合能增加的方向位移。这是因为内层电子一方面受到原子核强烈的库仑作用而具有一定的结合能，另一方面又受到外层电子的屏蔽作用。当外层电子密度减少时，屏蔽作用将减弱，内层电子的结合能增加；反之则结合能将减少。化学位移的分析是XPS表征技术中的一项主要内容，是判定原子化合态的重要依据。

① 化学位移受原子氧化态的影响　金属Be的1s电子结合能为110eV。实测金属Be的光电子能谱有分裂峰，二者能量差$2.9eV\pm0.1eV$；其中110.0eV的峰值对应的是金属Be，另一能量稍大的峰值对应的是BeO。说明Be在氧化后，会使Be电子的结合能增大。注意：原子氧化态与结合能位移之间并不存在数值上的绝对关系，在测得某原子的结合能之后，还应当与标准数据或谱线对照，以便正确地得出各种氧化态与化学位移的对应关系。

② 化学位移受结合原子电负性的影响　以三氟醋酸乙酯（$CF_3COOCH_2CH_3$）为例，其中结合能最高的是CF_3，最低的是CH_3，4个碳的C 1s电子结合能高低差8eV。

XPS可以用作元素分析（H、He例外）和化学态分析。各个轨道的电子结合能是因元素而异的，是一个特征性很强的量，具"指纹"作用。同时，这种结合能受"化学位移"的影响，因而XPS也可以进行化学态分析。XPS也常被用来作为表面分析技术。光电子或俄歇电子，在逸出的路径上自由程很短，实际能探测的信息深度只有表面几至十几个原子层，光电子能谱通常用来作为表面分析的方法。XPS作元素定量分析时，由于方法本身的限制，它的准确度并不高，只能说是半定量。

因此，可以通过 XPS 对催化剂的化学状态变化进行研究，如通过 XPS 对晶格应变的 NiFe MOF 进行分析（图 2-20）。原始 MOF 的 Ni 2p 的峰位于 855.7eV 和 873.6eV，表明原始 MOF 中的 Ni 主要以 +2 价态存在。相比之下，晶格应变 MOF 中 Ni 2p 的结合能相对于原始 MOF 的能量多了 0.6~1.9eV，由此可推断出在晶格应变 MOF 中高价 $Ni^{\delta+}$（$2<\delta<3$）物种占主导地位。X 射线光电子能谱结果还表明 Fe 在原始和晶格应变的 MOF 中主要以 +3 价态存在。因此，这些结果表明，在晶格应变调控之后，晶格应变 MOF 内的 Ni 位点的原子和电子构型被重新分布[231]。

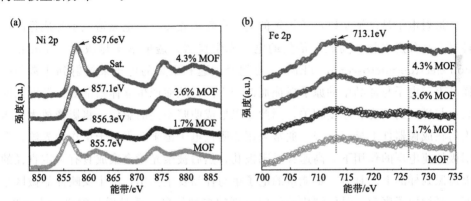

图 2-20　NiFe MOF 及具有晶格应变的 NiFe MOF 的 Ni 2p（a）和 Fe 2p（b）XPS 谱图
（Sat. 代表卫星峰）

2.4.1.4　扫描电子显微镜（SEM）

扫描电子显微镜的简称为扫描电镜，英文缩写为 SEM（scanning electron microscope）。SEM 与电子探针（EPMA）的功能和结构基本相同，但 SEM 一般不带波谱仪（WDS）。它是用细聚焦的电子束轰击样品表面，通过电子与样品相互作用产生的二次电子、背散射电子等对样品表面或断口形貌进行观察和分析。它具有放大倍率高、分辨率高、景深大、保真度好、样品制备简单的优点。现在 SEM 都与能谱（EDS）组合，可以进行成分分析。所以，SEM 也是显微结构分析的主要仪器。

催化剂的表面是催化过程的主要场所，可以通过扫描电子显微镜来观察其表面形貌。在催化剂的表征中，SEM 可用于催化剂表面和断面的立体形貌的观察。如图 2-21 给出了一系列不同温度条件下对 FeCo-PBA 进行氟化处理的 SEM 观察图。新制备的 FeCo-PBA 具有较光滑的立方体形貌，而随着氟化温度的提升，光滑的立方体逐渐被破坏，变得粗糙或者坍塌。

图 2-21　FeCo-PBA（a）、FeCo-F-300（b）、FeCo-F-400（c）和 FeCo-F-500（d）的 SEM 图

2.4.1.5　透射电子显微镜（TEM）

透射电子显微镜是以波长极短的电子束作为光源，用电磁透镜聚焦成像的一种具有高分辨本领、高放大倍数的电子光学仪器。透射电子显微镜（transmission electron microscope，TEM），是把经加速和聚集的电子束投射到非常薄的样品上，电子与样品中的原子碰撞而改变方向，从而产生立体角散射。散射角的大小与样品的密度、厚度相关，因此可以形成明暗不同的影像，将影像放大、聚焦后在成像器件上显示出来。通常采用热阴极电子枪来获得电子束作为光源，在阳极加速电压的作用下，高速穿过阳极孔，然后被聚光镜会聚成具有一定直径的束斑照到样品上。具有一定能量的电子束与样品发生作用，产生反映样品微区厚度、平均原子序数、晶体结构或位向差别的多种信息。透过样品的电子束强度，经过物镜聚焦放大在其像平面上形成一幅反映这些信息的透射电子像，经过中间镜和投影镜进一步放大，在荧光屏上得到三级放大的最终电子图像，还可将其记录在电子感光板或胶卷上。透射电镜的显著特点是分辨本领高。

大型透射电镜（conventional TEM）一般采用 $80\sim300kV$ 电子束加速电压，不同型号对应不同的电子束加速电压，其分辨率与电子束加速电压相关，可达 $0.2\sim0.1nm$，高端机型可实现原子级分辨。

金属负载催化剂中金属的分散度，是影响催化剂活性的重要因素之一。金属的分散度越高，可以提供越多的活性中心，有利于提高催化剂的活性。电子显微技术应用于负载金属催化剂分散度的研究，实际就是测定金属粒子大小的表征方法，具有直观粒子形貌、大小及分布的优点，还可用来观察催化剂内部的微细结构和表征金属分散度。如图 2-22，TEM 图可以直接观察催化剂的形貌及其在载体上的分散度[232]。图 2-22(a) 在低倍条件下，可以看到层状石墨烯的形貌及上面一些黑点在石墨烯上的分散，进一步放大，可以观察到一些 $Pt\text{-}Ni_2P$ 纳米粒子催化剂在载体上的分散情况 ［图 (b)］，对上面负载的纳米粒子的分散情况进行统计，可以得到纳米粒子的粒径大小，如图 (c) 所示，所制备的 $Pt\text{-}Ni_2P$ 纳米粒子催化剂的大小为 2.36nm。在高分辨的 TEM 图上可以直接观察到纳米粒子的晶格条纹，如图 2-22(d)、（e）所示，Ni_2P 和 Pt 的特征晶面都可以观察到，并结合前面讲的 EDS 能谱可以对该催化剂进行粗略的组成分析。

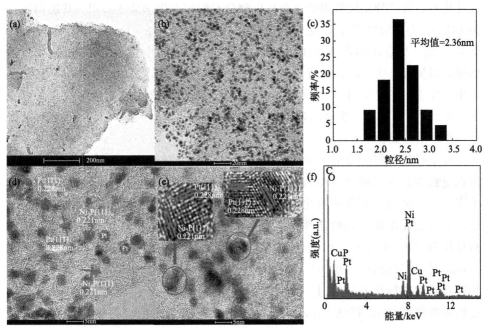

图 2-22 Pt-Ni_2P 负载在石墨烯上不同放大倍数下的 TEM 电镜图

[（a），（b），（d），（e）] 和催化剂的粒径分布图 （c） 及 EDS 能谱图 （f）[232]

2.4.2 电化学表征

2.4.2.1 比表面积分析

催化剂的比表面积及多孔性是衡量催化剂性能的重要参数，与催化剂的活性密切相关。测定催化剂的比表面积的方法有很多种，主要的方法为动态法和静态容量法。其中动态法中最常用的是 BET 法，BET 公式：

$$\frac{p}{V(p_0-p)}=\frac{1}{V_mC}+\frac{C-1}{V_mC}\times\frac{p}{p_0}$$

式中，p 为氮气分压；p_0 为吸附温度下液氮的饱和蒸气压；V_m 为样品上形成单分子层需要的气体量；V 为被吸附气体的总体积；C 是吸附有关的常数。以 $\frac{p}{V(p_0-p)}$ 对 $\frac{p}{p_0}$ 作图可得一直线，其斜率为 $\frac{C-1}{V_mC}$，截距为 $\frac{1}{V_mC}$，由此可得：$\frac{1}{V_m}=\frac{1}{斜率+截距}$。BET 法测定比表面积适用范围广，测试结果准确。

BET 法测得的比表面积能够反映整个材料的表面积，但是不能准确地反映催化剂的电化学活性面积。对于电催化反应，只有电极与电解液有效接触才能进行电化学反应，因此采用电化学活性比表面积（ECSA）更准确。目前对于贵金属催化剂，有三种比较常用的方法可以测量它们的电化学活性面积，其通用公式为 $ECSA = Q/(Sl)$[233]，Q 是库仑电量，mC；l 是催化剂 Pt 或 Pd 在电极上的载量，mg；S 是比例常数（用于关联单位面积的吸附电量），$mC \cdot cm^{-2}$[234]。如果采用氢溶出伏安法，一般采用 $S = 0.21 mC \cdot cm^{-2}$[235]；如果采用一氧化碳溶出伏安法，一般采用 $S = 0.42 mC \cdot cm^{-2}$，假定氧化单层吸附的一氧化碳所需要的电量[236]；如以贵金属的还原峰来计算，则 $S = 0.405 mC \cdot cm^{-2}$ 被用来计算电化学活性面积[233]。

对于醇类燃料的电催化氧化，由于其氧化物中间产物比如 CO 类物质会吸附在电极表面导致催化剂中毒，因此，吸附 CO 的氧化也可以反映催化剂的抗中毒能力。采用一氧化碳溶出伏安法来测量这类催化剂的电化学活性面积，既能较准确地反映催化剂的活性面积也可以用来评估催化剂的抗中毒能力。其实验过程简单介绍如下，在酸性溶液中，设置恒定电位 0.0V (vs SCE) 测试 15min，同时持续通入 99.99% 的 CO 气体以使一氧化碳饱和吸附在电极表面，其特点是在进行伏安扫描时，没有氢的脱附峰出现；接着通入过量的 N_2 清除溶液中溶解的 CO，持续 25min，其特点是进行第二圈伏安扫描时，不会看到 CO 的氧化峰。然后，设置扫描速率为 $20mV \cdot s^{-1}$，在电位范围 $-0.2 \sim 1.0V$ (vs SCE) 测其 CO 溶出伏安曲线。同样地，在 $1.0 mol \cdot L^{-1}$ KOH 溶液中，设置恒定电位 $-0.8V$ (vs SCE)，在进行 CO 溶出循环扫描时，设置扫描速率为 $20mV \cdot s^{-1}$，电位区间为 $-1.0 \sim 0.2V$ (vs SCE)。如图 2-23 所示，一些典型催化剂的 CO 溶出伏安曲线，在 $0.5 \sim 0.6V$ 左右的氧化峰是 CO 的氧化峰，可以根据 CO 的氧化峰峰面积来计算 $ECSA_{CO}$。由图 2-23 可见，PtRu/C 催化剂具有最好的一氧化碳氧化能力及抗毒性物质中毒能力，而普通 Pt/C 最差，为方便计算，我们进一步介绍如下：

吸附 CO 氧化的反应式如下：

$$Pt\text{-}CO + H_2O \longrightarrow Pt + CO_2 + 2e^- + 2H^+ \tag{2-25}$$

计算不同催化剂的 $ECSA_{CO}$：

$$ECSA_{CO} = \frac{Q_{CO}}{[Pt] \times 0.420} \tag{2-26}$$

式中，Q_{CO} 是吸附在催化剂电极表面 CO 氧化的峰电量，$mC \cdot cm^{-2}$；[Pt] 是 Pt 载量，$mg \cdot cm^{-2}$；0.420 是在光滑 Pt 表面氧化单分子层 CO 需要的电量密度，$mC \cdot cm^{-2}$。

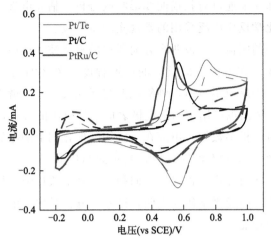

图 2-23　Pt/Te、Pt/C 和 PtRu/C 催化剂电极在 0.5mol・L^{-1}
H$_2$SO$_4$ 溶液中的 CO 溶出伏安曲线[237]

根据式（2-26）计算的催化剂的 ECSA$_{CO}$ 如表 2-1 所示，所制备的催化剂 Pt/Te 具有较高的电化学活性比表面积和较好抗一氧化碳氧化能力，即它具有较负的一氧化碳氧化电位。

表 2-1　Pt/Te、Pt/C 和 PtRu/C 的电化学活性比表面积和 CO 氧化电位[237]

催化剂	ECSA/m^2・(g Pt)$^{-1}$	峰电位(vs SCE)/V
Pt/Te	84.6	0.52
Pt/C	65.3	0.57
PtRu/C	80.5	0.51

2.4.2.2　循环伏安法（CV）

循环伏安法是一种很有用的电化学研究方法，可用于电极反应的性质、机理和电极过程动力学参数的研究。对于一个新的电化学体系，首选的研究方法往往是循环伏安法。由于受影响因素较多，该法一般用于定性分析，很少用于定量分析。如果把伏安曲线的输入信号改成循环三角波，那么其响应就称为循环伏安曲线。得到的电流电压曲线包括两个分支，如果前半部分电位向阴极方向扫描，电活性物质在电极上还原，产生还原波，那么后半部分电位向阳极扫描时，还原产物又会重新在电极上氧化，产生氧化波。因此在一次三角波扫描后，电极完成一个还原和氧化过程的循环，也因此扫描电势范围须使电极上能交替发生不同的还原和氧化反应，故该法称为循环伏安法（cyclic voltammetry）。采用循环伏安方法，一方面能较快地观测较宽电势范围内发生的电极过程，为电极过程提供丰富的信息；另一方面又能通过对扫描曲线形状的分析，估算电极反应参数。这一方法已成为涉及电化学反应广泛采用的常规实验室手段。

从循环伏安图的阴极和阳极两个方向所得的氧化波和还原波的峰高及对称性中可判断电活性物质在电极表面反应的可逆程度（图 2-24）。若反应是可逆的，则曲线上下对称；若反应不可逆，则氧化波与还原波的高度就不同，曲线的对称性也较差。此外 CV 图也可用于判断电极表面发生反应的过程，联合原位技术推断反应机理、测量电极参数等。甲醇在一些铂基催化剂上的电氧化循环伏安图如图 2-24 所示，是个典型的不可逆反应，其正向与反向扫描都代表了甲醇的电氧化性能。早期的一些研究用其正向与反向扫描的峰电流比值来代表抗毒性物质的能力，不过后来的一些光谱学研究表明，这两个峰都是甲醇的氧化峰，不能用来代表催化剂的抗中毒能力。

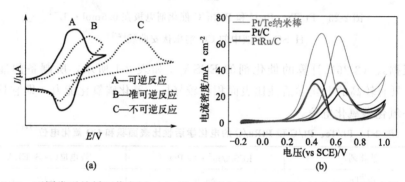

图 2-24　不同类型的循环伏安图（a）和一些催化剂催化甲醇电氧化的循环伏安图（b）

2.4.2.3　线性扫描伏安法与 Tafel 斜率

线性扫描伏安法（LSV）是将线性电位扫描施加于工作电极和参比电极之间，测量流过工作电极和辅助电极之间的电流，得到极化曲线。线性扫描伏安法得到的极化曲线可以认为是循环伏安法的单向扫描曲线，如图 2-25 给出了一些 Pd 催化剂催化甲酸电氧化的极化曲线。该极化曲线可以清楚地展示正向扫描过程中，催化电极上电流与电压的关系，其中可以看到 -0.1V 处氢的氧化峰和 0.3V 处甲酸的电氧化峰。由于甲酸的电氧化需要钯与氧化钯共同作用，如果在较高电位下，氧化钯为主时，其甲酸氧化能力迅速下降，表现出急剧下降的电流。

电化学极化电阻（R_p）与发生在溶液/电极界面的电化学反应有关，反映的是整个电极过程在一定的电极电位范围时的动力学特征，即以电流密度为横坐标、电极电位为纵坐标时极化曲线的斜率。

$$R_p = \frac{\Delta E}{\Delta i}$$

通过 LSV 可获得电化学反应活化区，即极化线性区，根据 Tafel 公式，超电势（η）与 $\lg i$ 成线性关系，即

$$\eta = a + b \lg i$$

式中，a、b 为 Tafel 常数，b 称为 Tafel 斜率，可分别表示为：

$$a = -\frac{2.303RT}{\alpha nF} \lg i_0, \ b = \frac{2.303RT}{\alpha nF}$$

式中，R 为理想气体常数，$J \cdot mol^{-1} \cdot K^{-1}$；$T$ 为热力学温度，K；α 为电子转移系数；F 为法拉第常数，$C \cdot mol^{-1}$；n 为物质的量，mol；i_0 为交换电流密度，$mA \cdot cm^{-2}$。

而传荷电阻（R_{ct}）为：

$$R_{ct} = \left(\frac{\partial \eta}{\partial i} \right)_{i \to 0} = \frac{RT}{i_0 nF}$$

通过上式可以计算交换电流密度 i_0 和传荷电阻 R_{ct} 等动力学参数。

从图 2-25（a）显示的 $PdSmO_x/C$ 和 Pd/C 催化剂的 Tafel 图中，可观察到在小电流区域两种催化剂的 Tafel 图表现出良好的线性关系。与 Pd/C 相比，$PdSmO_x/C$ 催化剂具有较小的斜率值，表示更快的反应动力学。Tafel 斜率为 $120mV \cdot dec^{-1}$ 时表示单元反应的第一个电子的转移是甲酸氧化的决速步骤，也就是甲酸分子第一个 C—H 键的断裂时引起的电子转移。当斜率值是 $60mV \cdot dec^{-1}$ 时表示水的活化步骤作为决速步骤。通常来讲，如果决速步骤一样的话，较小的 Tafel 斜率值意味着较快的动力学。

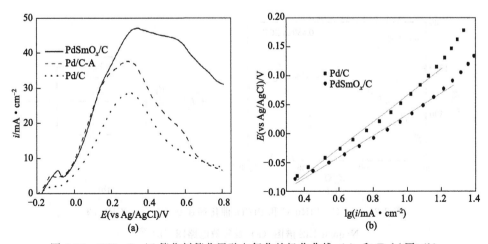

图 2-25　$PdSmO_x/C$ 催化剂催化甲酸电氧化的极化曲线（a）和 Tafel 图（b）

2.4.2.4　电化学阻抗谱（EIS）

电化学阻抗谱方法是一种以小振幅的正弦波电位（或电流）为扰动信号的电化学测量方法。可用于分析电极过程动力学、双电层和扩散等，研究电极材料、固体电解质、导电高分子以及腐蚀防护机理等。由于以小振幅的电信号对体系扰动，一方面可避免对体系产生大的影响，另一方面也使得扰动与体系的响应之间近似呈线性关系，这就使测量结果的数学处理变得简单。同时，电化学阻抗谱方法又是一种频率域的测量方法，它以测量得到的频率范围很宽的阻抗谱来研究电极系统，因而能比其他常规的电化学方法得到更多的动力学信息及电极界面结构的信息。EIS 的主要分析方法是等效电路法，即通过等效电路来模拟阻抗谱图并解析相关的电路元件。在简单的 EIS 分析中，用电阻参数 R_s 表示从参比电极的鲁金毛细管口到工作电极之间的溶液电阻，用电容参数 C_{dl} 代表电极与电解质两相之间的双电层电容，用电阻参数 R_{ct} 代表电极过程中电荷转移所遇到的阻力（电荷转移在很多情况下是电极过程的速度控制步骤）。通过元件之间的串并联以及各元件取值大小的不同，可以得到不同的频响曲线。在大多数情况下，可以为电极过程的电化学阻抗谱找到一个等效电路。

图 2-26 给出了一些典型催化剂在三电极体系下催化甲醇氧化的 Nyquist EIS 谱图及其拟合的等效电路图。图谱呈现一种压扁的半圆形，其等效电路图包含一些相关的电路元件，其中 R_s 代表了未补偿电阻；R_{ct} 表示甲醇氧化的电荷转移电阻；R_0 来自催化剂材料与玻碳电极的接触电阻；恒相位元件（CPE）代表了双电层电容，电感 L 主要来自外电路的电感，通常与电化学反应没有关系。

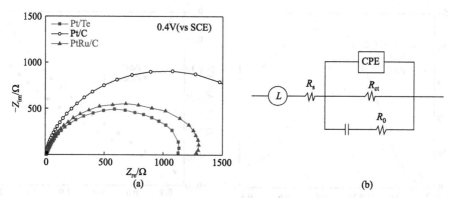

图 2-26　Pt/C，PtRu/C 和 Pt/Te 催化剂在 0.4V（vs SCE）的
Nyquist EIS 谱图（a）及等效电路图（b）[237]

图 2-27 显示了 Pt/C，Pt/rGO 和 Pt-Ce(CO$_3$)OH/rGO 在实际燃料电池应用的
Nyquist EIS 谱图和等效电路。在该模型中，恒定相位元件用于替代理想电容器。
等效电路由三个主要部分组成：膜、界面和催化剂层。R_m 代表膜的电阻；R_i 和
C_i 分别代表膜和阳极催化剂层之间的接触电阻和电容；R_{ct} 表示电荷转移的电流响
应；R_c 用于描述相位延迟；C_{dl} 表示阳极的电容行为；L_{CO} 表示由于阳极上的 CO
的缓慢解吸引起的相位延迟。拟合的参数列于表 2-2 中。可以看出，Pt/C，
Pt/rGO 和 Pt-Ce(CO$_3$)OH/rGO 催化剂的膜电阻几乎相同。Pt/rGO 和 Pt-Ce(CO$_3$)
OH/rGO 的膜和阳极催化剂层之间的接触电阻低于 Pt/C，表明高导电性 rGO 是
MOR 过程中电子快速传导和运输的良好平台，rGO 和 Pt-Ce(CO$_3$)OH 之间的
紧密锚定可以增强电子传输。从表 2-2 可以看出，由于 CO 解吸缓慢在 Pt/C，
Pt/rGO 上引起的相位延迟分别为 0.19H·cm^{-2} 和 0.05H·cm^{-2}；然而，它在
Pt-Ce(CO$_3$)OH/rGO 上显著降低至 2.07×10^{-10} H·cm^{-2}，这表明 Ce(CO$_3$)OH 能
高效活化水分子也能快速去除 Pt 上吸附的 CO。

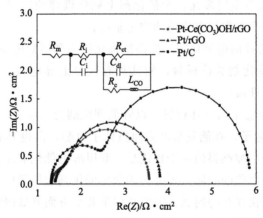

图 2-27 Pt/C，Pt/rGO 和 Pt-Ce(CO$_3$)OH/rGO 的 Nyquist EIS 谱图及等效电路图[238]

表 2-2 使用恒定相位元件对 DMFC 阳极建模的等效电路参数[238]

参数	Pt-Ce(CO$_3$)OH/rGO	Pt/rGO	Pt/C
$R_m/\Omega \cdot cm^2$	1.35	1.34	1.35
$R_i/\Omega \cdot cm^2$	1.85	2.30	4.42
$C_i/F \cdot cm^{-2}$	0.04	0.03	0.03
$R_{ct}/\Omega \cdot cm^2$	1.86	0.25	1.16
$C_{dl}/F \cdot cm^{-2}$	0.014	0.008	0.003
$R_c/\Omega \cdot cm^2$	0.40	0.42	0.16
$L_{CO}/H \cdot cm^{-2}$	2.07×10^{-10}	0.05	0.19

2.5
总结与展望

从能量密度和存储便利性等方面来看，甲醇燃料电池是一种非常有应用前景的化学电源，但其应用需要解决甲醇的高效电催化氧化问题，即从燃料电池角度解决甲醇的化学能转变成电能的问题，这涉及一些关键的电催化剂材料。甲醇氧化的缓慢动力学主要来源于其氧化过程产生的 CO 类中间产物能较强地吸附于贵金属催化剂表面使其失去催化活性即导致催化剂中毒和切断了反应的连续性。因此如何提高催化剂的抗 CO 中毒能力是 DMFC 阳极催化剂研究的一个重要方向。另外，阳极催化剂的成本也是制约直接甲醇燃料电池实际应用的一个关键因素。针对甲醇氧化电催化剂存在的问题，需要从以下几个方面开展更深入的研究工作：

① 开展甲醇在贵金属多元合金催化剂上氧化机理的研究，为合成性能优异的多元合金阳极催化剂提供有价值的理论基础；

② 合成形貌选控的电催化剂，提高抗毒化能力和甲醇电氧化活性；

③ 开发新型催化剂载体材料，使其具有优异的导电性、合适的比表面积、多孔且孔径适中等性质；

④ 探索新型非贵金属活性材料，以降低催化剂的成本。

甲酸也是 C_1 分子，在能量密度方面虽低于甲醇，但也具有无毒、氧化动力学更快等优势，是甲醇燃料的一个替代品。和甲醇电催化氧化相似，甲酸的电催化也存在中间产物毒化的问题，传统的铂和钯催化剂起始活性比较好，但稳定性差。针对甲酸电催化存在的问题，需要从以下几个方面开展研究：

① 甲酸是甲醇氧化的中间产物，是研究有机小分子电催化的理想物质，可以开展甲酸在铂基合金或钯基催化剂上氧化机理的研究，特别是原子有序排布的合金催化剂，为合成高效、长寿命的阳极催化剂提供有价值的理论基础；

② 开发新型非碳基催化剂载体材料，使其具有优异的导电性、合适的比表面积等性质，同时也具备助催化的功能；

③ 探索新型低贵金属或非贵金属活性材料，以降低催化剂的成本。

相对于甲醇和甲酸的电催化氧化，乙醇的高效电催化氧化需要解决更大的挑战，即活化并断开 C—C 键，这个活化能比断开 C—H 键的活化能大很多，所以对于乙醇来说，使之完全氧化的催化剂必须具备以下功能：在较低的温度和较低的电势下断裂 C—H 和 C—C 键，并且能消除或至少一定程度上减少中间产物毒化。由此，高性能催化剂的研究对直接乙醇燃料电池至关重要。提高醇类燃料电池的效率基本上依据以下两条途径：研制高效率催化剂，以及优化反应参数和条件。今后的发展可以从以下几个方面着手：

① 开发新型的具有高电催化活性的催化剂。利用新的元素和氧化物作为添加剂，如在 Pt 基电催化剂中加入 Sn、Pb、In 等及其氧化物可以使电极表面吸附形成较高的 OH 基团浓度，从而提高电极电位和抗 CO 等毒化能力。不仅可以降低催化剂的成本，还可以达到提高催化活性和稳定性的效果，从而有效提高小分子燃料电催化的性能。

② 研究开发新的非贵金属且具有电催化活性的催化剂。如以钯、钴、镍等过渡金属代替贵金属将会大大降低燃料电池的生产成本，还可以达到提高催化活性和稳定性的效果，从而有效提高燃料电池的性能。另外，稀土元素在阳极催化材料中的应用也具有巨大的发展前景。因此还需要在理论上进一步深入研究，实现预测材料催化性能的目标。

③ 载体和催化剂间的相互影响问题也成为一个重要的研究内容。考虑到碳载体中的微孔结构，一系列新纳米结构的碳材料由于具有独特的导电性和结构特征，也被广泛用作燃料电池催化剂的碳载体，如碳纳米管类材料、石墨烯、碳纤维等。

④ 助催化剂的研究。在复合催化剂的开发中，可以考虑引入结构稳定，并且易于形成含氧活性物种的材料，比如过渡金属磷化物、碳化物等的引入可以提高醇类燃料的电催化性能。

参考文献

[1] Aricò A S, Srinivasan S, Antonucci V. DMFCs: From fundamental aspects to technology development. Fuel Cells, 2015, 1: 133-161.

[2] Apanel G, Johnson E. Direct methanol fuel cells-ready to go commercial? Fuel Cells Bulletin, 2004, 2004: 12-17.

[3] Demirci U B. How green are the chemicals used as liquid fuels in direct liquid-feed fuel cells? Environment International, 2009, 35: 626-631.

[4] Demirci U B. Theoretical means for searching bimetallic alloys as anode electrocatalysts for direct liquid-feed fuel cells. Journal of Power Sources, 2007, 173: 11-18.

[5] Neurock M, Janik M, Wieckowski A. A first principles comparison of the mechanism and site requirements for the electrocatalytic oxidation of methanol and formic acid over Pt. Faraday Discussions, 2009, 140 (0): 363-378.

[6] Cao D, Lu G Q, Wieckowski A, et al. Mechanisms of methanol decomposition on platinum: A combined experimental and ab initio approach. The Journal of Physical Chemistry B, 2005, 109 (23): 11622-11633.

[7] Petrii O A. The progress in understanding the mechanisms of methanol and formic acid electrooxidation on platinum group metals (a review). Russian Journal of Electrochemis-

try, 2019, 55 (1): 1-33.

[8] Bockris J O M, Conway B E, White R E. Modern Aspects of Electrochemistry. Berlin: Springer Verlag, 2009: 34.

[9] Wang Y, Li L, Hu L, et al. A feasibility analysis for alkaline membrane direct methanol fuel cell: Thermodynamic disadvantages versus kinetic advantages. Electrochemistry Communications, 2003, 5: 662-666.

[10] Singh P, Buttry D A. Comparison of oxygen reduction reaction at silver nanoparticles and polycrystalline silver electrodes in alkaline solution. Journal of Physical Chemistry C, 2012, 116: 10656-10663.

[11] Guo J, Hsu A, Chu D, et al. Improving oxygen reduction reaction activities on carbon-supported Ag nanoparticles in alkaline solutions. The Journal of Physical Chemistry C, 2010, 114: 4324-4330.

[12] Spendelow J S, Andrzej W. Electrocatalysis of oxygen reduction and small alcohol oxidation in alkaline media. Physical Chemistry Chemical Physics Pccp, 2007, 9: 2654-2675.

[13] Spendelow J S, Goodpaster J D, Kenis P J A, et al. Methanol dehydrogenation and oxidation on Pt (111) in alkaline solutions. Langmuir the Acs Journal of Surfaces & Colloids, 2006, 22: 10457-10464.

[14] Spendelow, Lu S J, Kenis Q G, et al. Electrooxidation of adsorbed CO on Pt(111) and Pt(111)/Ru in alkaline media and comparison with results from acidic media. Journal of Electroanalytical Chemistry, 2004, 568: 215-224.

[15] Spendelow J S, Goodpaster J D, Kenis P J A, et al. Mechanism of CO oxidation on Pt (111) in alkaline media. Journal of Physical Chemistry B, 2006, 110: 9545.

[16] Tripkovic A V, Marinkovic N, Adzic R R. Oxidation of methanol on single crystal platinum electrodes in alkaline solution. Russian Journal of Electrochemistry, 1995, 31: 993-1003.

[17] Morallón E, Rodes A, Vázquez J L, et al. Voltammetric and in-situ FTIR spectroscopic study of the oxidation of methanol on Pt(*hkl*) in alkaline media. Journal of Electroanalytical Chemistry, 1995, 391: 149-157.

[18] Antolini E. Catalysts for direct ethanol fuel cells. Journal of Power Sources, 2007, 170: 1-12.

[19] Brouzgou A, Podias A, Tsiakaras P. PEMFCs and AEMFCs directly fed with ethanol: A current status; comparative review. Journal of Applied Electrochemistry, 2013, 43: 119-136.

[20] Ribadeneira E, Hoyos B A. Evaluation of Pt-Ru-Ni and Pt-Sn-Ni catalysts as anodes in direct ethanol fuel cells. Journal of Power Sources, 2008, 180: 238-242.

[21] Ye W, Zou S, Cai W B. Recent advances on electro-oxidation of ethanol on Pt-and Pd-based catalysts: From reaction mechanisms to catalytic materials. Catalysts, 2015, 5: 1507-1534.

[22] Yang Y Y, Ren J, Li Q X, et al. Electrocatalysis of ethanol on a Pd electrode in alkaline media: An in situ attenuated total reflection surface-enhanced infrared absorption spectroscopy study. Acs Catalysis, 2014, 4: 798-803.

[23] Yu X, Pickup P G. Recent advances in direct formic acid fuel cells (DFAFC). Journal of Power Sources, 2008, 182: 124-132.

[24] Capon A, Parsons R. ChemInform abstract: The oxidation of formic acid at noble metal electrodes part 1, review of previous work. Chemischer Informationsdienst, 1973, 4.

[25] Gyenge E. Electrocatalytic oxidation of methanol, Ethanol and Formic Acid. London: springer, 2008.

[26] Bagotzky V S, Vassilyev Y B. Mechanism of electro-oxidation of methanol on the platinum electrode. Electrochimica Acta, 1967, 12: 1323-1343.

[27] Sharma S, Pollet B G. Support materials for PEMFC and DMFC electrocatalysts—A review. Journal of Power Sources, 2012, 208: 96-119.

[28] Aricò A S, Baglio V, Modica E, et al. Performance of DMFC anodes with ultra-low Pt loading. Electrochemistry Communications, 2004, 6: 164-169.

[29] Bagotzky V S, Vassiliev Y B, Pyshnograeva I I. Role of structural factors in electrocatalysis- I. Smooth platinum electrodes. Electrochimica Acta, 1971, 16: 2141-2167.

[30] Clavilier J, Lamy C, Leger J M. Electrocatalytic oxidation of methanol on single crystal platinum electrodes. Comparison with polycrystalline platinum. Journal of Electroanalytical Chemistry & Interfacial Electrochemistry, 1981, 125: 249-254.

[31] Lamy C, Leger J M, Clavilier J, et al. Structural effects in electrocatalysis: A comparative study of the oxidation of CO, HCOOH and CH_3OH on single crystal Pt electrodes. Journal of Electroanalytical Chemistry, 1983, 150: 71-77.

[32] Gu Jun, Zhang Yawen, Tao Franklin. Shape control of bimetallic nanocatalysts through well-designed colloidal chemistry approaches. Chemical Society Reviews, 2012, 41 (24): 8050-8065.

[33] Xia Baoyu, Wu Haobin, Yan Ya, et al. One-pot synthesis of platinum nanocubes on reduced graphene oxide with enhanced electrocatalytic activity. Small, 2014, 10 (12): 2336-2339.

[34] Zhu Enbo, Yan Xucheng, Wang Shiyi, et al. Peptide-assisted 2-D assembly toward free-floating ultrathin platinum nanoplates as effective electrocatalysts. Nano Letters, 2019, 19 (6): 3730-3736.

[35] Hao Yanfei, Wang Xudan, Shen Jianfeng, et al. One-pot synthesis of single-crystal Pt nanoplates uniformly deposited on reduced graphene oxide, and their high activity and stability on the electrocatalytic oxidation of methanol. Nanotechnology, 2016, 27 (14): 145602.

[36] Li Cuiling, Sato Takaaki, Yamauchi Yusuke. Electrochemical synthesis of one-dimensional mesoporous Pt nanorods using the assembly of surfactant micelles in confined space. Angewandte Chemie International Edition, 2013, 52 (31): 8050-8053.

[37] Wang Shuangyin, Jiang Sanping, Wang Xin, et al. Enhanced electrochemical activity of Pt nanowire network electrocatalysts for methanol oxidation reaction of fuel cells. Electrochimica Acta, 2011, 56 (3): 1563-1569.

[38] Ho V T T, Nguyen N G, Pan C J, et al. Advanced nanoelectrocatalyst for methanol oxidation and oxygen reduction reaction, fabricated as one-dimensional Pt nanowires on

nanostructured robust $Ti_{0.7}Ru_{0.3}O_2$ support. Nano Energy, 2012, 1 (5): 687-695.

[39] Li Cuiling, Malgras Victor, Yamauchi Yusuke, et al. Electrochemical synthesis of mesoporous Pt nanowires with highly electrocatalytic activity toward methanol oxidation reaction. Electrochimica Acta, 2015, 183: 107-111.

[40] Zhang Gang, Kisailus David, Li Dongsheng, et al. Porous platinum nanotubes for oxygen reduction and methanol oxidation reactions. Advanced Functional Materials, 2010, 20 (21): 3742-3746.

[41] Cheng Aozhi, Wang Yuan, Ma Liang, et al. One-pot synthesis of three-dimensional Pt nanodendrites with enhanced methanol oxidation reaction and oxygen reduction reaction activities. Nanotechnology, 2020, 31 (43): 435403.

[42] Zhang Chengwei, Xu Lianbin, Shan Nannan, et al. Enhanced electrocatalytic activity and durability of Pt particles supported on ordered mesoporous carbon spheres. Acs Catalysis, 2014, 4 (6): 1926-1930.

[43] Zhou Yang, Hu Xianchao, Xiao Youjun, et al. Platinum nanoparticles supported on hollow mesoporous tungsten trioxide microsphere as electrocatalyst for methanol oxidation. Electrochimica Acta, 2013, 111: 588-592.

[44] Yang Cuizhen, Jiang Quanguo, Li Weihua, et al. Ultrafine Pt nanoparticle-decorated 3D hybrid architectures built from reduced graphene oxide and MXene nanosheets for methanol oxidation. Chemistry of Materials, 2019, 31 (22): 9277-9287.

[45] Kamyabi M A, Qaratapeh K E, Moharramnezhad M. Silica template as a morphology-controlling agent for deposition of platinum nanostructure on 3D-Ni-foam and its superior electrocatalytic performance towards methanol oxidation. Journal of Porous Materials, 2021, 28: 393-405.

[46] Bai Gailing, Liu Chang, Gao Zhe, et al. Atomic carbon layers supported Pt nanoparticles for minimized CO poisoning and maximized methanol oxidation. Small, 2019, 15 (38): 1902951.

[47] Zhang Yiqiong, Shi Yongliang, Chen Ru, et al. Enriched nucleation sites for Pt deposition on ultrathin WO_3 nanosheets with unique interactions for methanol oxidation. Journal of Materials Chemistry A, 2018, 6 (45): 23028-23033.

[48] Cui Zhiming, Jiang Sanping, Li Changming. Highly dispersed MoO_x on carbon nanotube as support for high performance Pt catalyst towards methanol oxidation. Chemical Communications, 2011, 47 (29): 8418-8420.

[49] Tran N D, Fabris S. Probing the reactivity of Pt/ceria nanocatalysts toward methanol oxidation: From ionic single-atom sites to metallic nanoparticles. The Journal of Physical Chemistry C, 2018, 122 (31): 17917-17927.

[50] Qi Jian, Chen Jie, Li Guodong, et al. Facile synthesis of core-shell Au@CeO_2 nanocomposites with remarkably enhanced catalytic activity for CO oxidation. Energy & Environmental Science, 2012, 5 (10): 8937-8941.

[51] Yang Siyuan, Zhao Chen, Ge Chunyu, et al. Ternary Pt-Ru-SnO_2 hybrid architectures: unique carbon-mediated 1-D configuration and their electrocatalytic activity to methanol oxidation. Journal of Materials Chemistry, 2012, 22 (15): 7104-7107.

[52] Zhou Yawei, Chen Yafeng, Jiang Kun, et al. Probing the enhanced methanol electrooxidation mechanism on platinum-metal oxide catalyst. Applied Catalysis B: Environmental, 2021, 280: 119393.

[53] Antolini Ermete. Photo-assisted methanol oxidation on Pt-TiO_2 catalysts for direct methanol fuel cells: A short review. Applied Catalysis B: Environmental, 2018, 237: 491-503.

[54] Yan Haijing, Tian Chungui, Sun Li, et al. Small-sized and high-dispersed WN from $[SiO_4(W_3O_9)_4]$ 4-clusters loading on GO-derived graphene as promising carriers for methanol electro-oxidation. Energy & Environmental Science, 2014, 7 (6): 1939-1949.

[55] Zhang Wenyao, Yao Qiushi, Jiang Gaopeng, et al. Molecular trapping strategy to stabilize subnanometric Pt clusters for highly active electrocatalysis. Acs Catalysis, 2019, 9 (12): 11603-11613.

[56] Chang Jinfa, Feng Ligang, Jiang Kun, et al. Pt-CoP/C as an alternative PtRu/C catalyst for direct methanol fuel cells. Journal of Materials Chemistry A, 2016, 4 (47): 18607-18613.

[57] Chang Jinfa, Feng Ligang, Liu Changpeng, et al. Ni_2P enhances the activity and durability of the Pt anode catalyst in direct methanol fuel cells. Energy & Environmental Science, 2014, 7 (5): 1628-1632.

[58] Liu Hui, Yang Dawen, Bao Yufei, et al. One-step efficiently coupling ultrafine Pt-Ni_2P nanoparticles as robust catalysts for methanol and ethanol electro-oxidation in fuel cells reaction [J]. Journal of Power Sources, 2019, 434: 226754.

[59] Duan Yaqiang, Sun Ye, Wang Lei, et al. Enhanced methanol oxidation and CO tolerance using oxygen-passivated molybdenum phosphide/carbon supported Pt catalysts. Journal of Materials Chemistry A, 2016, 4 (20): 7674-7682.

[60] Duan Yaqiang, Sun Ye, Pan Siyu, et al. Self-stable WP/C support with excellent cocatalytic functionality for Pt: Enhanced catalytic activity and durability for methanol electrooxidation. Acs Applied Materials & Interfaces, 2016, 8 (49): 33572-33582.

[61] Ding Junjie, Hu Weiling, Ma Li, et al. Facile construction of mesoporous carbon enclosed with $NiCoP_x$ nanoparticles for desirable Pt-based catalyst support in methanol oxidation. Journal of Power Sources, 2021, 481: 228888.

[62] Mcbreen J, Mukerjee S. In situ X-ray absorption studies of a Pt-Ru electrocatalyst. Journal of the Electrochemical Society, 1995, 142: 3399-3404.

[63] Shibata M, Motoo S. Electrocatalysis by ad-atoms: Part ⅩⅤ. Enhancement of CO oxidation on platinum by the electronegativity of ad-atoms. Journal of Electroanalytical Chemistry & Interfacial Electrochemistry, 1985, 194: 261-274.

[64] Watanabe M, Motoo S. Electrocatalysis by ad-atoms: Part Ⅲ. Enhancement of the oxidation of carbon monoxide on platinum by ruthenium ad-atoms. Journal of Electroanalytical Chemistry & Interfacial Electrochemistry, 1975, 60: 275-283.

[65] Iwasita T, Nart F C, Vielstich W. An FTIR study of the catalytic activity of a 85:15 Pt:Ru alloy for methanol oxidation. Physikalische Chemie, 1990, 94: 1030-1034.

[66] Huang Liang, Zhang Xueping, Wang Qingqing, et al. Shape-control of Pt-Ru nanocrys-

tals: Tuning surface structure for enhanced electrocatalytic methanol oxidation. Journal of the American Chemical Society, 2018, 140 (3): 1142-1147.

[67] Zhang Junming, Qu Ximing, Han Yu, et al. Engineering PtRu bimetallic nanoparticles with adjustable alloying degree for methanol electrooxidation: Enhanced catalytic performance. Applied Catalysis B: Environmental, 2020, 263: 118345.

[68] Zhang Z, Luo Z, Chen B, et al. One-pot synthesis of highly anisotropic five-fold-twinned PtCu nanoframes used as a bifunctional electrocatalyst for oxygen reduction and methanol oxidation. Advanced Materials, 2016, 28: 8712-8717.

[69] Zaidi S J, Bello M, Al-Ahmed A, et al. Mesoporous carbon supported Pt/MO$_2$ (M= Ce,Pr,Nd,Sm) heteronanostructure: Promising non-Ru methanol oxidation reaction catalysts for direct methanol fuel cell application. Journal of Electroanalytical Chemistry, 2017, 794: 86-92.

[70] Han K, Lee J, Kim H. Preparation and characterization of high metal content Pt-Ru alloy catalysts on various carbon blacks for DMFCs. Electrochimica Acta, 2007, 52: 1697-1702.

[71] Wang Lijuan, Tian Xinlong, Xu Yangyang, et al. Engineering one-dimensional and hierarchical PtFe alloy assemblies towards durable methanol electrooxidation. Journal of Materials Chemistry A, 2019, 7 (21): 13090-13095.

[72] Liang Yanxia, Sun Yingjun, Wang Xinyu, et al. High electrocatalytic performance inspired by crystalline/amorphous interface in PtPb nanoplate. Nanoscale, 2018, 10 (24): 11357-11364.

[73] Chen G J, Shan H Q, Li Y, et al. Hollow PtCu nanoparticles encapsulated into a carbon shell via mild annealing of Cu metal-organic frameworks. Journal of Materials Chemistry A, 2020, 8 (20): 10337-10345.

[74] Cui Zhiming, Chen Hao, Zhao Mengtian, et al. Synthesis of structurally ordered Pt$_3$Ti and Pt$_3$V nanoparticles as methanol oxidation catalysts. Journal of the American Chemical Society, 2014, 136 (29): 10206-10209.

[75] Kang Y, Pyo J B, Ye X, et al. Synthesis, shape control, and methanol electro-oxidation properties of Pt-Zn alloy and Pt$_3$Zn intermetallic nanocrystals. Acs Nano, 2012, 6 (6): 5642-5647.

[76] Qin Yingnan, Luo Mingchuan, Sun Yingjun, et al. Intermetallic hcp-PtBi/fcc-Pt core/shell nanoplates enable efficient bifunctional oxygen reduction and methanol oxidation electrocatalysis. Acs Catalysis, 2018, 8 (6): 5581-5590.

[77] Chen Wei, Lei Zhao, Zeng Tang, et al. Structurally ordered PtSn intermetallic nanoparticles supported on ATO for efficient methanol oxidation reaction. Nanoscale, 2019, 11 (42): 19895-19902.

[78] Feng Quanchen, Zhao Shu, He Dongsheng, et al. Strain engineering to enhance the electrooxidation performance of atomic-layer Pt on intermetallic Pt$_3$Ga. Journal of the American Chemical Society, 2018, 140 (8): 2773-2776.

[79] Wang X, Tang B, Huang X, et al. High activity of novel nanoporous Pd-Au catalyst for methanol electro-oxidation in alkaline media. Journal of Alloys & Compounds, 2013,

565：120-126.

[80] Zhen Q, Geng H, Wang X, et al. Novel nanocrystalline PdNi alloy catalyst for methanol and ethanol electro-oxidation in alkaline media. Journal of Power Sources, 2011, 196: 5823-5828.

[81] Huang Junjie, Yang Hui, Huang Qinghong, et al. Methanol oxidation on carbon-supported Pt-Os bimetallic nanoparticle electrocatalysts. Journal of the Electrochemical Society, 2004, 151 (11): A1810.

[82] Jing Z, Cheng F, Tao Z, et al. Electrocatalytic methanol oxidation of $Pt_{0.5}Ru_{0.5-x}Sn_x/$ $C(x=0-0.5)$. Journal of Physical Chemistry C, 2008, 112: 6337-6345.

[83] Neburchilov V, Martin J, Wang H, et al. A Review of polymer electrolyte membranes for direct methanol fuel cells. Journal of Power Sources, 2007, 169: 221-238.

[84] Yang L X, Allen R G, Scott K, et al. A comparative study of PtRu and PtRuSn thermally formed on titanium mesh for methanol electro-oxidation. Journal of Power Sources, 2004, 137.

[85] Wang Z-B, Yin G-P, Lin Y-G. Synthesis and characterization of PtRuMo/C nanoparticle electrocatalyst for direct ethanol fuel cell. Journal of Power Sources, 2007, 170.

[86] Lu Yan, Wang Wei, Chen Xiaowei, et al. Composition optimized trimetallic PtNiRu dendritic nanostructures as versatile and active electrocatalysts for alcohol oxidation. Nano Research, 2019, 12 (3): 651-657.

[87] Wang Qingmei, Chen Siguo, Lan Huiying, et al. Thermally driven interfacial diffusion synthesis of nitrogen-doped carbon confined trimetallic Pt_3CoRu composites for the methanol oxidation reaction. Journal of Materials Chemistry A, 2019, 7 (30): 18143-18149.

[88] Wang Qingmei, Chen Siguo, Li Pan, et al. Surface Ru enriched structurally ordered intermetallic PtFe@PtRuFe core-shell nanostructure boosts methanol oxidation reaction catalysis. Applied Catalysis B: Environmental, 2019, 252: 120-127.

[89] Yang Shaohan, Li Shuna, Song Lianghao, et al. Defect-density control of platinum-based nanoframes with high-index facets for enhanced electrochemical properties. Nano Research, 2019, 12 (11): 2881-2888.

[90] Wang Cheng, Xu Hui, Gao Fei, et al. High-density surface protuberances endow ternary PtFeSn nanowires with high catalytic performance for efficient alcohol electro-oxidation. Nanoscale, 2019, 11 (39): 18176-18182.

[91] Zhang Tao, Bai Yu, Sun Yiqiang, et al. Laser-irradiation induced synthesis of spongy AuAgPt alloy nanospheres with high-index facets, rich grain boundaries and subtle lattice distortion for enhanced electrocatalytic activity. Journal of Materials Chemistry A, 2018, 6 (28): 13735-13742.

[92] Cheng Na, Zhang Ling, Jiang Hao, et al. Locally-ordered PtNiPb ternary nano-pompons as efficient bifunctional oxygen reduction and methanol oxidation catalysts. Nanoscale, 2019, 11 (36): 16945-16953.

[93] Wang Zhen, Huang Lei, Tian Zhiqun, et al. The controllable growth of PtCuRh rhombic dodecahedral nanoframes as efficient catalysts for alcohol electrochemical oxidation. Journal of Materials Chemistry A, 2019, 7 (31): 18619-18625.

[94] Ahmad Y H, El-Sayed H A, Mohamed A T, et al. Rational one-pot synthesis of ternary PtIrCu nanocrystals as robust electrocatalyst for methanol oxidation reaction. Applied Surface Science, 2020, 534: 147617.

[95] Zhang Qiqi, Liu Jialong, Xia Tianyu, et al. Antiferromagnetic element Mn modified Pt-Co truncated octahedral nanoparticles with enhanced activity and durability for direct methanol fuel cells. Nano Research, 2019, 12 (10): 2520-2527.

[96] Zhu Jing, Yang Yao, Chen Lingxuan, et al. Copper-induced formation of structurally ordered Pt-Fe-Cu ternary intermetallic electrocatalysts with tunable phase structure and improved stability. Chemistry of Materials, 2018, 30 (17): 5987-5995.

[97] Yang Long, Li Guoqiang, Ge Junjie, et al. TePbPt alloy nanotube as electrocatalyst with enhanced performance towards methanol oxidation reaction. Journal of Materials Chemistry A, 2018, 6 (35): 16798-16803.

[98] Ma Siyue, Li Huihui, Hu Bicheng, et al. Synthesis of low Pt-based quaternary PtPd RuTe nanotubes with optimized incorporation of Pd for enhanced electrocatalytic activity. Journal of the American Chemical Society, 2017, 139 (16): 5890-5895.

[99] Wang W, Chen X W, Zhang X, et al. Quatermetallic Pt-based ultrathin nanowires intensified by Rh enable highly active and robust electrocatalysts for methanol oxidation. Nano Energy, 2020, 71: 8.

[100] Yue X, He C, Zhong C, et al. Fluorine-doped and partially oxidized tantalum carbides as nonprecious metal electrocatalysts for methanol oxidation reaction in acidic media. Advanced Materials, 2016, 28: 2163-2169.

[101] Gao Wei, Li Xiyan, Li Yunhui, et al. Facile synthesis of Pt_3Sn/graphene nanocomposites and their catalysis for electro-oxidation of methanol. Cryst Eng Comm, 2012, 14 (21): 7137-7139.

[102] Liu Yi, Li Dongguo, Stamenkovic Vojislav R, et al. Synthesis of Pt_3Sn alloy nanoparticles and their catalysis for electro-oxidation of CO and methanol. Acs Catalysis, 2011, 1 (12): 1719-1723.

[103] Lu Xiaoqing, Deng Zhigang, Guo Chen, et al. Methanol oxidation on Pt_3Sn(111) for direct methanol fuel cells: Methanol decomposition. Acs Applied Materials & Interfaces, 2016, 8 (19): 12194-12204.

[104] Wang Liang, Wu Wei, Lei Zhao, et al. High-performance alcohol electrooxidation on Pt_3Sn-SnO_2 nanocatalysts synthesized through the transformation of Pt-Sn nanoparticles. Journal of Materials Chemistry A, 2020, 8 (2): 592-598.

[105] Kwon Yongmin, Kim Yena, Whang Youngjoo, et al. One-pot production of ceria nanosheet-supported PtNi alloy nanodendrites with high catalytic performance toward methanol oxidation and oxygen reduction. Journal of Materials Chemistry A, 2020, 8 (48): 25842-25849.

[106] Sebastián D, Stassi A, Siracusano S, et al. Influence of metal oxide additives on the activity and stability of PtRu/C for methanol electro-oxidation. Journal of the Electrochemical Society, 2015, 162 (7): F713-F717.

[107] Pham H Q, Tai T H, Nguyen S T, et al. Superior CO-tolerance and stability toward

alcohol electro-oxidation reaction of 1D-bimetallic platinum-cobalt nanowires on Tungsten-modified anatase TiO$_2$ nanostructure. Fuel, 2020, 276: 118078.

[108] Dimitrova Nina, Dhifallah Marwa, Mineva Tzonka, et al. High performance of PtCu@TiO$_2$ nanocatalysts toward methanol oxidation reaction: From synthesis to molecular picture insight. Rsc Advances, 2019, 9 (4): 2073-2080.

[109] Zhang Jingfang, Li Kaidan, Zhang Bin. Synthesis of dendritic Pt-Ni-P alloy nanoparticles with enhanced electrocatalytic properties. Chemical Communications, 2015, 51 (60): 12012-12015.

[110] Ding Liangxin, Wang Anliang, Li Gaoren, et al. Porous Pt-Ni-P composite nanotube arrays: Highly electroactive and durable catalysts for methanol electrooxidation. Journal of the American Chemical Society, 2012, 134 (13): 5730-5733.

[111] Zhang Lili, Wei Meng, Wang Suqing, et al. Highly stable PtP alloy nanotube arrays as a catalyst for the oxygen reduction reaction in acidic medium. Chemical Science, 2015, 6 (5): 3211-3216.

[112] Zhang Lili, Ding Liangxin, Chen Hongbin, et al. Self-supported PtAuP alloy nanotube arrays with enhanced activity and stability for methanol electro-oxidation. Small, 2017, 13 (17): 1604000.

[113] Lin Mengliang, Lo Manyin, Mou Chungyuan. PtRuP nanoparticles supported on mesoporous carbon thin film as highly active anode materials for direct methanol fuel cell. Catalysis Today, 2011, 160 (1): 109-115.

[114] Li Mengmeng, Fang Yan, Zhang Genlei, et al. Carbon-supported Pt$_5$P$_2$ nanoparticles used as a high-performance electrocatalyst for the methanol oxidation reaction. Journal of Materials Chemistry A, 2020, 8.

[115] Deng Kai, Xu You, Yang Dandan, et al. Pt-Ni-P nanocages with surface porosity as efficient bifunctional electrocatalysts for oxygen reduction and methanol oxidation. Journal of Materials Chemistry A, 2019, 7 (16): 9791-9797.

[116] Wang Fulong, Fang Bo, Yu Xu, et al. Coupling ultrafine Pt nanocrystals over the Fe$_2$P surface as a robust catalyst for alcohol fuel electro-oxidation. Acs Applied Materials & Interfaces, 2019, 11 (9): 9496-9503.

[117] Bao Yufei, Wang Fulong, Gu Xiaocong, et al. Core-shell structured PtRu nanoparticles@FeP promoter with an efficient nanointerface for alcohol fuel electrooxidation. Nanoscale, 2019, 11 (40): 18866-18873.

[118] Yang Zhenzhen, Shi Yan, Wang Xianshun, et al. Boron as a superior activator for Pt anode catalyst in direct alcohol fuel cell. Journal of Power Sources, 2019, 431: 125-134.

[119] Fan Jingjing, Fan Youjun, Wang Ruixiang, et al. A novel strategy for the synthesis of sulfur-doped carbon nanotubes as a highly efficient Pt catalyst support toward the methanol oxidation reaction. Journal of Materials Chemistry A, 2017, 5 (36): 19467-19475.

[120] Sun Yongrong, Du Chunyu, Han Guokang, et al. Nitrogen co-doped graphene: A superior electrocatalyst support and enhancing mechanism for methanol electrooxidation. Electrochimica Acta, 2016, 212: 313-321.

[121] An Meichen, Du Lei, Du Chunyu, et al. Pt nanoparticles supported by sulfur and phosphorus codoped graphene as highly active catalyst for acidic methanol electrooxidation. Electrochimica Acta, 2018, 285: 202-213.

[122] Chang Ying, Yuan Conghui, Li Yuntong, et al. Controllable fabrication of a N and B co-doped carbon shell on the surface of TiO_2 as a support for boosting the electrochemical performances. Journal of Materials Chemistry A, 2017, 5 (4): 1672-1678.

[123] 饶路，姜艳霞，张斌伟，等. 乙醇电催化氧化. 化学进展，2014，26: 727-736.

[124] 李艳艳，饶路，姜艳霞，等. 多壁碳纳米管负载铂立方体的制备及对乙醇电催化氧化性能. 高等学校化学学报，2013，34: 408-413.

[125] Zhou Zhi-You, Huang Zhi-Zhong, Chen De-Jun, et al. High-index faceted platinum nanocrystals supported on carbon black as highly efficient catalysts for ethanol electrooxidation. Angew Chem Int Ed Engl, 2010, 122: 421-424.

[126] 徐志花，饶丽霞，宋海燕，等. CeO_2 修饰的 Pt/Ni 催化剂在碱性溶液中对乙醇电催化氧化性能的增强. 催化学报，2017，38: 305-312.

[127] 王琳琳，王赟，廖卫平，等. 炭黑负载 Pt-Sn 双金属催化剂对乙醇的电催化氧化性能. 分子催化，2015，29: 35-44.

[128] Zhang X, Li D, Dong D, et al. One-step fabrication of ordered Pt-Cu alloy nanotube arrays for ethanol electrooxidation. Materials Letters, 2010, 64: 1169-1172.

[129] Spinacé E V, Neto A O, Vasconcelos T R R, et al. Electro-oxidation of ethanol using PtRu/C electrocatalysts prepared by alcohol-reduction process. Journal of Power Sources, 2004, 137: 17-23.

[130] Spinacé E V, Neto A O, Linardi M. Electro-oxidation of methanol and ethanol using PtRu/C electrocatalysts prepared by spontaneous deposition of platinum on carbon-supported ruthenium nanoparticles, Journal of Power Sources, 2004, 129: 121-126.

[131] Zhou W J, Zhou B, Li W Z, et al. Performance comparison of low-temperature direct alcohol fuel cells with different anode catalysts. Journal of Power Sources, 2004, 126: 16-22.

[132] Zhou W J, Song S Q, Li W Z, et al. Direct ethanol fuel cells based on PtSn anodes: The effect of Sn content on the fuel cell performance. Journal of Power Sources, 2005, 140: 50-58.

[133] Jeong D W, Jang W J, Shim J O, et al. A comparison study on high-temperature water-gas shift reaction over Fe/Al/Cu and Fe/Al/Ni catalysts using simulated waste-derived synthesis gas. Journal of Material Cycles & Waste Management, 2014, 16: 650-656.

[134] Silva M R D, Ângelo A C D. Synthesis and characterization of ordered intermetallic nanostructured PtSn/C and PtSb/C and evaluation as electrodes for alcohol oxidation. Electrocatalysis, 2010, 1: 95-103.

[135] Liang Z, Ravikumar I, Yancey D F, et al. Design of Pt-shell nanoparticles with alloy cores for the oxygen reduction reaction. Acs Nano, 2013, 7: 9168-9172.

[136] Zhu Huiyuan, Zhang Sen, Guo Shaojun, et al. Synthetic control of FePtM nanorods (M=Cu, Ni) to enhance the oxygen reduction reaction. Journal of the American Chemi-

cal Society，2013，135：7130-7133.

[137] Yu X B，Bin W H，Nan L，et al. One-pot synthesis of Pt-Co alloy nanowire assemblies with tunable composition and enhanced electrocatalytic properties. Angewandte Chemie，2015，54：3797-3801.

[138] Yu X B，Bin W H，Xin W，et al. One-pot synthesis of cubic PtCu₃ nanocages with enhanced electrocatalytic activity for the methanol oxidation reaction. Journal of the American Chemical Society，2012，134：13934-13937.

[139] 柳鹏，林顺蛟，杨明龙，等. 枝状银-钯复合材料的制备及电催化氧化乙醇性能研究. 稀有金属，2017，41：635-640.

[140] 郭盼，谷宁，王旭红，等. 石墨烯-纳米钯复合材料对乙醇的电催化氧化研究. 分析科学学报，2014，30.

[141] 隋慧文，刘满仓，张浩. 石墨烯的制备、功能化及在化学中的应用. 化工设计通讯，2016，42：58-59.

[142] 尹竞，廖高祖，朱冬韵，等. g-C₃N₄/石墨烯复合材料的制备及光催化活性的研究. 中国环境科学，2016，36：735-740.

[143] 徐秀娟，秦金贵，李振. 石墨烯研究进展. 化学进展，2009，21：2559-2567.

[144] Liang Hai-Wei，Cao Xiang，Zhou Fei，et al. A free-standing Pt-nanowire membrane as a highly stable electrocatalyst for the oxygen reduction reaction. Advanced Materials，2011，23：1467-1471.

[145] Zhang J，Ye J，Fan Q，et al. Cyclic penta-twinned rhodium nanobranches as superior catalysts for ethanol electro-oxidation. Journal of the American Chemical Society，2018，140：11232-11240.

[146] 俞贵艳，陈卫祥，赵杰，等. Pt/C 纳米复合材料的合成和表征. 浙江大学学报（工学版），2006，40：330-333.

[147] Reza B Moghaddam，Peter G Pickup. Mechanistic studies of formic acid oxidation at polycarbazole supported Pt nanoparticles. Electrochimica Acta，2013，111：823-829.

[148] Schuppert A K，Savan A，Ludwig A，et al. Potential-resolved dissolution of Pt-Cu：A thin-film material library study. Electrochimica Acta，2014，144：332-340.

[149] Rossmeisl J，Ferrin P，Tritsaris G A，et al. Bifunctional anode catalysts for direct methanol fuel cells. Energy & Environmental Science，2012，5：8335-8342.

[150] Guo S，Dong S，Wang E. Three-dimensional Pt-on-Pd bimetallic nanodendrites supported on graphene nanosheet：Facile synthesis and used as an advanced nanoelectrocatalyst for methanol oxidation. Acs Nano，2010，4：547-555.

[151] Dimos M M，Blanchard G J. Evaluating the role of Pt and Pd catalyst morphology on electrocatalytic methanol and ethanol oxidation. J Phys Chem C，2010，114：6019-6026.

[152] Wang R，Liu J，Pan L，et al. Dispersing Pt atoms onto nanoporous gold for high performance direct formic acid fuel cells. Chemical Science，2013，5：403-409.

[153] Guo Z，Xin Z，Hui S，et al. Novel honeycomb nanosphere Au@Pt bimetallic nanostructure as a high performance electrocatalyst for methanol and formic acid oxidation. Electrochimica Acta，2014，134：411-417.

[154] Choi J H, Jeong K J, Dong Y, et al. Electro-oxidation of methanol and formic acid on PtRu and PtAu for direct liquid fuel cells. Journal of Power Sources, 2006, 163: 71-75.

[155] Paul N Duchesne, Li Z Y, Deming C P, et al. Golden single-atomic-site platinum electrocatalysts. Nature Materials, 2018, 17: 1033-1039.

[156] Chang J, Li S, Feng L, et al. Effect of carbon material on Pd catalyst for formic acid electrooxidation reaction. Journal of Power Sources, 2014, 266: 481-487.

[157] Marinšek M, Šala M, Jančar B. A study towards superior carbon nanotubes-supported Pd-based catalysts for formic acid electro-oxidation: Preparation, properties and characterisation. Journal of Power Sources, 2013, 235: 111-116.

[158] Zhang B, Ye D, Li J, et al. Electrodeposition of Pd catalyst layer on graphite rod electrodes for direct formic acid oxidation. Journal of Power Sources, 2012, 214: 277-284.

[159] Jovanović V M, Tripković D, Tripković A, et al. Oxidation of formic acid on platinum electrodeposited on polished and oxidized glassy carbon. Electrochemistry Communications, 2005, 7: 1039-1044.

[160] Yi Q, Chen A, Wu H, et al. Titanium-supported nanoporous bimetallic Pt-Ir electrocatalysts for formic acid oxidation. Electrochemistry Communications, 2007, 9: 1513-1518.

[161] Babu P K, Kim H S, Chung J H, et al. Bonding and motional aspects of CO adsorbed on the surface of Pt nanoparticles decorated with Pd. Journal of Physical Chemistry B, 2004, 108: 20228-20232.

[162] Arenz M, Stamenkovic V, Schmidt T J, et al. The electro-oxidation of formic acid on Pt-Pd single crystal bimetallic surfaces. Physical Chemistry Chemical Physics, 2003, 5: 4242-4251.

[163] Waszczuk P, Barnard T M, Rice C, et al. A nanoparticle catalyst with superior activity for electrooxidation of formic acid. Electrochemistry Communications, 2002, 4: 599-603.

[164] Vismadeb M, Shouheng S. Oleylamine-mediated synthesis of Pd nanoparticles for catalytic formic acid oxidation. Journal of the American Chemical Society, 2009, 131: 4588-4589.

[165] Cui Z, Kulesza P J, Chang M L, et al. Pd nanoparticles supported on HPMo-PDDA-MWCNT and their activity for formic acid oxidation reaction of fuel cells. International Journal of Hydrogen Energy, 2011, 36: 8508-85174.

[166] Jung W S, Han J H, Ha S. Analysis of palladium-based anode electrode using electrochemical impedance spectra in direct formic acid fuel cells. Journal of Power Sources, 2007, 173: 53-59.

[167] Zhang H X, Wang C, Wang J Y, et al. Carbon-supported Pd-Pt nanoalloy with low Pt content and superior catalysis for formic acid electro-oxidation. Journal of Physical Chemistry C, 2010, 114: 6446-6451.

[168] Wang X, Xia Y. Electrocatalytic performance of PdCo-C catalyst for formic acid oxidation. Electrochemistry Communications, 2008, 10: 1644-1646.

[169] Morales-Acosta D, Ledesma-Garcia J, Godinez L A, et al. Development of Pd and Pd-Co catalysts supported on multi-walled carbon nanotubes for formic acid oxidation. Journal of Power Sources, 2010, 195: 461-465.

[170] Deli W, Xin H L, Yingchao Y, et al. Pt-decorated PdCo@Pd/C core-shell nanoparticles with enhanced stability and electrocatalytic activity for the oxygen reduction reaction. Journal of the American Chemical Society, 2010, 132: 17664-17666.

[171] Wang R, Liao S, Shan J. High performance Pd-based catalysts for oxidation of formic acid. Journal of Power Sources, 2008, 180: 205-208.

[172] Du C, Chen M, Wang W, et al. Nanoporous PdNi alloy nanowires as highly active catalysts for the electro-oxidation of formic acid. Acs Applied Materials & Interfaces, 2011, 3: 105.

[173] Li R, Han M, Zhang J, et al. Rapid synthesis of porous Pd and PdNi catalysts using hydrogen bubble dynamic template and their enhanced catalytic performance for methanol electrooxidation. Journal of Power Sources, 2013, 241: 660-667.

[174] Wei W, Shan J, Hui W, et al. Nanoporous PdNi/C electrocatalyst prepared by dealloying high-Ni-content PdNi alloy for formic acid oxidation. Fuel Cells, 2012, 12: 1129-1133.

[175] Xin W, Tang Y, Ying G, et al. Carbon-supported Pd-Ir catalyst as anodic catalyst in direct formic acid fuel cell. Journal of Power Sources, 2008, 175: 784-788.

[176] Chen C H, Liou W J, Lin H M, et al. Carbon nanotube-supported bimetallic palladium-gold electrocatalysts for electro-oxidation of formic acid. Physica Status Solidi, 2010, 207: 1160-1165.

[177] Zhou W, Lee J Y. Highly active core-shell Au@Pd catalyst for formic acid electrooxidation. Electrochemistry Communications, 2007, 9: 1725-1729.

[178] Maiyalagan T. Highly active Pd and Pd-Au nanoparticles supported on functionalized graphene nanoplatelets for enhanced formic acid oxidation. Rsc Advances, 2013, 4: 4028-4033.

[179] Jiang R, Tran D T, McClure J P, et al. A class of (Pd-Ni-P) electrocatalysts for the ethanol oxidation reaction in alkaline media. ACS Catal, 2014, 4: 2577-2586.

[180] Zhang L, Tang Y, Bao J, et al. A carbon-supported Pd-P catalyst as the anodic catalyst in a direct formic acid fuel cell. Journal of Power Sources, 2006, 162: 177-179.

[181] Wang J-Y, Kang Y-Y, Yang H, et al. Boron-doped palladium nanoparticles on carbon black as a superior catalyst for formic acid electro-oxidation. The Journal of Physical Chemistry C, 2009, 113: 8366-8372.

[182] 李文震, 孙公权, 严玉山, 等. 低温燃料电池担载型贵金属催化剂. 化学进展, 2005, 17: 761-772.

[183] Van Dam H E, Van Bekkum H. Preparation of platinum on activated carbon. Journal of Catalysis, 1991, 131: 335-349.

[184] Neergat M, Leveratto D, Stimming U. Catalysts for direct methanol fuel cells. Fuel Cells, 2002, 2: 25-30.

[185] Takasu Y, Fujiwara T, Murakami Y, et al. Effect of structure of carbon-supported Pt-

Ru electrocatalysts on the electrochemical oxidation of methanol. J Electrochem Soc, 2000, 147: 4421-4427.

[186] Kawaguchi T, Sugimoto W, Murakami Y, et al. Particle growth behavior of carbon-supported Pt, Ru, PtRu catalysts prepared by an impregnation reductive-pyrolysis method for direct methanol fuel cell anodes. Journal of Catalysis, 2005, 229: 176-184.

[187] Yang B, Lu Q Y, Wang Y, et al. Simple and low-cost preparation method for highly dispersed PtRu/C catalysts. Chemistry of Materials, 2003, 15: 3552-3557.

[188] Zeng J, Lee J Y, Zhou W. A more active Pt/carbon DMFC catalyst by simple reversal of the mixing sequence in preparation. Journal of Power Sources, 2006, 159: 509-513.

[189] Watanabe M, Uchida M, Motoo S. Preparation of highly dispersed Pt＋Ru alloy clusters and the activity for the electrooxidation of methanol. J Electroanal Chem, 1987, 229: 395-406.

[190] Bonnemann H, Nagabhushana K S. Advantageous fuel cell catalysts from colloidal nanometals. Journal of New Materials for Electrochemical Systems, 2004, 7: 93-108.

[191] Bönnemann H, Brinkmann R, Kinge S, et al. Chloride free Pt-and PtRu-nanoparticles stabilised by "Armand's Ligand" as precursors for fuel cell catalysts. Fuel Cells, 2004, 4: 289-296.

[192] Wang X, Hsing I M. Surfactant stabilized Pt and Pt alloy electrocatalyst for polymer electrolyte fuel cells. Electrochimica Acta, 2002, 47: 2981-2987.

[193] Kim T, Takahashi M, Nagai M, et al. Preparation and characterization of carbon supported Pt and PtRu alloy catalysts reduced by alcohol for polymer electrolyte fuel cell. Electrochimica Acta, 2004, 50: 817-821.

[194] Bensebaa F, Patrito N, Le Page Y, et al. Tunable platinum-ruthenium nanoparticle properties using microwave synthesis. Journal of Materials Chemistry, 2004, 14: 3378-3384.

[195] Wang Y, Ren J W, Deng K, et al. Preparation of tractable platinum, rhodium, and ruthenium nanoclusters with small particle size in organic media. Chemistry of Materials, 2000, 12: 1622-1627.

[196] Zhou Z H, Wang S L, Zhou W J, et al. Novel synthesis of highly active Pt/C cathode electrocatalyst for direct methanol fuel cell. Chemical Communications, 2003: 394-395.

[197] Bock C, Paquet C, Couillard M, et al. Size-selected synthesis of PtRu nano-catalysts: Reaction and size control mechanism. J Am Chem Soc, 2004, 126: 8028-8037.

[198] Liu Y C, Qiu X P, Chen Z G, et al. A new supported catalyst for methanol oxidation prepared by a reverse micelles method. Electrochem Commun, 2002, 4: 550-553.

[199] Zhang X, Chan K Y. Water-in-oil microemulsion synthesis of platinum-ruthenium nanoparticles, their characterization and electrocatalytic properties. Chemistry of Materials, 2003, 15: 451-459.

[200] Solla-Gullon J, Vidal-Iglesias F J, Montiel V, et al. Electrochemical characterization of platinum-ruthenium nanoparticles prepared by water-in-oil microemulsion. Electrochimica Acta, 2004, 49: 5079-5088.

[201] Xiong L, Manthiram A. Catalytic activity of Pt-Ru alloys synthesized by a microemul-

sion method in direct methanol fuel cells. Solid State Ionics, 2005, 176: 385-392.

[202] Xu W L, Lu T H, Liu C P, et al. Nanostructured PtRu/C as anode catalysts prepared in a pseudomicroemulsion with ionic surfactant for direct methanol fuel cell. J Phys Chem B, 2005, 109: 14325-14330.

[203] Choi K H, Kim H S, Lee T H. Electrode fabrication for proton exchange membrane fuel cells by pulse electrodeposition. Journal of Power Sources, 1998, 75: 230-235.

[204] Thompson S D, Jordan L R, Forsyth M. Platinum electrodeposition for polymer electrolyte membrane fuel cells. Electrochimica Acta, 2001, 46: 1657-1663.

[205] Tian N, Zhou Z-Y, Sun S-G, et al. Synthesis of tetrahexahedral platinum nanocrystals with high-index facets and high electro-oxidation activity. Science, 2007, 316: 732-735.

[206] Steigerwalt E S, Deluga G A, Lukehart C M. Pt-Ru/carbon fiber nanocomposites: Synthesis, characterization, and performance as anode catalysts of direct methanol fuel cells. A search for exceptional performance. Journal of Physical Chemistry B, 2002, 106: 760-766.

[207] King W D, Corn J D, Murphy O J, et al. Pt-Ru and Pt-Ru-P/carbon nanocomposites: Synthesis, characterization, and unexpected performance as direct methanol fuel cell (DMFC) anode catalysts. Journal of Physical Chemistry B, 2003, 107: 5467-5474.

[208] Longoni G, Chini P. Synthesis and chemical characterization of platinum carbonyl dianions $[Pt_3(CO)_6]_n^{2-}$ $(n=\sim 10,6,5,4,3,2,1)$ a new series of inorganic oligomers. Journal of the American Chemical Society, 1976, 98: 7225-7231.

[209] Zhang X G, Murakami Y, Yahikozawa K, et al. Electrocatalytic oxidation of formaldehyde on ultrafine palladium particles supported on a glassy carbon. Electrochimica Acta, 1997, 42: 223-227.

[210] Ley K L, Liu R X, Pu C, et al. Methanol oxidation on single-phase Pt-Ru-Os ternary alloys. Journal of the Electrochemical Society, 1997, 144: 1543-1548.

[211] Nashner M S, Frenkel A I, Adler D L, et al. Structural characterization of carbon-supported platinum-ruthenium nanoparticles from the molecular cluster precursor $PtRu_5C$ $(CO)_{16}$. Journal of the American Chemical Society, 1997, 119: 7760-7771.

[212] Liu C, Xue X, Lu T, et al. The preparation of high activity DMFC Pt/C electrocatalysts using a pre-precipitation method. Journal of Power Sources, 2006, 161: 68-73.

[213] Xue X Z, Lu T H, Liu C P, et al. Novel preparation method of Pt-Ru/C catalyst using imidazolium ionic liquid as solvent. Electrochim Acta, 2005, 50: 3470-3478.

[214] Xue X Z, Lu T H, Liu X P, et al. Simple and controllable synthesis of highly dispersed Pt-Ru/C catalysts by a two-step spray pyrolysis process. Chem Commun, 2005: 1601-1603.

[215] Xue X Z, Liu C P, Xing W, et al. Physical and electrochemical characterizations of Pt-Ru/C catalysts by spray pyrolysis for electrocatalytic oxidation of methanol. J Electrochem Soc, 2006, 153: E79-E84.

[216] Grisaru H, Palchik O, Gedanken A, et al. Microwave-assisted polyol synthesis of $CuInTe_2$ and $CuInSe_2$ nanoparticles. Inorganic Chemistry, 2003, 42: 7148-7155.

[217] Sra A K, Ewers T D, Schaak R E. Direct solution synthesis of intermetallic AuCu and AuCu$_3$ nanocrystals and nanowire networks. Chemistry of Materials, 2005, 17: 758-766.

[218] Roychowdhury C, Matsumoto F, Mutolo P F, et al. Synthesis, characterization, and electrocatalytic activity of PtBi nanoparticles prepared by the polyol process. Chem Mater, 2005, 17: 5871-5876.

[219] Figlarz M, Fievet F, Lagier J P. Process for reducing metallic compounds using polyols, and metallic powders produced thereby: Ep0113281A1. 1984-07-11.

[220] Ducampsanguesa C, Herreraurbina R, Figlarz M. Synthesis and characterization of fine and monodisperse silver particles of uniform shape. Journal of Solid State Chemistry, 1992, 100: 272-280.

[221] Yu W Y, Tu W X, Liu H F. Synthesis of nanoscale platinum colloids by microwave dielectric heating. Langmuir, 1999, 15: 6-9.

[222] Komarneni S, Li D S, Newalkar B, et al. Microwave-polyol process for Pt and Ag nanoparticles. Langmuir, 2002, 18: 5959-5962.

[223] Liu Z L, Lee J Y, Chen W X, et al. Physical and electrochemical characterizations of microwave-assisted polyol preparation of carbon-supported PtRu nanoparticles. Langmuir, 2004, 20: 181-187.

[224] Liu Z L, Guo B, Hong L, et al. Microwave heated polyol synthesis of carbon-supported PtSn nanoparticles for methanol electrooxidation. Electrochemistry Communications, 2006, 8: 83-90.

[225] Li X, Chen W X, Zhao J, et al. Microwave polyol synthesis of Pt/CNTs catalysts: Effects of pH on particle size and electrocatalytic activity for methanol electrooxidization. Carbon, 2005, 43: 2168-2174.

[226] Choi W C, Kim J D, Woo S I. Quaternary Pt-based electrocatalyst for methanol oxidation by combinatorial electrochemistry. Catalysis Today, 2002, 74: 235-240.

[227] Sullivan M G, Utomo H, Fagan P J, et al. Automated electrochemical analysis with combinatorial electrode arrays. Analytical Chemistry, 1999, 71: 4369-4375.

[228] Wang H, Sun X, Ye Y, et al. Radiation induced synthesis of Pt nanoparticles supported on carbon nanotubes. Journal of Power Sources, 2006, 161: 839-842.

[229] Xiong Y, Yang Y, DiSalvo F J, et al. Pt-decorated composition-tunable Pd-Fe@Pd/C core-shell nanoparticles with enhanced electrocatalytic activity toward the oxygen reduction reaction. Journal of the American Chemical Society, 2018, 140: 7248-7255.

[230] Liu Z, Yang X, Hu G, et al. Ru nanoclusters coupled on Co/N-doped carbon nanotubes efficiently catalyzed the hydrogen evolution reaction. ACS Sustain Chem Eng, 2020, 8: 9136-9144.

[231] Cheng W, Zhao X, Su H, et al. Lattice-strained metal-organic-framework arrays for bifunctional oxygen electrocatalysis. Nature Energy, 2019, 4: 115-122.

[232] Liu H, Yang D, Bao Y, et al. One-step efficiently coupling ultrafine Pt-Ni$_2$P nanoparticles as robust catalysts for methanol and ethanol electro-oxidation in fuel cells reaction. J Power Sources, 2019, 434: 226754.

[233] Halder A, Jia Q, Trahan M, et al. In situ X-ray absorption spectroscopy on probing the enhanced electrochemical activity of ternary PtRu@Pb catalysts. Electrochim Acta, 2013, 108: 288-295.

[234] Singh R N, Singh A. Anindita. Electrocatalytic activity of binary and ternary composite films of Pd, MWCNT, and Ni for ethanol electro-oxidation in alkaline solutions. Carbon, 2009, 47: 271-278.

[235] Mao Junjie, Chen Wenxing, He Dongsheng. Design of ultrathin Pt-Mo-Ni nanowire catalysts for ethanol electrooxidation. Sci Adv, 2017, 3.

[236] Layan Savithra G H, Bowker R H, Carrillo B A, et al. Mesoporous matrix encapsulation for the synthesis of monodisperse Pd_5P_2 nanoparticle hydrodesulfurization catalysts. ACS Appl Mater Interfaces, 2013, 5: 5403-5407.

[237] Yang X, Xue J, Feng L. Pt nanoparticles anchored over Te nanorods as a novel and promising catalyst for methanol oxidation reaction. Chem Commun, 2019, 55: 11247-11250.

[238] Chen G, Dai Z, Sun L, et al. Synergistic effects of platinum-cerium carbonate hydroxides-reduced graphene oxide on enhanced durability for methanol electro-oxidation. J Mater Chem A, 2019, 7: 6562-6571.

第 3 章

阴极催化剂

氧还原反应是燃料电池[1,2]、金属-空气电池[3,4]等清洁能源存储与转换技术的重要阴极反应，其在控制燃料电池的整体性能上发挥着关键作用。然而，该反应的动力学过程缓慢，阻碍了燃料电池的大规模商业化应用。为此，了解氧还原反应的反应机理，熟悉阴极催化剂的测试表征技术，设计开发绿色高效的氧还原电催化剂迫在眉睫。

3.1
电催化氧还原机理

为更好地设计合成阴极电催化剂，加快氧还原反应速率，研究氧还原反应（ORR）的机理是很有必要的。氧还原反应在水溶液中主要有两种反应途径：直接 4 电子过程从氧气（O_2）转化为水（H_2O）和 2 电子过程由氧气（O_2）生成过氧化氢（H_2O_2）。事实上，电化学氧气还原过程是一个相当复杂，且涉及多种中间价态的离子或吸附粒子以及 O—O 键断裂的过程。考虑不同的决速步骤，可能的反应机理将超过 50 种方案。虽然根据一些实验事实可以提出一些合理的假设，但是要真正确定任何一种反应历程都是非常有难度的。因此，考虑到反应机理的复杂性，文献报道中更常见的是反应途径的讨论，借助于旋转环盘电极（RRDE）技术提供的中间产物信息为反应路径讨论提供数据支撑。针对氧还原提出的各种反应机理中，Wroblowa 等[5]改进的反应机理似乎是描述金属表面氧还原反应复杂途径的最有效方案之一（图 3-1）。

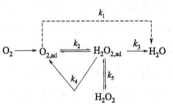

图 3-1　氧还原反应机理
过程示意图[6]

基于以上反应机理，在直接 4 电子转移过程中，溶液本体的氧气分子首先扩散并吸附到电极表面，随后发生 O—O 键断裂直接生成 H_2O（或 OH^-），速率常数为 k_1，无中间产物（H_2O_2）的产生；而连续 2 电子转移过程中，生成的 H_2O_2 中间产物可以快速还原生成 H_2O，速率常数为 k_3；也可以发生快速歧化反应，产生的氧气分子又迅速参与还原（速率常数为 k_4）。2 电子转移过程是涉及中间产物 H_2O_2 脱附进入本体溶液中的反应过程，其反应速率常数为 k_5。最理想的还原过程是氧气通过 4 电子反应过程一步直接还原生成水。在这个过程中，涉及氧分子在电极表面的吸附、O—O 键的断裂、质子加成和还原等过程，这些体系在酸性介质与碱性介质中的反应式及标准平衡电势存在较大的差异[7]：

酸性溶液

$$O_2 + 4H^+ + 4e^- \longrightarrow 2H_2O \qquad E^\ominus = 1.23V \qquad (3-1)$$

$$O_2 + 2H^+ + 2e^- \longrightarrow H_2O_2 \qquad E^\ominus = 0.67V \qquad (3-2)$$

$$H_2O_2 + 2H^+ + 2e^- \longrightarrow 2H_2O \qquad E^\ominus = 1.77V \qquad (3-3)$$

碱性溶液

$$O_2 + 2H_2O + 4e^- \longrightarrow 4OH^- \qquad E^\ominus = 0.40V \qquad (3-4)$$

$$O_2 + H_2O + 2e^- \longrightarrow HO_2^- + OH^- \qquad E^\ominus = -0.07V \qquad (3-5)$$

$$HO_2^- + H_2O + 2e^- \longrightarrow 3OH^- \qquad E^\ominus = 0.87V \qquad (3-6)$$

如前文所述，氧还原反应可以在金属表面通过 4 电子或者 2 电子途径进行[4,8]。不同催化剂的 ORR 反应途径和机制可能会有所不同，即使同一催化剂，ORR 也表现为结构敏感性。如图 3-2 所示，在催化活性位点处存在不同的 O_2 的吸附类型，这取决于晶体结构（表面几何形状）和结合能。O_2 吸附构型与 O_2 表面相互作用均影响 ORR 反应途径[8,9]。在端对端方式上，只有一个 O 垂直于表面配位，且有利于一个电子转移，主要参与有过氧化物生成的 2 电子途径［图 3-2(b)］。而吸附在表面上的两个 O 的平行配位有利于 O_2 的解离，更有可能导致直接配位无过氧化物形成的 4 电子 ORR 途径［图 3-2(c)］。在 2 电子氧还原之后可以继续进行过氧化氢或其他过氧化物的进一步 2 电子还原、过氧化、歧化，这个过程可以描述为一个连续的 2 电子途径。在金属氧化物的情况下，表面电荷分布与金属有所不同，化学计量氧化物的表面阳离子与氧不完全协调，阴离子配位是由水溶液中 H_2O 提供的 O 完成的，表面正离子的还原是通过表面氧配体的质子化而得到电荷补偿的。据此，研究人员提出了过渡金属氧化物表面 ORR 途径的四步催化机理[10]。该方案包括表面氢氧化物置换、表面过氧化物形成、表面氧化物形成和表面氢氧化物再生等步骤。在碱性电解质中，HO_2^-/OH^- 置换与 OH^- 再生之间的竞争是限制 ORR 动力学的一个重要因素。上述 4 电子和 2 电子反应方案均可同时发生并相互竞争。最近实验研究和数学模型表明在碳基铂纳米粒子中存在 ORR 双途径机制，包括直接 4 电子和连续 2 电子途径。在高电位区间，直接 4 电子途径占主导地位，而在低电位时，还原切换到过氧化物主导的路径[11]。此外，中间体的脱附和再吸附等传质效应对其动力学和路径选择性也起着重要作用。水合碱金属阳离子与活性位点吸附物之间的非共价相互作用对 ORR 特性也有显著影响。由于分析技术的限制，真实的表面反应可能被掩盖，因此可能有更多的潜在途径。此外，如果中间产物的连续还原或化学分解进行得非常快，生成的过氧化物将同时还原为氢氧根，因此整个过程也可以看作是一个明显的 4 电子还原反应。例如，氧化锰对过氧化氢的分解和还原具有很高的催化活性，并导致检测到的 ORR 具有明显的准 4 电子转移[12]。因此，在许多情况下，确定明确的 ORR 机制是一项具有挑战性的任务。直接的 4 电子氧还原由于其高能量效率是研究者所需要的，而 2 电子途径是相对不利的，因为产生的过氧化物是腐蚀性的，可以导致电化学活性物质的过早分解。当前研究者认为，4 电子还原主要发生在贵金属上，而 2 电子还原主要存在于碳基材料，对于过渡金属氧化物和金属大环，其依赖于特定的晶体结构、分子组成或实验参数，存在多种 ORR 反应路径[13]。

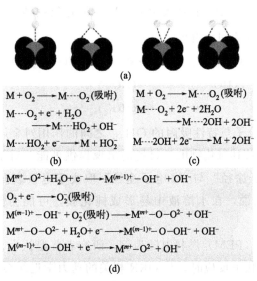

图 3-2 （a）催化剂表面吸附 O_2 的不同构型：从左至右分别为顶位端对端吸附，桥式端对端吸附，桥式侧端单位吸附，桥式侧端对位吸附；（b）端位 O_2 的吸附；（c）二齿配体 O_2 的吸附，分别对应 2 电子还原（生成过氧化物种）和直接 4 电子还原；（d）基于金属氧化物/碱性电解介质提出的 ORR 反应途径之一[8,9]

在燃料电池中，阴极氧还原过程发生的电位往往比零电势电位更正。碱性介质中的水分子不仅作为溶剂，也为氧还原反应提供质子。基于以上条件，内亥姆霍兹平面（IHP）由特性吸附的 OH⁻、溶剂水偶极子（由氧原子指向电极表面）和化学吸附的 O_2 组成，外亥姆霍兹平面（OHP）由溶剂化的碱金属离子和 O_2 组成。在内亥姆霍兹平面（IHP）往往发生内层电子转移反应。无论是在酸性条件或是碱性条件下，强烈吸附在电极表面的氧气发生 4 电子转移过程，中间产物一直处于吸附状态直至得到 H_2O/OH^-。而与酸性介质不同的是，碱性介质中还存在外层电子转移反应。此时，溶剂化的氧气分子周围水分子中的氧与特性吸附的氢氧根中的氢易形成氢键，由于氢键键能（$<35kJ \cdot mol^{-1}$）远远低于氧气

分子直接化学吸附在 Pt 电极上形成共价键的键能（$>300kJ \cdot mol^{-1}$），这种以氢键结合的形式有利于稳定溶剂化的氧气分子，进而发生外层电子转移。因此，碱性条件下的 ORR 机理分为两条路径：

① O_2 分子直接吸附于 Pt 电极表面并发生直接 4 电子还原过程；

$$O_2 \longrightarrow O_{2,ads}$$

$$O_{2,ads} + H_2O + 2e^- \longrightarrow (HO_2^-)_{ads} + OH^-$$

$$(HO_2^-)_{ads} + H_2O + 2e^- \longrightarrow 3OH^-$$

② 溶剂化的 O_2 分子与特性吸附的 OH_{ads} 通过氢键结合，促进 2 电子过程，生成 HO_2^- 后脱附并流向环电极。

$$M\!-\!OH + [O_2 \cdot (H_2O_n)]_{aq} + e^- \longrightarrow M\!-\!OH + (HO_2^{\cdot})_{ads} + OH^- + (H_2O)_{n-1}$$

$$(HO_2^{\cdot})_{ads} + e^- \longrightarrow (HO_2^-)_{ads}$$

$$(HO_2^-)_{ads} \longrightarrow (HO_2^-)_{aq}$$

溶剂化的 O_2 分子与特性吸附的 OH_{ads} 之间的作用对金属电极的要求降低，也为各种非贵金属及其氧化物电极材料的出现提供可能。对于 Pt 等贵金属材料来说，"直接 4 电子途径"与"2 电子途径"取决于电极表面 OH_{ads} 的覆盖度。而对于过渡金属来说，在水溶液中易形成钝化膜，可能会促进外层电子转移反应。

以质子交换膜（PEM）燃料电池为例，研究者普遍认为，PEM 燃料电池阴极在铂基催化剂催化下反应时，与 ORR 相关的动力学迟缓会导致高过电位，从而导致性能低下。为了进一步加快 ORR 的反应动力学，研究者在设计和合成 Pt 纳米结构方面进行了大量的工作。Gasteiger 和 Markovic 报道了通过革新铂基催化剂纳米结构提高 PEM 燃料电池 ORR 性能的进展，如图 3-3 所示[6]。图中 ORR 的催化活性用转换频率（TOF）来表示，即在 $TOF = I/(e \cdot ASD)$ 方程中，TOF 与某一电极电势下 ORR 电流密度（I，$C \cdot s^{-1} \cdot cm^{-3}$）、转移电荷（$ie$，$1.6 \times 10^{-19}$ C）以及活性位点密度（ASD，$site \cdot cm^{-3}$）均是相关联的。这里，TOF 的单位是 $e \cdot site^{-1} \cdot s^{-1}$。在目前的研究和开发阶段，PEM 燃料电池中最实用的催化剂是由低折射率面包裹的热力学球形铂纳米颗粒，其 TOF 为 $25e \cdot site^{-1} \cdot s^{-1}$。由图 3-3 可知，从具有高度结构化近表层成分振荡的 Pt_3Ni[1] 纳米晶体得到的最佳 TOF 为 $2800e \cdot site^{-1} \cdot s^{-1}$。虽然在燃料电池的运行环境中实现如此高的 TOF 是极其困难的，但是通过探索具有新颖、稳定纳米结构的 Pt 合金催化剂，在这样的环境中仍有很大的提高催化剂活性的空间。

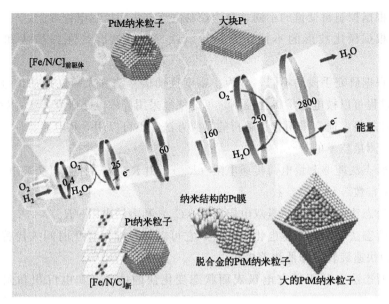

图 3-3　PEM 燃料电池中氧和氢电化学转化为能量和水的进展，

以转换频率（TOF/e·$site^{-1}$·s^{-1}）表示[6]

3.2
氧还原测试技术

最常用的氧还原催化测量技术主要包括稳态极化、旋转圆盘电极（RDE）、旋转环盘电极（RRDE）、循环伏安法（CV）和线性扫描伏安法（LSV）[14]。

3.2.1　电化学测量暂态技术

电化学测量方法在总体上可以分为两大类：一类是电极过程处于稳态时进行的测量，称为稳态测量方法；另一类是电极过程处于暂态时进行的测量，称为暂态测量方法。暂态是相对于稳态而言的，当电极极化条件改变时，电极会从一个稳态向另一个稳态转变，其间要经历一个不稳定、电化学参数显著变化的过渡阶段就称为暂态过程。暂态中，电化学反应、传质、双电层充放电、离子的迁移等处于暂态，相对应的物理量如电极电位、电流密度、双电层电容、电化学反应的反应物和产物浓度分布均可能随时间发生改变。可见，暂态过程比稳态过程复杂，但由于增加了时间变量，可以体现出更多的动力学信息。

通常，暂态测量技术可以进行如下分类：

① 根据控制自变量的不同，分为控制电流方法和控制电位方法；

② 根据极化波形的不同，分为阶跃法、方波法、线性扫描法和交流阻抗法；

③ 根据研究手段的不同，分为小幅度扰动信号法和大幅度扰动信号法。前者电极过程可以被电化学极化控制，可方便地采用等效电路研究方法；后者浓差极化不可忽略，通常采用方程解析的研究方法，不可以用等效电路法。

暂态测量技术的特点：

① 暂态法能够测量电荷传递电阻（R_{ct}），由 R_{ct} 进而计算出交换电流密度、反应速率常数等动力学参数；

② 暂态法可以同时测量双电层电容（C_d）和溶液电阻（R_s）；

③ 暂态法可研究快速电化学反应，它可以通过缩短极化时间来代替旋转圆盘电极的快速旋转，降低浓差极化；

④ 暂态法有利于研究电极表面状态变化快的体系，如电沉积和阳极溶解过程；

⑤ 暂态法有利于研究电极表面的吸脱附和电极的界面结构，也有利于研究电极反应的中间产物和复杂的电极过程。

在氧还原反应中，常用的线性扫描伏安法控制电位暂态测量技术是指控制电极的电位信号，同时测量电极的电流变化，可以是电流随时间的变化，也可以是电流随电位的变化（如极化曲线、循环伏安）。循环伏安法（cyclic voltammetry，CV）是控制工作电极的电压以等腰三角波形变化，使之能交替发生氧化和还原反应，同时记录电流-电压曲线。循环伏安法常用于研究电极反应的性质、反应机理和电极过程动力学参数，目前已成为一种十分普通的电化学技术，特别是在了解新体系时非常有用。一旦电解池准备就绪，只需要很短时间就可完成一个循环伏安实验，直接根据数据曲线即可快速定性地诠释反应体系的性质，而不必借助数学计算过程。因此，从一个实验获得的信息可以立即用来设计下一个实验。循环伏安法也可拓展到定量的动力学分析，但在实验中要谨防 IR 降和双电层充电可能造成的影响。起始电势的选择决定了反应物、中间产物和产物的初始浓度分布。除非有特殊的原因，起始电势应选择在电流密度为零的电势范围，以便实验开始时反应组分在整个扩散层的浓度均匀分布，此浓度只取决于初始的实验准备。研究氧化反应时电势应先向正电势方向扫描，研究还原反应时电势则应先向负电势方向扫描。电势扫描速度决定实验的时间量程，因而也决定了非稳态扩散的速度和观察耦合反应的时间。若采取一些实验措施排除 IR 降和充电电流两个因素的干扰（均随扫描速度增大而增大），则可将扫描速度提高到约 $100\text{mV} \cdot \text{s}^{-1}$ 以上。当采用更高的扫描速度时，通常需要特殊的装置（如微电极）和措施，以获得不受 *IR* 降和充电电流干扰的数据。线性扫描伏安法（linear sweep voltammetry，LSV）是指在电极上施加呈线性变化的电压，同时测定工作电极上的电流响应。在氧还原催化剂测试中，线性扫描伏安法通常配合旋转圆盘电极或旋转环盘电极进行。电化学极化电阻（R_p）与发生在溶液/电极界面的电化学反应有关，反映的是整个电极过程在一定电极电位范围时的动力学特征，即以电流密度为横坐标、电极电位为纵坐标时极化曲线的斜率。从线性扫描伏安曲线可以读取氧还原起始电位、半波电位以及极限扩散电流密度等数值，这些是评价氧还原催化剂活性的重要参数。

3.2.2　电化学测量稳态技术

电化学系统的参量（如电极电势、电流密度、电极界面附近液层中粒子的浓度分布、电极界面状态等）在指定的时间范围内变化甚微或基本不变的状态称为电化学稳态。需要注意的是，稳态不等于平衡态，平衡态可以看作是稳态的一个特例。稳态和暂态是相对而言的，暂态到稳态是一个逐步过渡的过程，暂态与稳态的划分标准即参量是否显著变化也是相对的。绝对不变的电极状态是不存在的，只是达到稳态时参量变化不明显。稳态系统的特点是由达到稳态所需要的条件所决定的。达到稳态时，电极电势、电流密度、电极界面状态和电极界面区的浓度分布基本不变。

稳态系统的基本特点：电极界面状态不变意味着界面双电层的荷电状态不变，即用于改变界面荷电状态的双电层充电电流为零。此外，电极界面的吸附覆盖状态不变，即由吸脱附造成的双电层充电电流为零。

① 系统达到稳态时无上述两种充电电流，则此时系统电流全部用于电化学反应，极化电流密度对应电化学反应速率。若电极上只有一个反应发生，那么稳态电流就代表这一电极反应的反应速率；若电极上有多个反应发生，那么稳态电流就代表多个电极反应的反应速率之和。

② 在电极界面的扩散层范围不再发展，扩散层厚度恒定，扩散层内的反应物和产物粒子的浓度只是空间未知的函数，与时间无关。此时，在没有对流与电迁移的影响下的扩散层内，反应物和产物的粒子处于稳态扩散状态，扩散层内各处的粒子浓度均不随时间改变。

稳态极化中，极化意味着电极表面的电势偏离了平衡电位，导致了一个电化学反应的发生。对于基元反应 $O + ne^- \rightleftharpoons R$ 来说，极化遵循 Butler-Volmer 方程，然而大多数的电化学反应为多重电子转移反应，极少为基元反应。即使是 1 电子转移反应也会包含几个不同的反应步骤，整个反应可以是多个基元反应，包括电子转移步骤和化学反应步骤。

稳态极化曲线描述的是电极电势和电流密度之间的关系，可以控制电极电势记录稳态电流响应或者控制电流密度记录稳态电势响应。评价极化曲线的标准取决于其应用领域，例如，在燃料电池中，对于氧还原反应和燃料电池的性能而言，氧还原反应在较低过电势下的大电流密度或燃料电池在高电压下的大电流密度都可以提供最大的功率密度。图 3-4 显示了几种核壳纳米粒子在 $0.1mol \cdot L^{-1}$ $HClO_4$ 中 ORR 的极化曲线[15]。所有的 Pt 单层电催化剂都比 Pt/C 电催化剂活性高。Pt/Au/Ni、Pt/Pd/Co、Pt/Pt/Co 的半波电势差分别为 29mV、25mV、45mV。而且与商业 Pt/C 电催化剂相比，该文献中所合成的电催化剂的质量活性分别是 Pt 和全部贵金属（Pt＋Pd）的 2.5 倍和 20 倍左右。铂单分子层对 Au/Ni、Pd/Co 和 Pt/Co 基底的高 ORR 活性被认为是由于铂单分子层与 Au/Ni、Pd/Co 和 Pt/C 基底晶格常数不匹配，以及铂单分子层与基底相互作用引起的 d 带性质的变化。

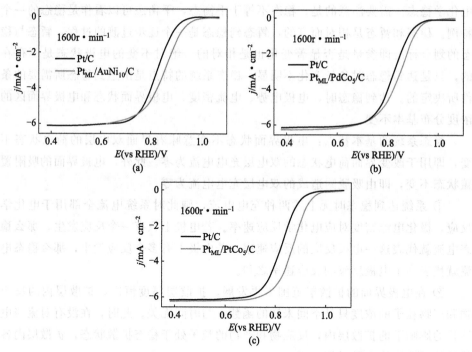

图 3-4　Pt/Au/Ni、Pt/Pd/Co 和 Pt/Pt/Co 核壳纳米粒子在 $0.1mol \cdot L^{-1}$
$HClO_4$ 中 ORR 的极化曲线[15]

利用稳态极化曲线的 Tafel 区，将 η 对 $\lg i$ 作图可得 Tafel 直线，可以求出阴极的 Tafel 斜率，而且利用稳态极化曲线可以定性比较电化学体系性能，具体内容将在"3.3　催化剂性能评价"中展开介绍。

3.2.3 旋转环盘电极

稳态极化曲线测量过程中对电极表面上的电流密度、电极电位以及传质流量要求均一稳定，这对电极附近液层的流体动力学提出了要求，而旋转圆盘电极（RDE）可以满足该要求。RDE 测量是在稳态条件（即与时间无关）下进行的，这是 RDE 测量技术的一大优势。利用 RDE 可以判定电极过程控制步骤：对于扩散控制或者混合控制的电极过程，随着转速的增加，恒电位下的电流增大或者恒电流下的过电位减小。利用 RDE 测试不同扫速下 Fe-NMCSs（Fe-N 掺杂的介孔碳微球）的极化曲线，可以发现随着扫速的增加，ORR 的极限扩散电流随之增大，说明该电极过程为扩散控制的电极过程。

鉴于 O_2 在水溶液中的溶解度较低，研究者通常采用旋转圆/环盘电极来克服传质的影响，测试氧还原反应催化剂的电催化活性。旋转环盘电极（rotating ring-disk electrodes，RRDE）是在 RDE 同一平面上加一圈与其同心的环电极，两电极之间用薄层绝缘材料隔开制作而成。一般，RRDE 中盘电极为玻碳电极，环电极为 Pt 或 Au，两者互不影响，分别控制。因此，旋转环盘电极上盘电极的电流-电势特性并不因环的存在而受影响。旋转环盘电极上的液流方式与旋转圆盘电极的相同，首先，圆盘下方的溶液被拉向圆盘表面，随后在离心力作用下甩向圆盘边缘，此时环电极正好处在液流的下游。在盘电极上反应的产物将顺液流方向被输送到环电极表面，最终到达环电极组分的多少取决于旋转环盘电极上圆盘的半径和圆环的内外径、圆盘上生成物在电解质中的稳定性以及电极的转速，因为转速决定了产物从盘电极传输到环电极的时间。为此，在环电极上施加一个能使过氧化氢氧化而不致水分子氧化的正电势，若 O_2 在旋转圆盘电极上还原时表面附近的液层中有 H_2O_2 生成，则将被溶液的径向流动带到环电极上从而产生环电流。特别指出，圆盘上生成的组分（即使它们完全稳定）并不一定都能到达环电极，原因是受旋转表面的液流模式的影响，一些产物粒子在输送过程中可以绕过环电极流向本体溶液中，因此，盘电极上生成的完全稳定的某种产物在环电极上被检测到的分数被定义为捕集系数（N）。N 值与转速无关，只是与旋转环盘电极几何参数有关。通常，N 值可直接从实验中测得的环电流和盘电流求出。RRDE 的应用主要是通过检验中间产物进而研究电极过程的机理，例如，研究 O_2 在 Pt 电极上的还原机理有无过氧化氢产生。Zhang 等[3] 通过旋转环盘电极（RRDE）技术进一步评估了 NPMC-1000 电极的 ORR 活性。两种不同负载量（$150\mu g \cdot cm^{-2}$ 和 $450\mu g \cdot cm^{-2}$）的 NPMC-1000 电极对于氧还原反应表现出极高的盘电流密度（约 $4mA \cdot cm^{-2}$ 和 $6mA \cdot cm^{-2}$），而对于过氧化氢氧化则表现出较小的环电流密度（约 $0.007\mathrm{mA \cdot cm^{-2}}$ 和 $0.014\mathrm{mA \cdot cm^{-2}}$）。

尽管利用 RRDE 技术可以设计多种精细的实验，获得确凿的结果，但是，需要进一步优化盘环之间的间隔，并保持完好的状态（光洁的表面，而且不损害绝缘间隔层）获得优化可靠的数据。

3.3
催化剂性能评价

氧还原催化剂性能的优劣一般是运用电化学方法与技术，从活性、选择性、稳定性和抗中毒能力等方面进行评价。起始电位、半波电位、极限电流密度是评价电催化剂对氧还原催化活性的重要参数。起始电位和半波电位越正，极限电流密度越大，则催化剂氧还原催化活性越好。这三个参数中，以起始电位最为关键，半波电位次之，因为它们体现的是催化剂本征催化活性的高低。

电催化剂的稳定性和耐久性也是评估催化剂电化学性能的重要参数。电催化剂具有良好的化学和结构稳定性，在燃料电池长期运行或其他各种运行条件下能长久保持电催化活性。因此，要求电催化剂耐腐蚀，不易被 CO 毒化。对于 DMFC 电催化剂，还必须具有抗甲醇能力。稳定性测试包括计时电流（$i\text{-}t$）和加速老化试验（accelerated durability test，ADT）。随着测试时间的变长，性能衰减越小则表面稳定性越好。

3.3.1 活性

ORR 电催化剂催化活性测试一般采用传统的三电极（工作电极、参比电极、对电极）体系，负载定量催化剂的环盘玻碳电极为工作电极，饱和甘汞电极或银-氯化银电极为参比电极，铂片电极为对电极，选用对应的电化学测试方法，如线性循环伏安法（LSV）、循环伏安法（CV）来测试其电化学性能。电解质溶液分为 N_2 饱和或者 O_2 饱和的酸性介质和碱性介质，碱性电解液一般是 $0.1\mathrm{mol \cdot L^{-1}}$ KOH[16]，酸性电解液是 $0.1\mathrm{mol \cdot L^{-1}}$ $HClO_4$[17] 或者 $0.5\mathrm{mol \cdot L^{-1}}$ H_2SO_4[18]。起始电位和极限扩散电流密度显示了催化剂的 ORR 电催化活性。如图 3-5 所示，一定量催化剂负载在 RRDE 玻碳电极上，先在 N_2 饱和 $0.1\mathrm{mol \cdot L^{-1}}$ KOH 电解质中进行 CV 测试，随后在 O_2 饱和 $0.1\mathrm{mol \cdot L^{-1}}$ KOH 中测试，电位扫描速率为 $5\mathrm{mV \cdot s^{-1}}$，电位扫描范围为 $0\sim1.2\mathrm{V}$（vs RHE）。对比在 N_2 和 O_2 中的 CV 图可以发现：PANi-GO 在 N_2 饱和 $0.1\mathrm{mol \cdot L^{-1}}$ KOH 中无明显氧还原峰，而

在 O_2 饱和 0.1mol·L^{-1} KOH 中有氧还原峰，表明 PANi-GO 催化剂氧还原催化性能。

在进行不同催化剂 ORR 活性对比时，一般用旋转圆盘电极转速为 1600r·min^{-1} 转速下测得的氧还原极化曲线，文献中给出的电位一般是相对于可逆氢电极（RHE）校正后的电位。所测量 ORR 的总电流密度（J）取决于动力学电流密度（J_k）和极限扩散电流密度（J_d）。J_k 是由反应动力学过程决定的。然而，如果施加的过电位足够高，到达电极的每个原子/离子都会立即反应，因此，电极表面的反应物（例如 O_2）浓度接近于零，导致极限扩散电流密度（即 J_d）。J_d 只由扩散速率决定。由于在 RDE 测量中扩散速率取决于转速，所以 J_d 由反应物扩散到电极表

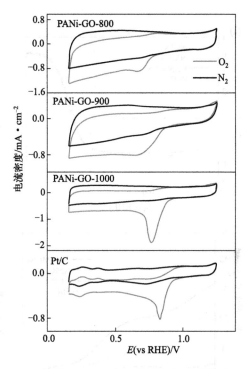

图 3-5　各个样品循环伏安（CV）曲线[16]

面的速率决定。当忽略 Nafion 膜扩散对旋转环盘电极的微小影响时，总测量电流密度（J）由 Koutecky-Levich 方程给出。而且催化剂在电化学反应中转移的电子数（n）计算也可由 Koutecky-Levich（K-L）方程计算得到[19]：

$$\frac{1}{j} = \frac{1}{j_k} + \frac{1}{j_d} = \frac{1}{B\omega^{1/2}} + \frac{1}{j_k} \tag{3-7}$$

$$B = 0.2nFC_{O_2}D_{O_2}^{2/3}\nu^{-1/6} \tag{3-8}$$

式中，j 为测得的电流密度；j_d 为极限扩散电流密度；j_k 为动力学电流密度；ω 为旋转圆盘旋转的角速度；n 为 ORR 过程中转移的电子数；F 为法拉第常数，96485C·mol^{-1}；C_{O_2} 为 0.1mol·L^{-1} KOH 电解质溶液中 O_2 的体积浓度；D_{O_2} 为 0.1mol·L^{-1} KOH 电解质溶液中 O_2 的扩散系数；ν 为 0.1mol·L^{-1} KOH 电解质溶液的黏度。

RDE 在氧还原反应中的应用如图 3-6(a) 所示，Meng 等运用 RDE 技术来评估了 Fe-NMCSs 的 ORR 催化性能，Fe-NMCSs 的起始电位为 1.027V，半波电位（$E_{1/2}$）为 0.86V，甚至优于商业 Pt/C 催化剂。由于 O_2 在电极表面扩散和还原增强，J_d 随着转速的增加而增大，在高过电位下，氧还原速度很快达到极限平台，这种电流平台与电极表面电催化位点的分布有关[20]，通常情况下，活

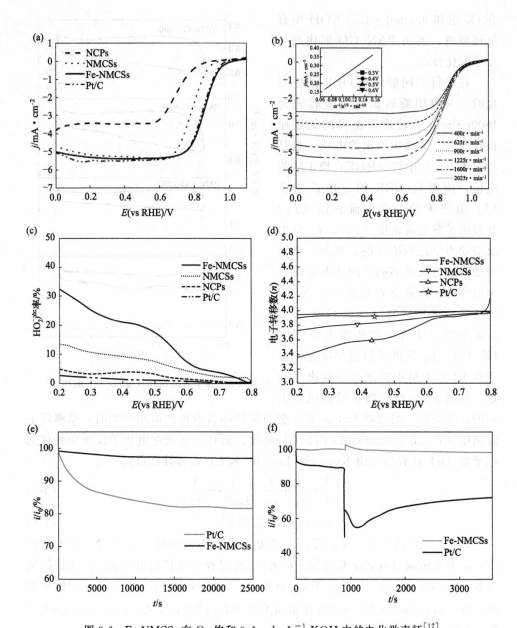

图 3-6　Fe-NMCSs 在 O_2 饱和 $0.1mol \cdot L^{-1}$ KOH 中的电化学表征[17]

（a）Fe-NMCSs、NMCSs、NCPs、商用 Pt/C 催化剂的 RDE 极化曲线，扫描速率为 $10mV \cdot s^{-1}$，转速为 $1600r \cdot min^{-1}$；（b）不同扫速下 Fe-NMCSs 的 LSV 图，扫描速率为 $10mV \cdot s^{-1}$，插图是在不同电位下对应的 K-L 图；（c），（d）Fe-NMCSs、NMCSs、NCPs 和商用 Pt/C 催化剂的过氧化氢产量（c）和电子转移数（d）；（e）Fe-NMCSs 和 Pt/C 的计时电流响应曲线（i-t）（转速 $1600r \cdot min^{-1}$）在 0.55V 超过 25000s；（f）Fe-NMCSs 电极上 ORR 对 i-t 响应的甲醇和一氧化碳中毒效应评价

性位点的均匀分布会导致良好的电流平台，而活性位点分布不均匀，电催化反应较慢，则电流平台较倾斜。为获得催化过程中的动力学参数，进一步测试了 Fe-NMCSs 在不同转速下的氧还原 RDE 曲线，并由此分析了其 K-L 方程 [图 3-6(b)]。Fe-NMCSs 在不同电位下的 K-L 曲线显示出线性平行关系，可见其反应为对溶解氧浓度的一级反应动力学且不同电压下电子转移数相同，通过计算得出，各电位下平均转移电子数（n）为 4.05，表明氧气通过直接 4 电子途径被还原。然而，NMCSs 和 NCPs 的 n 值分别仅为 3.46 和 3.22，表明存在效率较低的 2 电子途径，有较多的过氧化物产生。

在 RRDE 方法中，在盘电极上发生的氧还原反应的中间产物可以被环电极检测到从而被用来推导 ORR 机理[21]。此外，RRDE 还可以用来确定 ORR 的动力学机制以及定量评价环电极上产生的 H_2O_2/HO_2^- 的摩尔比例，如图 3-6(c) 和 (d) 所示，在 0.2～0.8V 的电位范围内，Fe-NMCSs 的 HO_2^- 的产率小于 3.5%，n 值在 3.94～3.99 之间，这几乎与其 K-L 曲线的结果一致，极少的 HO_2^- 意味着主要发生 4 电子途径。相比之下，NMCSs 和 NCPs 上的 HO_2^- 产率要高很多，这表明介孔微球结构和铁掺杂的组合有效地实现了更高的氧还原电催化活性。

圆盘和环形电流（I_d 和 I_r）分别记录为圆盘电极电位的函数。ORR 的转移电子数（n）和 HO_2^- 的产率通过旋转环盘电极测试结果进行计算，计算公式如下：

$$n = 4 \times \frac{I_d}{I_d + \dfrac{I_r}{N}} \tag{3-9}$$

$$HO_2^- \text{ 产率}(\%) = 200 \times \frac{\dfrac{I_r}{N}}{I_d + \dfrac{I_r}{N}} \tag{3-10}$$

式中，I_r 为环电流；I_d 为盘电流；N 为 Pt 环的收集效率，收集效率定义为 $N = -I_r/I_d$，通常由 $[Fe(CN)_6]^{4-}/[Fe(CN)_6]^{3-}$ 氧化还原对确定[22]。

3.3.2 选择性

区分均相 ORR 催化剂的整体效率对于理解和改进催化体系至关重要。与许多催化体系一样，理想的均相 ORR 催化剂应该能够在 ORR 热力学势附近维持较长时间的快速催化速率。因此，评估 ORR 效率的内在参数就可从转换频率（TOF）、过电势（η）和转换数（TON）三方面入手。此外，理想的 ORR 催化剂应该对 ORR（H_2O vs H_2O_2）的期望产物具有选择性。通常，ORR 催化剂被研究在各种条件下，包括不同的溶剂和质子源，使用电极或可溶性还原剂作为电子等价物。在特定实验条件下，施加电压（E_{appl}）与平衡电势（E_{ORR}）之间的差值定义为过电势（$\eta = E_{ORR} - E_{appl}$）。对于传统的非均相电催化剂，较大的过电位会导致较高的转换频率（TOF），正如 Tafel 斜率所描述的那样。这种现象就类似于在电解水的过程中，气泡速率随电压增加也提高。在异相体系中，效率的性能指标通常是比较某一固定 η_{ORR}（例如，300mV）下的 TOF 或电流密度。在某一电流密度下实现最大转换效率或者在某一固定电流或转换效率下达到最小过电势的催化剂都将是最好的催化剂[23]。

由于 H_2O_2 对 ORR 催化剂性能有副作用，催化剂的选择性在文献报道中也成了测定活性的重要指标[24]。使用 RRDE 和 Koutecky-Levich 分析测定的 H_2O_2 产率或电子转移数 n 通常被作为表明催化剂具有理想的选择性的论证[25]。最近，Muthukrishnan 等[26] 在铁基 NPM 催化剂上直接研究了 H_2O_2 的还原（过氧化氢还原反应，HPRR），他们观察到，与通常用于 ORR 研究的电位类似，HPRR 活性也很显著。从这一结果，作者发现正如 Damjanovic 模型所描述的，直接 4 电子转移过程的 ORR 反应极有可能是包含一个 2 电子 O_2 还原形成 H_2O_2 的重要一步，随后 H_2O_2 被还原生成 H_2O，而在电极表面或溶液里没有任何 H_2O_2 物种。因此，作者在 Damjanovic 方法的基础上建立了一个更精确的模型，包括表面和基质吸附的 H_2O_2 物种。为此，他们为额外的 HPRR 路径添加了一个术语，并使用 HPRR 试验的结果来评估其价值。模型结果表明，用 Damjanovic 方法分析低估了连续 2 电子转移过程在决定 ORR 催化剂选择性的贡献，从而高估了直接 4 电子转移过程的贡献。特别是催化剂高负载量时，更为显著。在多数被高估的研究中发现，Damjanovic 模型高估的 4 电子途径超过 30%，表明基质吸附 H_2O_2 物种的影响很大。从该研究建立的模型中，可以明确选择性促进 4 电子途径的催化剂与选择性促进 2×2 电子途径的催化剂的区别，为开发出选择性更强的 NPM 催化剂提供了一种思路[27]。

Tse 等[28] 利用动力学同位素效应（KIE）观察到质子（H^+）被氘阳离子或氘核（D^+）取代，阐明了质子在 ORR 中对 NPM 催化剂的作用。在质子化和氘代溶液中，对 Pt、Pd 和 Fe NPM 催化剂进行了 ORR 分析，并从 Koutecky-Levich 分析中得到了动力学极限电流密度。对 H 和 D 两种情况下的固有电化学速率常数的比较给出了 KIE 的测量值。他们发现 Pt 和 Pd 的速率常数没有变化，意味着 H/D 不参与这些表面上 ORR 的速率决定步骤（RDS）。然而，对于 NPM 催化剂，KIE 值为 2，表明 H/D 参与了速率决定步骤。因此，在促进

ORR 活性方面发挥了重要作用。为了进一步证明 ORR 中的质子对 NPM 催化剂的作用，在 H_2SO_4 和 D_2SO_4 的溶液中进行 RRDE；测试发现转移动力学较慢时，与 H 相比，D 形成的过氧化氢的数量减少了。综上所述，质子转移在决定 NPM 催化剂的活性和选择性方面起着重要作用，而 Pt 和 Pd 则没有观察到质子转移的影响，可能的 ORR 机制如图 3-7 所示[28]。

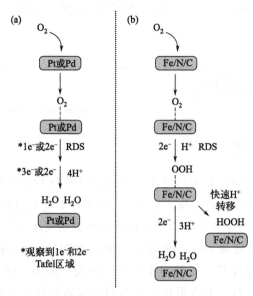

图 3-7　（a）贵金属和（b）非贵金属材料的 ORR 的可能机制[28]

3.3.3　稳定性及抗中毒能力

催化剂的稳定性对于电池循环性能来说至关重要，为表征阴极氧还原催化剂的稳定性能，通常采用计时电流法（i-t）和加速老化试验（ADT）测试。例如在氧气饱和的电解液中，固定电机转速在一定的还原电位下，测试计时还原电流曲线。如图 3-6（e）所示，25000s 后，商业 Pt/C 催化剂的电流密度损失为18.9%，可能是由于 Pt 纳米颗粒的损失和失活所致。与之形成鲜明对比的是，Fe-NMCSs 催化剂的电流密度仅损失 2.8% 左右，说明 Fe-NMCSs 对 ORR 的耐久性较好，是一种良好的燃料电池阴极催化剂。

甲醇在阴极催化剂表面发生氧化反应时，会降低电极电位，并可能形成一系列的反应中间物种（例如：CO），在电极表面吸附占据表面活性点，阻止氧气还原反应，从而造成了电极的"中毒"现象，使得电池的性能急剧下降[29]。因此研究者设计合成了各种各样的非贵金属碳基电催化剂。如图 3-6（f）所示，注入甲醇后 Fe-NMCSs 的 ORR 电流密度无明显变化，说明其对甲醇渗透效应的耐受性较好。相比之下，商业 Pt/C 催化剂的 ORR 电流密度明显降低，这是由于 Pt 电催化剂本身对甲醇具有较好的氧化活性造成的。

一氧化碳和硫化物等对催化剂具有很强的毒性作用，微量的毒性物质就会占据催化剂的活性位从而使催化剂失活，从而大大缩短电池的寿命，使燃料电池的性能衰减。目前针对阴极催化剂的抗中毒问题主要有四种处理方法：阳极注氧、重整气预处理、采用抗 CO 的电催化剂和提高电池操作温度（120~150℃）。

3.4
催化剂理论设计

3.4.1 理论基础

密度泛函理论（DFT）被广泛用于研究氧还原反应的反应机理，揭示氧还原反应过程中的动力学过程。基于氧还原反应的"4 电子反应过程"和"2 电子反应过程"，DFT 研究表明，在金属表面进行的影响氧还原反应活性的两个决定步骤是 OOH_{ads} 的形成和 OH_{ads} 的脱附。由于 OOH_{ads} 和 OH_{ads} 的结合强度彼此直接相关，并且也与 O_{ads} 的结合强度直接相关，因而，难以通过促进其中一步而显著改善催化活性。有人提出，在不同金属表面的氧还原反应活性可以用 O_{ads} 吸附能的函数来描述，从而形成火山图曲线。贵金属 Pt 非常接近火山图曲线的峰值，这表明 Pt 是 ORR 的最佳催化剂。因此，火山图曲线被认为是推测材料是否具有催化氧还原反应活性的简单方法。这些理论研究主要基于反应中间体的结合能，并假设反应能垒相当小。为了进一步理解氧还原反应过程，可能需要获得关于反应能垒等反应动力学过程的确切信息[30]。

虽然可能的 ORR 中间体只由 H 和 O 构成，但 ORR 机制是难以捉摸的，即使是在被广泛研究的 Pt(111) 电极上。在过去的研究中，利用第一性原理量子力学（QM）计算来确定氧在铂和其他过渡金属表面上的结合能（BEs），并扩展这些数据来研究 ORR 机制的各个方面甚至研究了外加电极电位对反应机理的影响。更贴切地说，量子力学计算可以精确地描述化学键能，从而预测 ORR 速率常数。计算这些值是从基本原理理解完整电催化 ORR 的第一步，这可能需要进行多尺度分析，明确处理电化学双电层、电子动力学、表面交叉效应和传质问题。虽然这种完整的模拟尚不可行，但基于 QM 计算的能量和势垒可以用于动力学模型，并与实验观测值进行比较。如果从第一性原理计算中得到的速率常数使 ORR 的特性合理化，这将是朝着从根本上理解这个反应和其他高度复杂的反应迈出的一大步。实际上构造合理的异相 ORR 机制需要明确地确定一系列可能中间体的 BEs：O^*、H^*、O_2^*、OH^*、OOH^*、$H_2O_2^*$ 和 H_2O^*，以及连接中间体之间的过渡状态。在一般情况下，我们认为电化学反应可能是 Langmuir-Hinshelwood（LH）或 Eley-Rideal（ER）机制。LH 机制涉及表面上所有的反应中间体，而 ER 机制涉及电解质与表面中间体（例如 H_3O^+）反应的种类。在理想化的 Pt(111) 表面上的关键步骤的表征允许在不完美或修改的表面上计算类似的步骤，然后与实验进行比较。Keith 等使用 Pt 35 簇作为第一性原理密度泛函理论（DFT）计算 Pt(111) 上电催化 ORR 的基础[30]。如图 3-8 所示，与大多数其他簇模型不同，这个模型相对较大，包含固定在实验体距离上的三层原子，其中四个原子在 Pt(111) 表面松弛。虽然有更小的团簇被用来模拟催化反应，如 ORR 在大规模的集群规模收敛研究中，他们发现三层聚四氟乙烯（Pt 28）簇是最小、最浅的簇，能够给出收敛的 BEs。该研究基于一个稍大一点的 Pt 35 簇的计算，发现该簇可以精确地模拟扩展的 Pt(111) 表面及其在催化反应中的行为，指出了每个 ORR 中间体的稳定表面位置和 Pt(111) 上的 BEs，同时确认了每个中间体的自旋、能量和几何形状的收敛性。

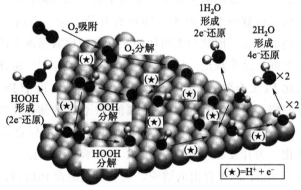

图 3-8　Pt(111) 可能的 ORR 反应机理[31]

为了研究质子膜燃料电池阴极 ORR 的反应机理，首先对 Pt(111) 表面小分子的吸附能进行计算，然后采用 DFT 对几种不同 ORR 的反应路径中各个基元反应进行能量计算，绘制出 ORR 过程自由能变化曲线。从而，根据自由能变化曲线确定决速步骤。计算结果表明，HOO 分解机理很容易发生，其中 O 原子加氢还原步骤成为整个反应的决速步骤。Sha 等[31] 对 Pt 催化剂表面可能的 ORR 的反应路径进行模拟。首先计算了不同基元反应所需要克服的能垒，其次给出了不同 ORR 反应机理的自由能变化曲线。在气相条件下，ORR 更容易以 HOO 的分解机理进行反应，第一步反应并不是 O_2 分子断键形成 O，而是通过加 H 形成 HOO 结构，然后进行后续反应。Michaelides 等[32] 采用 GGA 修正的密度泛函理论从微观上研究了 ORR 的可能反应机理，通过对基元反应进行过渡态搜索发现，第一步 O 原子的加氢还原步骤很难进行，需要克服大概 1eV 的反应能垒，一旦第一步反应完成，接下来的 OH 加 H 还原过程以及后续 H$_2$O 的脱附过程都非常容易进行。因此，O＋H 还原过程被认为是整个反应过程的决速步骤，影响整个反应。因此在纯 Pt 表面，ORR 主要以 HOO 的分解机理为主要反应过程，并且 O 加 H 的过程为反应的决速步骤。从理论上来说，如果能够降低决速步骤的反应能垒就可以提高催化剂的催化活性。为了验证计算模拟的正确性，将计算结果与实验结果进行直接对比，通过相关参数的计算以及电化学测试曲线的模拟给出更直接的证据来确定催化活性最好的催化剂结构。

3.4.2 理论模型

回顾 2008 年，Nørskov 等[33] 引入了基本概念如 Brønsted-Evans-Polanyi (BEP) 和火山曲线，和使用这些概念来解释 Pt-alloys 的催化活性。讨论了催化剂的电子结构和几何分布对催化活性的影响，强调了电子效应和几何效应之间的严格划分。他们指出过渡金属的 d 带中心是衡量原子与吸附物质成键能力的一个很好的标准。较低配位数的金属原子（即具有开放表面、台阶、边缘、扭结和角）往往具有更高的 d 态，因此与吸附体的相互作用比紧密堆积的表面上的高配位数金属的原子更强。这个理论，已经被 Stamenkovic 等[34] 通过实验验证并成功地应用于寻找比 Pt 更有效的 ORR 催化剂，结果表明，由于 Pt 合金表面的 Pt 的电子结构略有改变，使得含有 3d 过渡金属的 Pt 合金的催化性能优于 Pt。Stamenkovic 等开发了一系列性能良好的合金，这些合金在电催化活性方面表现出有趣的火山状变化，为开发和理解控制 ORR 动力学的因素提供了一个起点。计算由 Stamenkovic Nørskov 等得出的结论，氧分子吸附在 Pt(111) 上倾向于稳定在高电位，使电极质子和电子转移成为可能，而且还取决于酸碱基团的结构有序性。降低结合能可以使铂表面上的氧不那么稳定，从而加速反应[35]。

贵金属 Pt 是常用的电极材料，但是反应过程中仍然会产生相当大的过电位，因此，为了进一步研究阴极反应的动力学过程，Stamenkovic 等[36] 研究人员运用密度泛函理论计算研究了 ORR 过程中的反应机理，揭示氧还原反应过程中的动力学过程。密度泛函理论计算可以提供关于反应过程中中间体稳定性的相关信息。Stamenkovic 等研究在 Pt(111) 表面上进行氧还原反应可能的反应机理。他们引入了一种计算所有中间体的自由能的方法，该自由能是电极电位的函数，其计算结果直接来自表面中间体吸附能的密度泛函理论计算。在此基础上，他们热力学角度概述了阴极反应与电势的关系，并且表明在整个阴极反应过程中处在平衡电位下的金属表面和中间体存在强烈的键合作用，反应的过电位就与质子和电子转移到吸附的氧或氢氧根的过程密切相关。另外，他们计算了许多金属表面中间体的能量，建立了一个密度泛函理论数据库，并能够确立所有金属的热力学限制的趋势。该模型预测在阴极反应和氧吸附能之间存在着类似火山形的关系。贵金属 Pt 非常接近火山形曲线的峰值，该模型解释了为什么 Pt 是最好的阴极反应催化材料以及为什么合金化可以用来提高其催化活性。

Zhang 等[1] 采用 Gaussian 03[37] 的 B3LYP 混合密度泛函理论，以 6-31G $(d，p)$ 为基组，考虑化学键的断裂和形成，用非严格的极化设置进行计算，构建了两种分别含有吡啶和吡咯类物质的含氮石墨烯片（$C_{45}NH_{20}$ 和 $C_{45}NH_{18}$），如图 3-9 所示。为了进行比较，还构建了具有相同结构但不掺杂氮的石墨烯片（$C_{46}H_{20}$ 和 $C_{46}H_{18}$）。石墨烯边缘的碳原子或氮原子被氢原子终止。从第一个电子传输开始模拟 ORR 过程，在这个过程中中间分子 OOH 已经形成。这是可能的，因为在酸性环境中，氧气可以吸附一个 H^+，形成 H^+—O—O，因为整个系统是电荷中性的。OOH^+ 可以简化为 OOH，考虑到电离电位，后续吸附的 H^+ 可以取为 H。N-石墨烯没有净电荷。在第一次电子转移后，将产物 OOH 置于 N-石墨烯附近，OOH 分子平面平行于 N-石墨烯平面，距石墨烯 3.0Å 通过不断引入氢原子，模拟了四种电子变换反应。在每一步中，都得到了最佳结构，并计算了这些分子在 N-石墨烯上的吸附能。吸附能是指吸附系统与孤立系统之间的能量差。这里，孤立系统的能量是指前级吸附 N-石墨烯和单个孤立吸附质分子的能量之和。因此，负吸附能表明吸附质分子在能量上有利于加成到 N-石墨烯的表面。

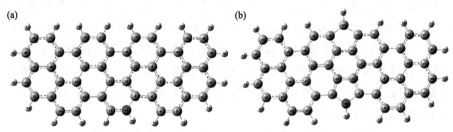

图 3-9　氮掺杂石墨烯片 $C_{45}NH_{20}$（a）和 $C_{45}NH_{18}$（b）[37]

分离机制：

在燃料电池阴极进行的氧还原反应

$$\frac{1}{2}O_2 + {}^* \longrightarrow O^*\tag{3-11}$$

$$O^* + H^+ + e^- \longrightarrow HO^*\tag{3-12}$$

$$HO^* + H^+ + e^- \longrightarrow H_2O + {}^*\tag{3-13}$$

* 代表催化剂表面有效的活性位点。O_2 在氢化之前不会解离的缔合机理将会在后面的部分被详细讨论，需要指出的是尽管这将改变反应动力学过程中几个重要的细节，但是仍然不能影响最终的主要结论。

能够通过计算确定在 Pt(111) 表面反应中间体 O^* 和 HO^* 的稳定性，如表3-1所示，其中结合能被定义为反应的反应能。

$$H_2O + ^* \longrightarrow HO^* + \frac{1}{2}H_2 \tag{3-14}$$

$$H_2O + ^* \longrightarrow O^* + H_2 \tag{3-15}$$

在上述式中，H_2O 和 H_2 都属于气体状态，吸附 OH 和吸附 O 的稳定性主要取决于氧气的覆盖范围。

表 3-1　不同中间体的结合能与自由能　　　　单位：eV

中间体	ΔE		$\Delta E_{W,水}$		$\Delta G_{W,水}(300K)$	
	$\theta_O = 0$	$\theta_O = 0.5$	$\theta_O = 0$	$\theta_O = 0.5$	$\theta_O = 0$	$\theta_O = 0.5$
H_2O(气体, 0.035bar)	0		0		0	
$^*OH + \frac{1}{2}H_2$(1bar)	0.78	1.52	0.45	1.41	0.80	1.76
$^*O + H_2$	1.53	2.36	1.53	2.36	1.58	2.41
$\frac{1}{2}O_2 + H_2$					2.46	

注：1bar = 10^5 Pa。

通过采用超软赝势 Vanderbilt 代表离子核心，运用密度泛函理论解决了电子结构问题。所有计算均使用 RPBE 交换相关函数在周期性重复的金属板上进行，Pt 的计算是在（3×2）三层 fcc(111) 模型上，RPBE 晶格常数为 Pt（4.02Å）的条件下，至少隔五层等效真空进行的，底部两层是固定的，而且顶层松弛，使用 3×4×1 的 Monkhorst-Pack k 点采样，其平面波截止频率为 340eV，并且在对应于平面的网格上处理密度波峰截止电压为 500eV。在所有情况下都使用偶极子校正，平面波截止值对于 OH 为 340eV，对于 H 为 350eV，对于 O 吸附计算为 450eV。

通过以上方法，可以在几个不同电极电位 U 上构建自由能图。首先假设氧气覆盖率很小，如果假设阳极反应处于平衡状态并忽略欧姆损耗，则相对于标准氢势测量的电极电势等于燃料电池的电势。对于短暂的电池循环，其 $U = 0V$，这种情况大致是和气相氢氧根反应相等的，所有基本步骤都是强烈放热的。然而，如果将电子的化学势转移到 $U = 0$ 的平衡电位 1.23eV，对应于燃料电池具有热力学允许的最大电位的情况，那么两个电子/质子转移步骤（参见方程式）反应吸热，这两个步骤的能垒基本相同，因此，其中一个可能是限速步骤。该过

程中的活化自由能，至少等于较大的反应自由能

$$\Delta G_1(U)=G_{HO^*+\frac{1}{2}H_2}(U)-G_{O^*+H_2}(U)=\Delta G_1(0)+eU$$

$$=\Delta G_1(U_0)-e\eta \tag{3-16}$$

$$\Delta G_2(U)=G_{H_2O}(U)-G_{HO^*+\frac{1}{2}H_2}(U)=\Delta G_2(0)+eU$$

$$=\Delta G_2(U_0)-e\eta \tag{3-17}$$

其中 $e=U_0-U$ 是过电位。换句话说，在氧还原反应过程中，在 Pt(111) 表面上的吸附氧和氢氧化物是热力学放热的，并且在最大电压 $U_0=1.23V$ 时整个反应过程中的活化能至少为 $G_1(U_0)=0.45eV$。

图 3-10 显示的过程为水分解为 OH 或 O 的过程，当电位超过 0.78V 之后开始下坡，水被分解。处于水开始自发分解的电压恰好是质子/电子转移到吸附的 O 和 OH 被激活并且氧还原过程开始变慢的点。因此，水开始解离和氧还原过程的过电位是同一现象的两个方面。假设速率限制质子传输活化能垒等于最大自由能，将溶剂化质子转移到吸附的 OH 的详细计算表明，这对于质子转移在能量下降的情况下是非常好的近似。

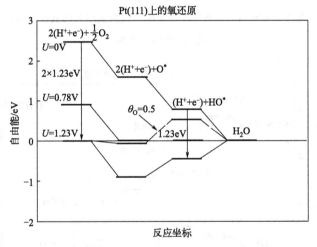

图 3-10 根据表 3-1 所示的能量，在 Pt(111) 上氧还原的自由能图[38]

Nørskov 等[35] 计算了解离（dissociative）机制，且给出了塔菲尔斜率 60mV/dec，遗憾的是，其未对非解离（associative）给予足够的关注研究。考虑到这一点，近年来研究人员对铂基催化剂催化 ORR 机理的基础研究中的联合机制给予了相当大的关注。

在 O_2 离解被激活的电位和氧气覆盖物中，可能会出现另一种不涉及 O_2 离解的反应机制。研究者提出，铂表面的氧还原是通过氧中间体进行的[38]，如图 3-11 所示的联合机制的势能图，其过程与离解反应方案完全相同。如图 3-12 所

示，可以看出，低氧覆盖下的 Au(111) 和 1/2 高氧覆盖下的 Pt(111)，联合机制的自由能势垒低于离解机制。对于低氧覆盖下的 Pt，O_2 的离解不被激活，离解机制的屏障最低且占据主导地位。

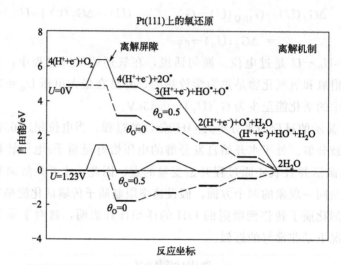

图 3-11 在两个不同的电位和两个不同的氧气覆盖层上的氧还原的自由能图，包括 O_2 离解的势垒[38]

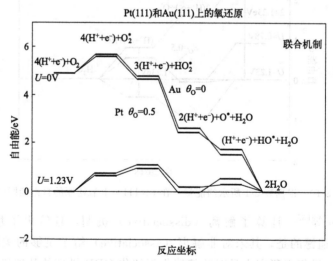

图 3-12 低氧覆盖下 Au(111) 和 1/2 高氧覆盖下 Pt(111) 上两种不同电位下过氧化机制的氧还原自由能图[38]

Nørskov 等[35] 已经证明，对于 Pt(111)，当电极吸附氧在高电位下趋于稳定时，质子和电子的转移变得不可能。通过降低电势，氧的稳定性降低，反应可能继续进行。这可能是 Pt 过电位的来源。研究人员还用这些计算比较了分解和联合反应的路径，并得出结论，这两种反应都取决于金属和电位。最后，利用 Sabatier 分析的概念引入了最大催化活性的测量方法，并利用该方法构建了活性随氧气和羟基吸附能函数变化的火山状曲线，由此产生的火山状曲线描述了已知的趋势，并使观察到的合金化效应合理化。

3.5
催化剂材料

3.5.1 贵金属催化剂

当前，由于传统化石燃料的消耗，全球变暖的气候变化给人类社会的发展带来了巨大的挑战。因此，新能源的开发及利用受到越来越多的关注。其中，燃料电池、金属-空气电池（metal-air batteries）等已成为当前的研究热点。在上述能量转化技术中，氧还原反应（ORR）是其中至关重要的过程。然而，由于 O_2 在电极表面难以吸附，同时 O—O 键的活化断裂过程较为困难，这使得氧还原反应的反应速率受到了较大的限制。为了有效提高反应速率，人们设计了多种用于氧还原反应的催化剂。其中，Pt、Pd 催化剂具有较高的催化活性。下面主要讨论 Pt、Pd 催化剂的种类以及相应的催化机理。

3.5.1.1 铂基催化剂

目前，铂纳米颗粒是最常用的催化氧还原反应的阴极催化剂材料，然而，昂贵的价格和铂金属的稀缺性成为阻碍贵金属铂基材料广泛应用的关键。为了降低铂基金属材料的生产成本，研究者进行了许多努力以开发具有较少贵金属负载的、价格较低的 Pt 基催化剂，同时也致力于提高 Pt 基催化剂在长期暴露于反应条件下的活性和耐久性[39]。基于对 ORR 机理的理解，人们普遍认为合理优化 Pt 的活性位点并提高其利用率对于开发有效 Pt 基催化剂是至关重要的[40]。ORR 对催化剂的表面电子特性和电子表面原子排列或者配位结构非常敏感，因此，设计调节催化剂表面的电子结构和原子排列可有效地调节催化剂的催化性能，从而能够提高催化活性和耐久性。改变催化剂的电子特性和吸附行为被认为是提高催化剂高效催化 ORR 活性的方法[41]。通常，调节 Pt 的表面结构特性的途径有四种：①控制 Pt 纳米晶的暴露面（或形状），从而最大化地暴露具有更高 ORR 活性的晶面。②将 Pt 与另一种金属结合形成具有合金结构、核壳结构、分支结构或各向异性结构的多金属纳米晶体。金属间潜在的协同效应可能导致新的或未被探索到的性质[42,43]。此外，通过合理选择金属以及精确结构、成分和尺寸控制可以提高最终性能。③以精心设计的组分（例如金属簇，分子，离子，有机或无机化合物）改性铂纳米颗粒表面。表面修饰物种的存在不仅可以提高催化剂的活性或稳定性，还可以使催化剂具有特异的性质（例如，亲水性和电子性质）。④选择具有耐腐蚀性、与负载的金属催化剂有强相互作用的合适催化剂载体[43-46]。

（1）晶面控制催化剂

通过控制晶面合成金属纳米材料的方法在调节纳米晶体的催化性能方面具有独特的效果，因此受到人们的广泛关注[47]。对单晶铂电极的研究表明，不同晶面的氧气还原催化活性差异较大[48,49]。在弱吸附的 $HClO_4$ 电解质中，铂的（110）、（111）、（100）晶面表现出了逐渐降低的 ORR 催化活性。然而，H_2SO_4 用作电解质时，则 Pt(100) 比 Pt(111) 具有更高的 ORR 活性，主要是由于硫酸氢根阴离子的吸附和抑制作用。对硫酸氢根离子表面吸附的系统研究表明，在相同浓度的硫酸溶液中，硫酸氢盐在 Pt(100) 电极的覆盖率比 Pt(111) 电极的覆盖率要少 1/3。由于不同的晶面具有各自不同的特性，Pt(111) 可以在更宽的电位范围内比 Pt(100) 更强烈地吸附硫酸氢根离子。研究表明，催化性能取决于表面原子的排列。因此，通过建立形状控制合成策略将活性催化表面从单晶"转移"到更实用的纳米相是促进铂基催化剂应用的有希望途径。Sun 等人报道了一种简单的高温有机相合成单分散（100）-封端 Pt 纳米立方体，并研究了在 H_2SO_4 电解质中对氧气还原的催化作用。电化学研究表明，Pt 纳米立方体在 $1.5 mol \cdot L^{-1} H_2SO_4$ 水溶液中催化氧还原，其活性比商业 Pt 催化剂高 2 倍。Sun 等人还报道了在 H_2SO_4 中催化 ORR 时，7nm（100）封端的 Pt 纳米立方体显示出比其他形状的 Pt 纳米颗粒更具活性[50]，表明 Pt 纳米颗粒晶面影响 ORR 催化活性，主要归结于 Pt(111) 和 Pt(100) 晶面上的硫酸根离子的吸附是不同的。

与最常见的稳定的低指数晶面相比，具有高密度的原子台阶、边缘和扭结等的高指数晶面金属对于特定的反应显示出更高的催化活性[51]。Sun 和同事报道了通过对支撑在玻碳电极上的多晶 Pt 微球施加方波电位，合成具有高指数晶面的二十四面（THH）Pt 纳米晶体，例如（730）、（210）和（520）[47]。Xia 等人已经证明了以水溶液还原的简单途径能够合成包括（510）、（720）和（830）高指数晶面包围的 Pt 凹纳米立方体。与 Pt 立方体、立方八面体和商业 Pt/C 催化剂相比，Pt 凹面纳米立方体显示出显著增强的 ORR 电催化活性。然而，Pt 凹纳米立方体的质量活性仍然小于 Pt/C 催化剂的质量活性，可能是因其相对较大的颗粒尺寸具有较小电化学活性面积[52]。

尽管 Pt 纳米晶体具有较高的催化活性，但是对于高指数晶面增强催化活性的原因还不是非常清楚。人们认识到具有完全生长的高指数晶面的 Pt 纳米晶体趋向于形成较大尺寸的晶体。因此，这些纳米粒子的质量活性比其他高活性催化剂的低。另外，这些纳米晶体的表面结构在催化反应过程中是不稳定的，特别是具有高指数晶面的不饱和原子台阶、边缘和扭结都是晶体生长的活性位点。在燃料电池反应期间，Pt 纳米颗粒容易发生形变导致晶面易失活和催化活性降低，从而限制了实际应用。

（2）Pt 合金

合金催化剂不仅能够降低昂贵 Pt 的用量，而且可以运用协同效应优化促进其催化性能。在过去几年中，多种铂基合金，例如 PtPd、PtAu、PtAg、Pt-Cu、PtFe、PtNi、PtCo 和 PtW 被合成应用于催化性能的研究[53-58]。合金催化剂中，Pt 表面电子结构的改变会显著增强催化活性。虽然并不能很准确地描述电子结构，但是密度泛函理论（DFT）计算却对于提高 ORR 催化活性的催化剂表面结构的改进要求提供了重要的线索。DFT 的计算表明，短程电子电荷转移引起的效应（配体效应）和远程几何晶格应变（几何效果）能够有效调节 Pt 合金表面氧物种的吸附特性[59-61]。这些电子和几何效应导致 Pt d 轨道的能量中心偏移，影响表面吸附物的键强度，从而改变反应物，中间体和产物的化学吸附[62]。Stamenkovic 等研究了 Pt_3M 催化剂（M＝Ni，Co，Fe 和 Ti）的多晶合金薄膜，以了解 3d 金属对合金的电催化活性的作用。合金的 ORR 催化活性取决于 3d 金属的性质[63]，并揭示了 Pt_3M（M＝Ni，Co，Fe，Ti，V）和 ORR 催化活性之间表现出"火山形"的基本关系[39]（如图 3-13 所示）。其中，最大催化活性受反应中间体的吸附能和表面覆盖率之间的平衡关系所控制。更好的 ORR 催化剂应该比 Pt 具有更弱的氧分子结合能，以提高含氧中间体的脱附效率，Ni、Co 和 Fe 被认为是最有效的能够和 Pt 产生优异的协同效应的合金元素。所建立的电催化趋势可用于解释 Pt_3M 催化剂的活性模式，并为选择最合适的合金组分调节 Pt 的表面化学吸附性能提供重要指导。Lei 等[64] 报道了用脉冲激光沉积技术制备的嵌入非晶态铜薄膜中的新型银铜合金纳米粒子的电催化性能，由于银和铜原子处于金属状态，因此抑制了 CuO 和 Cu_2O 等的形成，除了具有良好的 ORR 催化活性外，这种可充电的锌-空气电池还具有低的充放电性能。

Kim 等利用化学气相沉积（CVD）技术有效地合成了单分散 Pt-Co 双金属

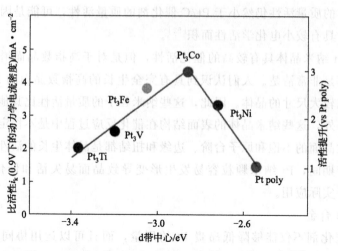

图 3-13　Pt₃M 合金的电子特性和催化活性间的关系[39]

合金纳米颗粒。该方法操作简便，可以沉积单分散和组分可控的双金属纳米颗粒，不仅可以应用于电催化系统，还可以用于各种催化剂合成过程[65]。如图3-14(a) 所示。

以三甲基环戊二烯基铂（Ⅳ）（MeCpPtMe₃）和二羰基环戊二烯基钴（Ⅰ）[CpCo(CO)₂] 分别用作 Pt 和 Co 的前驱体进行合成。首先，气相 Pt 前驱体被注入 CVD 气相室中，并分解成含 Pt 的不同物质（例如 MeCpPtMe，MeCpPt）和各种类型的挥发性物质（例如 CH₃，C₃H₃，Cp 和 MeCp）。然后，将含有 Pt 的物质选择性地沉积在碳载体的表面上，在将 Pt 纳米颗粒沉积到碳载体上之后，将 Co 前驱体注入气相室中，将其分解成含 Co 的挥发性物质，例如 CpCo 和 Cp-CoCO。当 Co 直接沉积到 Pt 上时，Pt 纳米颗粒的直径决定了 Pt-Co 双金属合金的最大 Co 组分的含量。最后，在氢气氛中退火 2h 后产生 Pt-Co 双金属合金纳米颗粒，合金化程度由退火条件决定。Pt₇₅Co₂₅/C（400）、Pt₇₅Co₂₅/C（500）、Pt₇₅Co₂₅/C（600）和 Pt/C（500）的 ORR 极化曲线如图 3-14(b) 所示，合金的半波电位 $E_{1/2}$ 值：Pt₇₅Co₂₅/C（500）＝ Pt₇₅Co₂₅/C（600）＞ Pt₇₅Co₂₅/C（400）＞ Pt/C（500），其值（vs RHE）分别为 0.934V、0.933V、0.894V 和 0.873V。

他们还研究了金属组分对 Pt-Co 合金催化剂的电催化活性的影响，如图 3-14(c) 所示，合金的 $E_{1/2}$ 值：Pt₇₅Co₂₅/C（500）＞Pt₈₀Co₂₀/C（500）＞Pt₈₈Co₁₂/C（500）＞Pt₉₄Co₆/C（500）＞Pt/C（500）。该结果表明，电催化活性强烈地取决于 Pt-CO 合金催化剂的组成。同时，即使经过长期的电化学操作，碳负载的铂基双金属纳米粒子也表现出优异的均匀性和分散性。在不同配比的 Pt 和 Co 合金中，Pt₃Co 催化剂表现出高质量活性、比活性和长期稳定性等最佳性能。

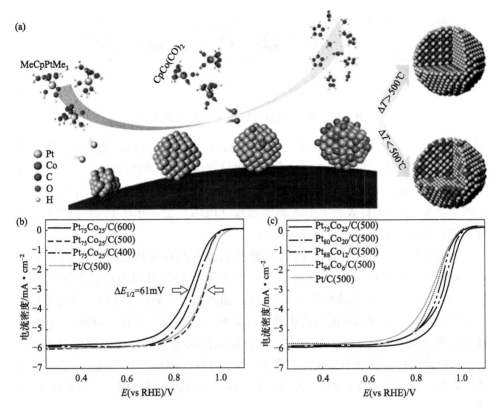

图 3-14 （a）合成 Pt-Co 双金属纳米颗粒的示意图；（b）在室温下 O_2 饱和 $0.1mol \cdot L^{-1}$ $HClO_4$ 中 Pt/C(500) 和 $Pt_{75}Co_{25}/C(T)$ 的 ORR 极化曲线，转速为 $1600r \cdot min^{-1}$，扫描速率为 $5mV \cdot s^{-1}$；（c）室温下 $Pt_xCo_{100-x}/C(500)$ 在 O_2 饱和的 $0.1mol \cdot L^{-1}$ $HClO_4$ 中的 ORR 极化曲线，转速为 $1600r \cdot min^{-1}$，扫描速率为 $5mV \cdot s^{-1}$[65]

Li 等[66] 通过酸处理设计了一种具有多孔结构的高活性 $PtCu_xNi$ 三元合金催化剂，并采用表面掺杂法掺杂 W。有趣的是，表面 W 掺杂过程可以在催化剂表面引发 Pt 和 Ni 的原子重建，这可以极大地调节电化学活性面积并进一步提高催化活性。此外，通过 W 的表面掺杂，$PtCu_xNi$ 合金催化剂的稳定性也会得到提高（图 3-15）。

具有不同成分和几何形状的铂催化剂已被广泛研究以增强其对 ORR 的催化作用。近来，空心 Pt 基合金纳米结构在催化 ORR 方面更具活性和耐久性[67-70]。Adzic 等[71]制备了一种新颖的 Ti-Au@Pt/C 核壳催化剂，具有由氧化钛掺杂的低配位表面位点（例如顶点和边缘）。在 Ti-Au@Pt/C 催化剂中，氧化钛将高活性/扭曲的接合边缘和拐角密封后有效地防止 Au 原子分离到 Pt 表面上，从而在

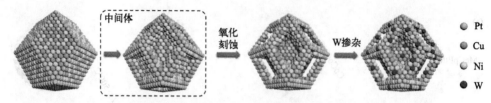

图 3-15　W 掺杂过程中形态演变的示意图[66]

很大程度上保留电化学活性比表面积（ECSA），有效地提高催化剂的催化活性和稳定性。Wei 等[72] 研究人员结合空间限域效应和纳米级柯肯达尔效应开发了一种有效的方法，可以将固体 Pt NPs 直接转化为空心 PtFe。为了实现固体-空心转变，先后在 Pt/C 表面上引入聚多巴胺（PDA）层，并在 PDA 表面上引入外部二氧化硅层来构建两个空间固化界面。

如图 3-16(a) 所示，内部 PDA 层作为强螯合剂容易均匀地吸附 Fe^{3+} 前驱体，而外部二氧化硅层可形成密闭空间防止 NPs 烧结并阻碍高温热解过程中 PDA 的损失。在二氧化硅混合空间内，H_2 辅助高温热解过程可以很容易地形成空心 PtFe NPs。随着 Fe 的向内扩散，Pt 的向外扩散速率越快，导致表面 Pt 的富集伴和空隙的形成 [图 3-16(b)]。原位形成的碳薄层可以保护催化剂在苛刻的燃料电池操作条件下不会脱离和聚集。DFT 计算表明，空心 PtFe 合金可以有效地降低 d 轨道中心并减弱 Pt 表面上非反应性氧化物质的吸附，从而提高 ORR 活性。

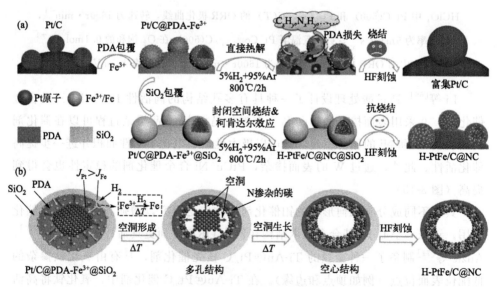

图 3-16　基于空间固定热解和纳米级柯肯达尔效应的 H-PtFe/C@NC 的原理图[72]

通常，Pt 合金催化剂被沉积在纳米碳载体上以增加比表面积。碳材料的表面物理化学性质和结构对 Pt 基合金催化剂活性的提高起到重要作用。同时，碳载体和 Pt 基合金之间的相互作用可以调节合金的物理化学和电子结构特性，从而影响催化活性和稳定性[73,74]。在碳载 Pt 合金催化剂的研究中，Pt 合金与碳载体之间的相互作用越来越受到人们的关注，这种相互作用影响了 Pt 合金纳米粒子在碳载体上的生长、结构和分散[75,76]。众所周知，作为惰性材料，碳载体可以改变系统的 Galvani 电位，提高催化剂的电子密度，降低费米能级，有利于电极-电解质界面的电子转移，从而加速电极过程[77]。在碳载 Pt 合金体系中，合金与碳基底间相互作用通过电子从铂合金团簇转移到吸附在碳表面上的氧原子产生电子效应。Wang 等[78] 制备了具有完全有序金属间结构的 PtFe 颗粒，并将它们沉积到多孔碳中（PtFe@C）。实验过程如图 3-17(a)～(c) 所示，通过 TEM 图像显示［图 3-17(d)～(f)］在高达 900℃ 的温度下退火不会引起明显的烧结和聚集，因此表明孔能够限制晶体的生长，并且防止颗粒聚集。羰基铁很容易分解产生铁簇，铁簇催化 C_2H_2 分解产生碳原子，然后沉积在铁的表面上，导致铁簇嵌入碳矩阵中。嵌入在非晶碳中的 Fe 纳米颗粒也起到还原剂和 Pt 沉积成核位点的作用。由于碳载体的多孔结构提供的限制作用，捕获的 Fe 和 Pt 颗粒可以在 900℃ 时转化为金属间相结构。

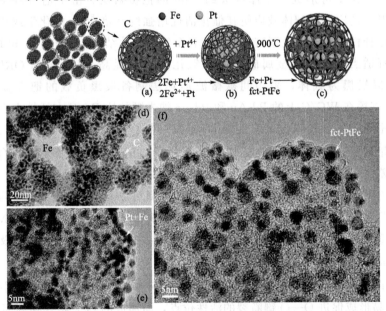

图 3-17　化学和结构演变：(a) 嵌入碳基质中的 Fe 颗粒；(b) 由 Pt 前驱体还原为 Pt 颗粒沉积在 Fe 上；(c) 通过热处理得到排列有序的 PtFe 晶体；(d) Fe 嵌入碳基质中的 TEM 图像；(e) 在沉积位置的 Pt/Fe 颗粒；(f) 热处理后碳包裹的 PtFe[78]

在相同测试条件下，与 Pt 晶体和其他有序 Pt 合金（Pt_3Fe，$Pt_{1.4}Fe$，$Pt-Fe_{1.8}$）结构相比，完全有序的 fct-PtFe 颗粒在酸性介质中具有更高的 ORR 催化活性和耐久性。这些实验结果表明，包裹在多孔碳中的完全有序的 fct-PtFe 颗粒是一类新的 Pt 基催化剂。

3.5.1.2　钯基催化剂

与铂相似，可以通过与许多其他金属合金化来提高 Pd 的催化活性。Pd-M（M=Co、Fe、Ni、Cr、Mn、Ti、V、Sn、Cu、Ir、Ag、Rh、Au、Pt）合金的 ORR 活性比纯 Pd 高很多，有些甚至与 Pt 相当。钯合金的组成在 ORR 活性中起着重要作用。最佳配比主要取决于合金元素、合成方法和退火温度等。Shao 等[79] 发现在 900℃下浸渍法合成的 Pd-Co/C 纳米颗粒在 Pd：Co=2：1 时表现出最高的 ORR 活性。有大量工作系统研究了各种形貌和组分的 Pd 基合金单晶在催化 ORR 中的应用，例如，少量的 Ir 能够显著提高 Pd_3Fe 的活性[80]；在 800℃下退火合成的 Pd-W 合金中，含有 5% W 的催化剂能展现出最大催化活性[81]。脱合金方法也应用于钯基合金的合成与结构组成调控。Yang 等尝试用电化学脱合金方法制备具有核壳结构的 Pd-Cu 催化剂。在 $PdCu_3$ 基板上，从近顶表面去除铜原子可形成一个厚度大约 2nm 的钯覆盖层。由于钯覆盖层限制了 $PdCu_3$ 基底的应变和配体效应使其催化活性增强约 2 倍[82]。电化学或化学脱合金方法选择性形成过渡金属富集的钯基合金纳米多孔结构，如 $PdNi_6$ 和 $PdCu_6$。

选择适当的载体如金属碳化物和氧化物可以提高 Pd 合金的 ORR 活性。Shen 等以炭黑为载体，采用间歇微波加热法制备炭黑负载的钯合金纳米粒子[83]。支撑在 WC/C 上的 Pd-Au 和 Pd-Fe 纳米颗粒比 Pd/C 在活性上有显著的改善，主要归结于载体与金属催化剂间的协同效应。在 Pd_3Co 合金的合成中，加入少量的 Ce 可以将 ORR 的超电势降低大约 100mV[84]。大多数二元合金的稳定性较差，通过加入金、钼、锰等耐腐蚀金属，可以提高合金的稳定性。此外，利用剥离蒙脱石（ex-MMT）制备纳米复合材料可以提高钯基纳米材料耐久性。Wei 等发现酸性溶液中 Pd/ex-MMT 催化剂比 Pd/C 更稳定得多，由于 MMT 的 Pd-d 轨道和 $O(AlO_6)$-p 轨道具有相似的能级，电子很容易在这些能级之间转移，形成一个强的 $Pd—O(AlO_6)$ 键[85]。

为了理解钯合金活性增强的原因，Bard 等[86] 认为在 Pd-M 合金中的活性金属 M 易形成促进 O—O 键断裂的活性位点，而形成的 O_{ads} 将迁移到邻近的 Pd 为主的位置更容易脱附还原为水。基于这一机制，合金表面应包含一种占比大约 10%～20% 的相对活泼的金属（如 Co）提供足够的位置进行 O—O 键断裂的反应，然后在邻近的 Pd 上进行后续反应。然而，在电化学测量过程中，活性金属不稳定，容易从合金表面渗出。理论计算和实验数据表明，钯合金在高温退火后，钯原子会迁移到表面形成较大钯覆盖层。由于钯晶格与 3D 金属合金化后收缩，导致钯表面覆盖层会产生压缩应变。例如，$Pd_3Fe(111)$ 表面的压缩应变使 Pd—O 结合能减弱了 0.1eV[87]。通过过渡金属电子转移（配体效应）等可进一步修饰钯表面覆盖层的电子结构。在 $Pd_3Fe(111)$ 中，配体效应进一步削弱了 Pd—O 结合键能。在 Pd-Co 和 Pd-Ir-Co 合金催化剂的研究中，相同的结论被进一步证实[88,89]。因此，复合应变和配体效应是提高钯合金 ORR 活性的主要因素。

3.5.2 非贵金属催化剂

尽管贵金属基催化剂（如 Pt/C）等展现出优异的氧还原催化活性，但是自然界中存储量不足、价格昂贵，加上稳定性差等缺点，限制了贵金属基催化剂的大规模应用。非贵金属催化剂，由于成本低、储量丰富，以及环境友好等特点从而引起广泛关注。

3.5.2.1 过渡金属氧化物

与贵金属相比，非贵金属氧化物因其成本较低而更受欢迎，尖晶石、钙钛矿等结构的过渡金属氧化物正受到广泛的研究。过渡金属氧化物，特别是锰和钴氧化物被认为是非常具有前景的非贵金属催化剂，可用于催化碱性溶液中氧还原反应[90,91]。其中，锰氧化态和晶体结构丰富、成本低、毒性低、环境友好，锰氧化物被公认为 ORR 的候选化合物[92]。锰氧化物（MnO_x），包括 MnO、MnO_2、Mn_3O_4、MnOOH、Mn_2O_3 和 Mn_5O_8，都被认为是高活性 ORR 催化剂[93]。此外，二氧化锰在碱性溶液中表现出较高的催化效率，但是，二氧化锰的导电性很差，克服这一问题的一个方法是添加碳材料以获得更好的导电性和更高的表面积。Cheng 等[94] 用无定形的 MnO_2 前驱体制备了富含丰富大比表面积和大量缺陷的高性能的 $Co_xMn_{3-x}O_4$ 尖晶石。Li 及其同事[95] 制备了镶嵌在炭黑粉末（XC-72）上优化比例为 1 的 $\alpha-MnO_2$，全电池在空气中的放电电压为 1.178V。除导电性外，MnO_2 的最终性能在很大程度上取决于其微观结构，如颗粒形状、尺寸，以及结晶相。由于 $\alpha-MnO_2$ 具有较大的隧道结构，使其在晶格框架中易于离子转移，此外，$\alpha-MnO_2$ 纳米粉末还具有丰富的缺陷和羟基表面利于 O—O 键断裂，因此其 ORR 性能一直较好。

大量的研究表明，结晶 MnO_x 中的氧缺陷会影响其在碱性条件下对 ORR 的催化活性[96]。由于导电性较差（$10^{-6} \sim 10^{-5} S \cdot cm^{-1}$），它们在燃料电池中的应用仍受到限制[97]。通过将 MnO_x 涂覆到具有高导电性的功能材料上，可以在一定程度上提高其导电性和催化活性。Ketjenblack 碳材料富含丰富的氧吸附活性位点以及独特的微观特征（例如高密度的表面缺陷），在负载非晶 MnO_x 纳米线后，在碱性溶液中表现出了优异的 ORR 催化活性[98]。与商用 Pt/C 催化剂相比，通过简单的电化学沉积方法制备的 MnO_x 掺杂碳纳米管显示出显著的 ORR 电催化活性，较好的长期稳定性和优异的抗甲醇穿梭性能[99]。Jaramillo 等报道了玻碳电极负载 Mn_3O_4 电催化剂用于催化 ORR，并证实了 MnO_x 位点有助于促进氧还原的所有反应步骤[100]。对于钴基氧化物，Dai 等科研人员研究表明将氧化钴（例如 Co_3O_4、CoO）负载到石墨烯或 CNT 表面，可以显著提高氧化钴的导电性和结构稳定性，从而提高其氧气还原催化活性[91,101]。

具有尖晶石结构的过渡金属氧化物被认为是一类重要的氧气还原催化剂。研究表明 Ni、Cu 和 Mn 掺杂能够显著提高四氧化三钴的氧还原活性和结构稳定性。Dai 等制的 $MnCo_2O_4$ 与氮掺杂石墨烯形成的复合材料具有高效的氧还原催化活性。此外，锰取代可以提供更多的催化活性位点，表现出比纯 Co_3O_4-N-rmGO 复合材料更高的氧还原催化活性。在相同的质量负载下，$MnCo_2O_4$-N-rmGO 复合化物显示出优于 Pt/C 的催化活性[90]。Sun 等报道，在常规碳载体上负载的 M（Ⅱ）-取代磁铁矿 $M_xFe_{3-x}O_4$（M = Mn，Fe，Co，Cu）纳米颗粒对氧还原具有催化活性。在碳载体上，$M_xFe_{3-x}O_4$[M(Ⅱ)] 纳米颗粒的 ORR 催化活性具有明显的依赖性，其中 $Mn_xFe_{3-x}O_4$ 催化活性最好，其次是 $Co_xFe_{3-x}O_4$、$Cu_xFe_{3-x}O_4$、Fe_3O_4。$NiCo_2O_4$ 被广泛认为是尖晶石结构的混合价氧化物，其中，镍占据八面体位置，钴分布在八面体和四面体位置上，该结构中存在 Co^{3+}/Co^{2+} 和 Ni^{3+}/Ni^{2+} 氧化还原对，具有优异的电催化活性[102,103]。除了 Co-Ni 氧化物之外，Co-Mn 氧化物作为 ORR 电催化剂也引起了很多关注。例如，Qiao 课题组[104] 报道了运用 KCl 纳米晶体作为结构导向剂的快速无机自模板机制在乙醇溶液中合成组成可调的尖晶石型 $Mn_xCo_{3-x}O_{4-\delta}$，产物显示出超高催化活性和稳定性。

几十年来，人们已经研究了 $Ln_{1-x}A'_xMO_3$（其中 Ln、A'、M 分别代表镧系元素、碱土金属元素和过渡金属元素）对 ORR 的催化活性。研究发现，Sr 取代的 $LaCoO_3$（$La_xSr_{1-x}CoO_3$）具有最佳的阴极氧还原催化活性，其次是 $La_xCa_{1-x}CoO_3$ 和 $La_xBa_{1-x}CoO_3$[105]。Pr 基钙钛矿氧化物 $Pr_{0.8}A'_{0.2}MnO_3$（A' = Ca，Sr，Ba）的 ORR 活性被报道，$Pr_{0.8}Ca_{0.2}MnO_3$ 表现出最高的电流密度，其次是 $Pr_{0.8}Sr_{0.2}MnO_3$，然而，Ba 取代基本上没有改善催化性能[106]。$La_{1-x}Sr_xMO_3$ 是固体氧化物燃料电池（SOFCs）中常用的阴极催化剂[107]。Matsumoto 等[108] 报道，在 $LaMnO_3$ 中的 Sr 掺杂导致 Mn 离子的 e_g 轨道与氧

离子的 2p σ 轨道之间的重叠，形成 σ* 能级，这就提高了 ORR 中的催化性能。Tulloch 等[109] 报道 $La_{0.4}Sr_{0.6}MnO_3$ 在 $1mol \cdot L^{-1}$ KOH 电解质中表现出与 Pt/C 催化剂相当的最好的催化活性。Xue 等[110] 通过旋转环盘电极（RRDE）检测了 A-位缺陷 $(La_{1-x}Sr_x)_{0.98}MnO_3$ 样品的 ORR 活性，结果表明，Sr 元素的掺杂能够诱导产生氧空位，有利于增强 ORR 活性。在所有样品中，$(La_{0.7}Sr_{0.3})_{0.98}MnO_3$ 具有最佳的催化性能，电子转移数、起始电位和比活度（在 0.6V）分别对应于 4、0.903V 和 $0.368mA \cdot cm^{-2}$[图 3-18(a)～(c)]。此外，使用 $(La_{0.7}Sr_{0.3})_{0.98}MnO_3$ 作为阴极的铝-空气电池的催化剂，其最大功率密度为 $191.3mW \cdot cm^{-2}$ [图 3-18(d)]。最近，Xu 等[111] 通过聚合物辅助化学溶液法（PACS）合成了 $(La_{0.8}Sr_{0.2})_{0.95}MnO_{3-\delta}$，发现它具有较低的双功能电化学催化活性，并且指出合理地调控 B 位点与 O 的共价键性质是设计高性能催化剂的关键。

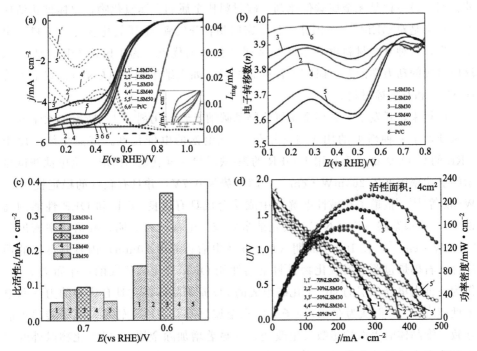

图 3-18　不同电催化剂的 ORR 催化活性[(a)～(c)] 和铝-空气电池的极化曲线（d)[109]

3.5.2.2　含金属碳材料

（1）纳米颗粒-碳复合催化剂

由于其固有的催化活性、灵活可控的结构和组分，以及含量丰富的优点，过渡金属是替代贵金属基电化学催化剂最具潜力的材料。但是，其电催化效率远远低于预期，主要归因于过渡金属材料易聚集、活性位点少、电导率不高，而且催化反应的中间产物（如吸附的 OOH/OH 等）和金属活性位点之间有很强的结合力，导致反应产物难以脱附，影响最终的催化活性。具有较高电导率的石墨化碳材料（例如石墨烯、碳纳米管和石墨等）与非贵金属催化剂相结合可以发挥相互间的协同作用，改善过渡金属电催化活性和结构稳定性[112]。通过化学修饰，例如 N 掺杂，通过增加结构无序或形成杂原子功能来提高其 ORR 活性。例如，Wan 及其同事最近报道了一种廉价、易获取、可回收的玉米须制备的三掺杂氮、磷、铁纳米多孔碳催化剂，该催化剂具有更高的 ORR 活性和在碱性介质中的优越稳定性[113]。同时，多孔碳材料也起到了在充放电过程中提供氧气扩散路径并支撑空气电极的机械结构的基板。因此，碳材料具有电催化活性材料和空气电极基底的双重功能。到目前为止，有两种类型的碳催化剂。一种是碳/金属氧化物催化剂，另一种是无金属碳催化剂。碳材料比金属和金属氧化物，整体催化活性差，特别是对 OER[114]。因此，科学家们朝着开发碳/金属氧化物复合材料迈出了一步，这种复合材料继承了碳和金属氧化物的优点。为了解决 ORR 和 OER 反应迟缓的动力学问题，研究了各种碳材料，如碳纳米颗粒（CNF）、碳纳米管（CNT）和石墨烯材料。

近年来，开发了一系列金属氧化物基碳纳米管催化剂[115]。斯坦福大学的科学家开发了一种新型的用于可充电锌-空气电池的电催化剂。该催化剂由用于 ORR 的 CoO/碳纳米管和用于 OER 的镍-铁层状双氢氧化物组成。全电池测试显示峰值功率密度为 $265mW \cdot cm^{-2}$，超电势为 0.7V，并具有较好的稳定性[116]。Wang 等[117] 报道了在碱性电解质中成功合成具有优良 ORR 和 OER 性能的高密度铁/氮掺杂碳（Fe@N-C）核壳纳米颗粒。电池试验表明，峰值功率密度为 $220mW \cdot cm^{-2}$，在 100 个周期（10min 放电后再充电 10min）内具有良好的循环性。石墨烯包覆金属氧化物材料是高性能 ORR 催化剂研究的一个重要方向。作为一种由单分子层的 sp^2 杂化碳组成的 2D 原子晶体，它具有优异的力学和电子性能[118]。人们认为在 2D 原子晶体和金属之间存在电子转移，电子转移可能导致二维晶体的表面功函数发生改变，并显著增加除金属/金属氧化物以外的二维晶体表面分子的化学活性[119]。最近，Zeng 课题组制造了金属钴芯/石墨烯壳纳米粒子，这种金属钴壳纳米粒子来源于普鲁士蓝前驱体，显示出比以前的金属/石墨烯核壳材料优越的 ORR 活性。普鲁士蓝类似物有一个三维开放式聚合物框架，可以通过简便的方法结合过渡金属。通过仔细控制反应温度，普鲁士蓝前驱体分解，形成富钴/富氮石墨烯核壳纳米粒子[120]。Wang 等[121] 报道了一种有 $Co@Co_3O_4@PPD$ 核-双壳结构的高效电催化剂，该电催化剂是通过水热合成、氮气氛下高温煅烧和温和加热获得的。

由于钴具有较好的电化学催化活性，大量的研究工作致力于发展钴基电催化材料[122]。但是，使用钴氧化物作为电化学催化剂时，其自身导电率差和容易聚集的特点导致较低的催化活性。为了解决这一问题，将钴或钴的氧化物与高导电性的碳材料（如石墨烯）相结合，可以提高电子传输的能力，同时增加活性位点，从而提高其催化活性[123]。例如，以钴/锌金属有机框架化合物（CoZn MOF）作为前驱体，在1000℃条件下炭化处理得到具有较好的氧还原反应和氧析出反应催化活性的钴氮共掺杂碳催化剂[124]。将Co/Co_9S_8核壳结构的纳米颗粒嵌入到氮硫共掺杂的石墨烯纳米片中，然后进行高温炭化形成复合催化剂（Co/Co_9S_8@SNGS）[125]。测试结果表明，在1000℃下煅烧得到的催化剂具有较高的比表面积（$2496m^2 \cdot g^{-1}$），并展现出较好的催化活性。在石墨碳中，掺杂杂原子和过渡金属间的协同作用可有效地调节局部电子结构，改善对反应中间体的吸/脱附能力，获得与贵金属催化剂相媲美的催化活性。高温下，将氧化石墨烯纳米片和硝酸钴、尿素在NH_4/Ar气氛围下热处理可以得到嵌入了Co_9S_8纳米颗粒的氮硫共掺杂的还原石墨烯氧化物复合材料（NS/rGO-Co）[126]。在相同电解液中，该复合材料具有催化氧还原反应、氧析出反应和氢析出反应的多功能电催化活性。其中，氮硫共掺杂能够有效地调节相邻碳原子和杂原子之间的电荷密度及自旋密度，从而有助于反应物和中间产物在催化剂表面的有效吸附。

（2）金属-氮-碳催化剂

目前，研究者致力于开发具有不同活性位点的金属-氮-碳（NPMC）催化剂[127,128]。在各种催化剂中，具有过渡金属-氮-碳（M-N-C，M＝Fe，Co）的复合材料在碱性和酸性电解质中都表现出了优异的催化活性，被公认为是一类最有希望的非贵金属氧还原催化剂，M-N部分和氮掺杂对增强ORR活性非常重要。虽然M-N-C催化剂的活性位点尚未完全确定，但是催化剂比表面积和结构很大程度上决定了活性位点的位置，并影响催化剂最终的电催化性能[129]。Li课题组使用含钴普鲁士蓝胶体作为前驱体成功制备了由多层富氮石墨烯壳包覆的金属钴纳米颗粒。该催化剂对电催化氧还原和氢析出具有很好的双重催化活性。最重要的是，他们发现金属核的去除不仅不会使催化活性降低，反而会提高电催化性能。因此，Co-N-C为相应的催化活性位点[120]。铁-氮掺杂碳（Fe-N-C）材料已经成为非常有前景的非贵金属ORR催化剂。其中，引入的Fe和N原子可能引起电荷的不均匀分布，从而改善O_2的吸附和还原。此外，通过构建介孔Fe-N-C材料，可以有效利用活性催化位点。Zhang等[130]研究人员使用简便的原位复制聚合法合成了由Fe-N掺杂的介孔碳微球（Fe-NMCSs）催化剂。其中，介孔四氧化三铁（Fe_3O_4）微球用作多功能的模板-介孔结构导向剂，同时提供

Fe^{3+} 并作为吡咯聚合的氧化剂。该催化剂以 Fe-N-C 作为高效活性位点展现出较好的电化学催化活性。

单原子催化剂含有固定在载体上的单个金属原子，代表了金属催化剂的最大利用率，从而最大限度地提高了使用效率[131,132]。选择合适的碳支持材料有利于防止金属单原子的运动和聚集，从而产生稳定、分散的活性位点。Lin 等课题组利用双模板合成法制备了层状多孔 M-N-C（M＝Fe 或 Co）单原子电催化剂。M-N-C 催化剂的多尺度调整是在单个原子尺度下，同时增加活性位点的数量和增强每个活性位点的内在活性[133]。最近，金属有机骨架（MOF）已被确定为制备用于各种能源应用的高度多孔-硝基界面碳材料的理想前驱体。Wu 等研究人员通过一步热活化衍生共掺杂金属-有机骨架，制备了一种高性能的氮配位钴单原子催化剂[134]。由于 Co-N-C 活性位点均匀地分布在多孔的碳基底上，该催化剂展现出较好的电催化活性。对于单原子金属-氮-碳（M-N-C）催化剂，研究者很少关注其相邻 $M-N_4$ 位点的 N-键环境的催化作用。Wang 课题组[135] 通过精确的原子水平控制制备了原子分散的 $Fe-N_4$ 位点，该位点固定在三维（3D）多孔碳上，具有明确的单原子位点（SAs），可方便调节质量负载量并暴露更多的活性位点。如图 3-19(a) 所示，铁-酞菁（FePc）分子在 Zn^{2+} 和 2-甲基咪唑（MeIM）组装过程中，首先被封装到分子筛咪唑骨架（ZIF）的空腔中，形成 FePc-x@ZIF-8 纳米复合物 [x 是指添加 FePc 的量，x＝8mg、16mg、20mg、24mg；图 3-19(b)]。在 Fe SAs 和 Fe_2O_3-N/C-x 混合纳米结构中，通过酸洗去除不稳定的金属组分获得分层多孔的 Fe SAs-N/C-x 催化剂 [图 3-19(c)]。对 Fe SAs-N/C-20 的高角度环形暗场扫描透射电子显微镜（AC-HAADF-STEM）图像进行像差校正后，发现单个铁原子均匀地分散在多孔碳中 [图 3-19(d)]。为了揭示铁中心的化学状态和配位环境，铁的 X 射线近边吸收结构光谱（XANES）[图 3-19(e)] 表明，Fe SAs-N/C-20 中的铁价态介于 Fe^{2+} 和 Fe^{3+} 状态之间。傅立叶变换（FT）k^3 加权扩展 X 射线吸收精细结构光谱（EXAFS）[图 3-19(f)] 表明，Fe SAs-N/C-20 仅在 1.5Å（$1Å=10^{-10}$ m）处表现出显著的峰，EXAFS 拟合的结构参数表明，一个铁原子在 1.96Å 处由 4 个 N 配位，形成一个 $Fe-N_4$ 部分 [图 3-19(g)]。边缘承载的 $Fe-N_4$ 结构是调整 N-键合结构的关键，能够显著降低整个 ORR 能垒。这些发现为单原子材料的几何结构和电子结构的集成工程以及提高其催化性能提供了一条新的途径。

3.5.2.3 非金属碳材料

除了非贵金属/碳催化剂外，无金属双功能催化剂也很受关注。一系列的非金属 N 掺杂和 N、P 共掺杂碳材料已经被报道，能够用作催化 ORR 和 OER 的

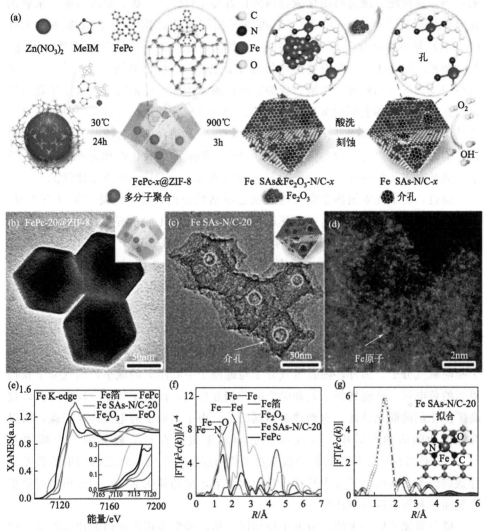

图 3-19 合成示意图 (a)；FePc-20 @ ZIF-8 复合材料的 TEM 图像 (b) 和 HRTEM (c)；
Fe SAs-N/C-20 催化剂的 HAADF-STEM 图像 (d)、Fe 的 XANES (e)（插图是放大图像）、
FT k^3 加权 EXAFS (f) 和相应 FT-EXAFS 拟合曲线 (g)[135]

双功能电催化剂[136-138]。由于不同的电子排布和明显的电负性差异，杂原子掺杂可以有效地改变碳表面的电子分布，即掺杂引起的电荷转移现象。理论计算的结果表明，氮掺杂的碳纳米管表面氮原子周围具有更高的负电荷；相反，毗邻的碳原子周围具有更高的正电荷。因此，电负性差异引起的电荷转移在石墨碳表面创造了不同电荷分布位点，为 O_2 的选择性吸附提供了有利的活性点，进而影响氧气的催化还原活性。此外，氮原子半径与碳原子相近，其对石墨晶格结构的影

响较小，从而能够维持石墨化碳材料的良好导电性[139]。基于氮掺杂碳纳米管的优异催化活性[140,141]，Qu 等[142] 利用气相沉积法首次合成了氮掺杂石墨烯（N-GN）氧还原电化学催化剂，其展现出了良好的催化活性和稳定性。因此，氮掺杂被广泛地用于掺杂石墨烯和其他石墨化碳材料催化氧还原反应[143]。三聚氰胺与无机酸（如硝酸、磷酸、硫酸）间的酸碱中和反应被用于控制质子化三聚氰胺在氧化石墨烯表面的沉积过程，随后的高温炭化处理，可以获得具有三维多孔结构的氮掺杂石墨烯催化剂。用于氧还原反应，结合硝酸合成的氮掺杂石墨烯催化剂表现出了更为优异的催化性能。其中，硝酸的强氧化性和腐蚀性可能有助于形成具有多孔结构和表面缺陷的氮掺杂石墨烯，促进其氧还原催化性能[144]。

最近，为了探索氮掺杂碳材料的氧还原活性位点，以不同类型氮（石墨氮、吡啶氮、吡咯氮）掺杂的高取向热解石墨作为模型催化剂，研究表明，氮掺杂碳材料的催化活性更依赖于吡啶氮的含量。结合 X 射线光电子能谱（XPS）和二氧化碳程序升温脱附（TPD）等表征方法揭示，氮掺杂碳材料的活性位点是与吡啶氮相邻的具有路易斯碱性的碳原子[145]。此外，利用电化学气相沉积法，以三苯基硼烷作为硼源合成的硼掺杂的碳纳米管作为非金属催化剂，同样具有较好的催化氧还原反应的电化学活性[146]。当硼掺杂到碳矩阵中，由于碳的电负性大于硼，使得硼碳（B—C）间的 σ 键发生极化，从而使硼原子带正电荷，更有利于吸附氧气分子。另外，随着氧气分子与硼原子中心距离的减小，氧气分子获得更多的负电荷，从而增强了氧和硼之间的相互作用，促进了氧还原反应过程，提高了催化剂的催化活性。与硼掺杂不同的是，由于氮原子的电负性高于碳，所以在氮掺杂的碳纳米管中，氧气分子更倾向于吸附在与氮毗邻的三个碳原子上[147]。热处理碳化硼得到的硼掺杂石墨烯薄层，由于硼与碳之间的电负性差异导致碳原子表面的电子发生转移，从而提高氧还原的催化活性，展现出良好的催化氧还原和析氧反应的活性[148]。

磷与氮属于同一主族，价电子数相同，所以经常表现出相似的化学性质。但是，当磷掺杂到石墨烯时，由于 P—C 键的键长（约 1.79nm）比 C—C 单键的键长（1.42nm）大，键角也不同，迫使磷从石墨烯平面向外突出[149]，使得吸附 O_2 分子的能力增强，有利于提高整个氧还原反应的进程。Yang 课题组[150] 以甲苯为碳源、三苯基膦为磷源，制备了磷掺杂的石墨化碳材料，证明磷掺杂有利于提高碳催化氧还原反应的活性。将氧化石墨烯和三苯基膦进行热处理可以得到磷掺杂的石墨烯材料，也证明了经过磷修饰的石墨烯的电化学催化活性得到较大的提高[151]。实验研究表明，硫掺杂石墨烯也具有良好的电化学催化活性。但是，硫与碳之间的电负性差异较小（2.58eV vs 2.55eV），其催化性能难以用掺杂导致的电荷转移来解释。结合理论计算的结果表明，其催化活性提高的原因与氮掺杂不同，主要归因于自旋密度的变化[152]。在硫化氢、二氧化硫或二硫化碳气体氛围下热处理氧化石墨烯，得到了一系列硫掺杂的石墨烯纳米片，与未经掺杂的石墨烯相比，电化学测试结果显示其氧还原起始电势正移 40mV，表明催化剂催化活性的提高[153]。

单原子掺杂的石墨烯材料具有良好的电化学催化性能。此外，通过与其他杂原子形成共掺杂的结构可以进一步提高催化活性，这主要归因于不同掺杂的杂原子之间的电子相互作用而产生协同效应[154]。通过聚苯胺气凝胶的制备和随后的热分解，Dai 课题组[138] 生产了一种 3D N、P 共掺杂的介孔纳米碳（NPMC）催化剂，其最大比表面积为 $1663m^2 \cdot g^{-1}$，在 ORR 和 OER 上表现出良好的电催化性能。锌-空气电池显示其容量为 $735mA \cdot h \cdot g^{-1}$，峰值功率密度 $55mW \cdot cm^{-2}$。通过对氧化石墨烯与 N、S 前驱体的加热制备的 N、S 共掺杂石墨烯催化剂，在 $0.1mol \cdot L^{-1}$ KOH 下显示出与 Pt/C 相近的 ORR 起始电位（0.90V vs RHE），DFT 计算表明，大量的碳原子也起到了活性中心的作用，这是由于增加了 C 上的最大自旋密度 ［图3-20(a)］[155]。除了催化 ORR，多功能 N、S 共掺杂石墨材料在催化 OER 和 HER 方面也比原始或单掺杂碳材料更为活跃，使其能够在双电极水分解中用作阳极和阴极。理论计算表明与 N 单掺杂石墨烯相比，S 掺杂剂的额外加入改变了 N 原子周围的电荷密度分布 ［图3-20(b)］，但明显引起了自旋密度重新分布 ［图3-20(c)］[156]。因此，N、S 共掺杂材料中的大量碳原子可以作为电催化活性位点用于吸附 H^* 和 OOH^* 反应中间体，从而使其催化活性得到显著提高。将无定形碳纳米管（CNT）和半胱氨酸在高温下退火，制备了 N、S 共掺杂碳管（SNCTs），并在酸性介质中，显示出稳定高效的双功能催化 ORR 和 OER 的活性[157]。

2014 年，Hu 和 Dai[158] 等研究人员合成了具有多层孔结构的 N、S 共掺杂石墨烯纳米片，作为三功能催化剂用于催化 ORR、OER 和 HER，这种催化剂得益于丰富的可获得的活性表面位点以及高效的电子传输路径。由于共掺杂在碳晶格中引入了更多的活性位点，因此通过引入更多类型的杂原子可以进一步提高催化活性。例如，N、S、P 三掺杂还原石墨烯氧化物（rGO）的起始电位（0.93V vs RHE）比 N、S 双掺杂 rGO 和 P 单掺杂 rGO 的起始电位都高，甚至超过商业铂的性能[159]。P 的引入将会诱导 N、S 共掺杂的 rGO 产生协同效应，从而增强石墨有序性，增加比表面积进而调高催化活性。

Terrones 等[160] 从理论上证明：在氮磷共掺杂的石墨烯结构中，杂原子氮磷缺陷比磷缺陷更加稳定，主要归因于掺杂的氮能够在结构变形过程中产生"阻尼"效应。Zhang 等[137] 报道了具有催化氧还原反应和析氢反应的双功能催化活性的氮磷共掺杂石墨烯催化剂，并用于构建可充电的锌-空气电池，获得了优

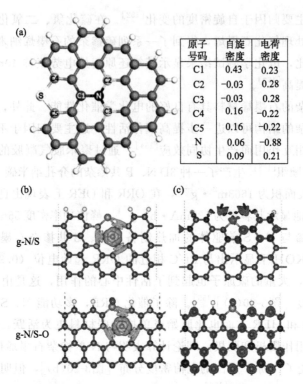

原子号码	自旋密度	电荷密度
C1	0.43	0.23
C2	-0.03	0.28
C3	-0.03	0.28
C4	0.16	-0.22
C5	0.16	-0.22
N	0.06	-0.88
S	0.09	0.21

图 3-20　(a) N（黑色）和 S（白色）双重掺杂石墨烯网络（灰色）的自旋和电荷密度[155]；
(b) 在单掺杂和共掺杂模型上的电荷密度差（定义为掺入氮导致的电荷差），g-N 代表
N 单掺杂石墨烯，g-N/S 分别代表 N、S 共掺杂石墨烯；(c) 单/双掺杂模型上的
自旋密度差异（定义为自旋向上和自旋向下电荷密度之间的差异），
g-N 和 g-N/S 模型的等表面值为 $5 \times 10^{-8} \text{Å}^{-3}$[156]

异的电池性能和可逆循环稳定性。由氮磷共掺杂的石墨烯纳米片形成的多孔碳结构，有利于促进电荷的快速转移，提高碳材料的催化活性[161]。将聚苯胺涂层的氧化石墨烯和六氟磷酸铵一起高温裂解，裂解过程中六氟磷酸铵不仅能够提供氮、磷、氟等杂原子，而且可以在气体释放过程中形成大量的孔，合成了具有复合电化学催化活性的氮、磷和氟三掺杂的石墨烯纳米片碳材料[114]。氟具有较高的电负性，可以诱导电荷重新分布，提高石墨烯的催化活性。另外，Kim 等[162] 通过将氧化石墨烯、葡萄糖和硫脲在 180℃ 条件下水热反应，然后将产物干燥并与氢氧化钾物理混合后进行高温处理，制备了氮硫共掺杂的石墨烯纳米片，获得了良好的对氧还原反应和析氢反应的双功能催化活性。Hu 等[158] 通过将三聚氰胺和硫化镍复合材料冷冻干燥后与氯化钾物理混合，热处理后制备了具有独特孔结构的氮硫共掺杂的石墨烯纳米片。该石墨烯纳米片

表面有大量的介孔存在，增加了碳材料的比表面积，暴露了更多的界面活性位点。同时，其优异的孔结构作为高效的物质传输通道促进了物质传输速度。最终，该多孔石墨烯催化剂展现出了氧还原反应、析氧反应和析氢反应的高效催化活性和高稳定性。Sun 等[163] 通过简便的方法制备了多孔的硼氮共掺杂的纳米碳（即 B,N-C）材料，如图 3-21，这种材料由相互连接的立方中空纳米材料构成，具有较好的石墨化和丰富的碳缺陷。通过沉淀法，将乙基纤维素（EC）和 4-(1-萘基) 苯硼酸（NBBA）沉积到锌基模板表面，然后在 800℃ NH₃ 气氛下热解，制备出具有多种孔隙的理想的 B,N-C 材料。锌基模板的氧化锌分解加热过程中二氧化碳和水的释放将有助于在纳米碳材料中形成微孔/碳边缘缺陷，所获得的硼氮共掺杂的富含丰富碳缺陷的纳米碳材料是一种高活性的 ORR 和 OER 电催化剂。

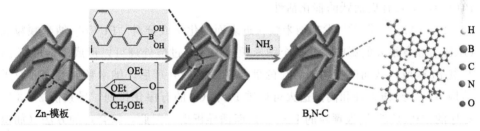

图 3-21　B,N-C 的示意图和特征[163]

3.6
催化机理

3.6.1　结构效应

银纳米粒子具有独特的性能，在光学、传感、生物治疗和催化等诸多领域吸引着化学家的广泛关注。银纳米粒子的大小、形状和形貌都对电催化氧化反应有重要影响。对于在纳米尺度上开发高活性的催化剂来说，理解银纳米颗粒结构效应对 ORR 的影响至关重要。Zheng 课题组[164] 选择了纳米十面体和纳米立方体两种银纳米结构来研究结构变化对氧还原催化活性的影响。纳米十面体由 10 个 Ag(111) 面包围，而纳米立方体由 6 个 Ag(100) 面包围。经研究发现，氧还原反应在纳米十面体上始于最有效的 4 电子还原，但是纳米立方体上起始为 2 电子还原，这意味着在碱性溶液中，纳米十面体的 ORR 活性高于纳米立方体。

在过去 10 年中，高活性 Pt 基催化剂的结构设计取得了相当大的进展。典型的铂基催化剂有 Pt 单层催化剂、退火的 Pt-过渡金属合金的"Pt-skin"表面、脱合金 Pt 核壳催化剂、形状控制的纳米颗粒（NP）和纳米/介孔结构薄膜，其共同特征是由铂富集的表面和存在于次表面的过渡金属组成。次表层过渡金属可通过直接的电子相互作用（配体效应）或晶格应变效应有效地调节表面铂的 d 轨道中心，从而提高催化剂的氧还原催化活性。

另外，研究表明，在含有 Cl⁻ 的 0.05mol·L⁻¹ H₂SO₄ 电解液中，Cl⁻ 与 Pt(100) 位点的相互作用要强于与 Pt(111) 位点，其在（100）位点的强烈吸附作用可有效抑制 O₂ 和 H₂ 在 Pt(100) 面的吸附，而在 Pt(111) 表面，Cl⁻ 的抑制作用相对较小，反应途径与无氯溶液相同。在纯溶液和含有 Cl⁻ 的溶液中，Pt(111) 上的 OER 的动力学是相同的，因此，ORR 和 OER 在 Pt(111) 上比在 Pt(100) 上具有更活跃的催化活性[165]。

Shao-Horn 等[166] 发现纳米颗粒近表面的化学成分对"Pt₃Co"纳米颗粒的 ORR 活性有很大的影响。在单个纳米颗粒中，通过酸处理可以形成渗透的富 Pt 和贫 Pt 区域，从而改变纳米颗粒的催化活性。酸处理后，纳米颗粒的表面原子结构不同。经酸处理和高温退火可促进 Pt 和 Co 的有序化排列，导致前 2～3 层有序的"Pt₃Co"纳米颗粒的 Pt(100) 面诱导析出。因此，以合理的方法（如退火诱导铂偏析和单层合成等）控制纳米颗粒表面化学成分是开发高活性、低成本 ORR 催化剂的一条有前景的途径。

3.6.2 电子效应

在分析了结构方面的影响后，需要优化和提高表面催化位点的性能。催化剂表面电子结构的改变可以影响其活性、选择性和稳定性。根据 Sabatier[167] 原理，活性电催化剂的表面应该能够激活反应物，并且与反应中间体的结合力适中，防止部分活性位点中毒。在很大程度上，反应中间体和表面活性位点间的结合能决定了催化剂的催化活性。本质上，结合能依赖于表面的电子结构，在给定的金属面或选定类型的表面位置，优化电子结构的经典方法之一是以第二种金属改变顶部/次表面原子层的组分[168]。通过改变表面特定位置的电子结构来调节电催化性能，最困难的是如何预测成分变化对催化剂活性、稳定性和选择性的影响规律。合理的电催化设计是根据催化剂结构组成与稳定性和选择性的基本关系合理选择表面掺杂剂种类和准确结构位置，实现催化活性的调控[169]。另一个关键要求是基于有效的合成路线和方案获得所需的表面。在计算量子化学的支持下，异质电催化理论的最新进展为更好地理解电子效应，并设计新型的高活性催化材料成为可能。

表面的晶格参数趋向于大块合金材料的晶格参数，该过程将导致压缩晶格应变，从而削弱表面原子与电活性物质的结合。同时，也可能导致具有相反效果的拉伸应变。在金属系统中，基于以上两种效应的经典方法是制备大块合金，特别是当最表面的原子层由纯的主金属组成时。在许多情况下，在形成表面和亚表面合金的表面或亚表面区域仅使用亚单层量的溶质单元，则可以从主要的配体效应中获益。Greeley 等[169] 研究了 Pt_3X（111）和 Pd_3X（111）模型合金表面（X 表示溶质金属）。其中，最顶层由纯铂或钯组成。通过理论分析确定 Pt 和 Pd 基催化剂氧还原催化活性最活跃的位置是（111）面。Strasser 课题组[170] 利用模型实验结合结构效应和电子效应，制备了具有最大含量（111）面的高活性 PtNi 纳米颗粒。他们发现纳米颗粒的八面体形状能够形成尽可能丰富的最活跃（111）面；在特定的无表面活性剂条件下，生长速率控制可以进一步调整这些面的组成和电子结构以及催化活性。

3.6.3　粒径效应

一般而言，催化剂的质量活性（MA，$A \cdot g^{-1}$）被定义为贵金属负载量或催化剂负载量在特定电位下测量的归一化电流值，可以表示为[171]：

$$MA = SA \times SSA$$

其中，SA 代表面积比活性，$A \cdot m^{-2}$，是由化学或电化学活性面积归一化后的电流值表征；SSA 是一种特殊的、化学或电化学活性的比表面积，$m^2 \cdot g^{-1}$。为了降低质子交换膜燃料电池电极的铂含量，必须增加活性质量，这可以通过降低粒子尺寸增加催化剂的比表面积实现。然而，由于 SA 随粒径尺寸的变化，许多文献已经报道粒径<5nm 的催化剂对氧还原反应和乙醇氧化反应具有明显的尺寸效应。因此，由于粒径效应，MA 与颗粒大小不成反比，而是具有一个最大值。颗粒尺寸对催化剂比活性的影响可归因于不同的因素，如结构敏感性，即对表面几何形状的依赖性[172]、催化剂的电子态[173]、零电荷势[174] 及金属-载体相互作用[175]。对于由低配位数（边或者角）原子限定的（111）和（100）面组成的立方体粒子来说，从简单的几何表面考虑晶粒尺寸从 5nm 减小到 1nm，表面原子在面/边缘或者角位置所占的比例发生明显变化，从而影响 CO 氧化电势。Perez-Alonso 等报道，随着 Pt 纳米粒子尺寸的减少，对应的表面台阶部分的减少，导致氧还原的性能也随之降低。Park 等[176] 报告称，随着粒子尺寸的减小，相邻 Pt 台阶位点的可利用性逐渐下降。当粒径小于 4nm 时，铂"平坦台阶"相对于纳米颗粒表面边缘位置的比例急剧下降。这些结构变化表明，随着低

配位 Pt 表面原子占据主导地位，配位台阶位点逐渐减少。因此，粒径从约 4nm 下降到 2nm，氧还原性能显著降低。研究结果表明，甲醇、甲酸和甲醛的电催化活性也取决于纳米粒子的大小。Greeley 等基于第一性基本原理研究包括铂在内的 7 种金属（111）、（100）和（211）晶面的动力学行为发现，（211）台阶面的 ORR 性能低于平面台阶的。因为氧还原的中间物种（例如 O、OH 活性自由基）会较强地吸附在台阶面，从而增加了这些缺陷位点生成水的势垒。因此，简单的几何模型表明随纳米粒子尺寸的减小，ORR 性能逐渐减小。

3.7
可实用化催化剂

燃料电池由于其特殊的性质将会在电能领域创造巨大的革命性变革。在燃料电池系统中，阳极电极中的氢变成氢离子并释放电子，这些电子通过外部电路向阴极移动并产生电流，在 PEM（质子交换膜）燃料电池中：

阳极反应：　　　　　　　　　$H_2 \longrightarrow 2H^+ + 2e^-$

阴极反应：　　$O_2 + 4H^+ + 4e^- \longrightarrow 2H_2O$

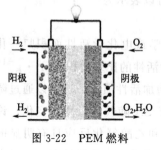

图 3-22　PEM 燃料
电池示意图[178]

燃料电池的核心是膜电极组（MEA），由电催化剂和膜组成，此部分将完成电化学反应过程。质子从阳极穿过膜到达阴极，产生水和热量[177]。PEM 燃料电池的主要构成如图 3-22 所示，与其他能源设备相比，燃料电池有以下优点：效率更高，不存在移动部件，无噪声，不排放环境污染气体，如 SO_x、NO_x、CO_2、CO 等[178]。但是，燃料电池的缺点是成本较高，因此通过新技术降低燃料电池成本是关键。燃料电池系统具有不同的变量，例如燃料电池中使用的电解质的类型，通过电解质的交换离子的类型，反应物的类型（例如，主要燃料和氧化剂），操作温度和压力，直接和间接使用燃料电池系统中的主要燃料，最后是主要和再生系统。通常，根据燃料电池中使用的电解质的性质进行分类，燃料电池包括以下不同类型：①具有碱性溶液电解质（例如氢氧化钾）的碱性燃料电池（AFC）；②酸性溶液电解质磷酸的磷酸燃料电池（PAFC）；③固体质子交换膜（PEMFC）燃料电池；④具有熔融碳酸盐电解质的熔融碳酸盐燃料电池（MCFC）；⑤具有固体氧化物形式的陶瓷离子传导电解质的固体氧化物燃料电池（SOFC）。

（1）碱性燃料电池

众所周知，与酸性介质相比，甲醇和其他醇的电氧化动力学过程在碱性介质中更快，这是由于化学吸附中间体（如 CO）的结合较弱，另外，在碱性介质中氧还原反应也更容易。腐蚀性较弱的碱性环境使得可以在阳极和阴极处使用非贵金属催化剂，更有利于发现更具选择性的催化剂，同时促进了混合反应物燃料电池的开发。此外，基于萘酚基甲醇燃料电池面临的最棘手的问题之一是通过膜的从阳极到阴极室的甲醇交叉渗透影响，将会导致阴极形成混合电位，迫使阴极溢流和燃料的消耗。Surya Prakash 等[179] 研究开发的聚偏二氟乙烯-聚苯乙烯磺酸（PVDF-PSSA）膜可以部分解决这个问题，在碱性燃料电池中，这种交叉影响可能是由于从阴极到阳极水的电渗透通道被阻碍导致的。在水系碱性燃料电池中，碱性阴离子交换膜的电导率一般低于质子交换膜。另外，在碱性含水电解质中于阳极形成的二氧化碳与氢氧根离子反应形成碳酸盐和碳酸氢盐将会降低整体电池性能。Surya Prakash 等发现添加 KOH 对于提高碱性燃料电池性能是必要的，在氢氧化物的持续供应下，甲醇更易于发生电氧化。在阳极产生的二氧化碳耗尽了通过膜输送的氢氧化物，导致电流持续降低。通过碳酸氢盐/碳酸盐的形成和交换耗尽氢氧根离子导致性能下降，而在强碱性环境中膜的化学降解导致不可恢复的损失。因此，需要添加氢氧化物电解质以便促进反应持续运行。因此，在碱性环境中更坚固的膜、更好的阳极和阴极催化剂，为获得更高性能的碱性直接甲醇燃料电池提供了较大的希望。

（2）磷酸燃料电池

利用磷酸水溶液作为电解质的磷酸燃料电池（PAFC）已经被广泛研究，然而，PAFC 中促进氧还原反应最受青睐的阴极材料仍然是碳载 Pt[180]。多年来，大量的研究致力于改进催化剂，例如制备尽可能小的 Pt 颗粒以提高分散性或制备 $Pt-MO_2/C$（M＝Ce，Zr，Pr，$Ce_{0.9}Zr_{0.1}$）电催化剂能够显著地增强稳定性等[181]。然而，PAFC 的性能主要受磷酸根阴离子对 Pt 位点的强烈吸附和毒化效应的限制。在具有较大 pH 范围的水溶液中，磷酸根阴离子可能与氢、氧和氢氧化物竞争铂吸附位点，这将对 ORR 产生负面影响[182]。Pt 上磷酸根阴离子吸附种类和方式依赖于 pH，但也取决于电位、Pt 的形态和晶体取向[183]。磷酸根阴离子在 Pt(111) 面上吸附三个氧原子，但在 Pt(100) 和 Pt(110) 面上仅吸附一个或两个氧原子，因此，可以通过改变晶面来抑制磷酸根阴离子在 Pt 上的部分吸附[184]。另外一种克服磷酸根阴离子中毒的方法是，Pt(111) Sn 能够通过明显的电子或配体效应获得更多活性位点来减缓酸性介质中 Pt 上的阴离子吸附[185]。He 等[180] 研究人员使用 CV，RDE 和原位 X 射线吸收光谱研究了 $H_2PO_4^-$ 中毒对商业 Pt/C 和 PtNi/C 的影响。研究表明具有更小粒径的 PtNi/C

相比于 Pt/C 在 $0.1 mol \cdot L^{-1} HClO_4$ 中显示出更好的动力学性能 [图 3-23(a)，(b)]。RDE 实验结果表明，当在 $0.1 mol \cdot L^{-1} HClO_4$ 溶液中加入 H_3PO_4 时，PtNi/C 的 ORR 极化曲线中的半波电位相比于 Pt/C 发生轻微移动 [图 3-23(c)，(d)]。$\Delta\mu$ XANES 数据显示 OH 和 H 吸附能够取代 $H_2PO_4^-$，但这种取代在 Pt-Ni 上比在 Pt 上发生得缓慢 [图 3-23(e)]。PtNi 上的 Pt—O 键比 Pt 上的 Pt—O 键

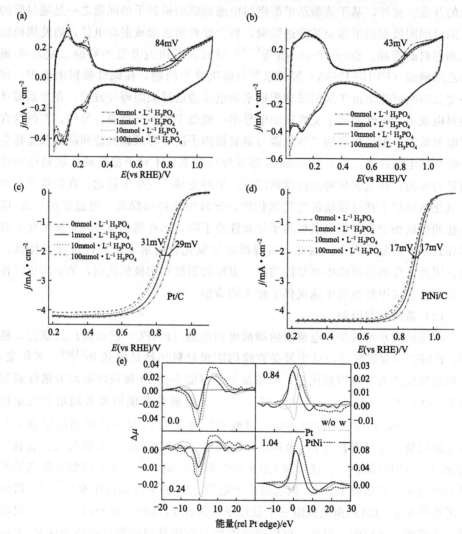

图 3-23　$0.1 mol \cdot L^{-1} HClO_4$ 溶液中，加入不同量的 H_3PO_4，Pt/C (a) 和 PtNi/C (b) 的循环伏安图；加入不同量的 O_2 饱和 $0.1 mol \cdot L^{-1} H_3PO_4$，扫描速率 $10 mV \cdot s^{-1}$ 时 Pt/C (c) 和 PtNi/C (d) 中的 ORR 极化曲线；在不同的 $0.1 mol \cdot L^{-1} HClO_4$ 和 $100 mmol \cdot L^{-1}$ H_3PO_4 中 Pt 的 L_3 边缘，Pt/C 和 PtNi 获得的 $\Delta\mu$ XANES 光谱 (e)[180]

弱，有利于提高 ORR 活性[186]。在电压低于 0.8V 时，较低 $H_2PO_4^-$ 覆盖率阻碍了 OH 到 O 的转化（甚至更有效地弱化了 Pt—O 键），因此为 ORR 的发生释放了足够多的位点。由于 $H_2PO_4^-$ 对中毒的敏感性较低，因此 PtNi/C 催化剂在 PAFC 中的性能优于 Pt/C 催化剂。

（3）质子交换膜燃料电池

质子交换膜燃料电池（PEMFC）是一种将可再生的化学能转化为电能的方法，具有较高的理论效率和足够的功率密度，对汽车应用具有重要的意义。质子传导是质子交换膜燃料电池的基础，并且通常是在评估燃料电池的潜在应用时考虑的第一个特征。电阻损失与膜的离子电阻成正比，在高电流密度下，高电导率对于较高的燃料电池的性能是很重要的。在分子水平上，水合聚合物基质中的质子输运一般是基于两种主要机制：第一种是质子跳跃和扩散机制。在质子跳跃机制中，质子从一个水合离子位点（SO_3^- H_3O^+）跳跃穿过另一个膜[187]。通过阳极中的氢氧化产生的质子附着于水分子，而不是形成临时的水合氢离子，并且来自相同的水合氢离子的一种不同的质子在另一水分子上跳跃。在该机制中，离子簇在水存在下溶胀并形成质子转移的渗透机制，原理如图 3-24 所示，跳跃机

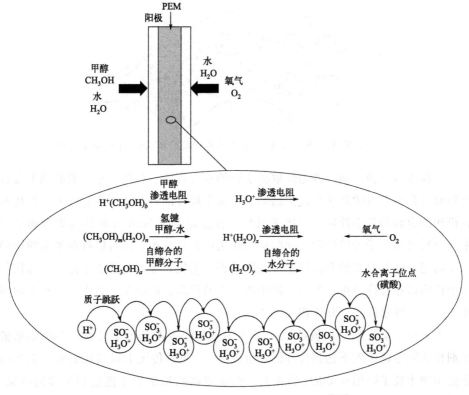

图 3-24　PEMFC 中多组分分子输运机制[187]

制对诸如萘酚的全氟化磺酸膜的导电性几乎没有贡献。

第二种机制是媒介机制，水合质子（H_3O^+）由于电化学差异而通过水介质扩散。在媒介机制中，由于电渗阻力的作用，相互连接的水合质子［H^+（H_2O）$_x$］携带一个或多个水分子通过膜，质子传导原理如图 3-25 所示。水还有两种传输机制：电渗阻力和浓度梯度驱动的扩散［这可能发生在自联合团簇：（H_2O）$_y$］。因为疏水孔的表面倾向于排斥水分子，因此聚四氟乙烯骨架的疏水性质促进水通过膜的转移。

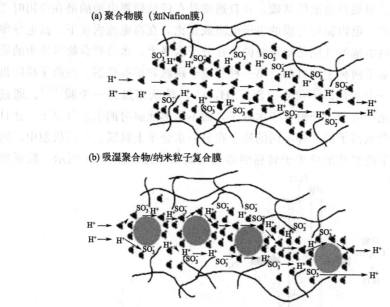

图 3-25　Nafion 膜（a）和吸湿聚合物/纳米粒子复合膜（b）中的质子传输[187]

一种或另一种机制的普遍性取决于膜的水合程度。另外，基于膜的纳米复合材料和混合体系内的质子传递机制是一个复杂得多的过程，因为它涉及无机相和有机相的表面和化学性质。尽管无机组分在稳定基于 Nafion 和其他聚合物的纳米复合材料的质子传输性质方面的确切作用仍在讨论中，但可以推测纳米粒子的主要功能是随着温度的升高稳定聚合物形态。无机添加剂是否能够作为可替代的质子传输器还有待分析，然而，质子传导率的提高将取决于是否由于无机添加剂而增加了本体水的比例和体积质子浓度。

由于质子交换膜阴极氧还原反应（ORR）的缓慢动力学过程，要求铂基催化剂在实际电流密度下达到合理的过电位[188]。虽然传统上以高比表面积碳为载体的铂纳米粒子被用作 ORR 催化剂，但需要高的铂负载才能达到足够的效果。由于铂的珍贵性和有限的供应，汽车需求的功率密度使其不适合商业化。双金属

Pt-M纳米颗粒（其中M是过渡金属）的研究表明，其固有ORR活性比纯铂高出几倍。这种催化活性增强的原因是通过应变和配体效应优化了铂夹层偏析结构诱导的铂表面氧吸附能[189]。尽管Pt-M纳米粒子显示出比支持的Pt纳米粒子更高的稳定性，但在燃料电池操作过程中，Pt-M纳米粒子催化剂的形态和质量活性出现了相当大的损失[190]。活性损失可能由于阴极上铂的溶解和损失、与过渡金属溶解有关的应变和配体效应的减少、溶解铂在颗粒表面的再沉积和类电子束的脱合金[191]。Pt-M催化剂的稳定性很高，研究表明，根据催化剂纳米颗粒的组成、尺寸和形貌，在Pt_xNi或Pt_xCo纳米颗粒中，当镍或钴的含量大于50％时，由于严重的金属浸出，会形成具有纳米级孔隙的海绵状颗粒，而小颗粒数量则低于一定的临界值[192]。

Han等[193]系统地研究了前驱体形态、酸浸条件和酸后退火处理对Pt-Ni纳米颗粒的纳米孔隙率和表面钝化层形成的影响，以及在质子交换膜燃料电池运行期间，它们的成分、电化学和形态特性随之演变的情况。这项工作与以前的研究不同的是，催化剂制备条件、MEA测试和耐久性数据的系统变化与PEMFC测试之前和之后的详细透射电子显微镜（TEM）表征相结合。这种结合使燃料电池催化剂性能发生了一个新的变化，并使人们能够迅速地将有关脱合金核壳纳米颗粒转化为工业催化剂材料，并使设备性能达到前所未有的水平。研究结果表明，粒径较小、无氧化酸处理和酸后退火可以减少催化剂纳米粒子中过渡金属的浸出，抑制纳米孔的形成。这为增强Pt-M纳米颗粒催化剂的稳定性和活性设计提供了方法，验证了评判PEMFC阴极活性和耐久性的科学技术指标。

Patel等[194]采用两步湿化学合成法合成了纳米尺寸的$(W_{1-x}Ir_x)O_y$ ($x=$ 0.2，0.3；$y=2.7\sim2.8$) 固溶体，合成方法对于获得具有高电化学活性表面积（ECSA）的纳米结构形式的电催化剂非常重要，从而获得所需的优越的电化学活性和稳定性/耐久性，从而降低贵金属负载量。近年来，金属有机骨架（MOF）被认为是制备用于各种能源应用的多孔氮掺杂碳材料的理想前驱体[195]。特别是，分子筛咪唑盐骨架（ZIF）作为一种新的合成M-N-C催化剂的平台应运而生[196]。ZIFs在配体中提供碳原子和氮原子，以及将活性过渡金属掺杂到框架中的灵活性，在ZIF中，金属原子与配体桥接形成高孔率的三维晶体骨架，这些ZIF前驱体可以通过热处理转化为多孔氮掺杂碳材料[197]。Wang等[134]报告了一种化学掺杂方法，能够在ZIF前驱体中调整Co掺杂含量，用此法制备了一种在酸性介质中具有优异的ORR活性和稳定性的原子分散型CoN_4催化剂，其半波电位（$E_{1/2}$）为0.80V，在$0.5mol \cdot L^{-1}H_2SO_4$中具有良好的稳定性。该课题组进行了电化学测试，他们对总催化剂负载量为$4.0mg \cdot cm^{-2}$的膜电极组（MEA）进行H_2/O_2极化测试，如图3-26(a)，使用20Co-NC-1100

的 H_2/O_2 燃料电池其阴极催化剂的最大功率密度为 $0.56W \cdot cm^{-2}$；当将 H_2/O_2 用于燃料电池试验时 [图 3-26（b）]，20Co-NC-1100 对应的功率密度为 $0.28W \cdot cm^{-2}$，远高于 PANi-Fe-KJ 和 PANi-Co-KJ。20Co-NC-1100 催化剂在 0.7V 时的稳定性如图 3-26(c) 所示，在 100h 放电过程中只有轻微的衰减，表明其较好的稳定性。图 3-26(d) 测试的是 20Co-NC-1100 催化剂在稳定性测试前后的极化曲线，在初始阶段，存在显著损失（小于 15mV），连续 100h 操作最终导致约 60mV 的损失，性能损失可能和活性位点或电极结构有关。在负载量为 $4.0mg \cdot cm^{-2}$ 时，阴极催化剂的厚度为 $60\mu m$，具有牢固的三相界面结构，有利于物质（H^+，O_2）传输和除水，对材料稳定性至关重要。

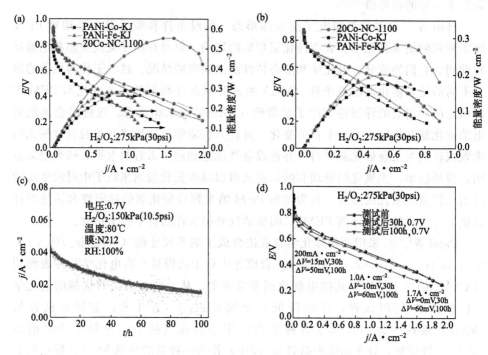

图 3-26　燃料电池性能测试[134]

(a) H_2-O_2 燃料电池极化图；(b) H_2-空气燃料电池极化图；

(c) 稳定性测试；(d) 稳定性测试前后的 H_2-O_2 极化图

（4）熔融碳酸盐燃料电池

在所有的氢氧燃料电池中，熔融碳酸盐燃料电池（MCFC）是唯一一个使用熔盐电解质的电池。为了使电解液保持液态，电池必须在 500℃（标准工作温度为 650℃）以上工作。因此，带 MCFC 堆的动力装置必须配备精确的温度控制器，以提供电池运行的稳定条件，防止电解质在极端情况下冻结或剧烈蒸发。MCFC 由于有效电极反应区域有限，且熔融碳酸盐中氧和氢的溶解度较低，MCFC 的工作电流密度较低，此外，它还具有最厚的电极-电解质组件，因此，MCFC 的应用几乎局限于静止发电机[198]。其中，MCFC 电池的阳极反应为：

$$H_2 + CO_3^{2-} \longrightarrow H_2O + CO_2 + 2e^-$$

阴极反应为：$1/2O_2 + CO_2 + 2e^- \longrightarrow CO_3^{2-}$

因此，MCFC 燃料电池需要在阴极持续提供 CO_2。

研究人员已经对熔融碳酸盐中的电解进行了研究，主要集中在将碳酸盐熔融物或二氧化碳电解还原成固体碳或气体一氧化碳[199]。研究表明，使用传统燃料电池催化剂（即镍基多孔电极）在熔融碳酸盐中操作电解电池是可行的。此外，在 $600 \sim 675℃$ 的操作温度下，电解电池的极化损耗比燃料电池的极化损耗低得多[200]。Hu 等[201] 通过对熔融碳酸盐电解池（MCEC）进行试验，证明了采用常规燃料电池组分（至少在实验室范围内）开发 MCEC 生产燃料气的可行性和持久性。电化学测试表明，在可逆熔融碳酸盐燃料电池（RMCFC）中操作 1019h 后，电池和电极的性能得到改善。Zhang 等[202] 研究了一种核心镍催化剂（即 Ni/SiO_2 及 Ni/Al_2O_3）与纯 SiO_2 分子筛壳组成的核壳催化剂，并发现外壳是碱蒸气和电解质溶液的运输屏障，保护催化剂免受快速中毒。Tsubaki 等[203] 将具有分子筛壳的核壳型催化剂用作选择性分离层，在 Fischer-Tropsch 合成（FTS）反应中，CO/SiO_2 核与 ZSM-5 壳反应。Kaptijn 等[204] 从含有 3,3-二甲基-1-烯（3,3-DMB）的混合物中选择加氢 1-己烯，使用带有胶体硅铝酸盐-1（Sil-1）外壳的 Co/TiO_2 催化剂。两个研究组都表明，分子筛壳的选择性运输对于提高目标产物的选择性是很关键的。Zhang 课题组研究表明，核壳式 Ni/Al_2O_3-Sil-1 催化剂能够承受 MCFC 中产生的高碱浓度。后来，该课题组还研究了一种介孔分子筛（MSU-1）作为甲烷蒸汽调整 Ni/Al_2O_3 催化剂 MCFC 保护壳的性能[205]。MSU-1 分子筛是一种介孔二氧化硅分子筛，具有直径约 6.6nm 的三维相互连接的类蠕虫孔，MSU-1 除了具有较大的表面积外，还可以承受恶劣的热和水热条件，可以解决 Sil-1 微孔壳的缺点，而不会影响核壳催化剂在 MCFC 燃料电池中恶劣的操作条件下抵抗碱中毒的能力[206]。为了提高 MCFC 的性能，需要对其阳极材料进行更多的研究。人们提出了许多 NiAl 改性合金，但并不总是能同时提高电池性能和力学性能。Frattini 等[207] 在 NiAl/Ti 系统中使用 Ti 作为提高力学和电化学性能的关键，结果表明，与标准基准的 7.5% 相比，在高温度下的抗弯强度和刚度增加约为 $5\% \sim 6\%$，初步电池测试表明，在电流和电压输出方面，采用 Ti 添加的阳极的性能更好，在 $300mA \cdot cm^{-2}$ 时最大功率密度为 $165mW \cdot cm^{-2}$（图 3-27）。

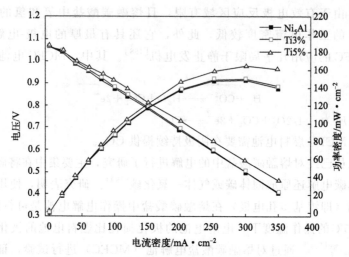

图 3-27　500h 单电池测试后的极化和功率曲线[207]

（5）固体氧化物燃料电池

固体氧化物燃料电池（SOFC）是一种在高温下将存储在燃料中的化学能直接转化为电能的装置，具有能源效率高、燃料选择范围广、污染物排放量低等独特优点，越来越受到人们的关注[208]。阴、阳极一般具有良好的电子电导率和氧离子电导率，为化学能和电能之间的转换提供有效的催化活性位点。电解质是良好的氧离子导体，具有超高的致密度可以将空气和燃料隔开[209]。值得注意的是，燃料气体只有在电极的三相界面（TPB）才会发生，因此提高 TPB 面积即可提高反应速率。研究表明，TPB 从电解质到电极之间的长度大约十几微米，因此，可以通过降低电极颗粒尺寸、增加气孔的数量来提高 TPB 面积，进而提高反应速率[210]。

SOFC 以固体氧化物为电解质，主要作用是传导氧离子以及将氧气和燃料气体隔断开。一般电解质具有较高的氧离子电导和极低的电子电导，从室温到工作温度区的还原气氛和氧化气氛中具有热力学和化学稳定性，致密度高，并且具有良好的力学性能[211]。由于电解质的离子电导率是依靠氧空位跳跃前行传导形成的，因此可以通过掺杂引入氧空位来提高电解质的离子电导率。具有萤石结构的 ZrO_2 和 CeO_2 以及反萤石结构的 Bi_2O_3 是燃料电池中研究最多的氧化物电解质材料[212,213]。YSZ（Y_2O_3 稳定的 ZrO_2）是目前发展最成熟的高温（＞900℃）电解质，随着氧化钇掺杂量的增加，氧空位增多，即电导率升高[214]。ScSZ（Sc_2O_3 稳定的 ZrO_2）在所有氧化锆基电解质中离子电导率最高，研究发现随着 Sc 含量的增加，由于 Sc^{3+} 的离子半径与 Zr^{4+} 的离子半径非常接近，空位团聚的趋势并未有明显的增加。然而随着温度的升高 ScSZ 的电导率下降很快，且稳定性降低，因而限制了 ScSZ 的发展[215]。除此之外，通过掺杂 CaO、MgO、Nd_2O_3、Sm_2O_3、Yb_2O_3 等也可在较低的温度稳定 ZrO_2 结构并提高其离子电导率。反萤石结构的 Bi_2O_3 具有比较高的氧离子电导率，比 ZrO_2 基的电导率高 1～2 个数量级。然而 Bi_2O_3 基电解质在高温、还原性气氛中容易被还原成 Bi 金属，并且力学性能比较差，一般解决的方法是将 Bi_2O_3 基电解质用在阴极一侧，而还原性气氛下比较稳定的电解质用在阳极一侧[216]。$LaGaO_3$ 基的钙钛矿型氧化物是目前使用最多的中温区（700～850℃）电解质，即使在较低的氧分压下依然有较高的电导率，并且高于其余大多数氧化物电解质[217]。

SOFC 阳极主要是为燃料的氧化提供电化学反应位点，将生成的物质输运、转移离开位点，并为电子的传输提供通道。目前最常见的阳极材料为 Ni/YSZ 复合陶瓷，Ni 对于氢气的氧化是一种比较好的催化剂和良好的电子导体，YSZ 是一种良好的氧离子导体，Ni 和 YSZ 在整个过程中并不会发生化学反应，而多孔的结构又可以增大 TPB 的面积，提供氧离子电导率之外，YSZ 还可以调节阳极的热膨胀系数，抑制阳极在工作过程中发生较大收缩，抑制 Ni 颗粒的团聚，保持电极的多孔结构[218]。这种复合阳极在以 H_2 为燃料的电池中工作，功率密度高，稳定性好。然而，由于 YSZ 在中低温的电导率比较低，因此 Ni/YSZ 复合电极只能在中高温工作。此外，在以碳氢化合物为燃料时，Ni/YSZ 阳极积碳严重，碳将气孔堵塞并且逐渐将阳极从电解质上剥落，最后导致电池无法工作[219]。为了提高 Ni 在 SOFC 中的抗积碳性能，Cho 等将 Co 和 Fe 引入阳极形成 Co-Ni 合金和 Fe-Ni 合金，虽然电导率降低但积碳现象得到了有效抑制[220]。Yang 等证明，将 MoO_2 加入传统的 Ni/YSZ 阳极中，对甲烷的催化氧化有很好的效果，并可以稳定工作 150h 以上。研究发现掺杂的 CeO_2 可以催化 CH_4 氧化，并且在高温的还原气氛中氧离子电导和电子电导并存，因此可在以 CH_4 为燃料的 SOFC 中应用[221]。Tao 等发现 $La_{0.75}Sr_{0.25}Cr_{0.5}Mn_{0.5}O_3$（LSCM）对于催化甲烷氧化有非常积极的作用。此外，LSCM 中加入 Cu 和 Pd，或者加入 Cu 和 Pt 后，对于甲烷的催化氧化效果更好，但这种材料在还原性气氛中的电子电导率比较差并且不耐硫毒化[222]。Huang 等研究发现在双钙钛矿型的 $SrM\text{-}MoO_{6-\delta}$（M＝Mg 或 Co 或 Ni）中，由于存在 Mo^{6+}/Mo^{5+} 氧化还原电对而具有比较好的电子电导，并且可以催化甲烷的氧化，与传统电解质的热膨胀系数匹配良好[222]。

SOFC 阴极中主要发生氧气的还原反应，因此阴极需要满足：①在电池工作的温度区间，对于氧气的还原有较好的电催化性能；②高的氧离子电导率和电子电导率；③具有多孔结构，促进氧气分子从气相传输到阴极/电解质界面；④热膨胀系数与电解质比较匹配；⑤在电池制备和工作的温度范围内，不与电解质和氧气发生反应。掺杂的钙钛矿材料具有良好的混合电子-离子电导,因而广泛应用于 SOFC 的阴极。一般在钙钛矿型的材料中,A 位阳离子的半径越大,材料越稳定,因此大多数阴极材料的研究集中在 La 基的钙钛矿。LaMnO₃ 是一种 p 型导体,在 La 位掺杂 Sr 和 Ca 时,电子电导率将得到较大提高。由于含 Co 的钙钛矿结构有比较高的离子和电子电导率,因此将含 Co 钙钛矿材料应用于 SOFC 的阴极可以降低极化阻抗。$La_{1-x}Sr_xCoO_{3-\delta}$(LSC)具有比较高的氧扩散速率以及对氧分子有比较高的解离能力而被应用在阴极。但是由于氧空位的生成以及 Co—O 键强度比 Mn—O 键弱,导致 LSC 的热膨胀系数比较高,最终可能导致阴极和电解质剥离。通过掺杂将 La 替换成 Pr 或 Gd 可以降低热膨胀系数,而将 Cu 部分替换 Co 不仅可以提高离子电导率还可以提高对氧还原的催化活性。Mai 等将 $La_{1-x-y}Sr_xCo_{0.2}Fe_{0.8}O_3$(LSCF)应用于阴极,在 800℃时功率密度为 LSM($La_{1-x}Sr_xMnO_3$)/YSZ 复合阴极的两倍之多。然而 LSCF 会与 YSZ 发生反应,因此在使用时一般在 YSZ 电解质和 LSCF 阴极之间旋涂一层缓冲层。Yang 等研究发现 $Sr_{1-x}Ce_xCoO_{3-\delta}$(SCCO)具有比较高的电子电导率,并且与 SDC(Sm_2O_3 掺杂的 CeO_2 基电解质)的化学兼容性比较好、热膨胀系数相近,因此可将其作为一种中温 SOFC 阴极。Shao 等报道了一种低温阴极材料 $Ba_{0.5}Sr_{0.5}Co_{0.8}Fe_{0.2}O_{3-\delta}$(BSCF),在以 Ni 为阳极、SDC 为电解质、H_2 为燃料时,在 600℃电池的功率密度达到了 $1.01W \cdot cm^{-2}$。然而,同样地由于 Co 的存在,BSCF 的热膨胀系数比较大,因此可以通过与电解质混合组成复合阴极的方法降低整个阴极的热膨胀系数。

3.8
总结与展望

本章概括了 ORR 催化剂在燃料电池中的应用前景。新型氧还原催化剂的设计与 Pt 基体系和非 Pt 基电催化剂提高催化效率的发展密切相关。最近研究表明,可以通过合理控制合成过程用于调节催化剂的特性。通过调整 Pt 基催化剂暴露的晶面或调节与 Pt 合金化的过渡金属,合理地控制 Pt 基催化剂的表面化学吸附性能,能够有效地制备高活性的 Pt 基催化剂。通过进一步调整 Pt 基催化剂的粒径、组成和形貌可以提高 Pt 基催化剂的催化性能。尽管在这些基于 Pt 的纳米催化剂系统的持续发展中取得了实实在在的进展,但仍在继续为许多固有的性能问题(例如,商用铂催化剂的比活性大大低于散装铂催化剂)探索可行的、永久的解决方案。纳米颗粒的制备技术方面取得了显著的进展,纳米颗粒的尺寸、形状、组成和形态都很明确，但是，如何扩大合成规模，缩小实验室研究与工业应用之间的差距，从而大幅度地获得纳米颗粒，同时保持数量一致性和精确控制其大小和形状仍然是一个严峻的挑战。用精心挑选的有机或无机材料改性 Pt 基纳米粒子以及选择较高导电性的碳载体，通过优化 Pt 表面电子结构不仅可以提高催化剂活性，还可以在某些情况下实现优异的稳定性。显然，在实际应用方面，仍有许多需要探索的地方。

非贵金属和非金属催化剂完全消除了对贵金属的依赖性，在许多正在探索的方法中，氮掺杂含或不含过渡金属的碳基催化剂（M/N/C 或 NC）受到了相当大的关注。尽管关于金属原子是直接参与活性位点还是仅仅催化活性位点的形成，仍有一场激烈的争论，但是与原始的碳材料相比，在碳结构中存在氮掺杂剂能够产生更高的 ORR 活性。尽管带有氮掺杂的非金属碳能提供高效的 ORR 催化活性，但是过渡金属的存在对于原位生成高石墨化的碳纳米材料是至关重要，这将导致具有更高活性和稳定性的电催化剂。值得注意的是，尽管这些非贵金属催化剂能够在碱性介质中展现高效的催化活性，但是当处于酸性电解质时，它们仍然表现出较低的活性和较差的稳定性。此时，迫切需要从根本上了解活性位点的性质及其与催化剂活性位点结构和组成的关系，同时使用理论计算（分子/电子水平模型）和实验方法来裁剪新的非贵金属催化剂结构。进一步优化催化剂合成条件以及提高活性位点的利用率是提高催化剂活性的有效途径之一。

3.9
致谢

本工作得到山东省高等学校青创科技支持计划（2019KJC025）和山东省泰山学者青年学者计划（NO. tsqn20161004）的支持。

参考文献

[1] Zhang L，Xia Z. Mechanisms of oxygen reduction reaction on nitrogen-doped graphene for fuel cells. The Journal of Physical Chemistry C，2011，115（22）：11170-11176.

[2] Bing Y，Liu H，Zhang L，et al. Nanostructured Pt-alloy electrocatalysts for PEM fuel cell oxygen reduction reaction. Chemical Society Reviews，2010，39（6）：2184-2202.

[3] Zhang J，Zhao Z，Xia Z，et al. A metal-free bifunctional electrocatalyst for oxygen reduction and oxygen evolution reactions. Nature nanotechnology，2015，10（5）：444.

[4] Cheng F，Chen J. Metal-air batteries：From oxygen reduction electrochemistry to cathode

catalysts. Chemical Society Reviews, 2012, 41 (6): 2172-2192.

[5] Wroblowa H S, Razumney G. Electroreduction of oxygen: A new mechanistic criterion. Journal of Electroanalytical Chemistry and Interfacial Electrochemistry, 1976, 69 (2): 195-201.

[6] Marković N, Schmidt T, Stamenković V, et al. Oxygen reduction reaction on Pt and Pt bimetallic surfaces: A selective review. Fuel cells, 2001, 1 (2): 105-116.

[7] Kulkarni A, Siahrostami S, Patel A, et al. Understanding catalytic activity trends in the oxygen reduction reaction. Chemical reviews, 2018, 118 (5): 2302-2312.

[8] Christensen P, Hamnett A, Linares-Moya D. Oxygen reduction and fuel oxidation in alkaline solution. Physical Chemistry Chemical Physics, 2011, 13 (12): 5206-5214.

[9] Zinola C, Arvia A, Estiu G, et al. A quantum chemical approach to the influence of platinum surface structure on the oxygen electroreduction reaction. The Journal of Physical Chemistry, 1994, 98 (31): 7566-7576.

[10] Vielstich W, Gasteiger H A, Yokokawa H. Handbook of fuel cells: Fundamentals technology and applications: Advances in electrocatalysis, materials, diagnostics and durability. New York: John Wiley & Sons, 2009.

[11] Ruvinskiy P S, Bonnefont A, Pham-Huu C, et al. Using ordered carbon nanomaterials for shedding light on the mechanism of the cathodic oxygen reduction reaction. Langmuir, 2011, 27 (14): 9018-9027.

[12] Cheng F, Su Y, Liang J, et al. MnO_2-based nanostructures as catalysts for electrochemical oxygen reduction in alkaline media. Chemistry of Materials, 2009, 22 (3): 898-905.

[13] Morozan A, Jousselme B, Palacin S. Low-platinum and platinum-free catalysts for the oxygen reduction reaction at fuel cell cathodes. Energy & Environmental Science, 2011, 4 (4): 1238-1254.

[14] Antoine O, Durand R. RRDE study of oxygen reduction on Pt nanoparticles inside Nafion®: H_2O_2 production in PEMFC cathode conditions. Journal of Applied Electrochemistry, 2000, 30 (7): 839-844.

[15] Zhang J, Lima F, Shao M, et al. Platinum monolayer on nonnoble metal-noble metal core-shell nanoparticle electrocatalysts for O_2 reduction. The Journal of physical chemistry B, 2005, 109 (48): 22701-22704.

[16] Zhang J, Qu L, Shi G, et al. N, P-codoped carbon networks as efficient metal-free bifunctional catalysts for oxygen reduction and hydrogen evolution reactions. Angewandte Chemie International Edition, 2016, 55 (6): 2230-2234.

[17] Meng F L, Wang Z L, Zhong H X, et al. Reactive multifunctional template-induced preparation of Fe-N-doped mesoporous carbon microspheres towards highly efficient electrocatalysts for oxygen Reduction. Advanced Materials, 2016, 28 (36): 7948-7955.

[18] Ramos-S Nchez G, Yee-Madeira H, Solorza-Feria O. PdNi electrocatalyst for oxygen reduction in acid media. International Journal of Hydrogen Energy, 2008, 33 (13): 3596-3600.

[19] Zhang J, Xia Z, Dai L. Carbon-based electrocatalysts for advanced energy conversion and storage. Science advances, 2015, 1 (7): e1500564.

[20] Su Rez-Alc Ntara K, Rodr Guez-Castellanos A, Dante R, et al. $Ru_xCr_ySe_z$ electrocatalyst for oxygen reduction in a polymer electrolyte membrane fuel cell. Journal of power sources, 2006, 157 (1): 114-120.

[21] Chen S, Zhao L, Ma J, et al. Edge-doping modulation of N, P-codoped porous carbon spheres for high-performance rechargeable Zn-air batteries. Nano Energy, 2019, 60: 536-544.

[22] Paliteiro C, Hamnett A, Goodenough J B. The electroreduction of oxygen on pyrolytic graphite. Journal of electroanalytical chemistry and interfacial electrochemistry, 1987, 233 (1-2): 147-159.

[23] Pegis M L, Wise C F, Martin D J, et al. Oxygen reduction by homogeneous molecular catalysts and electrocatalysts. Chem Rev, 2018, 118 (5): 2340-2391.

[24] Gewirth A A, Varnell J A, Diascro A M. Nonprecious metal catalysts for oxygen reduction in heterogeneous aqueous systems. Chemical reviews, 2018, 118 (5): 2313-2339.

[25] Shu X, Chen S, Chen S, et al. Cobalt nitride embedded holey N-doped graphene as advanced bifunctional electrocatalysts for Zn-air batteries and overall water splitting. Carbon, 2020, 157: 234-243.

[26] Muthukrishnan A, Nabae Y, Ohsaka T. Role of iron in the reduction of H_2O_2 intermediate during the oxygen reduction reaction on iron-containing polyimide-based electrocatalysts. Rsc Advances, 2016, 6 (5): 3774-3777.

[27] Muthukrishnan A, Nabae Y. Estimation of the inherent kinetic parameters for oxygen reduction over a Pt-free cathode catalyst by resolving the quasi-four-electron reduction. The Journal of Physical Chemistry C, 2016, 120 (39): 22515-22525.

[28] Tse E C, Varnell J A, Hoang T T, et al. Elucidating proton involvement in the rate-determining step for Pt/Pd-based and non-precious-metal oxygen reduction reaction catalysts using the kinetic isotope effect. The Journal of Physical Chemistry Letters, 2016, 7 (18): 3542-3547.

[29] Chen S, Chen S, Zhang B, et al. Bifunctional oxygen electrocatalysis of N, S-codoped porous carbon with interspersed hollow CoO nanoparticles for rechargeable Zn-Air batteries. ACS Appl Mater Interfaces, 2019, 11 (18): 16720-16728.

[30] Keith J A, Jerkiewicz G, Jacob T. Theoretical investigations of the oxygen reduction reaction on Pt(111) . Chemphyschem: a European Journal of Chemical Physics and Physical Chemistry, 2010, 11 (13): 2779-2794.

[31] Sha Y, Yu T H, Merinov B V, et al. Oxygen hydration mechanism for the oxygen reduction reaction at Pt and Pd fuel cell catalysts. The Journal of Physical Chemistry Letters, 2011, 2 (6): 572-576.

[32] Michaelides A, Hu P. Catalytic water formation on platinum: a first-principles study. Journal of the American Chemical Society, 2001, 123 (18): 4235-4242.

[33] Nørskov J K, Bligaard T, Hvolb K B, et al. The nature of the active site in heterogeneous metal catalysis. Chemical Society Reviews, 2008, 37 (10): 2163-2171.

[34] Stamenkovic V, Mun B S, Mayrhofer K J, et al. Changing the activity of electrocatalysts for oxygen reduction by tuning the surface electronic structure. Angewandte Chemie

International Edition, 2006, 45 (18): 2897-2901.

[35] Nørskov J K, Rossmeisl J, Logadottir A, et al. Origin of the overpotential for oxygen reduction at a fuel-cell cathode. The Journal of Physical Chemistry B, 2004, 108 (46): 17886-17892.

[36] Stamenkovic V, Mun B S, Mayrhofer K J, et al. Changing the activity of electrocatalysts for oxygen reduction by tuning the surface electronic structure. Angewandte Chemie, 2006, 118 (18): 2963-2967.

[37] Frisch M, Trucks G, Schlegel H, et al. Gaussian 03, revision C. 02. Wallingford CT: Gaussian Inc, 2004.

[38] Marković N, Ross J R P. Surface science studies of model fuel cell electrocatalysts. Surface Science Reports, 2002, 45 (4-6): 117-229.

[39] Stamenkovic V R, Mun B S, Arenz M, et al. Trends in electrocatalysis on extended and nanoscale Pt-bimetallic alloy surfaces. Nat Mater, 2007, 6 (3): 241-247.

[40] Shui J-L, Chen C, Li J C M. Evolution of nanoporous Pt-Fe alloy nanowires by dealloying and their catalytic property for oxygen reduction reaction. Adv Funct Mater, 2011, 21 (17): 3357-3362.

[41] Kitchin J R, Nørskov J K, Barteau M A, et al. Modification of the surface electronic and chemical properties of Pt(111) by subsurface 3d transition metals. J Chem Phys, 2004, 120: 10240-10246.

[42] Greeley J, Stephens I E, Bondarenko A S, et al. Alloys of platinum and early transition metals as oxygen reduction electrocatalysts. Nature chemistry, 2009, 1 (7): 552-556.

[43] Niwa H, Horiba K, Harada Y, et al. X-ray absorption analysis of nitrogen contribution to oxygen reduction reaction in carbon alloy cathode catalysts for polymer electrolyte fuel cells. J Power Sources, 2009, 187 (1): 93-97.

[44] Eichhorn S A A B. Rh-Pt bimetallic catalysts: Synthesis, characterization, and catalysis of core-shell, alloy, and monometallic nanoparticles. J Am Chem Soc, 2008, 130: 17479-17486.

[45] Yu X, Ye S. Recent advances in activity and durability enhancement of Pt/C catalytic cathode in PEMFC. J Power Sources, 2007, 172 (1): 133-144.

[46] Chao Wang, Daimon H, Sun S. Dumbbell-like Pt-Fe$_3$O$_4$ nanoparticles and their enhanced catalysis for oxygen reduction reaction. Nano Lett, 2009, 9: 1493-1496.

[47] Tian N, Zhou Z-Y, Sun S-G, et al. Synthesis of tetrahexahedral platinum nanocrystals with high-index facets and high electro-oxidation activity. Science, 2007, 316: 732-735.

[48] Kuzume A, Herrero E, Feliu J M. Oxygen reduction on stepped platinum surfaces in acidic media. J Electroanal Chem, 2007, 599 (2): 333-343.

[49] Hoshi N, Nakamura M, Hitotsuyanagi A. Active sites for the oxygen reduction reaction on the high index planes of Pt. Electrochim Acta, 2013, 112: 899-904.

[50] Wang C, Daimon H, Onodera T, et al. A general approach to the size-and shape-controlled synthesis of platinum nanoparticles and their catalytic reduction of oxygen. Angew Chem Int Ed, 2008, 47 (19): 3588-3591.

[51] Xia Y, Yang Y, Sun Y, et al. One-dimensional nanostructures: Sythesis, characteriza-

tion, and applications. Adv Mater, 2003, 15 (5): 353-389.

[52] Yu T, Kim D Y, Zhang H, et al. Platinum concave nanocubes with high-index facets and their enhanced activity for oxygen reduction reaction. Angew Chem Int Ed, 2011, 50 (12): 2773-2777.

[53] Pedersen A F, Ulrikkeholm E T, Escudero-Escribano M, et al. Probing the nanoscale structure of the catalytically active overlayer on Pt alloys with rare earths. Nano Energy, 2016, 29: 249-260.

[54] Kuttiyiel K A, Choi Y, Sasaki K, et al. Tuning electrocatalytic activity of Pt monolayer shell by bimetallic Ir-M (M=Fe, Co, Ni or Cu) cores for the oxygen reduction reaction. Nano Energy, 2016, 29: 261-267.

[55] Yang L, Shi L, Wang D, et al. Single-atom cobalt electrocatalysts for foldable solid-state Zn-air battery. Nano Energy, 2018, 50: 691-698.

[56] Wang H, Xu S, Tsai C, et al. Direct and continuous strain control of catalysts with tunable battery electrode materials. Science, 2016, 354 (6315): 1031-1036.

[57] He D, Zhang L, He D, et al. Amorphous nickel boride membrane on a platinum-nickel alloy surface for enhanced oxygen reduction reaction. Nat Commun, 2016, 7: 12362.

[58] Jiang K, Zhao D, Guo S, et al. Efficient oxygen reduction catalysis by subnanometer Pt alloy nanowires. Sci Adv, 2017, 3: e1601705.

[59] Li Y, Zhou W, Wang H, et al. An oxygen reduction electrocatalyst based on carbon nanotube-graphene complexes. Nature nanotechnology, 2012, 7 (6): 394.

[60] Strasser P, Koh S, Anniyev T, et al. Lattice-strain control of the activity in dealloyed core-shell fuel cell catalysts. Nat Chem, 2010, 2 (6): 454-460.

[61] Niu Z, Becknell N, Yu Y, et al. Anisotropic phase segregation and migration of Pt in nanocrystals en route to nanoframe catalysts. Nat Mater, 2016, 15 (11): 1188-1194.

[62] Wang J, Li B, Yersak T, et al. Recent advances in Pt-based octahedral nanocrystals as high performance fuel cell catalysts. J Mater Chem A, 2016, 4 (30): 11559-11581.

[63] Stamenkovic V, Mun B S, Mayrhofer K J J, et al. Changing the activity of electrocatalysts for oxygen reduction by tuning the surface electronic structure. Angew Chem, Int Ed, 2006, 118 (18): 2963-2967.

[64] Lei Y, Chen F, Jin Y, et al. Ag-Cu nanoalloyed film as a high-performance cathode electrocatalytic material for zinc-air battery. Nanoscale research letters, 2015, 10: 197.

[65] Sun T, Tian B, Lu J, et al. Recent advances in Fe (or Co) /N/C electrocatalysts for the oxygen reduction reaction in polymer electrolyte membrane fuel cells. Journal of Materials Chemistry A, 2017, 5 (36): 18933-18950.

[66] Tu W, Chen K, Zhu L, et al. Tungsten-doping-induced surface reconstruction of porous ternary Pt-based alloy electrocatalyst for oxygen reduction. Adv Funct Mater, 2019, 1807070.

[67] Strickler A L, Jackson A, Jaramillo T F. Active and stable Ir@Pt core-shell catalysts for electrochemical oxygen reduction. ACS Energy Lett, 2016, 2 (1): 244-249.

[68] Nan H, Tian X, Luo J, et al. A core-shell $Pd_1 Ru_1 Ni_2$ @Pt/C catalyst with a ternary alloy core and Pt monolayer: Enhanced activity and stability towards the Oxygen reduction

reaction by the addition of Ni. J Mater Chem A, 2016, 4 (3): 847-855.

[69] Jung N, Sohn Y, Park J H, et al. High-performance PtCu$_x$@Pt core-shell nanoparticles decorated with nanoporous Pt surfaces for oxygen reduction reaction. Appl Catal B Environ, 2016, 196: 199-206.

[70] Bu L, Zhang N, Guo S, et al. Biaxially strained PtPb/Pt core/shell nanoplate boosts oxygen reduction catalysis. Science 2016, 354: 1410-1414.

[71] Hu J, Wu L, Kuttiyiel K A, et al. Increasing stability and activity of core-shell catalysts by preferential segregation of oxide on edges and vertexes: Oxygen reduction on Ti-Au@Pt/C. J Am Chem Soc, 2016, 138 (29): 9294-9300.

[72] Wang Q, Chen S, Shi F, et al. Structural evolution of solid Pt nanoparticles to a hollow PtFe alloy with a Pt-skin surface via space-confined pyrolysis and the nanoscale Kirkendall effect. Adv Mater, 2016, 28 (48): 10673-10678.

[73] Wang Y J, Zhao N, Fang B, et al. Carbon-supported Pt-based alloy electrocatalysts for the oxygen reduction reaction in polymer electrolyte membrane fuel cells: Particle size, shape, and composition manipulation and their impact to activity. Chem Rev, 2015, 115 (9): 3433-3467.

[74] Zhou Y, Neyerlin K, Olson T S, et al. Enhancement of Pt and Pt-alloy fuel cell catalyst activity and durability via nitrogen-modified carbon supports. Energy Environ Sci, 2010, 3 (10): 1437-1446.

[75] Chen M, Hwang S, Li J, et al. Pt alloy nanoparticles decorated on large-size nitrogen-doped graphene tubes for highly stable oxygen-reduction catalysts. Nanoscale, 2018, 10 (36): 17318-17326.

[76] Gupta S, Qiao L, Zhao S, et al. Highly active and stable graphene tubes decorated with FeCoNi alloy nanoparticles via a template-free graphitization for bifunctional oxygen reduction and evolution. Adv Energy Mater, 2016, 6 (22): 1601198.

[77] Zenyuk I V, Litster S. Spatially resolved modeling of electric double layers and surface chemistry for the hydrogen oxidation reaction in water-filled platinum-carbon electrodes. J Phys Chem C, 2012, 116 (18): 9862-9875.

[78] Du X X, He Y, Wang X X, et al. Fine-grained and fully ordered intermetallic PtFe catalysts with largely enhanced catalytic activity and durability. Energy Environ Sci, 2016, 9 (8): 2623-2632.

[79] Shao M H, Huang T, Liu P, et al. Palladium monolayer and palladium alloy electrocatalysts for oxygen reduction. Langmuir, 2006, 22: 10409-10415.

[80] Wang R, Liao S, Fu Z, et al. Platinum free ternary electrocatalysts prepared via organic colloidal method for oxygen reduction. Electrochemistry Communications, 2008, 10 (4): 523-526.

[81] Sarkar A, Murugan A V, Manthiram A. Low cost Pd-W nanoalloy electrocatalysts for oxygen reduction reaction in fuel cells. J Mater Chem, 2009, 19 (1): 159-165.

[82] Yang R, Bian W, Strasser P, et al. Dealloyed PdCu$_3$ thin film electrocatalysts for oxygen reduction reaction. J Power Sources 2013, 222: 169-176.

[83] Nie M, Shen P K, Wei Z. Nanocrystaline tungsten carbide supported Au-Pd electrocata-

lyst for oxygen reduction. J Power Sources 2007, 167 (1): 69-73.

[84] Wei Y C, Liu C W, Wang K W. Surface species alteration and oxygen reduction reaction enhancement of Pd-Co/C electrocatalysts induced by ceria modification. Chemphyschem: a European Journal of Chemical Physics and Physical Chemistry, 2010, 11 (14): 3078-3085.

[85] Xia M, Ding W, Xiong K, et al. Anchoring effect of exfoliated-montmorillonite-supported Pd catalyst for the oxygen reduction reaction. J Phys Chem C, 2013, 117 (20): 10581-10588.

[86] Fernandez J L, Walsh D A, Bard A J. Thermodynamic guidelines for the design of bimetallic catalysts for oxygen electroreduction and rapid screening by scanning electrochemical microscopy. M-Co (M: Pd, Ag, Au). J Am Chem Soc, 2005, 127 (1): 357-365.

[87] Shao M, Liu P, Zhang J, et al. Origin of enhanced activity in palladium alloy electrocatalysts for oxygen reduction reaction. J Phys Chem B, 2007, 111: 6772-6775.

[88] Suo Y, Zhuang L, Lu J. First-principles considerations in the design of Pd-alloy catalysts for oxygen reduction. Angew Chem Int Ed, 2007, 119 (16): 2920-2922.

[89] Ham H C, Manogaran D, Lee K H, et al. Communication: Enhanced oxygen reduction reaction and its underlying mechanism in Pd-Ir-Co trimetallic alloys. J Chem Phys, 2013, 139: 201104.

[90] Liang Y, Wang H, Zhou J, et al. Covalent hybrid of spinel manganese-cobalt oxide and graphene as advanced oxygen reduction electrocatalysts. J Am Chem Soc, 2012, 134 (7): 3517-3523.

[91] Liang Y, Li Y, Wang H, et al. Co_3O_4 nanocrystals on graphene as a synergistic catalyst for oxygen reduction reaction. Nature materials, 2011, 10 (10): 780-786.

[92] Li Y, Fu J, Zhong C, et al. Recent advances in flexible zinc-based rechargeable batteries. Adv Energy Mater, 2019, 9 (1): 1802605.

[93] Tan Y, Xu C, Chen G, et al. Facile synthesis of manganese-oxide-containing mesoporous nitrogen-doped carbon for efficient oxygen reduction. Adv Funct Mater, 2012, 22 (21): 4584-4591.

[94] Cheng F, Shen J, Peng B, et al. Rapid room-temperature synthesis of nanocrystalline spinels as oxygen reduction and evolution electrocatalysts. Nat Chem, 2010, 3 (1): 79-84.

[95] Li P-C, Hu C-C, Lee T-C, et al. Synthesis and characterization of carbon black/manganese oxide air cathodes for zinc-air batteries. J Power Sources, 2014, 269: 88-97.

[96] Chen S, Shu X, Wang H, et al. Thermally driven phase transition of manganese oxide on carbon cloth for enhancing the performance of flexible all-solid-state zinc-air batteries. Journal of Materials Chemistry A, 2019, 7 (34): 19719-19727.

[97] Gorlin Y, Jaramillo T F. A bifunctional nonprecious metal catalyst for oxygen reduction and water oxidation. J Am Chem Soc, 2010, 132: 13612-13614.

[98] Lee J S, Park G S, Lee H I, et al. Ketjenblack carbon supported amorphous manganese oxides nanowires as highly efficient electrocatalyst for oxygen reduction reaction in alkaline solutions. Nano Lett, 2011, 11 (12): 5362-5366.

[99] Yang Z, Zhou X, Nie H, et al. Facile construction of manganese oxide doped carbon nanotube catalysts with high activity for oxygen reduction reaction and investigations into the origin of their activity enhancement. ACS applied materials & interfaces, 2011, 3 (7): 2601-2606.

[100] Gorlin Y, Chung C-J, Nordlund D, et al. Mn_3O_4 supported on glassy carbon: An active non-precious metal catalyst for the oxygen reduction reaction. ACS Catal, 2012, 2 (12): 2687-2694.

[101] Liang Y, Wang H, Diao P, et al. Oxygen reduction electrocatalyst based on strongly coupled cobalt oxide nanocrystals and carbon nanotubes. J Am Chem Soc, 2012, 134 (38): 15849-15857.

[102] Yang Y, Fei H, Ruan G, et al. Efficient electrocatalytic oxygen evolution on amorphous nickel cobalt binary oxide nanoporous layers. ACS Nano, 2014, 8 (9): 9518-9523.

[103] Yuan C, Wu H B, Xie Y, et al. Mixed transition-metal oxides: Design, synthesis, and energy-related applications. Angew Chem, Int Ed, 2014, 53 (6): 1488-1504.

[104] Ma T Y, Dai S, Jaroniec M, et al. Synthesis of highly active and stable spinel-type oxygen evolution electrocatalysts by a rapid inorganic self-templating method. Chemistry, 2014, 20 (39): 12669-12676.

[105] Obayashi H, Kudo T. Perovskite-type compounds as electrode catalysts for cathodic reduction of oxygen. Materials Research Bulletin, 1978, 13 (12): 1409-1413.

[106] Hyodo T, Hayashi, Mitsutake M, et al. Praseodymium-calcium manganites ($Pr_{1-x}Ca_xMnO_3$) as electrode catalyst for oxygen reduction in alkaline solution. J Appl Electrochem, 1997, 27: 745.

[107] Chen K, Lue Z, Chen X, et al. Development of LSM-based cathodes for solid oxide fuel cells based on YSZ films. Journal of Power Sources, 2007, 172 (2): 742-748.

[108] Matsumoto Y, Yoneyama H, Tamura H. Influence of the nature of the conduction band of transition metal oxides on catalytic activity for oxygen reduction. Journal of Electroanalytical Chemistry and Interfacial Electrochemistry, 1977, 83 (2): 237-243.

[109] Tulloch J, Donne S W. Activity of perovskite $La_{1-x}Sr_xMnO_3$ catalysts towards oxygen reduction in alkaline electrolytes. Journal of Power Sources, 2009, 188 (2): 359-366.

[110] Xue Y, Miao H, Sun S, et al. $(La_{1-x}Sr_x)_{0.98}MnO_3$ perovskite with A-site deficiencies toward oxygen reduction reaction in aluminum-air batteries. Journal of Power Sources, 2017, 342: 192-201.

[111] Xu W, Yan L, Teich L, et al. Polymer-assisted chemical solution synthesis of $La_{0.8}Sr_{0.2}MnO_3$-based perovskite with A-site deficiency and cobalt-doping for bifunctional oxygen catalyst in alkaline media. Electrochimica Acta, 2018, 273: 80-87.

[112] Dai L, Xue Y, Qu L, et al. Metal-free catalysts for oxygen reduction reaction. Chem Rev, 2015, 115 (11): 4823-4892.

[113] Wan W, Wang Q, Zhang L, et al. N-, P-and Fe-tridoped nanoporous carbon derived from plant biomass: An excellent oxygen reduction electrocatalyst for zinc-air batteries. J Mater Chem A, 2016, 4 (22): 8602-8609.

[114] Yang H B, Miao J, Hung S-F, et al. Identification of catalytic sites for oxygen reduc-

tion and oxygen evolution in N-doped graphene materials: Development of highly efficient metal-free bifunctional electrocatalyst. Sci Adv, 2016, 2: e1501122.

[115] Meng J, Niu C, Xu L, et al. General oriented formation of carbon nanotubes from metal-organic frameworks. J Am Chem Soc, 2017, 139 (24): 8212-8221.

[116] Li Y, Gong M, Liang Y, et al. Advanced zinc-air batteries based on high-performance hybrid electrocatalysts. Nature communications, 2013, 4: 1805.

[117] Wang J, Wu H, Gao D, et al. High-density iron nanoparticles encapsulated within nitrogen-doped carbon nanoshell as efficient oxygen electrocatalyst for zinc-air battery. Nano Energy, 2015, 13: 387-396.

[118] Novoselov K S, Geim A K, Morozov S V, et al. Electric field effect in atomically thin carbon films. Science, 2004, 306: 666-669.

[119] Hu Y, Jensen J O, Zhang W, et al. Hollow spheres of iron carbide nanoparticles encased in graphitic layers as oxygen reduction catalysts. Angewandte Chemie, 2014, 53 (14): 3675-3679.

[120] Zeng M, Liu Y, Zhao F, et al. Metallic cobalt nanoparticles encapsulated in nitrogen-enriched graphene shells: Its bifunctional electrocatalysis and application in zinc-air batteries. Adv Funct Mater, 2016, 26 (24): 4397-4404.

[121] Wang Z, Li B, Ge X, et al. Co@Co$_3$O$_4$@PPD core@bishell nanoparticle-based composite as an efficient electrocatalyst for oxygen reduction reaction. Small, 2016, 12 (19): 2580-2587.

[122] Huang Z-F, Wang J, Peng Y, et al. Design of efficient bifunctional oxygen reduction/evolution electrocatalyst: recent advances and perspectives. Adv Energy Mater, 2017, 7 (23): 1700544.

[123] Fu J, Hassan F M, Zhong C, et al. Defect engineering of chalcogen-tailored oxygen electrocatalysts for rechargeable quasi-solid-state zinc-air batteries. Adv Mater, 2017, 29 (35): 1702526.

[124] Gadipelli S, Zhao T, Shevlin S A, et al. Switching effective oxygen reduction and evolution performance by controlled graphitization of a cobalt-nitrogen-carbon framework system. Energy Environ Sci, 2016, 9 (5): 1661-1667.

[125] Zhang X, Liu S, Zang Y, et al. Co/Co$_9$S$_8$@S,N-doped porous graphene sheets derived from S,N dual organic ligands assembled Co-MOFs as superior electrocatalysts for full water splitting in alkaline media. Nano Energy, 2016, 30: 93-102.

[126] Wang N, Li L, Zhao D, et al. Graphene composites with cobalt sulfide: Efficient trifunctional electrocatalysts for oxygen reversible catalysis and hydrogen production in the same electrolyte. Small, 2017, 13 (33): 1701025.

[127] Cheng W, Yuan P, Lv Z, et al. Boosting defective carbon by anchoring well-defined atomically dispersed metal-N4 sites for ORR, OER, and Zn-air batteries. Applied Catalysis B: Environmental, 2020, 260: 118198.

[128] Li B, Sasikala S P, Kim D H, et al. Fe-N$_4$ complex embedded free-standing carbon fabric catalysts for higher performance ORR both in alkaline & acidic media. Nano Energy, 2019, 56: 524-530.

[129] Shao M, Chang Q, Dodelet J P, et al. Recent advances in electrocatalysts for oxygen reduction reaction. Chem Rev, 2016, 116 (6): 3594-3657.

[130] Meng F L, Wang Z L, Zhong H X, et al. Reactive multifunctional template-induced preparation of Fe-N-doped mesoporous carbon microspheres towards highly efficient electrocatalysts for oxygen reduction. Adv Mater, 2016, 28 (36): 7948-7955.

[131] Zhou H, Zhao Y, Gan J, et al. Cation-exchange induced precise regulation of single copper site triggers room-temperature oxidation of benzene. J Am Chem Soc, 2020, 142 (29): 12643-12650.

[132] Wang X, Chen W, Zhang L, et al. Uncoordinated amine groups of metal-organic frameworks to anchor single Ru sites as chemoselective catalysts toward the hydrogenation of quinoline. J Am Chem Soc, 2017, 139 (28): 9419-9422.

[133] Zhu C, Shi Q, Xu B Z, et al. Hierarchically porous M-N-C (M = Co and Fe) single-atom electrocatalysts with robust MN_x active moieties enable enhanced ORR performance. Adv Energy Mater, 2018, 8 (29): 1801956.

[134] Wang X X, Cullen D A, Pan Y T, et al. Nitrogen-coordinated single cobalt atom catalysts for oxygen reduction in proton exchange membrane fuel cells. Advanced materials, 2018, 30 (11): 1706758.

[135] Jiang R, Li L, Sheng T, et al. Edge-site engineering of atomically dispersed Fe-N$_4$ by selective C-N bond cleavage for enhanced oxygen reduction reaction activities. J Am Chem Soc, 2018, 140 (37): 11594-11598.

[136] Zhu Y, Zhang B. Nanocarbon-based metal-free and non-precious metal bifunctional electrocatalysts for oxygen reduction and oxygen evolution reactions. Journal of Energy Chemistry, 2021 (7): 610-628.

[137] Li P, Jang H, Bing Y, et al. Using lithium chloride as a medium to prepare N, P-co-doped carbon nanosheets for oxygen reduction and evolution reactions. Inorganic Chemistry Frontiers, 2019 (2): 417-422.

[138] Zhang J, Zhao Z, Xia Z, et al. A metal-free bifunctional electrocatalyst for oxygen reduction and oxygen evolution reactions. Nat Nanotech, 2015, 10 (5): 444-452.

[139] Guo D, Shibuya R, Akiba C, et al. Active sites of nitrogen-doped carbon materials for oxygen reduction reaction clarified using model catalysts. Science, 2016, 351 (6271): 361-365.

[140] Gorlin Y, Jaramillo T F. A bifunctional non-noble metal catalyst for oxygen reduction and water oxidation. J Am Chem Soc, 2010, 132 (39): 1361214.

[141] Gong K, Du F, Xia Z, et al. Nitrogen-doped carbon nanotube arrays with high electrocatalytic activity for oxygen reduction. Science, 2009, 323: 760-764.

[142] Qu L, Liu Y, Baek J-B, et al. Nitrogen-doped graphene as efficient metal-free electrocatalyst for oxygen reduction in fuel cells. ACS Nano, 2010, 4 (3): 1321-1326.

[143] Lv Q, Si W, Yang Z, et al. Nitrogen-doped porous graphdiyne: A highly efficient metal-free electrocatalyst for oxygen reduction reaction. ACS applied materials & interfaces, 2017, 9 (35): 29744-29752.

[144] Gao X, Wang L, Ma J, et al. Facile preparation of nitrogen-doped graphene as an effi-

cient oxygen reduction electrocatalyst. Inorg Chem Front，2017，4（9）：1582-1590.

[145] Guo D，Shibuya R，Akiba C，et al. Active sites of nitrogen-doped carbon materials for oxygen reduction reaction clarified using model catalysts. Science，2016，351（6271）：361-365.

[146] Yang L，Jiang S，Zhao Y，et al. Boron-doped carbon nanotubes as metal-free electrocatalysts for the oxygen reduction reaction. Angewandte Chemie，2011，50（31）：7132-7135.

[147] Wang S，Zhang L，Xia Z，et al. BCN graphene as efficient metal-free electrocatalyst for the oxygen reduction reaction. Angew Chem Int Ed，2012，51（17）：4209-4212.

[148] Wang S，Iyyamperumal E，Roy A，et al. Vertically aligned BCN nanotubes as efficient metal-free electrocatalysts for the oxygen reduction reaction：A synergetic effect by co-doping with boron and nitrogen. Angew Chem Int Ed，2011，50（49）：11756-11760.

[149] Choi C H，Chung M W，Park S H，et al. Additional doping of phosphorus and/or sulfur into nitrogen-doped carbon for efficient oxygen reduction reaction in acidic media. Phys Chem Chem Phys，2013，15（6）：1802-1805.

[150] Liu Z W，Peng F，Wang H J，et al. Phosphorus-doped graphite layers with high electrocatalytic activity for the O_2 reduction in an alkaline medium. Angew Chem，Int Ed，2011，50（14）：3257-3261.

[151] Zhang C，Mahmood N，Yin H，et al. Synthesis of phosphorus-doped graphene and its multifunctional applications for oxygen reduction reaction and lithium ion batteries. Adv Mater，2013，25（35）：4932-4937.

[152] Yang Z，Yao Z，Li G，et al. Sulfur-doped graphene as an efficient metal-free cathode catalyst for oxygen reduction. ACS Nano，2012，6（1）：205-211.

[153] Poh H L，Simek P，Sofer Z，et al. Sulfur-doped graphene via thermal exfoliation of graphite oxide in H_2S，SO_2，or CS_2 gas. ACS Nano，2013，7（6）：5262-5272.

[154] Choi C H，Chung M W，Kwon H C，et al. B，N-and P，N-doped graphene as highly active catalysts for oxygen reduction reactions in acidic media. J Mater Chem A，2013，1（11）：3694-3699.

[155] Liang J，Jiao Y，Jaroniec M，et al. Sulfur and nitrogen dual-doped mesoporous graphene electrocatalyst for oxygen reduction with synergistically enhanced performance. Angewandte Chemie，2012，51（46）：11496-11500.

[156] Qu K，Zheng Y，Jiao Y，et al. Polydopamine-inspired，dual heteroatom-doped carbon nanotubes for highly efficient overall water splitting. Adv Energy Mater，2017，7（9）：1602068.

[157] Taosun，Wu Q，Jiang Y，et al. Sulfur and nitrogen codoped carbon tubes as bifunctional metal-free electrocatalysts for oxygen reduction and hydrogen evolution in acidic media. Chem A Eur J，2016，22（30）：10326-10329.

[158] Hu C，Dai L. Multifunctional carbon-based metal-free electrocatalysts for simultaneous oxygen reduction，oxygen evolution，and hydrogen evolution. Adv Mater，2017，29（9）：1604942.

[159] Razmjooei F，Singh K P，Song M Y，et al. Enhanced electrocatalytic activity due to ad-

ditional phosphorous doping in nitrogen and sulfur-doped graphene: A comprehensive study. Carbon, 2014, 78: 257-267.

[160] Cruz-Silva E, López-Urías F, Muñoz-Sandoval E, et al. Electronic transport and mechanical properties of phosphorus-and phosphorus nitrogen-doped carbon nanotubes. ACS Nano, 2009, 3 (7): 1913-1921.

[161] Ding W, Wei Z, Chen S, et al. Space-confinement-induced synthesis of pyridinic-and pyrrolic-nitrogen-doped graphene for the catalysis of oxygen reduction. Angewandte Chemie, 2013, 52 (45): 11755-11759.

[162] Kim J-H, Kannan A G, Woo H-S, et al. A bi-functional metal-free catalyst composed of dual-doped graphene and mesoporous carbon for rechargeable lithium-oxygen batteries. J Mater Chem A, 2015, 3 (36): 18456-18465.

[163] Sun T, Wang J, Qiu C, et al. B,N codoped and defect-rich nanocarbon material as a metal-free bifunctional electrocatalyst for oxygen reduction and evolution reactions. Advanced science, 2018, 5 (7): 1800036.

[164] Wang Q, Cui X, Guan W, et al. Shape-dependent catalytic activity of oxygen reduction reaction (ORR) on silver nanodecahedra and nanocubes. Journal of Power Sources, 2014, 269: 152-157.

[165] Stamenkovic V, Markovic N M, Ross P N, et al. Structure-relationships in electrocatalysis: oxygen reduction and hydrogen oxidation reactions on Pt(111) and Pt(100) in solutions containing chloride ions. J Electroanal Chem, 2001, 500: 44-51.

[166] Chen S, Sheng W, Yabuuchi N, et al. Origin of oxygen reduction reaction activity on "Pt$_3$Co" nanoparticles: Atomically resolved chemical compositions and structures. J Phys Chem C, 2009, 113: 1109-1125.

[167] Sabatier P. Hydrogenations et deshydrogenations par catalyse. Ber Deut Chem Gesell 1984, 44 (1911): 1984-2001.

[168] Ertl G. Reactions at surfaces: From atoms to complexity (Nobel Lecture). Angewandte Chemie, 2008, 47 (19): 3524-3535.

[169] Bjorketun M E, Bondarenko A S, Abrams B L, et al. Screening of electrocatalytic materials for hydrogen evolution. Physical chemistry chemical physics: PCCP, 2010, 12 (35): 10536-10541.

[170] Cui C, Gan L, Li H H, et al. Octahedral PtNi nanoparticle catalysts: Exceptional oxygen reduction activity by tuning the alloy particle surface composition. Nano Lett, 2012, 12 (11): 5885-5889.

[171] Nesselberger M, Ashton S, Meier J C, et al. The particle size effect on the oxygen reduction reaction activity of Pt catalysts: influence of electrolyte and relation to single crystal models. J Am Chem Soc, 2011, 133 (43): 17428-17433.

[172] Maillard F R, Elena R S, Simonov P A, et al. Infrared spectroscopic study of CO adsorption and electro-oxidation on carbon-supported Pt nanoparticles: Interparticle versus intraparticle heterogeneity. J Phys Chem B, 2004, 108: 17893-17904.

[173] Han B C, Miranda C R, Ceder G. Effect of particle size and surface structure on adsorption of O and OH on platinum nanoparticles: A first-principles study. Physical Re-

view B，2008，77（7）：075410.

[174] Shao M，Peles A，Shoemaker K. Electrocatalysis on platinum nanoparticles：particle size effect on oxygen reduction reaction activity. Nano letters，2011，11（9）：3714-3719.

[175] Perez-Alonso F J，Mccarthy D N，Nierhoff A，et al. The effect of size on the oxygen electroreduction activity of mass-selected platinum nanoparticles. Angew Chem Int Ed Engl，2012，51（19）：4641-4643.

[176] Park S，Xie Y，Weaver M J. Electrocatalytic pathways on carbon-supported platinum nanoparticles：Comparison of particle-size-dependent rates of methanol，formic acid，and formaldehyde electrooxidation. Langmuir，2002，18：5792-5798.

[177] Wang Y，Ruiz Diaz D F，Chen K S，et al. Materials，technological status，and fundamentals of PEM fuel cells-A review. Materials Today，2020，32：178-203.

[178] Deng Y，Tian X，Chi B，et al. Hierarchically open-porous carbon networks enriched with exclusive Fe-Nx active sites as efficient oxygen reduction catalysts towards acidic H_2-O_2 PEM fuel cell and alkaline Zn-air battery. Chemical Engineering Journal，2020，390：124479.

[179] Prakash G K S，Krause F C，Viva F A，et al. Study of operating conditions and cell design on the performance of alkaline anion exchange membrane based direct methanol fuel cells. Journal of Power Sources，2011，196（19）：7967-7972.

[180] He Q，Shyam B，Nishijima M，et al. Mitigating phosphate anion poisoning of cathodic Pt/C catalysts in phosphoric acid fuel cells. The Journal of Physical Chemistry C，2013，117（10）：4877-4887.

[181] He Q，Mukerjee S，Zeis R，et al. Enhanced Pt stability in MO_2（M＝Ce，Zr or $Ce_{0.9}Zr_{0.1}$）-promoted Pt/C electrocatalysts for oxygen reduction reaction in PAFCs. Applied Catalysis A：General，2010，381（1-2）：54-65.

[182] He Q，Mukerjee S，Parres-Esclapez S，et al. Effect of praseodymium oxide and cerium-praseodymium mixed oxide in the Pt electrocatalyst performance for the oxygen reduction reaction in PAFCs. Journal of Applied Electrochemistry，2011，41（8）：891-899.

[183] Gisbert R，Garc A G，Koper M T M. Adsorption of phosphate species on poly-oriented Pt and Pt（111）electrodes over a wide range of pH. Electrochimica Acta，2010，55（27）：7961-7968.

[184] He Q G，Yang X F，Chen W，et al. Influence of phosphate anion adsorption on the kinetics of oxygen electroreduction on low index Pt(*hkl*) single crystals. Physical Chemistry Chemical Physics，2010，12（39）：12544-12555.

[185] He Q G，Shyam B，Macounova K，et al. Dramatically enhanced cleavage of the C—C bond using an electrocatalytically coupled reaction. Journal of the American Chemical Society，2012，134（20）：8655-8661.

[186] Bligaard T，Nrskov J K. Ligand effects in heterogeneous catalysis and electrochemistry. Electrochimica Acta，2007，52（18）：5512-5516.

[187] Kreuer K D，Paddison S J，Spohr E，et al. Transport in proton conductors for fuel-cell

applications: simulations, elementary reactions, and phenomenology. Chem Rev, 2004, 104: 4637-4678.

[188] Chen S, Ferreira P J, Sheng W, et al. Enhanced activity for oxygen reduction reaction on "Pt$_3$Co" nanoparticles: Direct evidence of percolated and sandwich-segregation structures. J Am Chem Soc, 2008, 130: 13818-13819.

[189] Wang D, Yu Y, Xin H L, et al. Tuning oxygen reduction reaction activity via controllable dealloying: A model study of ordered Cu$_3$Pt/C intermetallic nanocatalysts. Nano letters, 2012, 12 (10): 5230-5238.

[190] Mayrhofer K J J, Haiti K, Juhart V, et al. Degradation of carbon-supported Pt bimetallic nanoparticles by surface segregation. J Am Chem Soc, 2009, 131: 16348-16349.

[191] Rugolo J, Erlebacher J, Sieradzki K. Length scales in alloy dissolution and measurement of absolute interfacial free energy. Nature materials, 2006, 5 (12): 946-949.

[192] Snyder J, Mccue I, Livi K, et al. Structure/processing/properties relationships in nanoporous nanoparticles as applied to catalysis of the cathodic oxygen reduction reaction. J Am Chem Soc, 2012, 134 (20): 8633-8645.

[193] Han B, Carlton C E, Kongkanand A, et al. Record activity and stability of dealloyed bimetallic catalysts for proton exchange membrane fuel cells. Energy & Environmental Science, 2015, 8 (1): 258-266.

[194] Patel P P, Jampani P H, Datta M K, et al. WO$_3$ based solid solution oxide - promising proton exchange membrane fuel cell anode electro-catalyst. Journal of Materials Chemistry A, 2015, 3 (35): 18296-18309.

[195] Aijaz A, Fujiwara N, Xu Q. From metal-organic framework to nitrogen-decorated nanoporous carbons: High CO$_2$ uptake and efficient catalytic oxygen reduction. J Am Chem Soc, 2014, 136 (19): 6790-6793.

[196] Wang H, Zhu Q-L, Zou R, et al. Metal-organic frameworks for energy applications. Chem, 2017, 2 (1): 52-80.

[197] Armel V, Hindocha S, Salles F, et al. Structural descriptors of zeolitic-imidazolate frameworks are keys to the activity of Fe-N-C catalysts. J Am Chem Soc, 2017, 139 (1): 453-464.

[198] Tomczyk P. MCFC versus other fuel cells—Characteristics, technologies and prospects. Journal of Power Sources, 2006, 160 (2): 858-862.

[199] Chery D, Albin V, Lair V, et al. Thermodynamic and experimental approach of electrochemical reduction of CO$_2$ in molten carbonates. International Journal of Hydrogen Energy, 2014, 39 (23): 12330-12339.

[200] Hu L, Rexed I, Lindbergh G, et al. Electrochemical performance of reversible molten carbonate fuel cells. International Journal of Hydrogen Energy, 2014, 39 (23): 12323-12329.

[201] Hu L, Lindbergh G, Lagergren C. Performance and durability of the molten carbonate electrolysis cell and the reversible molten carbonate fuel cell. The Journal of Physical Chemistry C, 2016, 120 (25): 13427-13433.

[202] Zhang J, Zhang X, Tu M, et al. Preparation of core (Ni base)-shell (silicalite-1) cat-

alysts and their application for alkali resistance in direct internal reforming molten carbonate fuel cell. Journal of Power Sources, 2012, 198: 14-22.

[203] He J J, Yoneyama Y, Xu B, et al. Designing a capsule catalyst and its application for direct synthesis of middle isoparaffins. Langmuir, 2005, 21: 1699-1702.

[204] Nishiyama N, Ichioka K, Park D H, et al. Reactant-selective hydrogenation over composite silicalite-1-coated Pt/TiO$_2$ particles. Ind Eng Chem Res, 2004, 43: 1211-1215.

[205] Zhang J, Zhang X, Liu W, et al. A new alkali-resistant Ni/Al$_2$O$_3$-MSU-1 core-shell catalyst for methane steam reforming in a direct internal reforming molten carbonate fuel cell. Journal of Power Sources, 2014, 246: 74-83.

[206] Boissière C, Martine M A U, Kooyman P J, et al. Ultrafiltration membrane made with mesoporous MSU-X silica. Chem Mater, 2003, 15: 460-463.

[207] Frattini D, Accardo G, Moreno A, et al. A novel nickel-aluminum alloy with titanium for improved anode performance and properties in molten carbonate fuel cells. Journal of Power Sources, 2017, 352: 90-98.

[208] Zhang Y, Knibbe R, Sunarso J, et al. Recent progress on advanced materials for solid-oxide fuel cells operating below 500℃. Adv Mater, 2017, 29 (48).

[209] Noh H S, Son J W, Lee H, et al. Direct applicability of La$_{0.6}$Sr$_{0.4}$CoO$_{3-\delta}$ thin film cathode to yttria stabilised zirconia electrolytes at $T \leqslant 650$℃. Fuel Cells, 2010, 10 (6): 1057-1065.

[210] Wilson J R, Kobsiriphat W, Mendoza R, et al. Three-dimensional reconstruction of a solid-oxide fuel-cell anode. Nature materials, 2006, 5 (7): 541-544.

[211] Din Ud Z, Zainal Z A. Biomass integrated gasification-SOFC systems: Technology overview. Renewable and Sustainable Energy Reviews, 2016, 53: 1356-1376.

[212] Yildiz E, Yilmaz S, Turkoglu O. The production and characterization of ytterbium-stabilized zirconia films for SOFC applications. International Journal of Applied Ceramic Technology, 2016, 13 (1): 100-107.

[213] Escudero M J, Fuerte A. Electrochemical analysis of a system based on W and Ni combined with CeO$_2$ as potential sulfur-tolerant SOFC anode. Fuel Cells, 2016, 16 (3): 340-348.

[214] Mai Thi H H, Rosman N, Sergent N, et al. Impedance and Raman spectroscopy study of effect of H$_2$S on Ni-YSZ SOFC anodes. Fuel Cells, 2017, 17 (3): 367-377.

[215] Kirtley J D, Pomfret M B, Steinhurst D A, et al. Toward a working mechanism of fuel oxidation in SOFCs: In situ optical studies of simulated biogas and methane. The Journal of Physical Chemistry C, 2015, 119 (23): 12781-12791.

[216] Ermiş İ. Fabrication of Bi$_{0.95-x}$Er$_{0.05}$M$_x$O$_{1.5-\delta}$ (M=Lu, Ho, and Gd) electrolyte for intermediate temperature solid oxide fuel cells. Journal of the Australian Ceramic Society, 2019, 55: 711-718.

[217] Hosoi K, Sakai T, Ida S, et al. Ce$_{0.6}$Mn$_{0.3}$Fe$_{0.1}$O$_{2-\delta}$ as an alternative cathode material for high temperature steam electrolysis using LaGaO$_3$-based oxide electrolyte. Electrochimica Acta, 2016, 194: 473-479.

[218] Fan P, Zhang X, Hua D, et al. Experimental study of the carbon deposition from CH$_4$

onto the Ni/YSZ anode of SOFCs. Fuel Cells, 2016, 16 (2): 235-243.

[219] Madi H, Diethelm S, Poitel S, et al. Damage of siloxanes on Ni-YSZ anode supported SOFC operated on hydrogen and bio-syngas. Fuel Cells, 2015, 15 (5): 718-727.

[220] Cho C-K, Choi B-H, Lee K-T. Effect of Co alloying on the electrochemical performance of Ni-Ce$_{0.8}$Gd$_{0.2}$O$_{1.9}$ anodes for hydrocarbon-fueled solid oxide fuel cells. Journal of Alloys and Compounds, 2012, 541: 433-439.

[221] Yang X, Panthi D, Hedayat N, et al. Molybdenum dioxide as an alternative catalyst for direct utilization of methane in tubular solid oxide fuel cells. Electrochemistry Communications, 2018, 86: 126-129.

[222] Tao S, Irvine J T S. A redox-stable efficient anode for solid-oxide fuel cells. Nature materials, 2003, 2 (5): 320-323.

第 4 章

燃料电池质子交换膜材料

4.1

概述

正如本书前面章节所讲述到的，燃料电池（fuel cell，FC）单元具有以质子交换膜为中心，"气体扩散/催化层-质子交换膜-催化层/气体扩散层"组成的对称结构，主要是通过在一定温度和湿度下电池阴阳两个电极材料中进行如下催化反应进行发电的：

阳极
$$H_2 \xrightarrow{Pt/C} 2H^+ + 2e^- \qquad (4-1)$$

阴极
$$2H^+ + 2e^- + \frac{1}{2}O_2 \xrightarrow{Pt/C} H_2O \qquad (4-2)$$

总
$$H_2 + \frac{1}{2}O_2 \xrightarrow{Pt/C} H_2O \qquad (4-3)$$

其中，H_2 分解产生的电子通过电池外部回路到达正极（阴极），产生电流；而质子则需要经由电池内部的质子交换膜（proton exchange membrane，PEM）到达正极，与正极氧气反应完成整个放电过程。由此可见，质子交换膜是整个燃料电池系统中的核心部件，其物理、化学以及电化学性能对质子交换膜燃料电池的电池性能、寿命以及成本都有决定性作用。一般用于 PEMFC 系统的质子交换膜必须满足下述条件：

① 高效的质子传导能力，一般电导率要达到 $0.1S \cdot cm^{-1}$ 的数量级；

② 在 PEMFC 工作中（一定温度、湿度以及电极电位变化范围内），质子交换膜应具有良好的机械强度、尺寸稳定性能以及很好的化学结构稳定性；

③ 膜材料表面在工作温度范围内应具有一定的黏弹性，以利于在制备膜电极"三合一"组件时电催化层与膜的结合，减少组件的接触电阻；

④ 具备低的氢气/氧气渗透系数，保证电池具有高的法拉第（库仑）效率。一般膜的气体渗透系数 $<10^{-8} mL \cdot cm \cdot s^{-1} \cdot cm^{-2} \cdot (cm\ Hg)^{-1}$（1cm Hg=1.33kPa）；

⑤ 较强的水合作用，避免质子交换膜局部缺水，影响质子传导。

优化质子交换膜的物理、化学及电化学性能，研究与开发高性能质子交换膜材料对提升质子交换膜燃料电池系统发电效率、降低制造成本、促进燃料电池发电系统的产业化都具有重要意义。

为获得性能优越、价格低廉的质子交换膜材料，研究者开发了不同类型的质子交换膜：全氟磺酸树脂膜，部分氟化、非氟的碳氢类膜以及有机无机杂化质子交换膜。通过大量的表征方法，从不同角度对质子交换膜的结构、形貌、物理化学和电化学等基础性能以及单电池性能进行了一系列的测试；并探讨了燃料电池运行过程中质子在质子交换膜中的传质机理，为高性能、长寿命质子交换膜材料的开发奠定了基础。

其中，全氟磺酸树脂（perfluorinated sulfonic acid risen，PFSA）是一类由主链为碳氟元素、支链为含有磺酸根终端的碳氧氟元素组成的高分子聚合物，具有很稳定的化学结构，以及很高的离子传导效率。该类质子交换膜材料具有优越的电导率（约 39S·cm^{-1}）、较好的拉伸强度（42MPa）、低的气体渗透性能（<2mA·cm^{-2}）以及良好的耐久性（可达 60000h），是目前商业用质子交换膜燃料电池系统中质子交换膜的主要材料。不仅如此，这类全氟磺酸树脂膜由于其优异的离子交换性能，高的化学稳定性也被广泛用于其他离子交换、分子筛分领域。

本章将分别从质子交换膜材料的种类、表征方法，全氟磺酸树脂质子交换膜的结构、形貌、性能以及应用等方面对当前质子交换膜材料进行系统的介绍；并综述目前研究工作中所开发的新型纳米结构全氟磺酸电解质材料，对当前质子交换膜材料所遇到的问题以及未来的发展机遇进行展望。

4.2
质子交换膜材料类型

目前，可用于质子交换膜燃料电池系统的膜材料主要分为全氟磺酸树脂膜，部分氟化、非氟的芳香烃膜，非氟的碳氢类膜以及酸碱聚合物质子交换膜等[1]。表 4-1 总结了各类膜的基本性能。

表 4-1 不同种类质子交换膜材料的结构及性能[1]

膜的种类	结构	物理性能	电池性能
全氟磺酸树脂膜	• 类聚四氟乙烯的骨架结构； • 含碳氟的侧链； • 磺酸根为侧链终端	• 膜的机械强度高； • 化学稳定性强	• 稳定性好（>60000h）； • 在一定湿度条件下,质子传导率达 0.2S·cm^{-1}； • 100μm 厚的膜组装电池后,可获得阻抗为 0.05Ω·cm^2,在 1A·cm^{-2} 条件下只有 50mV 的压降
部分氟化膜	• 类聚四氟乙烯的骨架结构； • 可进行修饰的碳氢或者芳香烃侧链	• 膜具有和聚四氟乙烯相近的机械强度； • 膜退化速度很快	• 比全氟磺酸树脂膜的稳定性低； • 较低的电池性能； • 通过适当改性制备出的膜与全氟磺酸树脂膜相当的质子传导率

膜的种类	结构	物理性能	电池性能
非氟的碳氢类膜	• 碳氢的骨架结构; • 极性基团修饰	• 膜具有较好的机械强度; • 低的化学、热稳定性	• 低的质子传导率; • 由于极性基团的引入,表现出了低的溶胀稳定性
非氟的芳族聚合物膜	• 芳香烃骨架; • 极性基团或者磺酸根修饰	• 好的机械强度; • 在较高温度下也表现出好的化学及热稳定性	• 好的吸水性; • 可获得较高的质子传导率; • 在温度高于100℃时,含有65%(摩尔分数)的磺酸根的膜质子传导率达10^{-2}S·cm^{-1}
酸碱聚合物膜	• 在碱性聚合物基底内引入酸性组分	• 在氧化、还原剂条件下,稳定性高; • 高的热稳定性	• 好的尺寸稳定性; • 比全氟磺酸膜更高的质子传导率; • 膜的寿命仍有待提高

4.2.1　全氟磺酸树脂材料

全氟磺酸树脂 (PFSA) 分子主要是由:聚四氟乙烯的主链、碳氟氧的侧链及侧链终端的磺酸根组成。该类树脂材料可以根据其侧链的长度,分为长侧链全氟磺酸树脂 (LSC-PFSA)[2] 及短侧链全氟磺酸树脂材料 (SSC-PFSA)[3]。图4-1 为不同侧链长度的全氟磺酸树脂分子结构。

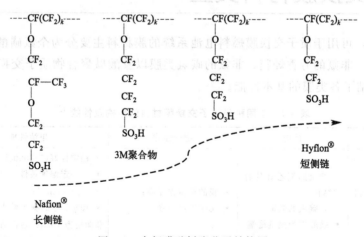

图 4-1　全氟磺酸树脂分子结构图

该类材料由于其类聚四氟乙烯的结构,所制备出的质子交换膜表现出了很高的机械强度及化学稳定性,并且其侧链终端磺酸根结构在一定湿度条件下具有很高的质子传导率。在组装电池后,电池系统也具有很低的阻抗、优越的稳定性。

目前，该类全氟磺酸树脂材料主要以美国 DuPont 以及 DOW、Ashai、Solvay 等公司开发的全氟磺酸树脂为主。但由于制备该类全氟磺酸树脂膜工艺的复杂性导致其成本较高（500～800 美元·m^{-2}），这大大限制了全氟磺酸树脂膜燃料电池的商业化。随后，为降低质子交换膜成本，科学家们开发了制备工艺简单、成本低的质子交换膜材料。

4.2.2 碳氢聚合物膜材料

相比全氟磺酸树脂材料，碳氢聚合物膜材料成本低，具有更高的商业化潜力。这类材料主要是以碳氢链或者部分氟化的碳氢链为主链，并在侧链的末端引入极性基团，进而增强材料对水的吸附能力以及对质子的传导效率。图 4-2 列出两种主要的碳氢聚合物膜材料的结构。

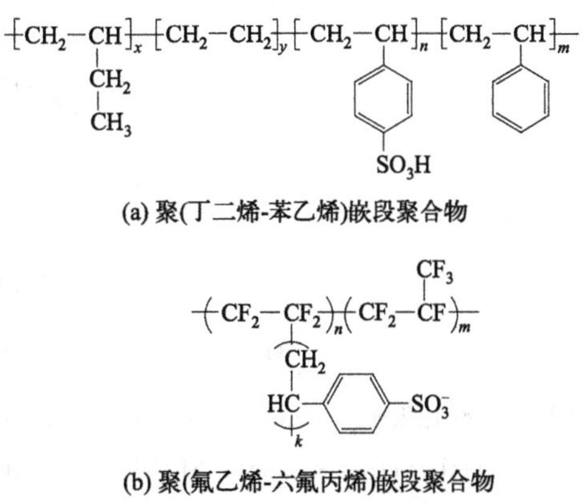

图 4-2 中，第一种材料是以丁二烯和苯乙烯为单体，通过聚合后，引入极性基团磺酸根所制备出的碳

(a) 聚(丁二烯-苯乙烯)嵌段聚合物

(b) 聚(氟乙烯-六氟丙烯)嵌段聚合物

图 4-2 碳氢聚合物膜材料结构

氢膜材料；第二种为氟乙烯与六氟丙烯的共聚物，通过引入极性磺酸根制备出的具有质子传导性的树脂材料。

碳氢聚合物制备出的质子交换膜具有较好的机械强度、低的化热稳定性，质子传导率受引入磺酸根量的影响较大。并且该类材料在燃料电池运行过程中随着湿度变化表现出了低的溶胀稳定性。

4.2.3 芳族聚合物膜材料

为增强碳氢聚合物膜材料在高温条件下的稳定性，利用聚芳烃本身具有的较高的玻璃化转变温度（$T_g > 200℃$），芳香烃常常被嫁接到碳氢聚合物材料的主链上或者被用于修饰碳氢聚合物侧链，进而达到改善碳氢聚合物在高温条件下对质子的传导能力。图 4-3 列出了几种代表性聚合物膜材料的分子结构。该类材料制备出的质子交换膜具有好的机械强度，并且在较高温度下也表现出好的化学及热稳定性、好的吸水性；在温度高于 100℃时，含有 65%（摩尔分数）磺酸根的膜质子传导率达 10^{-2} S·cm^{-1}，但是质子传导率与商业的全氟磺酸树脂膜相比，仍需要进一步提高。

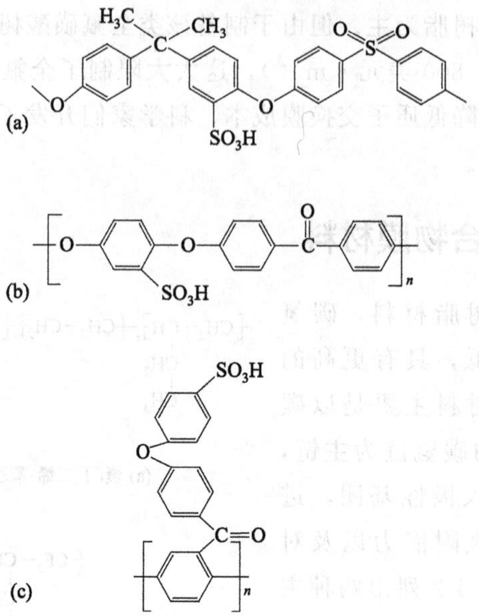

图 4-3　磺化聚砜（sulfonated polysulfone，SPSU）（a）、磺化聚醚醚酮［sulfonated poly (ether ether ketone)，SPEEK］（b）和磺化聚（4-苯氧苯甲酰基-1,4-亚苯）［sulfonated poly(4-phenoxy benzoyl-1,4-phenylene)，SPPBP］（c）结构

4.2.4　酸碱基聚合物材料

酸碱基聚合物材料被认为是作为高温质子交换膜最具有商业潜力的材料之一。该类材料制备出的质子交换膜在高温条件下表现出了高的质子传导率，并且研究发现这类膜的质子传导能力并不受环境湿度的影响。该类材料主要是通过在碱基聚合物材料上引入酸性活性位点实现质子的传导。图 4-4 列出几种常见的酸性及碱性聚合物材料的分子结构。

例如，Li Qinfeng 等[4]将无机酸磷酸（H_3PO_4）与 PBI ｛poly［2,2′-(m-phenylene)-5,5′-bibenzimidazole]｝聚合开发出具有高质子传导率的膜材料［在 165℃、H_3PO_4 载量（摩尔分数）1600％时，质子传导率高达 0.13S・cm^{-1}]，并在电池中表现出了高的电池性能（190℃，输出功率 0.55W・cm^{-2}，电流密度 1.2A・cm^{-2}）。

该类聚合物膜材料在氧化剂、还原剂作用下有较好的稳定性；在高温条件下具有比全氟磺酸膜更好的质子传导率；然而，该类膜材料的酸性位点易流失，膜的寿命仍有待提高。

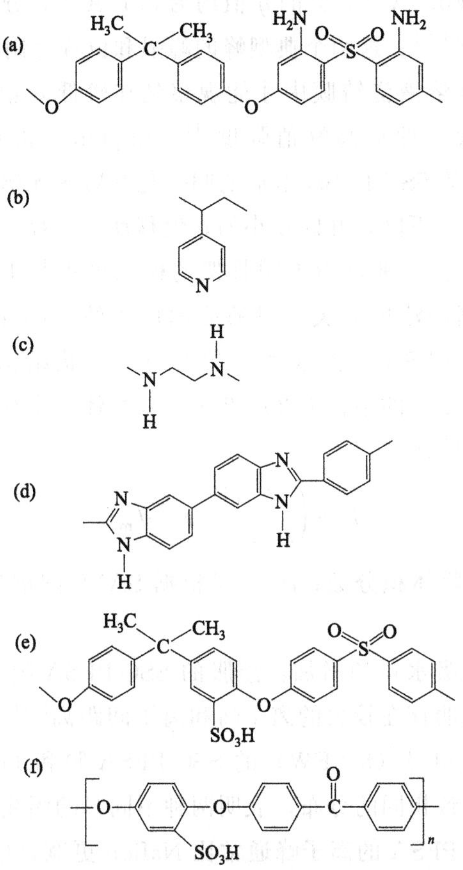

图 4-4 碱性聚合物 [(a)~(d)] 和酸性聚合物 [(e)、(f)] 结构

4.3
质子交换膜的表征方法

4.3.1 小角 X 射线散射和小角度中子散射

小角 X 射线散射（SAXS）和小角度中子散射（SANS）也被用来研究 PF-SA 膜和溶液的形貌。众所周知，PFSA 的 SAXS 图中存在两种不同的极大值：(i) 散射矢量（q）在 $0.04 \sim 0.08 \text{Å}^{-1}$ 区间时，q 的上升是由于全氟化碳主链的长周期晶体结构之间的干扰；(ii) q 在 $0.11 \sim 0.19 \text{Å}^{-1}$ 之间峰值对应的是侧链离子团簇[5,6]。同样，SSC-PFSA 的 SANS 在不同的 q 值下也由两类最大值组

成：较低的 q 值约为 0.0Å^{-1}，大的 q 值约为 0.15Å^{-1}，分别对应于主链结晶的最大值和侧链离子峰[7,8]。这两个典型峰的峰强和位置受制备方法及 PFSA 状态的强烈影响。只有在溶液浇铸膜中才能观察到在较低 q 值下的 SAXS 最大值，热处理会增加结晶度，即提高峰值强度[9]。Loppinet 和 Gebel 研究了从 $\varphi = 0.048$ 到 $\varphi = 0.0024$ 的 SSC-PFSA 溶液的归一化 SAXS 光谱。随着聚合物溶液的稀释，晶体的最大强度下降，并向较小的 q 值移动。稀释定律表明，最大位置是溶液浓度的平方根[7]。这种行为表明骨架的棒状聚集与 LSC-PFSA 溶液相似，其大小和形状与溶剂的浓度无关，但随溶剂性质的不同而变化[10]。用归一化 SAXS 计算出的 SSC-PFSA 水溶液和乙醇溶液的棒状结构半径分别为 15Å 和 17Å，而 LSC-PFSA 溶液的半径为 20~25Å。聚集体的半径（R）是从峰值位置计算的，用式(4-4) 计算。

$$R = \left(\frac{2}{\pi\sqrt{3}}\right)^{1/2} \varphi^{1/2} d_{\max} \tag{4-4}$$

式中，φ 为聚合物体积分数；$d_{\max}$ 是根据 SAXS 图谱最大值计算出的原子晶格的平面间距。

随每个离子基团吸水量的增加，溶胀的 SSC-PFSA 膜的"离子团簇峰"向较小 q 方向移动，表明存在较大的离子畴和离子间距离[8,11,12]。EW（离子交换当量）值为 $800\text{g} \cdot \text{mol}^{-1}$（800EW）的 SSC-PFSA 膜和 1100EW 的 LSC-PFSA 膜在水膨胀期呈现大致相同的分布，表明两种不同膜的团簇大小相同，但团簇密度不同。然而，SSC-PFSA 的离子峰通常比 Nafion 更宽，也更不明显[13,14]，其位置不那么依赖于膜的吸水率，表明与 LSC-PFSA 相比，离子网络不太发达。这种相互连接的离子畴对传输特性起着很大的作用。随着膜吸水率的增加，SSC-PFSA 的亲水/疏水分离效果不如 LSC-PFSA（Nafion）。在 3M PFSA 膜中也存在类似的溶胀行为[15]，与未退火的 3M 膜的溶胀行为、层状退火膜的溶胀行为、煮沸膜的随机行为不同，3M PFSA 膜中无聚合物链缠结和结晶现象。退火后的薄膜不像未退火的薄膜那么膨胀，吸湿的水起增塑剂的作用，并促使从非晶态向有组织结构或晶化的形态演变。图 4-5 显示了不同温度和水化条件下退火和未退火 3M 膜的 SAXS 曲线。

4.3.2 显微镜：一种直观的结构研究技术

透射电子显微镜（TEM）、扫描电子显微镜（SEM）和原子力显微镜（AFM）可以更直观地研究 PFSA 的微结构，因为晶体聚集体和离子团簇的形状和分布可以直接反映在显微图像中。尽管与其他技术相比显微技术具有优势，但

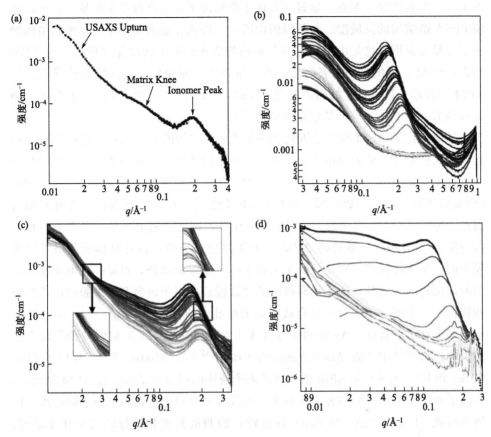

图 4-5 （a）3M PFSA 膜的标准 SAXS 图；（b）825EW 的 3M PFSA 膜的动态 SAXS 图：
膜在 200℃处理 5min，温度从 200℃降至 80℃，相对湿度从 25％到 95％；（c）为退火
处理的 PFSA 膜在 50℃下相对湿度从 25％到 95％变化；（d）80℃处理的 PFSA 膜；
在（c）和（d）中浅色代表干膜、深色代表湿膜[16]

LSC-PFSA 或 SSC-PFSA 相关的显微研究很少[17-21]。这可能是由于 PFSA 对高能电子束的敏感性以及测试过程中真实微结构的变形所致。此外，为了对 PFSA 进行电子显微镜测量，必须将高聚物干燥在电子导电衬底上形成薄膜，在此过程中 PFSA 高聚物的原始状态及其周围环境无法得到很好的维持。相比之下，X 射线和中子测试总是能代表 PFSA 高聚物在溶液中或在其原位温湿度条件下的固有状态。此外，显微镜表征只反映了微尺度上的部分区域，而 X 射线和中子测试则是在整个样品中积累的结果。

在 TEM 图像中，由于电子密度的差异，离子团簇与全氟碳骨架有着明显的区别。单个离子团簇之间的投影形貌、大小、分布和联系也是显而易见的。值得注意的是，Rubatat 等[17] 在 Nafion 溶液 Cs[+] 形式的表征中使用了一种冷冻技

术来真实地表达这一观点。通过用其他重金属离子取代磺胺基上的质子，可以抑制 PFSA 微结构的灵敏度。如低温图像所示，嵌入在玻璃化冰中的蠕虫状结构网络很容易被识别，这是由于 Cs^+ 分布不均匀造成的电子密度差异所致。与 TEM 相比，SEM 表征的是一种表面信息的三维特征，而相位分离区域的差异不能像 TEM 图像那样具有很好的感知能力。因此，SEM 更多地用于表征静电纺丝法制备的纳米纤维 PFSA 等的特定拓扑结构[22]。

导电电化学 AFM 测试是研究 PFSA 性质和结构的有力工具，它可以在不同程度上表征 PFSA 的表面电导率。具有高电流的表面纳米区域表明存在负磺酸基团和高度互联的离子网络，可以区分出电流较低（离子团簇较不发达）和不导电（聚氟碳骨架）的大多数区域。由此，AFM 绘制了相分离分布图，为研究垂直通过固定在 AFM 针尖和电极之间的膜的相互连接离子通道的发展提供了一种直接的途径[21]。虽然所获得的 AFM 导电图像是二维的，但它是离子网络贯穿于膜中的一个整体反映，它是膜质子电导率的重要组成部分，也是一个电子性质相关的形貌轮廓。此外，原子力显微镜的轻敲模式可用于研究 PFSA 膜的拓扑结构和粗糙度，并可用于展示通过合成得到的多孔或有序的微结构[23-25]。由于这些优点和无电子束特性，AFM 测试可以被认为是研究 PFSA 形貌的一种非常合适的工具，特别是用于研究相互连接的离子团簇[12,25]。Mistry 等[12] 比较了 SSC-PFSA 和 LSC-PFSA 的 AFM 图像及其离子液体的相分离结构。在 AFM 测试下，由离子液体辅助获得的相分离形态表现出较高的电导率，有利于质子输运离子网络的形成。LSC-PFSA（Nafion）具有较长的侧链长度和较好的离子互连结构，比 SSC-PFSA 具有更高的导电性。与 LSC-PFSA 相比，SSC-PFSA 中较短的侧链降低了磺酸基的节段迁移率，从而减少了酸性基团的聚集，并趋向于形成较小和分散的离子畴。SSC-PFSA 的 SAXS 结果与 LSC-PFSA 的结果有很好的一致性。2013 年，一篇文章介绍了 Aquivion E87 的 AFM 测量，使用了一种先进的方法，即所谓的 PeakForce-QNM 和 PeakForce-TUINA（Bruker Corp）[26]。在 PeakForce-QNM 模式下，在硅尖的接近和回缩过程中，记录每个图像点并计算力-距离曲线。通过这种方法，可以得到不同的力学性能和形貌的图像：附着力（从表面脱出时的最小力）、能量耗散（所做的功）、峰值力（在尖端反转的位置）、刚度（在 Derjaguin-Müller-Toporov 模式下与尖端反转曲线线性拟合得到的刚度，简称 DMT 模量）、变形（印象深度）和相移（所施加的振荡与悬臂振动之间的相位）[27]。Aquivion E87 膜在 2.7V 电解 2.5h 后形成低变形、高黏附、低耗散的肿胀区，相对于 AFM 形貌中观察到的无活性膜的平坦形态。这些结构特征被解释为由于电流和伴随的水流产生的高静水压力而从不同尺寸的块体中推出来的突出物，就像先前研究过的 Nafion 膜一样[27]。在活化的 Aquivion 膜的

TUNA 电流图中可以看到许多平均直径为 200nm 的导电区域，这些区域聚集在电流点密度较高的区域，表明 SSC-PFSA 膜中的导电离子网络将被电流"打开"，随后沿着阻力最小的路径流动[14]。尺寸为 2.5～3nm 的较小的导电点很可能代表表面的单个导电通道，因为 3nm 是 SSC-PFSA 膜的特征长度。在 PFSA 膜中观察到的一般非均质电导率可以解释为活性导电子网与由于高电阻连接而不活跃的子网共存，特别是在 SSC-PFSA 中。

4.3.3 热试验与动态力学性能

热重分析（TGA）、差示扫描量热法（DSC）和动态力学分析（DMA）也可以通过研究特定的 PFSA 结构与温度变化的关系来辅助研究结构。H$^+$ 形成的 SSC-PFSA（Aquivion^{TM}）和 LSC-PFSA（Nafion$^®$）热重分析图［如图 4-6(a) 所示］，在 0～600℃温度范围内，两者均表现出三个明显的失重最大值。第一次降解始于 210℃左右的端链基团检测，第二次涉及由羰基氟（COF$_2$）和硫酰氟（SOF$_2$）形成的侧链的降解，第三次降解归因于全氟骨架的分解[15]。对于 SSC-PFSA 的 DSC 研究，在 0～350℃的温度范围内出现了两个典型的吸热峰，分别在 120～260℃范围内有一个较宽的吸热峰，在 330℃左右出现了一个较大的吸热峰，如图 4-6(b) 所示[28]。这两个峰值随 SSC-PFSA 的 EW 值的降低而减小，当 EW 值下降到 800EW 时，最大峰值逐渐消失。较低温度下的宽吸热与热图中观察到的端链基团降解相一致，在未退火的 SSC-PFSA 膜中表现出较强的端链基团降解。这种"基体玻璃化转变"最大值（$T_{g,m}$）通常位于 150～170℃的温度范围内，但随着热处理温度的升高，其转变温度也会升高[11]。从 270～300℃

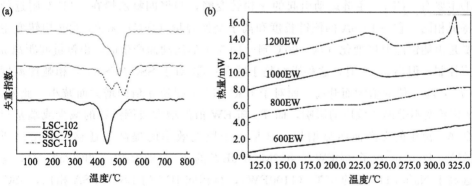

图 4-6 LSC Nafion$^®$ NR211（LSC-102）和 SSC Aquivion^{TM}膜在 790EW（SSC-79）、
1100EW（SSC-110）时失重速率随温度的变化（a）[15] 以及不同 EW 值
SSC-PFSA 膜随温度变化的吸放热图（b）[28]

的 DSC 图中的第二个吸热点是离子团簇玻璃跃迁（$T_{g,c}$），而只有在 EW 值较高（>800EW）的 SSC-PFSA 中观察到的第三个吸热峰是著名的"晶体熔化峰"（T_m）。有趣的是，SSC-PFSA 的离子晶体结构随着 EW 值的减小而逐渐消失，变得难以分辨。侧链上磺酸基数量的增加不仅影响了主链晶体的形成，而且也干扰了离子团簇的晶体结构。相对于 900EW（160℃）的 LSC-PFSA 具有更低的玻璃化转变温度（110℃），因为侧链可以起到增塑剂的作用，并破坏聚合物体系的结晶[12,15]。SSC-PFSA 玻璃化转变温度的提高为燃料电池在较高温度下的运行提供了可能。随着预处理温度的升高，SSC-PFSA 膜的 DSC 吸热温度进一步升高，表明退火过程在全氟化碳区诱导了更多的有序或结构内聚。热测试结果可与 X 射线和中子散射数据相结合，以更好地了解 SSC-PFSA 的微观结构[12,15,28]。根据 WAXS（广角 X 射线散射）和 DSC 数据对不同 EW 值的 PFSA 的外推，SSC-PFSA 结晶度的缺失在小于 700EW，而 LSC-PFSA 的低于 965EW。因此，SSC-PFSA 在与 LSC-PFSA 相同的 EW 值范围内具有较高的结晶度，或在相同的结晶度下 SSC-PFSA 有较高的 EW 值。

同样，动态力学分析（DMA）测试也有助于理解 PFSA 的微观结构，将温度依赖的转变分配到相应的结构上。对于相同共聚物含量的 SSC-PFSA 和 LSC-PFSA，其玻璃化转变温度以下的响应是相当相似的。然而，较短的侧链使大分子的堆积更加紧密，从而使玻璃化转变温度比 LSC-PFSA 提高了约 20℃[28]。具体而言，Nafion 的 T_g 为 110℃，SSC-PFSA 为 165℃，均为酸形式。SSC-PFSA（Aquivion™）和 LSC-PFSA（Nafion®）都显示出三个不同的弛豫峰，分别称为 α、β 和 γ 转变，随温度的下降，在从 −150～200℃ 的相对温度曲线上[15,28-30]。对于 SSC-PFSA 和 LSC-PFSA 来说，这三种弛豫分别是[15,29]：①主要有—CF_2—主链运动引起的 γ 相转变峰，与聚四氟乙烯在 −113℃ 附近的特征相同，它与 PFSA 的侧链长度和离子交换容量（IEC）无关；②β 相转变主要是由侧链随温度变化（从 −90℃ 到 −10℃）的运动而产生的，由侧链间距离 n 值控制，但当 n>7 时，这种影响趋于减弱；③ 对于 SSC-PFSA，α 相弛豫温度（T_α）随 n 值的增大而升高，而对于 LSC-PFSA 则随 n 值的增大而减小。此外，γ 相转变不受侧链效应的影响，而 T_α 随 EW 值的增大或侧链数的减少或端基与金属反离子的交换而明显增加，这是由于填充效率的提高和迁移率的限制所致[5]。Hyflon® 离子 850EW[29] 和 3M 1000EW 的 T_α 分别为 127℃ 和 125℃[31]，均远高于 Nafion117 的约 67℃（1100EW），与相同 IEC 的 LSC-PFSA 相比，SSC-PFSA 的高 T_g 保证了高温燃料电池的运行可能性，并在燃料电池意外下降时提供了更高的安全性[32]。表 4-2 列出了具有不同 EW 值的 SSC-全氟磺酰氟前驱体和 SSC-PFSA 聚合物的详细热和力学数据。

表 4-2　不同 EW 值的短链全氟磺酸树脂聚合物的热和力学性能[28,32,33]

基础聚合物（EW 值）	玻璃化转变温度 T_g/℃	晶体熔化温度 T_m/℃	根据 WAXS 计算得到结晶度/%		相应的 PFSA 膜（厚度）和测量条件	应力/MPa		应变/%	
			前驱体	磺酸		MD	TD	MD	TD
SSC 前驱体(600)	—	—	0	0	—	—	—	—	—
SSC 前驱体(800)	—	—	7	0	Hyflon Ion-FM 800, RH=50%,23℃	23	20	130	120
SSC-PFSA(900)	—	—			Hyflon Ion-FM 900, RH=50%,23℃	30	23	90	140
SSC 前驱体(1000)	201	320	17	9	—	—	—	—	—
SSC 前驱体(1200)	218	323	24	13	—	—	—	—	—
LSC 前驱体(1100)	152		8	0	Nafion 115(50μm)	30	26	119	188
Na^+-来自 SSC-PFSA(803)	240	338	—	—	—	—	—	—	—

注：测量条件下的膜条件，MD 为纵向，TD 为横向。

4.3.4　正电子湮没寿命谱

正电子湮没寿命谱（PALS）被用来研究聚合物的纳米结构，因为参与不同化学过程的正电子在与电子湮没之前具有不同的寿命[34,35]。根据粒子的自旋取向，PFSA 膜中存在两种正电子，即对 Ps（p-Ps，正电子和电子的单态自旋）和正 Ps（o-Ps，自旋三重态）[36]。o-Ps 可以定位于小密度区，并经历了一个剥离湮没寿命，表征了分子内和分子间的开放空间或聚合物中的自由体积。在30～160℃的温度范围内，Aquivion E8705 的 o-Ps 寿命比 Nafion 212 短，反映了 Nafion 212 膜的自由体积相对较大。o-Ps 寿命与温度的关系图中，在 SSC-PFSA 和 LSC-PFSA 发生热转变的温度下，o-Ps 寿命发生突变[37]。结合 WAXD 和热性能，PLAS 研究可以更好地理解 SSC-PFSA 膜的纳米结构演变。PALS 研究中的"自由体积"被认为是 PFSA 膜中气体扩散行为的原因。

4.3.5　介电弛豫：理解离子输运与结构的关系

介电弛豫为将离子输运（如离子介电常数、稳态电流功耗）与 SSC-PFSA 膜的化学结构及相应的形貌联系起来建立了一座桥梁。这对于更好地理解长程和短程离子输运的性质以及间接膜结构-离子输运之间的关系是非常有用的。根据式(4-5)，所有电解质吸湿 PFSA 膜的介电损耗谱可以表示为两项的线性叠加[38,39]。

$$\epsilon'' = \epsilon''_{ac} + A\omega^{-n} \tag{4-5}$$

式中，ϵ'' 是介质损耗因子；A 是电解质介电弛豫测试曲线的拟合常数；n 是介电弛豫曲线线性区域拟合的斜率；ϵ''_{ac} 为高频介电弛豫峰；$\omega = 2\pi f$，其中 f 是通过阻抗分析仪施加的（弱）电场的频率。在 $\lg\epsilon''$ vs $\lg\omega$ 谱中，参数 n 表示松弛曲线的负斜率，这被认为是反映分散离子团簇连接性和离子在特定膜中传输路径的扭曲性的粗略的形态指标。n 的值为 1，对应于一个纯的单向离子运动，即"漂移"，而 $n = 1/2$ 表征了一个纯扩散，即随机离子迁移。水合 SSC-PFSA 膜在 $10^5 \sim 10^7$ Hz 频率范围内的极高介电存储因子最大值似乎是由界面极化引起的，这意味着存在亲水/疏水微相分离。在高水化条件下，由于质子运动增强，介电光谱随膜含水量的增加而向上移动。同样，随着膜前处理温度的升高，高频下的介电弛豫最大值向上移动，表明热处理有助于促进相分离和提高水化能力[33]。几乎所有的实验曲线都表现出线性偏离，由 Deng 和 Mauritz[39] 给出了团簇间离子跃迁。此外，介电曲线对分辨 SSC-PFSA 膜结构的 EW 值变化很敏感。然而，对于 SSC-PFSA 和 LSC-PFSA 具有不同的 EW 值的比较，还需要进行广泛的研究。

4.4
全氟磺酸质子交换膜

如前所述，尽管关于各类燃料电池质子交换膜材料方面的研究和开发很多，但是对质子传导性能、膜的物理机械强度、化学耐久性以及燃料电池运行中所表现出的性能等综合考虑，全氟磺酸质子交换膜，特别是 Nafion 膜是目前商业应用最为广泛的质子交换膜材料。本节及下一节将以 Nafion 膜为例，简单介绍一下全氟磺酸树脂的形貌结构及性能。

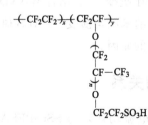

图 4-7　全氟磺酸树脂的化学结构

Nafion 膜是杜邦公司开发的一种全氟磺酸树脂膜。它包含一个"—CF—"疏水性聚四氟乙烯骨架链矩阵以及规则且间隔较短的尾端含有"—SO₃H"键的全氟乙烯醚侧链（图 4-7）。

Nafion 膜由全氟乙烯醚共聚物和四氟乙烯（TFE）共聚合成[2,40]，主要应用于质子交换膜燃料电池（PEMFC），作为质子交换膜燃料电池的膜层和催化剂层的质子传导介质及亲水介质。当量（EW）

是评价 Nafion 膜的重要指标，它表示为每含有 1mol 的磺酸根所需的氢型 Nafion 树脂的质量。由于 Nafion 膜对质子的传导及对水的吸附主要是通过磺酸根进行的，EW 值会直接影响质子交换膜燃料电池的质子传导性能。例如，目前常用的商业 Nafion 117 膜，它的 EW 值为 1100EW，这表明每 1100g 氢型的全氟磺酸树脂含有 1mol 磺酸根。

4.4.1 Nafion 形态学

如图 4-8 所示，全氟磺酸结构包含三种区域[41]。区域 A 是微晶形式，由氟碳骨架材料组成；区域 B 具有大的空隙体积分数，这是界面区域，该区域含有侧链材料、少量水和一些游离的磺酸盐交换位点；区域 C 包含磺酸根（负电）、正电荷离子和吸附水，区域 C 为离子簇存在的位置。

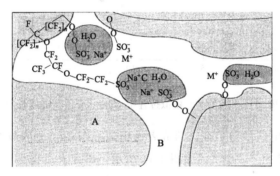

图 4-8　全氟磺酸三种区域结构模型

如图 4-9 所示，Nafion 膜显示出超分子结构。该结构由团簇区或球形区组成，周围为间隙区[42]。同时，证明了膜的溶胀性质对其表面形态有影响。

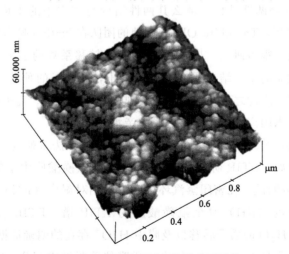

图 4-9　全副磺酸质子交换膜表面形貌

除了 Nafion 膜的表面形貌，还有许多研究人员研究了 Nafion 膜的内部结构。如图 4-10，通过分子模拟的方法，研究者对 Nafion 分子侧链进行了相应的计算[43]，计算表明磺酸基团是亲水性的并且醚是疏水性的结论。除此之外，研究还发现侧链是以折叠或卷曲的构象存在。

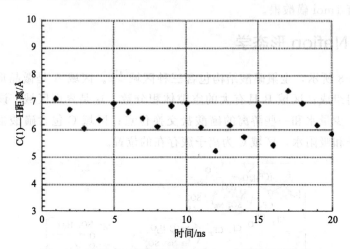

图 4-10　分子动态模拟过程中 Nafion 分子侧链的长度

通过小角 X 射线散射表征，研究者认识到了 Nafion 聚合物膜在水-甲醇环境中的纳米结构和溶胀行为[44]。如图 4-11 所示，研究人员提出一种"三明治"结构模型来表征膜的交联通道的纳米结构。从图 4-11 中可以看出，该模型有三个区域。模型末端的壳区域代表侧链离子基团，模型中间的嵌入区域代表水-甲醇的通道。

既然 Nafion 是两性结构，那么其两性结构与结构中的水传输有什么联系？为了回答这个问题，Tatsuhiro Okada 和他的团队在 Nafion 膜作为电解质对水的传输特性方面做了很多研究[45]。通常来说，水转移系数的定义为每法拉第通过膜运输的水的物质的量。结合图 4-12 可以看出，阳离子的种类对 Nafion 膜内水转移有很大影响。除此之外，研究人员发现比起通道直径，离子的大小对水运有更大的影响。亲水阳离子还可以促进膜中亲水域的扩大。

除了上述描述的测试结果之外，还有许多其他方法来研究 Nafion 膜中的水的行为特征。例如，FTIR 研究。FTIR 研究对全氟磺酸膜中水的状态进行了评估[46]。研究人员测试了在密闭蒸汽环境中不同相对湿度（RH），以及不同温度下 100% 相对湿度（RH）时全氟磺酸膜的 FTIR 谱。FTIR 实验给出了从—SO_3H—基团到 H_2O 的质子转移以及膜中 H_3O^+ 存在的明确证据。

由于离子聚集是 Nafion 聚合物电解质膜的重要组成部分，因此分析 Nafion

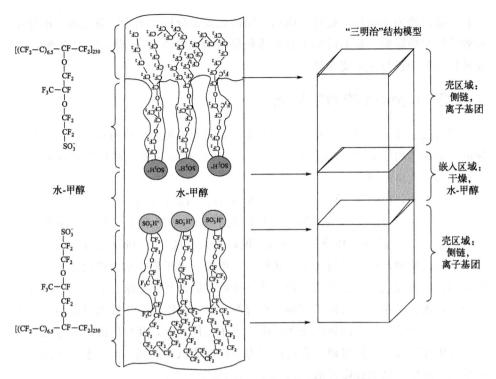

图 4-11　提出的离散结构元素作为均匀基质中的粒子

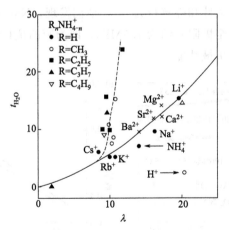

图 4-12　不同阳离子形式的 Nafion 115 膜中水分传递系数（t_{H_2O}）

随—SO_3H 的水合系数（λ）变化图

膜中离子聚集的行为意义重大。研究人员已经完成了 Nafion 全氟化膜中离子聚集形态的微观力学分析[47]。在他们的研究中，自由能被假定与 Nafion 的当量（EW）、水的体积分数以及温度相关。他们发现离子簇的大小会随着含水量的增加和当量的增加而增加。此外，他们使用微观模型分析了团簇形态对离子电导率和弹性模量的影响。他们的结果对水体积分数增加时 Nafion 膜中发生的绝缘体-导体转变行为进行了重要预测。

4.4.2　Nafion 的力学性能

膜的力学性能对膜和燃料电池的寿命具有很大的影响。它可能会影响燃料电池的性能和结构稳定性。Nafion 膜是最常见和商业化的膜，研究者对其的力学性能进行了大量的研究。

众所周知，PEMFC 的运行条件是加湿的。因此，有必要研究水合条件下 Nafion 膜的力学性能。研究人员系统地研究了 Nafion 膜在干燥和水合条件下的力学（应力-应变曲线）和动态力学（温度扫描）特性[48]。研究人员发现，随着离子半径的增加，杨氏模量增加，屈服强度增加。由于膜中水的塑化作用，杨氏模量和屈服强度随着水合作用降低了约一个数量级。此外，研究表明，与没有离子交换的水合膜相比，含离子交换的水合膜可以增强刚度。研究人员认为这可能归因于膜的离子区域上的物理交联，由盐离子提供位点，并且磺酸基团可以在这些位点中充当接头。同时研究者在动态力学性能测试中发现，由于水合和离子交换作用，膜的刚度和强度降低。

除此之外，研究者系统地研究了 Nafion NR111 质子交换膜在各种物理、化学和极化条件下的耐久性和降解行为[49]。他们发现，Nafion NR111 膜的循环应力的疲劳强度（或安全极限）约为 1.5MPa，即为膜的抗拉强度的 1/10。图 4-13 展示了膜的某些物理机械性能。

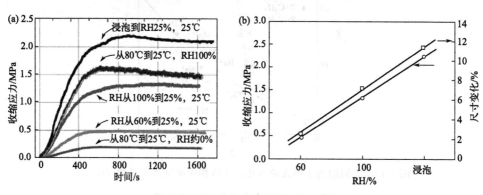

图 4-13　不同初始湿度下 Nafion 膜在 25℃时的收缩应力（a）
以及 Nafion 膜的收缩应力和尺寸变化与湿度的关系（b）

膨胀应力是由吸水引起的循环应力。膨胀应力可能很大，并且被认为是膜的机械降解和失效的主要原因。由图 4-13 我们可以发现 Nafion 膜的膨胀应力随着相对湿度（RH）的变化而变化。研究人员还通过干/湿循环的方式研究了膜的物理耐久性。他们还发现，这个结果与循环应力和收缩应力实验结果一致，因为如果疲劳应力小于1.5MPa，膜是稳定的。此外，他们还通过在微量Fe、Cr和Ni离子存在下将Nafion聚合物置于H_2O_2溶液中来研究Nafion膜的化学稳定性。实验结果表明，分解首先从主要分子链的末端开始，随着重复单元的损失，最后在膜中形成空隙和针孔，证明在开路电压下膜的高降解率是重要原因。

另外，影响Nafion力学性能的因素很多，在这方面科学家们就此做了大量的研究工作。其中，Yoshio Kawano和他的团队在受控力模式下使用动态力学分析研究了不同溶剂含量和不同阳离子的Nafion膜的力学性能[50]。如图4-14所示，应力-应变曲线的初始斜率随着含水量的增加而减小。此外，他们还研究了更换阳离子时Nafion膜的力学性能。当Nafion膜的盐形式不同时，应力-应变曲线的初始斜率不同，增加的顺序：Li^+，Na^+，K^+，Cs^+和Rb^+。由于该实验的结果还取决于几个尚未完美解释的因素，因此对应力-应变曲线分析和解释具有挑战性。

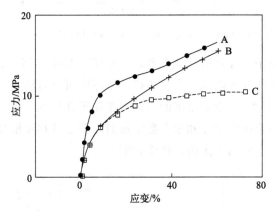

图4-14 不同含水量的Nafion膜的应力-应变曲线
A—原样品；B—在水中浸泡24h；C—在沸水中浸泡1h

4.4.3 Nafion膜的电化学性质

Nafion膜主要应用于质子交换膜燃料电池领域。除了气体分离功能外，Nafion膜还可作为燃料电池中的质子传导介质，这是膜电极组件（MEA）的关键组成部分。因此，Nafion的电化学性质，如质子传导性和燃料电池性能的研究，对于评价Nafion膜在实际操作环境中的应用具有重要价值。

B.D.Cahan及其同事研究了交流阻抗试验中Nafion 117膜的质子传导[51]。为了准确地区分膜阻抗和界面阻抗，他们使用了两电极和四电极的形式结果表明，对于高达 100kHz 的频率，Nafion 膜的阻抗呈现纯电阻特征，这类似于传统的液体电解质。Jennifer Peron 等[52] 研究了 Nafion 膜的质子传导率随温度和相对湿度的变化。据报道，Nafion 211 的质子传导率随着 RH 和温度（从 30℃到 80℃）升高而增加，如图 4-15 所示。当 RH 降低至约 30％时，Nafion 膜变得对脱水非常敏感。我们可以看到在 30％RH 以下时强烈的电导率降低，这可能与膜中水含量的进一步降低有关。

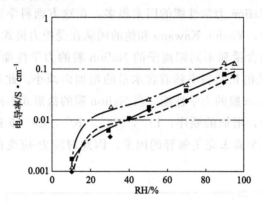

图 4-15　Nafion 211 膜在 30℃（◆）、50℃（■）和 80℃（△）的面内电导率

另外，评估质子传导性的其他参数还有质子迁移率。图 4-16 是 Nafion 膜的质子迁移率和质子传导率随温度变化规律。从图中可以看出，电导率和迁移率随温度升高而增加，但电导率随温度的增加慢于质子迁移率。研究者认为这种现象可以解释如下：当膜中的温度和水合数增加时，质子迁移率增加，但质子浓度将不可避免地降低，使膜的质子传导性受到限制。

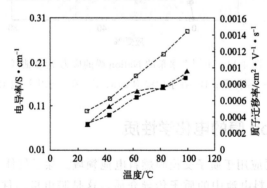

图 4-16　不同水浴热预处理膜的电导率（实心）和质子迁移率（空心）
三角形为 Nafion 211 膜 80℃处理 15h；正方形为 NR 211 膜处理 1h

对 Nafion 中质子转移机制的研究可以帮助我们更清楚地了解质子传导性，有助于理解 PEM 燃料电池的工作机理。因此，许多研究人员已经做了很多工

作。Hong Sun 及其同事[53] 模拟 Nafion 的质子转移机制。结果表明，形成了由游离水构成的水桥，作为质子从全氟磺酸聚四氟乙烯树脂中的一个磺酸基转移到其相邻磺酸基的通道。换句话说，质子转移过程是通过水桥的水分子和质子之间的 H—O 键的形成和断裂来进行的。我们可以得出结论，当水含量和温度升高时，质子转移的阻力将减小，因此，反过来增加了质子转移的速度，进而使得质子传导性也将增加。

燃料电池运行环境的主要变化因素是温度和湿度。研究人员还研究了湿度对 Nafion 膜电导率的影响[54]。他们的研究结果表明，膜电导率在相对湿度方面是非线性变化的，这是用同轴探针法测量的。还研究了 Nafion 117 膜在一定温度和相对湿度（RH）之上的电导率衰减，在 120℃下进行双探针阻抗测量[55]。它们发现仅当膜被迫沿平行于膜表面的平面各向异性地膨胀时才发生衰变。

除了 Nafion 膜的质子传导性外，燃料电池的性能对于测量评价 Nafion 膜的电化学性能也非常重要。不同 Nafion 膜的燃料电池性能比较如图 4-17 所示[40]。不同的 Nafion 膜（N-112，N-1135 和 N-115）具有不同的当量和厚度。

除膜电解质外，Nafion 还应用于

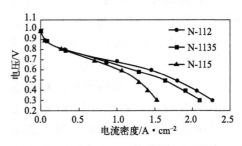

图 4-17　不同 Nafion 膜的燃料电池性能

气体扩散电极的催化剂层中。研究人员研究了 Nafion 含量对催化剂层中混合离子聚合物的气体扩散电极对燃料电池性能的影响[56]。Nafion 含量的增加可以提高燃料电池的性能，直至 Nafion 负载（质量分数）为 33%，引入太多 Nafion 使性能潜在地降低。此外，对于在 25%~33% 的 Nafion 负载（质量分数）范围内的低电流密度和高电流密度，燃料电池性能没有显著变化。当电流密度增加超过 $500mA \cdot cm^{-2}$ 时，Nafion 含量的影响变得明显，尤其是当 Nafion 的含量非常低时[57-59]。

尽管 Nafion 作为燃料电池中的膜具有许多优点，但在高温条件下会出现缺陷。其主要原因可能是 Nafion 膜在高温下脱水，导致 PEM 的导电性显著降低。除此之外，传统的 PFSA PEM 具有低玻璃化转变温度，这也限制了它们在高温下的应用[60]。因此，为解决 Nafion 膜对低温（＜80℃）PEFC 应用的局限性，已经做了大量工作。一种方法是用吸湿性化合物改性 Nafion 膜，如 SiO_2[61]、TiO_2[62] 和黏土[63-65]。另一种类型的方法是掺杂杂多酸到 Nafion 膜中，据报道杂多酸也是高温燃料电池应用的可能候选者[66,67]。

4.5
全氟磺酸树脂膜材料的其他应用

尽管 Nafion 膜主要应用于燃料电池领域，但还有许多其他领域被证明适用于 Nafion 膜，比如盐水电解、氯碱电池、气体分离、气体传感器、电渗析等。

4.5.1 化学气氛传感器

已经研究了 Nafion 电解质在腐蚀性气氛中检测湿度的应用[68]。在这些研究中，组装了一种用于测量氯气气氛中湿度的装置，其中铂电极和 Nafion 膜充当固体电解质。为了检测腐蚀性环境中的相对湿度，使用频率响应分析仪对传感器进行阻抗校准，如图 4-18 所示。此外，传感器可以在工业实际应用中使用非常简单的频率控制器进行操作。因此，传感器可以仅以固定频率操作，使它在实际操作中应用非常有用。此外，

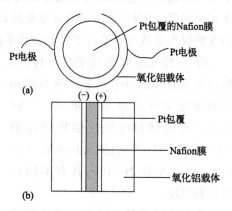

图 4-18　传感器的组装前视图（a）和横截面（b）

传感器在氯气-空气腐蚀性气氛中使用后仍可以保持其物理和化学完整性。

Nafion 改性的掺硼金刚石电极也被研究用作检测咖啡因的传感器[69]。通过溶剂蒸发将 Nafion 聚合物膜施加到掺硼金刚石（BDD）电极的表面上以改性电极。在循环伏安测量中，当裸电极与 Nafion 薄膜和咖啡因之间有利的离子相互作用时，电流和灵敏度得到提高。在该研究中，由 Nafion 膜改性的电极对咖啡因具有稳定且灵敏的响应。因此，它是 Nafion 修饰的 BDD 电极作为电分析方法的新应用。

Nafion 也可以作为聚合物固体电解质，用于在没有接触电解质溶液情况下的伏安法测试[70]。本应用是在没有接触电解质溶液的情况下进行实验，并且在宏观三电极电池中使用与湿气接触的薄的 Nafion 离子导电膜。

4.5.2 氯碱电池隔膜材料

Nafion 膜通常也用于氯碱电池。图 4-19 是由 Fereidoon Mohammadi 绘制的

氯碱膜电池的简化流程图[71]。Nafion 是氯碱工艺中的多功能全氟化膜。如图 4-19 所示，Nafion 膜用作酸性阳极电解液与高碱性阴极电解液的隔离。阳离子（Na+）能与水分子一起通过膜，但阴离子（Cl− 和 OH−）不能通过膜进行转移。此外，用于氯碱处理单元的 Nafion 膜是多层的夹层复合膜。

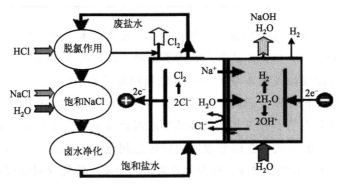

图 4-19　氯碱膜电池的简化流程图

　　Nafion 膜也可用于气体分离，例如在氯碱工业中用于分离碳酸二甲酯/甲醇混合物，并可再生 Nafion 全氟离子交换膜[72]。这个应用是将前面讨论的氯碱工业中的废 Nafion 全氟离子交换膜再生，并通过渗透蒸发过程分离碳酸二甲酯（DMC）/甲醇（MeOH）混合物。此外，由于 Nafion 膜的高化学稳定性和优先渗透水，许多研究人员报道了使用 PFSA（Nafion）膜通过渗透蒸发脱水无机和有机酸[73,74]。并且还发现 Nafion 膜可用于通过渗透蒸发从 DMC 中分离甲醇（MeOH）[75-78]。

4.5.3　锂硫电池功能分离器

　　据报道赵庆金研究小组已经将锂化 Nafion 离聚物（离子交联聚合物也称离聚体）膜作为锂硫电池功能分离器[79]。在该应用中，锂硫电池的离聚物电解质由锂化的 Nafion 离聚物膜和液体电解质组成。该实验的结果表明，Nafion 离聚物电解质是电化学稳定的可用于锂和硫电极，并且多硫化物阴离子几乎不能通过离聚物膜转移。该实验同时将 Li-S 电池与 Nafion 离聚物电解质和液体电解质的电化学测试进行了对比。结果表明，与具有液体电解质的 Li-S 电池相比，虽然具有 Nafion 离聚物膜的 Li-S 电池的初始放电容量和电势几乎相同，但是其在第50 次循环的电化学测试中放电容量得到改善。Nafion 离聚物膜锂硫电池的优势可能是由于多硫化物阴离子不能通过离聚物膜，导致活性物质损失和 Li 电极的腐蚀可能性降低。此外，"梭子"现象也可以被抑制。综上所述，应用 Nafion 离聚物电解质是提高 Li-S 电池性能的有效方法。

4.6
新型纳米结构的全氟磺酸电解质材料

尽管 Nafion 具有很好的化学和热稳定性、较高的本征电导率（RH 100％条件下约为 0.1S·cm^{-1}），以及很高的质子传导率，然而 Nafion 膜的质子传导率对运行环境的湿度以及膜本身的含水量依赖程度特别高[80-82]。当湿度降低时，Nafion 膜的质子传导率会急剧下降；只有当湿度较高时，Nafion 才会表现出较好的质子传导率[83-86]。引起该问题的基本原因为质子在 Nafion 膜内的传导主要是以水合氢离子的形式，在磺酸根的团簇区之间进行传递的。Nafion 分子上亲水区（—SO$_3$H）不具备增湿、保湿的效果，因而质子的传导对湿度的依赖程度高。为了在低湿度条件下获得具有优越质子传导性能的 Nafion 膜，研究者进行了大量的工作，包括在 Nafion 膜内构建有序微纳米等级孔[87]、自组装具有亲水性能的修饰组分等方法[61]。

4.6.1 介孔结构 Nafion 膜材料

研究发现通过在 Nafion 膜内构建长程有序的介孔结构，可以增强 Nafion 膜的保水能力，以及提高质子传导率[88]。另外，长程有序的介孔结构的引入对 Nafion 膜的化学、物理及热稳定性都没有影响。Kim 团队[89,90] 向 Nafion 膜内引入了纳米结构的催化剂，这种催化剂不仅能提高 Nafion 膜组装的单电池的电催化性能，而且制备过程中引入的毛细孔结构还能增加水蒸气的 van der Waals 效应，促进水蒸气的凝结，进而提高 Nafion 膜在低湿度条件的质子传导率[91,92]。Park 团队[93] 的研究表明具有介孔结构的聚磺化苯乙烯-聚丁酸甲酯的嵌段聚合物具有比 Nafion 更好的凝结和保留水能力，并在较高的运行温度下表现出了更好的质子传导性能。Jiang 和 Tang 的团队[24,94] 开发出一种利用表面活性剂或者二嵌段的共聚物为软模板的方法制备具有高度有序介孔的 Nafion 膜材料。在这种方法中，非离子型表面活性剂（PEO$_{127}$-PPO$_{48}$-PEO$_{127}$，Pluronic F108）被用来调控全氟磺酸膜内的亲水基团微单元尺寸。通过利用 Nafion 分子终端的磺酸根亲水基团与 Pluronic F108 分子中的亲水基团 PEO 自组装，实现在纳米尺度上对 Nafion 微观结构的调控，制备出含有长程有序微胶束模板的 Nafion 膜材料，除去 PEO$_{127}$-PPO$_{48}$-PEO$_{127}$ 模板获得有序介孔 Nafion 膜[24]（如图 4-20 所示）。

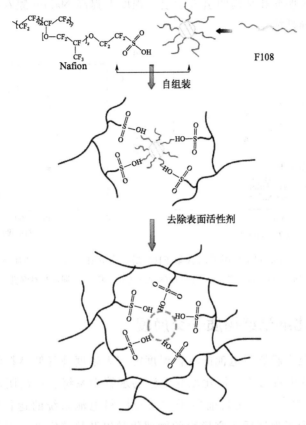

图 4-20　通过自组装的方式制备具有长程有序介孔的 Nafion 膜示意图

（模板剂为 Pluronic F108）

　　另外，Tang 的团队[24] 对制备出的具有不同长程有序介孔含量的 Nafion 膜进行了保水性能以及质子传导率方面的研究。图 4-21 为不同介孔含量的 Nafion 膜的质子传导率随温度和湿度变化规律。该结果表明：含有介孔的 Nafion 表现出了更好的质子传导率；随着介孔含量从 5％增加到 15％，质子传导率是先增加后降低的，并在 10％介孔含量（即，添加质量分数 10％的 F108 表面活性剂）时达到最优（100％相对湿度条件下：0.11S·cm⁻¹），比没有介孔的 Nafion 115 膜高 0.027S·cm⁻¹。当环境相对湿度从 100％降到 40％时，没有介孔的 Nafion 膜的质子传导率降低了 84％（0.013S·cm⁻¹）。另外，据 Marina 等[95] 报道 Nafion 117 膜在 90％相对湿度（RH）、30℃下的质子传导率为 0.08S·cm⁻¹；当相对湿度降低至 30％时，质子传导率仅有 0.0045S·cm⁻¹。但是对于 10％介孔结构的 Nafion 膜，在相对湿度为 40％条件下仍具有很高的质子传导率（0.07S·cm⁻¹）。通过对比介孔结构 Nafion 膜、Nafion 115 及 Nafion 117 的质子传导性能，表明介孔结构的引入能很大程度上提高 Nafion 膜在高温、低湿条件下的质子传导性能。

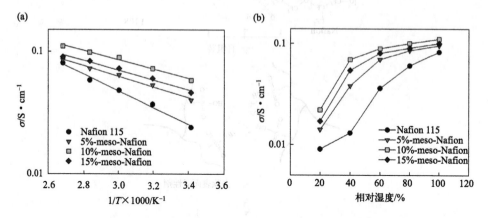

图 4-21　Nafion 115 及用不同含量 F108 制备出介孔 Nafion 膜的质子传导率
(a) 100% 相对湿度，不同测试温度；(b) 80℃，不同的相对湿度

4.6.2　杂化纳米结构质子交换膜

提高质子交换膜燃料电池的工作温度能够大幅度地降低燃料电池系统中阳极催化剂的 CO 中毒行为、简化燃料电池的水管理系统、提高阴阳极催化剂的电催化性能等[96,97]，然而目前质子交换膜燃料电池系统的运行温度为 80℃，其主要原因是为了保证质子交换膜的物理化学以及热稳定性。因此，为获得能在中高温、低湿条件下运行的质子交换膜材料，研究者在这方面做了大量的工作[98-100]。

在 Nafion 结构中引入具有保水功能的无机纳米颗粒，被广泛认为是最有效的一种提高 Nafion 在低湿条件下的保水及质子传导率的方法。这种方法的关键是解决无机氧化物颗粒与有机全氟磺酸树脂之间的界面相容性问题。研究发现[101]，溶胶-凝胶法制备出的 $P_2O_5\text{-}SiO_2$ 玻璃膜在温度高于 40℃ 时表现出了比 Nafion 膜更高的质子传导率性能，核磁共振及红外分析表明多孔的玻璃结构内修饰的具有水敏感性的氢氧根基团可能是其在高温表现出很好性能的主要原因。

通过运用亲水性无机氧化物颗粒，基于溶胶-凝胶技术，Tang 等[61,102]开发出了具有高稳定性、优良保水功能的 $Nafion/SiO_2$ 纳米杂合质子交换膜。图 4-22 为 $Nafion\text{-}SiO_2$ 自组装制备 $Nafion/SiO_2$ 杂化膜示意图[61]。增加反应溶液的酸性，正硅酸四乙酯会强烈地水解生成 SiOH，随后生成带正电的 $SiOH_2^{+[103,104]}$。引入全氟磺酸树脂分子后，其结构中带负电磺酸根基团会与带正电的 $SiOH_2^+$ 进行自组装。Nafion 分子会组装到 SiO₂ 纳米颗粒表面，阻止 SiO₂ 颗粒的生长以及聚集沉淀。

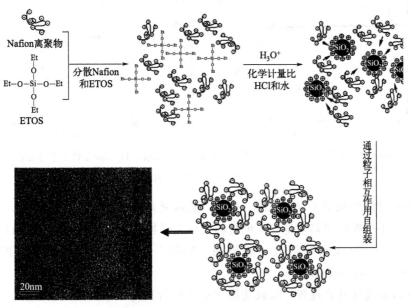

图 4-22　自组装方法制备 Nafion/SiO₂ 杂化膜材料

对比传统的 Nafion 膜，这种 Nafion/SiO₂ 杂化膜[99] 在燃料电池的测试中表现出了很好的耐久性以及电化学性能[61]（图 4-23）。在电池温度/湿度温度为 60℃/60℃，无论是 Nafion 212 膜还是自组装的 Nafion/SiO₂ 膜都表现出了较好的稳定性。当电池温度高于加湿温度时，Nafion 212 电池的电压急剧下降。这种退化行为主要是由于燃料电池中的膜电极失水[105]。但是，Nafion/SiO₂ 复合膜却表现出了很稳定的电池性能。该研究表明：自组装 Nafion/SiO₂ 复合膜在质子交换膜燃料电池的中高温运行方面有着很大的潜力。

不仅 SiO₂，研究者还对其他氧化物，例如 TiO₂[106]、ZrO₂[107]、CeO₂[108] 等氧化杂化 Nafion 膜进行了详细的研究。Wang 等 [108] 利用自组装的方法获得了 Nafion/CeO₂ 杂化膜，该材料利用 CeO₂ 独特的保水及催化性能，优化了 Nafion 在高温、低湿条件下的电化学、质子传导性能。另外，由于 CeO₂ 具有催化羟基自由基分解的能力，可以在燃料电池运行中促进羟基自由基猝灭，达到保护质子交换膜的化学耐久性，提升质子交换膜的使用寿命[108]。

4.6.3　酸碱基质子传导电解质材料

酸碱复合质子传导材料主要是通过仿照生物系统中酸作为质子的供体，碱作

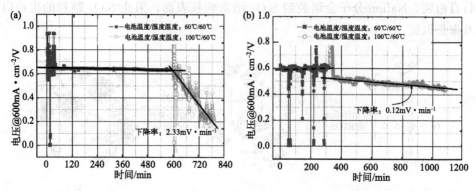

图 4-23 在电流密度为 600mA·cm^{-2} 及不同电池湿度及温度、H$_2$/Air 条件下单电池稳定性测试

(a) Nafion 212 膜；(b) Nafion/SiO$_2$ 自组装纳米结构膜

为质子的受体的机制上提出来的。最近，酸碱复合聚合物电介质材料被认为是中温无水质子交换膜燃料电池理想的材料。该类材料具有独特的酸碱静电自组装结构，质子传输也主要是通过运载机制（Vehicle mechanism）[109] 和跳跃机制（Grotthuss mechanism）[110]。

通过氢键自组装过程，酸碱功能团对在聚合物终官能团上进行很好的排列，进而为质子的传输提供了一个不需要水作为载体分子的传输孔道（图 4-24）[111-114]。自组装酸性表面活性剂磷酸十二烷基酯（MDP）以及碱性表面活性剂 2-十一烷基咪唑（UI）杂合膜在 150℃ 干燥环境中，电导率为 $1×10^{-3}$S·cm^{-1} [图 4-24

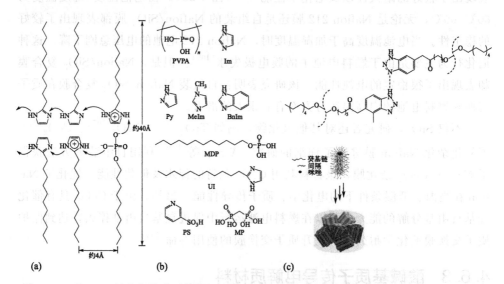

图 4-24 UI-MDP 复合物的质子传输机理模型以及酸碱位点的计算距离（a）；酸碱复合物的分子结构（b）；形成超分子孔道的氢键作用以及自组装过程示意图（c） (a)][109]。质子传导性能不仅仅取决于官能团的浓度，而且还取决于酸碱基团的结构有序性。在质子传导电解质分子结构内嵌入其他新型的具有质子传导官能团结构［比如：咪唑、磷酸根或者磺酸根基团，如图 4-24(b)］时，聚合物膜也表现出较高的质子传导性能[112,113]。此外，研究发现在杂环功能化的苯并三唑，通过酸碱共轭体氢键自组装构建出超分子纳米孔道[114]［图 4-24(c)］，该类杂合物在 200℃无水条件下表现出电导率为 $1 \times 10^{-3} S \cdot cm^{-1}$。

4.7
总结与展望

本章简要介绍了质子交换膜材料的种类、表征方法，全氟磺酸树脂质子交换膜的结构、形貌、性能，目前所开发的新型纳米结构全氟磺酸电解质材料。

全氟磺酸树脂（例如：Nafion）仍然是燃料电池质子交换膜的主要材料。已经研究观察到 Nafion 具有良好的结构稳定性，优异的力学性能，高化学惰性和优异的质子传导性，以及当它在低温（约 50～90℃）下高度水合时的燃料电池性能。然而，高温下性能急剧下降限制了其进一步广泛应用。开发在高温、低湿度条件下具有高质子传导率的质子交换膜材料是目前质子交换膜燃料电池在膜材料方面的研究重点。酸碱聚合物燃料电池由于其独特的质子传导机制，在高温下表现出了良好的质子传导性能，且质子传导性能对环境的湿度依赖程度低，具有很大的研发潜力。

另外，正如我们前文讨论的那样，各种改性的质子交换膜材料已经被报道。除了在燃料电池中的应用外，质子交换膜还应用于广泛的科学科研领域和实用工业领域，如盐水电解、氯碱电池、Nafion 聚合物电解质燃料电池、清洁发电、燃气分离、化学气氛传感器、电渗析等。质子交换膜也是一种非常有潜力的材料，需要得到进一步深入的研究，以便在我们的日常生活中得到更广泛的应用。

参考文献

[1] Smitha B，Sridhar S，Khan A A. Solid polymer electrolyte membranes for fuel cell applications—a review. Journal of Membrane Science ，2005，259（1）：10-26.

[2] Mauritz，K A，Moore，R B. State of understanding of nafion. Chemical Reviews，2004，104（10）：4535.

[3] Li J，Pan M，Tang H. Understanding short-side-chain perfluorinated sulfonic acid and its application for high temperature polymer electrolyte membrane fuel cells. Rsc Advances，2013，4（8）：3944-3965.

［4］ Li Q F，Hjuler H A，Bjerrum N J. Phosphoric acid doped polybenzimidazole membranes. J Appl Electrochem，2001，31：773-779.

［5］ Fujimura M，Hashimoto T，Kawai H. Small-angle X-ray scattering study of perfluorinated ionomer membranes. 1. Origin of two scattering maxima. Macromolecules，1981，14 (5)：1309-1315.

［6］ Gebel G，Aldebert P，Pineri M. Structure and related properties of solution-cast perfluorosulfonated ionomer films. Macromolecules，1987，20 (6)：1425-1428.

［7］ Loppinet B，Gebel G. Rodlike colloidal structure of short pendant chain perfluorinated ionomer solutions. Langmuir，1998，14 (8)：1977-1983.

［8］ Gebel G，Moore R B. Small-angle scattering study of short pendant chain perfuorosulfonated ionomer membranes. Macromolecules，2000，33 (13)：4850-4855.

［9］ Yang L B，Tang J K，Li L，et al. High quality pristine perfluorosulfonated ionomer membranes prepared from perfluorinated sulfonyl fluoride solution. Rsc Advances，2012，2 (14)：5950-5953.

［10］ Loppinet B，Gebel G，Williams C E. Small-angle scattering study of perfluorosulfonated ionomer solutions. The Journal of Physical Chemistry B，1997，101 (10)：1884-1892.

［11］ Moore R B，Martin C R. Morphology and chemical properties of the Dow perfluorosulfonate ionomers. Macromolecules，1989，22 (9)：3594-3599.

［12］ Mistry M K，Choudhury N R，Dutta N K，et al. Nanostructure evolution in high-temperature perfluorosulfonic acid ionomer membrane by small-angle X-ray scattering. Langmuir，2010，26 (24)：19073-19083.

［13］ Halim J，Büchi F N，Haas O，et al. Characterization of perfluorosulfonic acid membranes by conductivity measurements and small-angle X-ray scattering. Electrochimica Acta，1994，39 (8-9)：1303-1307.

［14］ Kreuer K D，Schuster M，Obliers B，et al. Short-side-chain proton conducting perfluorosulfonic acid ionomers：Why they perform better in PEM fuel cells. Journal of Power Sources，2008，178 (2)：499-509.

［15］ Moukheiber E，De Moor G，Flandin L，et al. Investigation of ionomer structure through its dependence on ion exchange capacity (IEC) . Journal of Membrane Science，2012，389，294-304.

［16］ Liu Y，Horan J L，Schlichting G J，et al. A Small-angle X-ray scattering study of the development of morphology in films formed from the 3M perfluorinated sulfonic acid ionomer. Macromolecules，2012，45 (18)：7495-7503.

［17］ Rubatat L，Gebel G，Diat O. Fibrillar structure of Nafion：Matching fourier and real space studies of corresponding films and solutions. Macromolecules，2004，37 (20)：7772-7783.

［18］ Lin H L，Yu T L，Huang C H，et al. Morphology study of Nafion membranes prepared by solutions casting. Journal of Polymer Science Part B-Polymer Physics，2005，43 (21)：3044-3057.

［19］ Lavorgna M，Gilbert M，Mascia L，et al. Hybridization of Nafion membranes with an acid functionalised polysiloxane：Effect of morphology on water sorption and proton conductivity. Journal of Membrane Science，2009，330 (1-2)：214-226.

[20] Divisek J, Eikerling M, Mazin V, et al. A study of capillary porous structure and sorption properties of Nafion proton-exchange membranes swollen in water. Journal of The Electrochemical Society, 1998, 145, 2677.

[21] Hiesgen R, Aleksandrova E, Meichsner G, et al. High-resolution imaging of ion conductivity of Nafion membranes with electrochemical atomic force microscopy. Electrochimica Acta, 2009, 55 (2): 423-429.

[22] Subianto S, Cavalière S, Jones D, et al. On electrospinning of PFSA: A comparison between long and short-side chain ionomers. ECS Transactions, 2011, 41 (1): 1517-1520.

[23] Lu J L, Lu S F, Jiang S P. Highly ordered mesoporous Nafion membranes for fuel cells. Chemical Communications, 2011, 47 (11): 3216-3218.

[24] Lu J, Tang H, Xu C, et al. Nafion membranes with ordered mesoporous structure and high water retention properties for fuel cell applications. Journal of Materials Chemistry, 2012, 22 (12): 5810-5819.

[25] Gordano A, Arcella V, Drioli E. New HYFLON AD composite membranes and AFM characterization. Desalination, 2004, 163 (1-3): 127-136.

[26] Hiesgen R, Helmly S, Morawietz T, et al. Atomic force microscopy studies of conductive nanostructures in solid polymer electrolytes. Electrochimica Acta, 2013, 58: 595-605.

[27] Hiesgen R, Helmly S, Galm I, et al. Microscopic analysis of current and mechanical properties of Nafion® studied by atomic force microscopy. Membranes, 2012, 2 (4): 783-803.

[28] Tant Martin R, Darst Kevin P, Lee Katherine D, et al. Structure and Properties of Short-Side-Chain Perfluorosulfonate Ionomers. Multiphase Polymers: Blends and Ionomers. American Chemical Society, 1989, 395: 370-400.

[29] Ghielmi A, Vaccarono P, Troglia C, et al. Proton exchange membranes based on the short-side-chain perfluorinated ionomer. Journal of Power Sources, 2005, 145 (2): 108-115.

[30] Merlo L, Ghielmi A, Cirillo L, et al. Membrane electrode assemblies based on HYFLON® ion for an evolving fuel cell technology. Separation Science and Technology, 2007, 42 (13): 2891-2908.

[31] Emery M, Frey M, Guerra M, et al. The development of new membranes for proton exchange membrane fuel cells. ECS Transactions, 2007, 11 (1): 3-14.

[32] Arcella V, Ghielmi A, Tommasi G. High performance perfluoropolymer films and membranes. Annals of the New York Academy of Sciences. 2003, 984: 226-244.

[33] Su S, Mauritz K A. Dielectric relaxation studies of annealed short side chain perfluorosulfonate ionomers. Macromolecules, 1994, 27 (8): 2079-2086.

[34] Oka T, Ito K, He C, et al. Free volume expansion and nanofoaming of supercritical carbon dioxide treated polystyrene. The Journal of Physical Chemistry B, 2008, 112 (39): 12191-12194.

[35] McDonald R C, Gidley D W, Sanderson T, et al. Evidence for depth-dependent structural changes in freeze/thaw-cycled dry Nafion® using positron annihilation lifetime spectroscopy (PALS). Journal of Membrane Science, 2009, 332 (1-2): 89-92.

[36] Mohamed H F M, Kobayashi Y, Kuroda S, et al. Positron trapping and possible presence of SO_3H clusters in dry fluorinated polymer electrolyte membranes. Chemical Physics Letters, 2012, 544, 49-52.

[37] Mohamed H F M, Kobayashi Y, Kuroda C S, et al. Impact of heating on the structure of perfluorinated polymer electrolyte membranes: A positron annihilation study. Macromolecular Chemistry and Physics, 2011, 212 (7): 708-714.

[38] Deng Z D, Mauritz K A. Dielectric relaxation studies of acid-containing short-side-chain perfluorosulfonate ionomer membranes. Macromolecules, 1992, 25 (9): 2369-2380.

[39] Deng Z D, Mauritz K A. Dielectric relaxation studies of water-containing short side chain perfluorosulfonic acid membranes. Macromolecules, 1992, 25 (10): 2739-2745.

[40] Banerjee S, Curtin D E. Nafion® perfluorinated membranes in fuel cells. Journal of Fluorine Chemistry, 2004, 125 (8): 1211-1216.

[41] Yeager H L, Steck A. Cation and water diffusion in nafion ion exchange membranes: influence of polymer structure. Journal of The Electrochemical Society, 1981, 128 (9): 1880-1884.

[42] Lehmani A, Durand-Vidal S, Turq P. Surface morphology of Nafion 117 membrane by tapping mode atomic force microscope. Journal of Applied Polymer Science, 1998, 68 (3): 503-508.

[43] Paddison S J, Zawodzinski Jr T A. Molecular modeling of the pendant chain in Nafion®. Solid State Ionics, 1998, 113-115, 333-340.

[44] Haubold H. G Vad T, Jungbluth H, et al. Nano structure of Nafion: a SAXS study. Electrochimica Acta, 2001, 46 (10): 1559-1563.

[45] Okada T, Xie G, Gorseth O, et al. Ion and water transport characteristics of Nafion membranes as electrolytes. Electrochimica Acta, 1998, 43 (24): 3741-3747.

[46] Ludvigsson M, Lindgren J, Tegenfeldt J. FTIR study of water in cast Nafion films. Electrochimica Acta, 2000, 45 (14): 2267-2271.

[47] Li J Y, Nemat-Nasser S. Micromechanical analysis of ionic clustering in Nafion perfluorinated membrane. Mechanics of Materials, 2000, 32 (5): 303-314.

[48] Kundu S, Simon L C, Fowler M, et al. Mechanical properties of Nafion™ electrolyte membranes under hydrated conditions. Polymer, 2005, 46 (25): 11707-11715.

[49] Tang H, Peikang S, Jiang S P, et al. A degradation study of Nafion proton exchange membrane of PEM fuel cells. Journal of Power Sources, 2007, 170 (1): 85-92.

[50] Kawano Y, Wang Y, Palmer R A, et al. Stress-strain curves of Nafion membranes in acid and salt forms. Polimeros-ciencia E Tecnologia, 2002, 12, 96-101.

[51] Cahan B D, Wainright J S. AC impedance investigations of proton conduction in Nafion™. Journal of The Electrochemical Society, 1993, 140 (12): L185-L186.

[52] Peron J, Mani A, Zhao X, et al. Properties of Nafion® NR-211 membranes for PEMFCs. Journal of Membrane Science, 2010, 356 (1): 44-51.

[53] Sun H, Sun Z, Wu Y. Proton transfer mechanism in perfluorinated sulfonic acid polytetrafluoroethylene. International Journal of Hydrogen Energy, 2012, 37 (17): 12821-12826.

[54] Anantaraman A V, Gardner C L. Studies on ion-exchange membranes. Part 1. Effect of

humidity on the conductivity of Nafion®. Journal of Electroanalytical Chemistry, 1996, 414 (2): 115-120.

[55] Casciola M, Alberti G, Sganappa M, et al. On the decay of Nafion proton conductivity at high temperature and relative humidity. Journal of Power Sources, 2006, 162 (1): 141-145.

[56] Passalacqua E, Lufrano F, Squadrito G, et al. Nafion content in the catalyst layer of polymer electrolyte fuel cells: effects on structure and performance. Electrochimica Acta, 2001, 46 (6): 799-805.

[57] Uchida M, Aoyama Y, Eda N, et al. Investigation of the microstructure in the catalyst layer and effects of both perfluorosulfonate ionomer and PTFE-loaded carbon on the catalyst layer of polymer electrolyte fuel cells. Journal of The Electrochemical Society, 1995, 142 (12): 4143-4149.

[58] Antolini E, Giorgi L, Pozio A, et al. Influence of Nafion loading in the catalyst layer of gas-diffusion electrodes for PEFC. Journal of Power Sources, 1999, 77 (2): 136-142.

[59] Paganin V A, Ticianelli E A, Gonzalez E R. Development and electrochemical studies of gas diffusion electrodes for polymer electrolyte fuel cells. Journal of Applied Electrochemistry, 1996, 26 (3): 297-304.

[60] Xie T. Tunable polymer multi-shape memory effect. Nature, 2010, 464 (7286): 267-270.

[61] Tang H L, Pan M. Synthesis and Characterization of a self-assembled Nafion/silica nanocomposite membrane for polymer electrolyte membrane fuel cells. The Journal of Physical Chemistry C, 2008, 112 (30): 11556-11568.

[62] Amjadi M, Rowshanzamir S, Peighambardoust S J, et al. Investigation of physical properties and cell performance of Nafion/TiO$_2$ nanocomposite membranes for high temperature PEM fuel cells. International Journal of Hydrogen Energy, 2010, 35 (17): 9252-9260.

[63] Delhorbe V, Reijerkerk S R, Cailleteau C, et al. Polyelectrolyte/fluorinated polymer interpenetrating polymer networks as fuel cell membrane. Journal of Membrane Science, 2013, 429, 168-180.

[64] Fernández-Carretero F J, Compañ V, Riande E. Hybrid ion-exchange membranes for fuel cells and separation processes. Journal of Power Sources, 2007, 173 (1): 68-76.

[65] Bébin P, Caravanier M, Galiano H. Nafion®/clay-SO$_3$H membrane for proton exchange membrane fuel cell application. Journal of Membrane Science, 2006, 278 (1): 35-42.

[66] Chen R, Wang Z, Liang C, et al. Promoting electrochemical performance of fuel cells by heteropolyacid incorporated three-dimensional ordered Nafion electrolyte. Science of Advanced Materials, 2013, 5 (11): 1788-1795.

[67] Lin C, Haolin T, Junrui L, et al. Highly ordered Nafion-silica-HPW proton exchange membrane for elevated temperature fuel cells. International Journal of Energy Research, 2013, 37 (8): 879-887.

[68] Tailoka F, Fray D J, Kumar R V. Application of Nafion electrolytes for the detection of humidity in a corrosive atmosphere. Solid State Ionics, 2003, 161 (3): 267-277.

[69] Martínez-Huitle C A, Suely Fernandes N, Ferro S, et al. Fabrication and application of Nafion®-modified boron-doped diamond electrode as sensor for detecting caffeine. Diamond and Related Materials, 2010, 19 (10): 1188-1193.

[70] Harth R, Mor U, Ozer D, et al. Application of Nafion as a polymer solid electrolyte for voltammetry in the absence of a contacting electrolyte solution. Journal of The Electrochemical Society, 1989, 136 (12): 3863-3867.

[71] Mohammadi F, Rabiee A. Solution casting, characterization, and performance evaluation of perfluorosulfonic sodium type membranes for chlor-alkali application. Journal of Applied Polymer Science, 2011, 120 (6): 3469-3476.

[72] Lang W-Z, Niu H-Y, Liu Y-X, et al. Pervaporation separation of dimethyl carbonate/methanol mixtures with regenerated perfluoro-ion-exchange membranes in chlor-alkali industry. Journal of Applied Polymer Science, 2013, 129 (6): 3473-3481.

[73] Kusumocahyo S P, Sudoh M. Dehydration of acetic acid by pervaporation with charged membranes. Journal of Membrane Science, 1999, 161 (1): 77-83.

[74] Sportsman K S, Way J D, Chen W-J, et al. The dehydration of nitric acid using pervaporation and a nafion perfluorosulfonate/perfluorocarboxylate bilayer membrane. Journal of Membrane Science, 2002, 203 (1): 155-166.

[75] Wang L, Li J, Lin Y, et al. Separation of dimethyl carbonate/methanol mixtures by pervaporation with poly (acrylic acid) /poly (vinyl alcohol) blend membranes. Journal of Membrane Science, 2007, 305 (1): 238-246.

[76] Wang L, Li J, Lin Y, et al. Crosslinked poly (vinyl alcohol) membranes for separation of dimethyl carbonate/methanol mixtures by pervaporation. Chemical Engineering Journal, 2009, 146 (1): 71-78.

[77] Chen J. H, Liu Q L, Fang J, et al. Composite hybrid membrane of chitosan-silica in pervaporation separation of MeOH/DMC mixtures. Journal of Colloid and Interface Science, 2007, 316 (2): 580-588.

[78] Won W, Feng X, Lawless D. Separation of dimethyl carbonate/methanol/water mixtures by pervaporation using crosslinked chitosan membranes. Separation and Purification Technology, 2003, 31 (2): 129-140.

[79] Ahmed M S, Jeon S. New functionalized graphene sheets for enhanced oxygen reduction as metal-free cathode electrocatalysts. Journal of Power Sources, 2012, 218: 168-173.

[80] Zawodzinski T A, Springer T E, Davey J, et al. A comparative study of water uptake by and transport through ionomeric fuel cell membranes. Journal of The Electrochemical Society, 1993, 140 (7): 1981-1985.

[81] Büchi F N, Scherer G G. In-situ resistance measurements of Nafion® 117 membranes in polymer electrolyte fuel cells. Journal of Electroanalytical Chemistry, 1996, 404 (1): 37-43.

[82] Motupally S, Becker A J, Weidner J W. Diffusion of Water in Nafion 115 Membranes. Journal of The Electrochemical Society, 2000, 147 (9): 3171.

[83] Sone Y, Ekdunge P, Simonsson D. Proton conductivity of Nafion 117 as measured by a four-electrode AC impedance method. Journal of The Electrochemical Society, 1996, 143 (4): 1254-1259.

[84] Ciureanu M. Effects of Nafion® Dehydration in PEM Fuel Cells. Journal of Applied Electrochemistry, 2004, 34 (7): 705-714.

[85] Cappadonia M, Erning J W, Niaki S M S, et al. Conductance of Nafion 117 membranes

as a function of temperature and water content. Solid State Ionics, 1995, 77, 65-69.

[86] Diat O, Gebel G. Proton channels. Nature Materials, 2008, 7 (1): 13-14.

[87] Lashtabeg A, Bradley J L, Vives G, et al. The effects of templating synthesis proce-
      dures on the microstructure of Yttria Stabilised Zirconia (YSZ) and NiO/YSZ templated
      thin films. Ceramics International, 2010, 36 (2): 653-659.

[88] Armatas G S, Salmas C E, Louloudi M, et al. Relationships among pore size, connec-
      tivity, dimensionality of capillary condensation, and pore structure tortuosity of func-
      tionalized mesoporous silica. Langmuir, 2003, 19 (8): 3128-3136.

[89] Lee D C, Yang H N, Park S H, et al. Self-humidifying Pt-graphene/SiO_2 composite
      membrane for polymer electrolyte membrane fuel cell. Journal of Membrane Science,
      2015, 474, 254-262.

[90] Yang H N, Lee W H, Choi B S, et al. Preparation of Nafion/Pt-containing TiO_2/gra-
      phene oxide composite membranes for self-humidifying proton exchange membrane fuel
      cell. Journal of Membrane Science, 2016, 504, 20-28.

[91] Steffy N J, Parthiban V, Sahu A K. Uncovering Nafion-multiwalled carbon nanotube hy-
      brid membrane for prospective polymer electrolyte membrane fuel cell under low humidi-
      ty. Journal of Membrane Science, 2018, 563, 65-74.

[92] Ketpang K, Son B, Lee D, et al. Porous zirconium oxide nanotube modified Nafion
      composite membrane for polymer electrolyte membrane fuel cells operated under dry con-
      ditions. Journal of Membrane Science, 2015, 488, 154-165.

[93] Park M J, Downing K H, Jackson A, et al. Increased water retention in polymer elec-
      trolyte membranes at elevated temperatures assisted by capillary condensation. Nano Let-
      ters, 2007, 7 (11): 3547-3552.

[94] Wang Q, Li L, Jiang S. Effects of a PPO-PEO-PPO triblock copolymer on micellization
      and gelation of a PEO-PPO-PEO triblock copolymer in aqueous solution. Langmuir,
      2005, 21 (20): 9068-75.

[95] Marina O A, Pederson L R, Thomsen E C, et al. Reversible poisoning of nickel/zirconia
      solid oxide fuel cell anodes by hydrogen chloride in coal gas. Journal of Power Sources,
      2010, 195 (20): 7033-7037.

[96] Garland N L, Kopasz J P. The United States Department of Energy's high temperature,
      low relative humidity membrane program. Journal of Power Sources, 2007, 172 (1):
      94-99.

[97] Zhang J, Xie Z, Zhang J, et al. High temperature PEM fuel cells. Journal of Power
      Sources, 2006, 160 (2): 872-891.

[98] Shao Z-G, Xu H, Li M, et al. Hybrid Nafion-inorganic oxides membrane doped with
      heteropolyacids for high temperature operation of proton exchange membrane fuel cell.
      Solid State Ionics, 2006, 177 (7): 779-785.

[99] Asensio J A, Gómez-Romero P. Recent developments on proton conduc-ting poly (2,5-
      benzimidazole) (ABPBI) membranes for high temperature polymer electrolyte membrane
      fuel cells. Fuel Cells, 2005, 5 (3): 336-343.

[100] Hogarth W H J, Diniz da Costa J C, Lu G Q. Solid acid membranes for high tempera-
      ture (>140℃) proton exchange membrane fuel cells. Journal of Power Sources, 2005,

142 (1): 223-237.

[101] Nogami M, Matsushita H, Goto Y, et al. A sol-gel-derived glass as a fuel cell electrolyte. Advanced Materials, 2000, 12 (18): 1370-1372.

[102] Tang H, Wan Z, Pan M, et al. Self-assembled Nafion-silica nanoparticles for elevated-high temperature polymer electrolyte membrane fuel cells. Electrochemistry Communications, 2007, 9 (8): 2003-2008.

[103] Hiemstra T, Van Riemsdijk W H, Bolt G H. Multisite proton adsorption modeling at the solid/solution interface of (hydr) oxides: A new approach: I. Model description and evaluation of intrinsic reaction constants. Journal of Colloid and Interface Science, 1989, 133 (1): 91-104.

[104] Hiemstra T, De Wit J C M, Van Riemsdijk W H. Multisite proton adsorption modeling at the solid/solution interface of (hydr) oxides: A new approach: II. Application to various important (hydr) oxides. Journal of Colloid and Interface Science, 1989, 133 (1): 105-117.

[105] Kreuer K D. On the development of proton conducting polymer membranes for hydrogen and methanol fuel cells. Journal of Membrane Science, 2001, 185 (1): 29-39.

[106] Zhengbang W, Tang H, Mu P. Self-assembly of durable Nafion/TiO_2 nanowire electrolyte membranes for elevated-temperature PEM fuel cells. Journal of Membrane Science, 2011, 369 (1): 250-257.

[107] Pan J, Zhang H, Chen W, et al. Nafion-zirconia nanocomposite membranes formed via in situ sol-gel process. International Journal of Hydrogen Energy, 2010, 35 (7): 2796-2801.

[108] Wang Z, Tang H, Zhang H, et al. Synthesis of Nafion/CeO_2 hybrid for chemically durable proton exchange membrane of fuel cell. Journal of Membrane Science, 2012, 421-422, 201-210.

[109] Kreuer K-D, Rabenau A, Weppner W. Vehicle mechanism, a new model for the interpretation of the conductivity of fast proton conductors. Angewandte Chemie International Edition in English, 1982, 21 (3): 208-209.

[110] Agmon N. The Grotthuss mechanism. Chemical Physics Letters, 1995, 244 (5): 456-462.

[111] Itaru H, Masanori Y. Bio-inspired membranes for advanced polymer electrolyte fuel cells. Anhydrous proton-conducting membrane via molecular self-assembly. Bulletin of the Chemical Society of Japan, 2007, 80 (11): 2110-2123.

[112] Yamada M, Honma I. Proton conducting acid-base mixed materials under water-free condition. Electrochimica Acta, 2003, 48 (17): 2411-2415.

[113] Yamada M, Honma I. Anhydrous proton conducting polymer electrolytes based on poly (vinylphosphonic acid) -heterocycle composite material. Polymer, 2005, 46 (9): 2986-2992.

[114] Chen Y, Thorn M, Christensen S, et al. Enhancement of anhydrous proton transport by supramolecular nanochannels in comb polymers. Nature Chemistry, 2010, 2 (6): 503-508.

第 5 章

膜电极

5.1
膜电极概念

5.1.1 膜电极简介

　　燃料电池通常由两个或多个电极（电子传导体）与电解质（离子传导体）组成。最简单的情况下，燃料电池的电极结构可由两个浸入电解质溶液的金属电极（例如 Pt）构成（如图 5-1 所示）。液态电解质作为离子传输的媒介，同时也物理隔绝了阴阳极及其反应物，防止短路的发生。采用液体电解质的燃料电池结构难以进行集成化结构设计，其体积功率密度与质量功率密度难以进一步提高，其环境适应性与可操作性也难以满足各类应用场景的需求。基于此，特别是以全氟磺酸聚合物为代表的固体电解质膜发明之后，平板薄层几何特征的电极结构逐渐成为燃料电池电极设计的主流[1]。

　　燃料电池电流的大小与反应物、电极和电解质的接触面的面积是成比例的。为提供大的反应面积，使表面积与体积之比最大化，通常将燃料电池设计成薄的平板结构，如图 5-2 所示[1]。平板结构的一侧提供燃料，而另一侧提供氧化物，一个薄的电解质层将燃料和氧化物从空间上隔开，以保证两个独立半反应发生时相互隔离。我们将这种平板结构称为膜电极组（membrane electrode assembly，

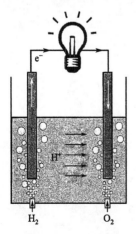

图 5-1　简单的燃料电池示意图

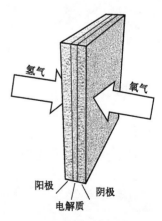

图 5-2　燃料电池简化的阳极-
电解质-阴极平板结构

MEA)，简称膜电极。MEA 是燃料电池的核心部件[2]。从电池性能来说，MEA 单位面积的输出功率直接决定了燃料电池系统的功率密度；从电池成本来说，MEA 内包含了电极催化剂、电解质膜、气体扩散层等高成本组件，其总的材料与制造成本占据了燃料电池成本的 53%[3]；从运行寿命方面来说，MEA 中电极催化剂层性能的衰减仍是目前制约燃料电池寿命的主要因素之一[4]。

MEA 结构示意图如图 5-3 所示。目前燃料电池技术所采用的 MEA 主要包含阴极、电解质膜、阳极三个部分[5]。在毗邻极板的一侧，采用导电性与机械性能良好的碳纸或碳布层作为电极支撑层（backing layer，BL），其中微米级的大孔结构有利于对电极中的气液流体进行再分配。在支撑层的另一侧，通常有无定形碳等纳米材料构成的微孔层（microporous layer，ML），主要承担气液流体的进一步分配功能。支撑层与微孔层构成了气体扩散层（gas diffusion layer，GDL）。介于微孔层与电解质膜之间的是活性物质发生电化学反应的催化剂层（catalyst layer，CL）。由于燃料电池中的电化学反应在化学动力学上需要克服较高的能垒，因此催化剂层通常采用具有较高催化活性的电催化剂，如贵金属铂等[6]。电解质膜在承担离子迁移作用的同时也实现了电池阴、阳极的隔离作用。MEA 中催化剂层材料与结构特性将直接决定燃料电池最终的性能、寿命及制备成本。

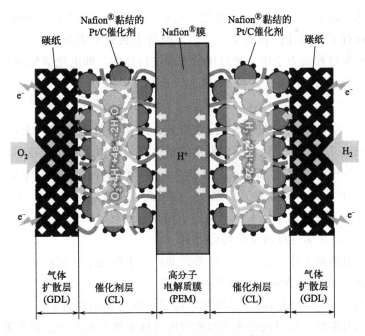

图 5-3　膜电极结构与过程示意图

MEA 中通用的电极电化学过程如图 5-4 所示[6,7]，通常包含如下的几个步骤：①反应物向电极表面的物质传递；②反应物或中间产物的吸/脱附；③电极表面的电子转移；④产物或中间产物的吸/脱附；⑤产物离开电极表面的物质传递。电化学过程中每一个步骤，都是由一定的电极电势所驱动。当其中某一过程的发生阻力较大，即需要产生较大的过电势以满足该反应的发生速率，反之产生的过电势则较小。

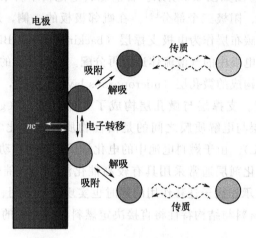

图 5-4　通用电极电化学过程示意图

为了从理论上阐释电极中的电化学过程，J. Butler 和 M. Volmer 等早于 20 世纪初便进行了开创性的相关工作[8-10]，使得电极过程发展为一个可预测的模型，并将电极过程动力学用一个通用的方程进行描述，即电化学领域著名的电极反应动力学 Butler-Volmer 方程（BV 方程）[6]：

$$i = FAk^0 \left[c_O(0,t) e^{-af(E-E^\ominus)} - c_R(0,t) e^{(1-\alpha)f(E-E^\ominus)} \right]$$

式中，i 为电流密度；F 为法拉第常数；A 为有效电极反应面积；k^0 为标准速率常数；c_O 与 c_R 分别为反应界面的氧化态与还原态物质浓度，皆为时间 t 的函数；α 为传递系数；E 和 $E^\ominus$ 分别为电极电位与标准电极电位；$f = F/(RT)$，R 为标准气体常数，T 为温度。通过此关系式以及它所导出的关系式可用于处理绝大多数电化学体系中的动力学问题。因此，BV 方程也是研究燃料电池 MEA 中的电化学过程的基础理论之一。

在燃料电池的工作条件下，过电势之和产生了电池电压偏离平衡电势的极化现象。以典型 DMFC 为例，其极化损失如图 5-5 所示，具体的极化损失如下：

① 电化学反应步骤的动力学极化，包括阴极与阳极两部分。其中阴极氧还原反应的动力学极化是目前绝大多数燃料电池体系极化损失的主要来源，在常用的工作电压条件下通常高达 200～300mV。而阳极侧的燃料氧化反应的动力学极

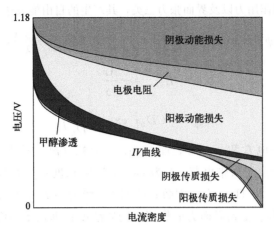

图 5-5　DMFC 极化损失分析示意图

化损失，随着燃料体系的不同差异显著。目前主要采用铂基催化材料，阳极燃料（如甲醇等小分子醇类）的阳极极化则较为显著，通常超过 200mV 左右[11]。

为了提高电化学反应的速率，降低极化损失，从动力学电流的构成要素中：我们可以看到，提高其标准速率常数 k_0 是一种直观而有效的方法。具有较大 k_0 的反应体系可在较短的时间内达到平衡，而较小 k_0 的反应体系则需要更大的施加电位 E（即产生更大的过电位），才能满足较快的反应速率。以 ORR 为例，由于 O—O 键的解离能高达 494kJ·mol^{-1}[12]，同时涉及多步骤的复杂反应机理，报道的 k_0 值甚至小于 10^{-9} cm·s^{-1}[6]。因此，研究能够降低反应过程活化能的催化材料，是促进电化学反应的主要手段之一。除此以外，电极的有效反应界面面积 A，也是与电极过程速率直接相关的因素之一。近些年来广泛采用的纳米结构碳载型催化剂极大地扩展了一定空间尺度内的电极有效反应界面。因此，在同时考虑电极反应与物质传递的前提下，在纳米尺度设计制备多孔电极结构，可有效地促进电极的动力学过程。

② 物质传递过程产生的传质极化损失主要源于反应物向电极表面或产物离开电极的传质速率无法满足电极反应的需求。在较高的电流密度或较低物质进料通量的条件下传质极化较为显著，这也是制约燃料电池在大电流、高功率条件放电的主要因素；在多孔电极中，物质的传递行为同样遵循对流、扩散以及电迁移这三种基本规律[6]。

燃料电池 MEA 的特殊结构与电化学环境，使得电极中的流体传质行为与常规宏观尺度不同，存在一定特殊性。首先，由于电极中的流道尺度位于微米甚至纳米范围，流体与流道界面的作用力不可忽视；同时在电化学环境中，界面电场的存在使得流体受力的复杂性大大增加[13,14]。我们大致可将电极中流体的受力情况分为静电作用力、分子间作用力以及界面张力三类，其产生的自由能表达式分别为[15-17]：

$$E_{el} = \varepsilon\psi^2 r \exp\left(-\frac{y}{\lambda}\right), （粒子）; E_{el} = zq\psi r \exp\left(-\frac{y}{\lambda}\right), （离子）$$

$$E_{vdw} = -\frac{Ar}{6y}$$

$$E_{hp} = -CD_0 r \exp\left(-\frac{y}{D_0}\right)$$

式中，ε 为介电常数；ψ 为表面电势；r 为粒（离）子半径；z 为粒（离）子带电荷数；q 为离子所带电荷；λ 为 Debye 屏蔽长度；y 为粒（离）子在孔道中的相对距离；A 为 Hamaker 常数；C 与 D_0 皆为与界面张力相关的常数。物质的界面自由能由于受到界面力的作用，物质浓度在垂直于界面的方向上发生梯度分布[18,19]：

$$c(y) = c_0 \exp\left[-\frac{E(y)}{kT}\right]$$

这种浓度的梯度分布造成孔隙或传质通道内部的平均物质浓度与孔隙外部的平均物质浓度存在差异：

$$\Phi = \frac{\langle c \rangle}{c_0} = \frac{1}{h}\int_0^{h-r} \exp\left[-\frac{E(y)}{kT}\right] dy$$

进一步分析电极中流体的传质方式，对于物质中的惰性或电中性组分，其传质行为可简化为流体力学驱动以及电渗驱动两部分，平均传质速率表达式可表示为[20]：

$$\langle v_s \rangle = \frac{1}{h}\int_0^h v_s(y)dy = \frac{1}{h}\int_0^h\left[\frac{1}{2\eta}(y^2-2hy)\frac{dP}{dx}\right]dy + \frac{1}{h}\int_0^h\left\{\frac{\varepsilon}{\eta}[\zeta-\Psi(y)]\frac{d\Phi}{dx}\right\}dy$$

上式右侧的第一部分表示流体力学驱动因素，第二部分则表示电渗驱动因素。对于物质中的电化学活性组分和带电组分来说，其传质行为则包括了对流、扩散、电迁移三部分，其平均传质速率表达式可表示为[21,22]：

$$\langle J \rangle = \frac{1}{h}\int_0^h[c(y)v_s(y)]dy - \frac{1}{h}\int_0^h\left[D_\infty\frac{dc(y)}{dx}\right]dy - \frac{1}{h}\int_0^h\left[\frac{zqD_\infty}{kT}c(y)\frac{d\Phi}{dx}\right]dy$$

多项式中第一部分表示对流传质因素，第二部分表示扩散传质因素，第三部分表示电迁移传质因素。在电极内部的微流道中，后两者体现出了更为显著的作用。在微流道中，传质孔道的孔径大小小于气体分子的平均自由程，扩散过程遵循 Knudsen 扩散原理，扩散系数与孔径大小 d_{pore} 直接相关[23]：

$$D_K = \frac{d_{pore}}{3}u = \frac{d_{pore}}{3}\sqrt{\frac{8R_gT}{\pi M}}$$

③ 电池内阻产生的欧姆极化，电流通过 MEA 时由于其阻抗对电荷传导的

阻碍作用而产生的极化损失。在 MEA 中，离子传导速率相对于电子传导来说，通常低一个数量级以上，电解质膜电阻以及电解质膜与催化剂层界面内阻通常是产生欧姆极化的主要因素。

④ 阳极燃料向阴极渗透产生的混合电位损失，在某些燃料体系中（如甲醇等）也较为显著，可达 25～150mV[24]。燃料渗透不仅会造成燃料损失，降低燃料利用效率，同时其在阴极侧发生电化学氧化反应，形成混合电位降低了电极的输出电压。

综上所述，我们在进行 MEA 的设计与制备过程中，需从其电极过程的基本原理出发，考察电极活性物质在电极中的传输迁移、电化学反应等过程的行为特征，有针对性地构建 MEA，以期实现电极性能的优化。

5.1.2　扩散层

扩散层是反应物和产物进入/排出膜电极的必经之路，具传质及对物料进行二次分配的重要作用。扩散层内理想的气液传导方式（以阴极为例）：亲水孔用作液体传导通道，憎水孔用作气体传导通道。当亲水孔/憎水孔比例适当时，反应气体和液态产物能够持续稳定地进入/排出膜电极，从而保持燃料电池稳定运行。目前直接液体燃料电池阴阳极扩散层同时肩负着气液传质的任务，过程较为复杂。

扩散层中气体扩散传质方式主要有分子扩散和努森扩散两种方式。分子扩散主要发生在孔径大于 100 倍气体分子平均自由程的孔中；努森扩散则发生在孔径小于 1/10 气体分子平均自由程的孔中；孔径介于两者之间时，气体扩散由上述两种方式混合控制。通常气体扩散的扩散系数比努森扩散的扩散系数大 1～2 个数量级。气体的有效扩散系数可由修正的 Bruggeman 关联式得到：

$$D_{eff} = D_0 [\varepsilon(1-S)]^n$$

式中，D_{eff} 为气体有效扩散系数；D_0 为气体在空气中的扩散系数；ε 为总孔隙率（多孔介质孔体积与总体积之比）；S 为液体饱和度（多孔介质内被液体占据的孔体积与总体积之比）。另外气体的扩散系数还与孔道的曲折度成反比。

直接液体燃料电池在运行过程中，阳极通常采用含有燃料的水溶液进料，必然携带大量的液态水通过阳极扩散层进入膜电极。阴极区由于电化学反应及阳极侧燃料渗透等原因也会产生大量的水，需要通过阴极扩散层排出膜电极。同时膜电极一方面要在电极内保存一定量的水以保证膜的润湿，降低膜内阻；另一方面保存的液态水不能过多，因为大量的液态水会占据气体传递通道，导致阴极水淹，不仅造成严重的传质极化损失，还会加剧膜电极内部的腐蚀及剥离，所以膜电极内的水需在既要保证膜的充分润湿又避免电极水淹之间达到平衡，即根据运行条件合理控制膜电极水的生成与排出，才能有效提高膜电极的输出性能与稳定性。目前关于直接液体燃料电池膜电极内液体传质的研究主要围绕阴极区水的产生与排出展开的。

阴极区产生的水主要有三个来源[25-27]：由阳极透过电解质膜传递到阴极的水；电化学反应生成的水和渗透的阳极燃料在阴极反应生成的水，可表示如下：

$$J_{C,H_2O}=J_{WC}+J_{ORR}+J_{MOR}$$

式中，J_{C,H_2O} 为阴极区的总水量，$mol \cdot h^{-1}$；J_{WC} 为阳极透过电解质膜传递到阴极的水量，$mol \cdot h^{-1}$；J_{ORR} 为电化学反应生成的水量，$mol \cdot h^{-1}$；J_{MOR} 为渗透的甲醇反应生成的水量，$mol \cdot h^{-1}$。电极侧总水量的测试是通过出口处连接干燥管，收集膜电极在一定电流密度下放电一定时间内排出的水获得。后两部分水量可分别由如下公式计算：

$$J_{ORR}=I/(2F) \quad J_{MOR}=I_{cross}/(3F)$$

式中，I 为电池工作的电流密度，$mA \cdot cm^{-2}$；F 为法拉第常数，$96485C \cdot mol^{-1}$；I_{cross} 为该电流密度下的阳极燃料渗透电流密度，$mA \cdot cm^{-2}$，可由下式计算得到：

$$I_{cross}=I_{cross,ocv}(1-I/I_{lim})$$

式中，$I_{cross,ocv}$ 为开路时阳极燃料渗透极限电流密度，$mA \cdot cm^{-2}$；I_{lim} 为相同温度下的阳极极限电流密度，$mA \cdot cm^{-2}$。

阴极区水的排出：由于蒸发作用，在直接液体燃料电池膜电极阴极区气态水和液态水共同存在，因此阴极区水的排出分为气态排水和液态排水两种方式。气态水主要由阴极气体携带排出膜电极。模型计算结果表明[28]，越靠近电化学反应界面，液态排水的比例越高，越靠近流道界面，以气态形式排水的比例越高。

液态水总是由液体饱和度高的区域流向液体饱和度低的区域。Pasaogullari 等[29]认为液态水在气体扩散层中的传导方式为树状渗流，推动力主要为毛细压力。另外液态水在气体流动形成的剪切力作用下排出气体扩散层也是其传质方式之一。液态水会优先选择进入孔径较小的亲水孔，继而形成足够的压力梯度突破含 PTFE 的疏水孔道表面能，从而实现水向疏水孔道的扩散。

5.2
膜电极的表征

5.2.1　膜电极物理表征

5.2.1.1　表面形貌与元素分布测试

催化剂层的催化剂相貌可以通过透射电子显微镜进行观察。通常将催化剂溶于乙醇等溶剂中，借助超声等方法使催化剂分散均匀，然后滴于覆盖有支持膜的

透射电子显微镜载网上，经烘干后可观察其相貌以及晶体结构信息［如图 5-6(a)
所示］。近些年，随着透射电子显微镜的发展，人们已可以观察原子尺度催化剂
［如图 5-6(b) 所示］[30]。同时借助冷冻电镜可观察高分子相貌等优势，人们开
始借助冷冻电镜观察离聚物在不同溶剂中的分布，或催化剂层浆液中离聚物与催
化剂分布状况［如图 5-6(c)和(d)所示］[31]。

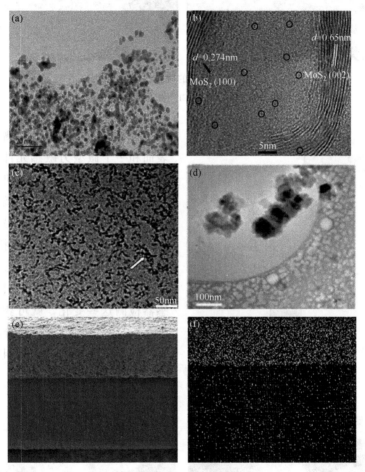

图 5-6　透射电镜和扫描电镜图片

　　扫描电子显微镜观察膜电极各层表面以及截面相貌。观察表面的样品直接置
于扫描电镜样品台上，观察截面的样品需要将其浸入液氮中冷却淬断。采用能谱
分析可对各层表面和断面以及膜电极断面元素分布进行测试［如图 5-6(e)和(f)
所示］。膜电极样品的层状结构，可通过树脂包埋切片的方式，实现扫描电子显
微镜的有效观测，如图 5-7 所示[32]，不同层状结构间的界面形态、内部多孔结
构皆可实现清晰的表征。

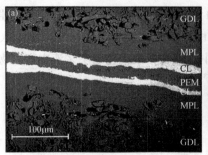
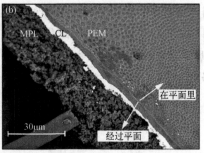

图 5-7　树脂包埋切片的膜电极截面 SEM 图片

GDL—气体扩散层；MPL—微孔层；CL—催化剂层；PEM—聚合物电解质膜

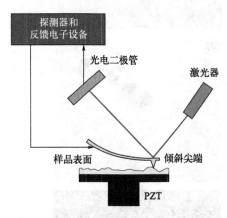

图 5-8　原子力显微镜工作原理示意图

PZT—压电陶瓷

　　原子力显微镜通过检测待测样品表面和一个微型力敏感元件之间的极微弱的原子间相互作用来研究物质的表面结构及性质。将一对微弱力极端敏感的微悬臂一端固定，另一端的微小针尖接近样品，并与其相互作用，作用力将使得微悬臂发生形变或运动状态发生变化。扫描样品时，利用传感器检测这些变化，就可获得作用力分布信息，从而以纳米级分辨率获得表面相貌结构信息与表面粗糙度信息（如图 5-8 和图 5-9 所示）。

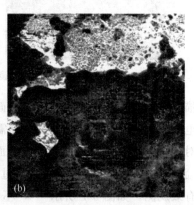

图 5-9　典型电极催化剂层表面的 AFM 图片

5.2.1.2　孔径分布测试

采用压汞仪测试膜电极催化剂层或微孔层的孔径分布。压汞法测试的是在外压力作用下进入经脱气处理的样品孔道内的汞含量，并根据非润湿毛细原理推出的 Washburn 方程将其换算为不同孔尺度的孔体积。

$$d = -(1/p)4\gamma\cos\theta$$

式中，d 为孔径大小；p 为系统压力；γ 为表面张力；θ 为接触角。

目前很多研究人员采用物理吸脱附方法测试催化剂层或微孔层孔径分布。物理吸脱附分析是在低温（液氮浴）条件下，向样品管内通入一定量的吸附质气体（氮气），通过控制样品管中的平衡压力直接测得吸附分压，通过气体状态方程得到该分压点的吸附量；通过逐渐注入吸附质气体增大吸附平衡压力，得到吸附等温线；通过逐渐抽出吸附质气体降低吸附平衡压力，得到脱附等温线。根据吸脱附等温线，借助多点 BET 法计算比表面积；采用 BJH 方法计算平均孔径和孔径分布[33]。

5.2.1.3　总孔隙率及亲/憎水孔隙率测试

扩散层总孔隙率的测定采用悬浮浸渍法[34]，具体操作如下：首先，将不可润湿的细丝一端连接一定面积的待测扩散层，细丝的另一端固定在支架上。然后将装有正癸烷的烧杯置于天平上，天平示数清零。再将扩散层浸没于正癸烷中，并保持其悬浮于烧杯中，不接触烧杯壁。浸渍一段时间，直至天平示数不再变化，记录天平示数为 X_0。由于正癸烷的表面能较低，几乎能进入扩散层的全部孔中（指能与外界连通的孔）[35]，而天平示数即为正癸烷对扩散层实体材料的浮力。因此可以计算扩散层的总孔隙率。

$$V_{表观} = Ah \qquad F_{浮} = \rho g V_{排} = X_0 g \qquad \varepsilon = 1 - (V_{排}/V_{表观})$$

式中，$V_{表观}$ 为扩散层的表观体积，cm^3；A 为电池几何面积，cm^2；h 为扩散层的厚度，μm；$F_{浮}$ 为扩散层所受浮力，N；ρ 为正癸烷密度，0.73g/cm^3；g 为重力加速度，9.8N/kg；$V_{排}$ 为扩散层实际体积，cm^3；ε 为扩散层总孔隙率。

高温水蒸气法用于测试扩散层亲水孔孔隙率[34]。首先将待测扩散层密封在带有空腔和气体进出口的两块端板之间。然后从支撑层通入高温水蒸气，水蒸气通过气体扩散层后从微孔层流出。部分水蒸气会在扩散层的亲水孔里发生毛细凝聚，以液态水形式累积在亲水孔道内。称重法确定累积在亲水孔里的体积，由此确定亲水孔体积。亲水孔的孔体积除以表观体积即亲水孔孔隙率。

憎水孔孔隙率可由总孔隙率减去亲水孔孔隙率得到。

5.2.1.4 气体渗透性测试

气体渗透性可以通过测试扩散层或催化剂层两侧的压差和通过的气体流量，根据 Dacry 定理确定的气体扩散系数来表征。

$$k = \upsilon \mu (\Delta X / \Delta p)$$

式中，k 为扩散层或催化剂层的扩散系数，m^2；υ 为通过扩散层或催化剂层的气体流速，$m \cdot s^{-1}$；μ 为流体黏度，$Pa \cdot s$；ΔX 为扩散层或催化剂层厚度，m；Δp 为样品两侧压力差，Pa。

5.2.2 膜电极电化学测试

5.2.2.1 半池性能测试

半池性能测试在三电极体系下，包括如图 5-10 所示的工作电极（WE）、参比电极（RE）和辅助电极（CE，对电极）。其中铂片通常作为对电极，饱和甘汞电极（SCE）、饱和氯化银电极或氧化汞电极通常作为参比电极，电解液通常为高氯酸或硫酸体系，所选电势窗口为 1～1.2V［vs RHE（可逆氢电极）］。

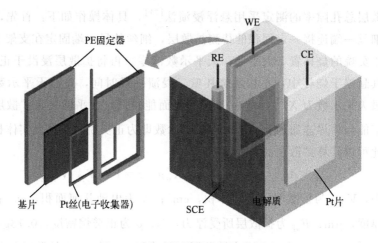

图 5-10 半池性能测试装置示意图

循环伏安测试（cyclic voltammetry，CV）是一种重要的电化学研究方法。该法控制电极电势以不同扫描速率随时间以三角波形式一次或多次反复扫描，选取适当的电势窗口以使电极上能交替发生不同的还原和氧化反应，记录电流-电势曲线。根据曲线形状可以判断电极反应的可逆程度、中间体吸附或新相形成的可能性，以及偶联化学反应的性质等。

5.2.2.2　单池极化曲线测试

膜电极组装成电池并经活化后，将装置置于图 5-11 所示的装置中进行极化曲线测试（以甲醇为例进行说明）：以固定流速将固定浓度溶液（如甲醇溶液）通入阳极，阴极通入固定流速空气或氧气，电池温度控制在 60～95℃。采用燃料电池测试系统（如 Fuel Cell System，Abrin Co.）记录电池电压和电流，为保持电池稳态和数据重复性，每一个电流值需稳定一定时间。

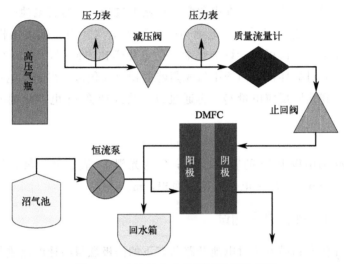

图 5-11　电池极化曲线测试装置示意图

5.2.2.3　交流阻抗测试

电化学阻抗谱（electrochemical impedance spectroscopy，EIS）是通过给电化学系统施加一个频率不同的小振幅交流信号，测试交流信号电压和电流比值随正弦波频率的变化，进而分析电极过程、双电层和扩散等的电化学测试方法。通常采用电化学工作站测试电池在开路状态或恒电流放电或恒电压放电时的交流阻抗。开路状态下的交流阻抗谱可用于分析电池整体内阻，用于校正电池极化曲线。在恒电流放电或恒电位放电时的交流阻抗谱可用于分析阴阳极电化学反应过程或传质过程。开路及恒电流放电条件下燃料电池 EIS 测试结果的 Nyquist 图可通过等效电路进行近似模拟，其结果有助于我们深入分析电极结构特征及其电化学过程的动态行为。

5.2.2.4　阳极和阴极极化测试

阳极极化测试中，阳极通入固定流速的溶液（如甲醇溶液），作为工作电极；

阴极通入干燥氢气，作为辅助电极和动态氢参比电极（DHE）。电池保持在一定温度。采用电化学工作站对单电池进行线性扫描，得到阳极极化曲线。根据阳极燃料的氧化电位选择合适的扫描电位窗口。

电池阴极极化曲线可以通过内阻校正的电池极化曲线与内阻校正后的阳极极化曲线加和得到。

5.2.2.5　循环伏安测试

电池电化学循环伏安测试在电化学工作站上进行。通常将电池一极当作工作电极，通入一定流速去离子水；电池另一极通入氢气，当作辅助电极和参比电极。借助循环伏安测试可以计算催化剂层的电化学比表面积，以 Pt 电催化剂为例进行说明。通过循环伏安曲线中氢脱附峰的积分面积可以得到总电量，扣除双电层电量后得到实际反应电量 Q，再通过以下公式计算 Pt 电催化剂的电化学比表面积[36]：

$$S = 0.1Q/(mC)$$

式中，m 为电极中 Pt 的质量，mg；C 为光滑 Pt 表面吸附氢后氧化脱附电量，$0.21\mathrm{mC \cdot cm^{-2}}$；$S$ 为电化学比表面积，$\mathrm{m^2 \cdot g^{-1}}$。

5.2.2.6　阳极燃料渗透测试

采用线性伏安扫描方法对电池开路状态下的阳极燃料渗透电流进行测试。阴极通入去离子水，作为工作电极；阳极通入固定流速溶液（如甲醇溶液），作为参比电极和辅助电极。扫描电位窗口取决于阳极燃料种类。在线性伏安曲线一定电位下会出现电流平台，即为阳极燃料极限扩散电流值，可用于评估电极结构以及电解质膜与阳极燃料扩散相互关系。

5.3
膜电极的制备过程

膜电极一般由阴阳极催化剂层、阴阳极气体扩散层和聚合物电解质膜组成。因而膜电极的制备过程可分为阴阳极气体扩散层的制备、阴阳极催化剂层的制备、聚合物电解质膜的制备以及膜电极的组装等过程。

聚合物电解质膜通常采用美国杜邦公司的 Nafion® 电解质膜，一般分为Nafion® 117、Nafion® 115、Nafion® 212、Nafion® 211 等，电解质膜厚度分别为$175\mu m$、$125\mu m$、$50\mu m$、$25\mu m$ 等。通常 Nafion® 117 和 Nafion® 115 需要预处

理：①用 3%～5% 的双氧水在 80℃ 处理 1h；②采用去离子水多次冲洗后在 0.5mol·L⁻¹ 硫酸溶液中 80℃ 处理 1h；③用去离子水在 80℃ 水浴处理 1h。随后将处理好的 Nafion® 电解质膜置于去离子水中，在冰箱中 2～6℃ 保存。Nafion® 212 和 Nafion® 211 等可以直接使用，无需预处理过程。

5.3.1　催化剂层的制备方法

电极是一种多孔扩散电极，由扩散层和催化剂层组成。催化剂层是电化学反应发生的场所，阳极和阴极常用的催化剂为 Pt 贵金属及其合金体系。扩散层在膜电极中起支撑催化剂层、收集电流及传递物料等作用，它一般是由导电的多孔材料制成，现在使用的多为表面经过碳粉整平的碳纸或碳布。通常在扩散层和催化剂层内含有适量的聚合物 PTFE 或者 Nafion。其中 Nafion 作为黏结剂和亲水剂，而 PTFE 作为黏结剂和憎水剂。

迄今为止，MEA 的制备方法按其制备过程可以分为两类，即 GDE-Membrane 和 CCM-GDL 过程，如图 5-12 所示。前者是将催化剂层制备到气体扩散层（GD）上形成气体扩散电极（GDE），然后将 GDE 与电解质膜热压在一起形成 MEA，这种途径的优点在于容易放大与批量生产，而且 GDE/MEA 的结构或尺寸都可以非常灵活地变化。后者是将催化剂层制备到电解质膜上，得到 CCM（catalyst-coated

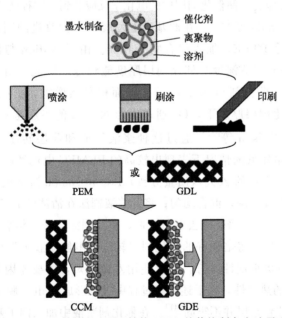

图 5-12　GDE 结构与 CCM 结构 MEA 的传统制备方法示意图

membrane)，然后将 CCM 和 GDL 层压在一起形成 MEA。其优点在于能够分别对催化剂层和扩散层进行结构优化，而且在制备过程中催化剂或聚合物 Nafion 不会渗透到扩散层中造成传质阻力。

实现上述两种制备过程的电极制备工艺有很多种，按照所采用的技术可分为基于浆液过程的电极制备方法、原位电化学或化学沉积方法、真空溅射、滚压法以及干层制备方法等，其中以基于浆液过程的电极制备方法最为普遍。

5.3.1.1 基于浆液过程的电极制备方法

这种方法是指将催化剂粉末与黏结剂以及质子导体聚合物分散到一定的有机溶剂或去离子水中，混合均匀后形成催化剂浆液，然后分散到扩散层或电解质膜上。PEMFC 电极最初借鉴了磷酸燃料电池（PAFC）中电极的制备方法，即以 PTFE 为黏结剂的多孔扩散电极，Pt 载量较高，大约在 $10mg \cdot cm^{-2}$。通过高温高压处理将催化剂渗入到电解质膜中以使得催化剂层具有一定的质子传导能力，因而催化剂利用率较低。可溶性聚合物 Nation 的成功开发并通过在电极表面浸渍的方式引入到电极内部显著提高了催化剂利用率，贵金属载量降低了近一个数量级，但是这种制备工艺难以控制催化剂层厚度，Nafion 浸渍深度很难与催化剂层厚度匹配。加入 PTFE 的目的不仅作为黏结剂，而且还要利用其憎水性提供气体扩散通道和憎水通道以防止水淹，但实际上 PTFE 很难均匀地分布在碳颗粒之间，部分孔道和碳颗粒已经完全被 PTFE 包裹，使催化剂层中的电化学反应受到一定程度的影响。

Wilson 和 Uchida 等[37-39] 在此基础上发展了一种改进的制备工艺。在催化剂浆液中完全去除 PTFE，加入聚合物 Nafion。由于 Nafion 与催化剂颗粒均匀混合，因此 Nafion 浸渍深度与催化剂层厚度能较好地匹配。由于催化剂层内没有 PTFE 的存在，催化剂与 Nafion 的接触面积必然增大，扩展了三相反应区。并且在一定的催化剂层厚度下，O_2 通过水合 Nafion 的渗透速率大于通过 PTFE 的渗透速率[40]。Wilson 等[37] 通过这种浆液组成和薄层转压方法制备的膜电极，在催化剂载量较低的情况下表现出较高的 PEMFC 电池性能。具体的制备工艺如下：首先将一定量的 20％（质量分数）PtC 和 Nafion 溶液混合，加入一定量的水和甘油，超声波振荡，混合均匀；将此浆液刷涂在清洁的 PTFE 基底上，在空气强制对流炉中 135℃下焙烧除去有机溶剂，重复刷涂浆液、焙烧直到所需要的催化剂载量为止；最后，将焙烧好的催化剂层转压到电解质膜上形成 CCM。但是此种工艺制备的膜电极重现性不好，而且使用寿命较短，主要原因是 Nafion 单体并不具有 Nafion 膜的热塑性，在上述焙烧过程中很难形成 Nafion 膜的交联网状结构，所以形成的薄层催化剂层并不牢固[41]。在催化剂浆液中加入四丁基铵（TBA），通过离子交换得到热塑性较高的 TBA＋Nafion，在高温（200～210℃）将催化剂层转压到 Na 型电解质膜上，重新质子化，获得的催化剂层具有交联的网状结构，与电解质膜结合牢固不易破裂。通过此种制备工艺制备的膜电极经过 4000h 的 PEMFC 寿命试验，性能损失小于 10%。另外将催化剂浆液直接浇铸在 Na 型电解质膜上能使催化剂层和电解质膜之间的结合更为紧密，可降低膜电极内阻[41]。

催化剂浆液中溶剂的选择也有大量的报道[38,39,42,43]。Uchida 等试验了聚合物 Nafion 在 71 种有机溶剂中的稳定性，发现在介电常数大于 10 的溶剂中，Nafion 以溶液形式存在；在介电常数大于 3 小于 10 的溶剂中，Nafion 形成反胶束结构，以胶体形式存在；而在介电常数小于 3 的溶剂中，Nafion 胶束团聚，以沉淀形式存在。聚合物 Nafion 的分子结构主链为 PTFE，磺酸根在其支链上，所加入的溶剂与支链磺酸根基团的相互作用决定了 Nafion 的分布形态。在 Pt/C 催化剂加入聚合物 Nafion 以胶体形式存在的溶液中，聚合物 Nafion 吸附在 Pt/C 催化剂的表面，超声波振荡后聚合物 Nafion 可能发生交联分布在碳载体上，因此形成了聚合物 Nafion 的质子传导网络，增加了催化剂和聚合物 Nafion 之间的接触面积。Shin 等[42] 根据上述理论，分别以异丙醇和醋酸丁酯作为溶剂分散催化剂和聚合物 Nafion 来制备 DMFC 催化剂层。结果表明对于溶液方法，离子聚合物可能会覆盖在碳载体表面，从而阻碍了电子传导，降低了 Pt 利用率；而对于胶体方法，离子聚合物胶体主要吸附在 PtC 催化剂粒子上，使 PtC 催化剂的团聚增强，并且离子聚合物在电极内连续分布，电极孔隙率增大，传质阻力降低。英国 Johnson Matthey 公司更倾向于使用水作溶剂[43]，认为这样可以降低在催化剂层制备过程中催化剂烧结的风险，因为 Pt 基催化剂与聚合物 Nafion 溶液里的有机溶剂可能发生化学反应，致使痕量的有机物质残留在催化剂层中。由于碳载体具有高度多孔的结构，吸附性较强，很难完全除去碳载体里的有机物质。任何痕量的污染物可能与电催化剂发生化学反应，毒化 Pt 或者改变阴极的排水能力，最终造成阴极水淹，这两种作用将明显降低膜电极性能。

随着燃料电池的产业化进程的不断深入发展，膜电极的高一致性、高产能、低成本的批量制备逐渐成为限制其发展的技术瓶颈之一。涂布技术作为薄层材料的关键工业化技术之一，是目前包括锂离子电池在内的多种电源技术薄层电极的常用制备工艺。燃料电池膜电极的生产工艺目前也引入了涂布技术以提高其一致性与产能。BASF 公司基于 GDE 结构的膜电极，开发了通过狭缝挤压涂布技术，直接将催化剂浆液涂覆于柔性成卷气体扩散层表面，催化剂载量一致性与产能大幅提高。Gore 公司基于其开发的超薄增强电解质膜实现了 CCM 结构的膜电极卷对卷（roll-to-roll）涂布制备，产品性能、一致性及成本都得到了大幅改善。在此基础之上，丰田公司基于涂布法制备的膜电极已经应用于其量产的燃料电池动力汽车电堆中。

5.3.1.2　原位电化学或化学沉积方法

原位电化学或化学技术已被应用于电极制备过程，实验结果表明这两种技术显著提高了贵金属催化剂的利用率。电化学技术的基本原理是将 Pt 准确地沉积在质子、电子和反应物通道都能到达的区域，即所谓的三相界面区。Taylor 等[44] 在扩散层上浸渍 Nafion 溶液，采用阳离子形式的 Pt 前驱体与聚合物 Nafion 中的质子进行交换，然后通过电化学还原过程将 Pt 沉积到碳上，电极 Pt 担载量为 $0.05mg \cdot cm^{-2}$，Pt 粒子大小为 $2 \sim 3.5nm$，比活性比传统电极提高了近 10 倍。而 Loffler 等[45] 采用阴离子形式的 Pt 前驱体制备了覆盖在玻璃碳电极上的催化剂层。将 Nafion 溶液与碳粉分散到异丙醇中超声波振荡混合均匀，然后加入分散在异丙醇中的氯铂酸，超声波混合均匀后，将混合物涂覆在玻碳电极上，室温下烘干，置于电解池阴极，利用脉冲法还原得到 Pt 粒子，Pt 含量约为 $0.5mg \cdot cm^{-2}$，面积随 Pt 担载量增大线性增加，表明电化学沉积的 Pt 粒子均位于三相界面区。

而原位化学技术是通过 Takenaka-Torikai（T-T）过程制备 Pt 粒子。在起初的 TT 过程中，电解质膜的一面是 $0.1mol \cdot L^{-1}$ 的 N_2H_4 溶液（pH 值约为 13），另外一面是不加搅拌的约为 $20mmol \cdot L^{-1}$ 的氯铂酸，还原沉积 Pt 粒子，直到所需要的载量为止。在此基础上，Liu[46] 采用非平衡态浸渍还原法在质子交换膜上化学沉积 Pt 粒子。制备工艺如下：将质子交换膜固定在一个反应装置中，将二亚硝基二氨合铂浸入质子交换膜中，然后通过 $NaBH_4$ 化学还原铂盐，使膜中靠近表面的薄层内沉积出细小的 Pt 颗粒，获得厚度约为 $0.3\mu m$、载量为 $0.5mg \cdot cm^{-2}$ 的催化剂层，电化学活性表面积为 $34m^2 \cdot g^{-1}$，但是这种方法得到的 Pt 颗粒较大，气体传质阻力较大。Fujiwara 等[47] 以 $Pt(NH_3)_4Cl_2$ 和 Ru $(NH_3)_5Cl_3$ 的混合溶液作为前驱体溶液，$NaBH_4$ 溶液作为还原剂，同样通过浸渍还原过程在 Nafion 膜表面制备了 PtRu 催化剂层，通过调节前驱体溶液中的 Pt 和 Ru 化合物的摩尔比可制备不同原子比的 PtRu 催化剂层。这种制备技术最大的优点是较为方便地在不同形状（如管状）的电解质膜表面制备不同载量和 PtRu 原子比的催化剂层，而通常的基于浆液过程的制备方法很难做到这一点。总之，通过电化学和化学过程能够制备较低载量的催化剂层，催化剂利用率较高，但是与基于浆液过程制备的电极性能相差较大，因而实际应用中并不广泛。

5.3.1.3　真空溅射法和滚压法

真空溅射法首先在真空下将 Pt 基催化剂溅射到 Nafion 膜的两侧或扩散层表面上，然后涂刷一层 C/Nafion/异丙醇溶液，真空干燥除去溶剂，膜/催化剂经

H_2SO_4 水溶液煮沸、蒸馏水洗涤后与扩散层一起热压制成膜电极。Witham 等[48]利用真空溅射法制备 DMFC 阳极，贵金属载量为 $0.03mg \cdot cm^{-2}$，比能量超过 $1W \cdot mg^{-1}$，比传统方法制备的阳极比能量（$100mW \cdot mg^{-1}$）高近 10 倍。但是单池的功率密度仅为 $100mW \cdot cm^{-2}$，制备工艺比较复杂。

德国 Gulzow 等发明了滚压法来制备膜电极。首先将碳粉与 PTFE 的混合物喷射到碳布上，得到憎水层，然后将一定量的担载型（或非担载型）催化剂与 PTFE 的混合物喷射到憎水层上，最后将两片电极置于电解质膜两侧在 160℃下滚压，可制得 $5\sim50\mu m$ 的催化剂层，制备的膜电极断面 SEM 图与商品化的膜电极非常相似，这种电极制备工艺特别适合大规模生产[48]。但是并没有后续的研究论文或专利出现。

5.3.2 扩散层制备

扩散层位于催化剂层与流场板之间，一般由支撑层和微孔层两部分组成，其制备过程分为支撑层的制备和微孔层的制备。支撑层由导电多孔材料（碳纤维纸——碳纸，碳纤维编织布——碳布，非织造布及炭黑纸等）构成，与流场和流场内的物料相接触，起到收集电流、支撑微孔层和催化剂层的作用。扩散层在膜电极集合体中不仅作为反应物向催化剂层传输和产物从催化剂层排出的通道，而且还作为整个电池回路的电子载体，因此，扩散层应具备良好的电子电导率和气体通道、排水通道性能。Shukla 等[49] 利用不同比表面积的碳粉来制备扩散层，发现比表面积最大的碳粉制备的电极获得的性能最高。Gottesfeld 等[50] 研究了扩散层厚度以及单面（只保留了与催化剂层接触的扩散层）与双面的影响，发现在空气作为氧化剂时，阴极扩散层很薄且是单面时，在高电流密度区电池性能比双面时的性能要好，可能原因是扩散层采用单面时对阴极氧气向催化剂层传输和生成水由催化剂层排出的阻力较小。综上所述，扩散层的制备工艺对电池性能有一定的影响，制备空气阴极时应考虑 N_2 的影响因素。

5.4
有序化膜电极

为了更好地设计构建 MEA 的结构，认识 MEA 内部所发生的电极过程及其与结构组成之间的关系至关重要。图 5-13 描绘了从微观尺度到宏观尺度范围内，燃料电池 MEA 内各种过程的特征尺度。在 $10^4 nm$ 以上的宏观尺度内，主要发生燃料（甲醇等）或氧化剂（氧气、空气等）的流体由流场向扩散层的物质传递与分配。在尺度为 $10 \sim 10^4$ nm 的介观尺度内，MEA 的主要结构特征则体现为以物质传递为主要功能的多孔结构，以及具有催化活性的位点结构，相对应的电化学过程则主要体现为反应物在电极中向催化活性位点的传质过程，以及产物由活性位点向电极外侧的传质过程。尺度进一步缩小至 1nm 以下时，电极中所具有的典型结构包括电极表面双电层结构、电极表面原子对反应物分子及中间产物的吸附结构等，相应的电极过程则包括双电层的形成、表面化学反应、吸附、电子转移反应、脱附等。

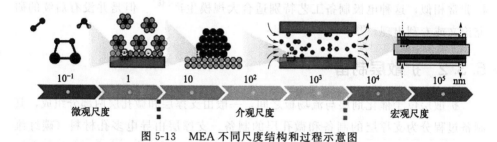

图 5-13　MEA 不同尺度结构和过程示意图

通常的电化学过程主要位于介观与微观两个尺度范围内，而宏观尺度常常与燃料电池流场及系统结构相关。因此，在燃料电池 MEA 的研究中，其空间尺度跨越介观与微观两个范围，介观尺度结构的构建直接影响了 MEA 中的物质传递过程，而微观尺度结构的构建则主要影响电极反应过程。跨尺度、多层次的结构耦合设计及制备将是 MEA 研究的前沿。下面将从介观与微观尺度分别对 MEA 结构的发展进行评述。

5.4.1　介观尺度有序电极研究进展

在介观尺度内，反应物或产物的传输迁移局限于一个相对狭小的空间范围内。为了实现高效的传输迁移过程，多孔结构电极已实现了广泛的应用。在多孔电极中，孔曲折系数是影响传输迁移过程的关键参数之一。显而易见，较小的孔曲折系数，在通过同样厚度的多孔电极时，具有更短的实际传质距离，传质阻力也较小。为了构建这样的孔道结构，制备具有平行于物质传递方向的多孔阵列可能是切实可行的方法之一。

在多孔阵列结构的组成材料中，碳基纳米材料，由于其广泛而丰富的来源、优异的电子导电性以及极高的比表面积等特性，是化学电源中应用最为广泛的电极材料之一，近年来在构筑具有阵列结构的燃料电池电极应用中得到了大量的报道［图 5-14(a)］。荷兰 NedStack 公司的 E. Middelman 等[51-53] 率先采用强电场

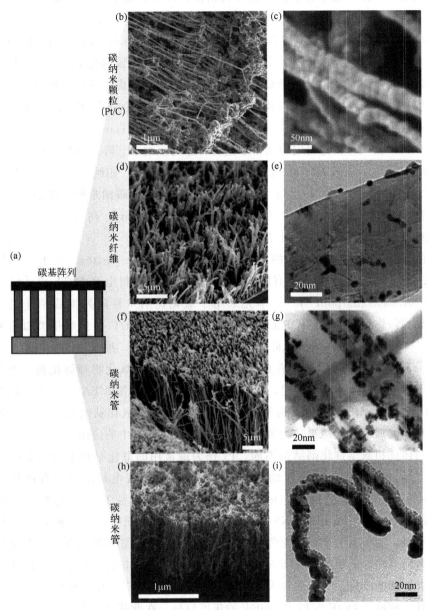

图 5-14 碳基介观尺度有序电极结构

作用于 Pt/C 物理混合 Nafion® 聚离子浆液，构建了具有纳米纤维阵列结构的电极［图 5-14(b),(c)］。他们同时提出了一种阵列结构的理想电极，即直径 30nm左右的电子导体纤维垂直于膜形成阵列结构，在其表面上担载 2nm 左右的铂纳米粒子，表面同时覆盖不超 10nm 的离子导体层。基于这样的构想，E. R.Savinova 等[54-57] 采用阵列结构的碳纳米纤维［图 5-14(d),(e)］，担载铂纳米粒子后应用于阴极氧还原反应，实现了电极性能的提升。该研究小组同时实现了碳纳米纤维长度、直径以及铂担载密度的可控制备，并考虑了这些参数对电极反应的影响机制，遗憾的是并未将其应用于燃料电池 MEA 的实际工作环境中，所阐述的构效关系尚欠缺实际的指导意义。新加坡的 Z. Q. Tian[58,59] 以及澳大利亚的 J. Chen 等[60-64]，先后成功制备了垂直有序的碳纳米管阵列结构［图 5-14(f),(g)和(h),(i)］，并实现了在燃料电池 MEA 中的应用，铂纳米粒子的利用率得到了大幅度的提升，其中 Z. Q. Tian 等采用溅射法制备碳纳米管担载铂的有序结构催化剂层，比质量功率密度（mass specific power density）高达 $14W \cdot mg^{-1}Pt$，在低载有序电极的研究领域处于领先水平。

除碳基材料以外，部分的金属化合物（metal composites）及半导体材料（semi-conductors）也被作为有序阵列结构载体用于燃料电池 MEA 中［图 5-15(a)］。A. Bonakdarpour 等[65] 率先采用了氧化铌纳米柱阵列担载铂［图 5-15(b),(c)］，作为燃料电池 ORR 电催化剂，实现了与 Pt/C 催化剂相类似的催化活性。A. Morin 等[66] 采用硅纳米线阵列作为基底，原位沉积了铂纳米层［图 5-15(d),(e)］，用于 MEA 的阴极与阳极侧。钛的氧化物与氮化物，由于易于实现有序纳米阵列结构构建，同样也被应用于燃料电池 MEA 中[67-71]。图 5-15(f),(g) 以及 (h),(i) 分别为氮化钛纳米管阵列与二氧化钛纳米管阵列担载铂纳米粒子的形貌表征结果，均实现了在燃料电池 MEA 中的应用。

与传统担载型催化剂结构不同，Pt 作为最常用的催化材料本身也是电子的良好导体。将 Pt 制备为有序的纳米结构，也可望实现电极结构的有序化制备［图 5-16(a)］。3M 公司 M. Debe 领导的研究团队制备了一种纳米结构薄膜（nanostructured thin film，NSTF）催化电极[72,73]。该团队将一种有机染料为基本材料，制备出纳米线晶须阵列，并以此为模板，将铂及其他金属溅射至晶须表面，形成纳米薄膜结构［图 5-16(b),(c)］用于燃料电池电极中，在保证不降低电极性能的前提下，铂载量大幅降低至 $0.1mg \cdot cm^{-2}$，同时电极稳定性大幅度提升，超过了 DOE 2017 年 5000h 的年度目标。在此基础之上，通过将纳米结构的薄膜电极退火处理，制备出了介观结构薄膜（mesostructured thin film，MSTF）电极[74]，其中铂及铂合金的晶型更加完整有序，更大比例的 Pt 或 Pt合金（111）晶面暴露于表面，电极材料的 ORR 催化比表面活性较 NSTF 提高 8 倍

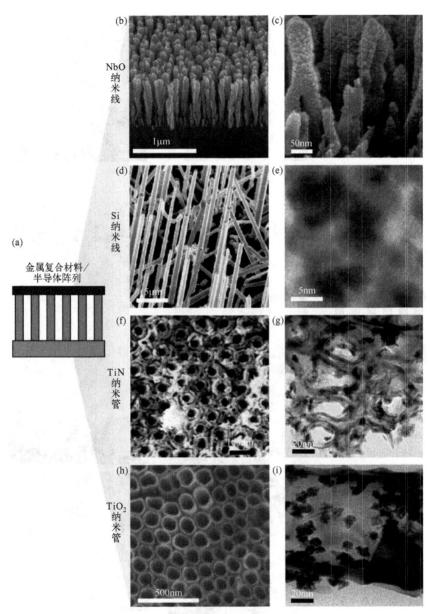

图 5-15 金属化合物及其半导体结构有序电极结构

图 5-16　铂及铂合金介观有序电极结构

以上。此外，以铂及其合金为基本材料构成的有序纳米结构，例如多孔铂纳米线阵列［图 5-16(d)，(e)］[75,76]、铂纳米线阵列［图 5-16(f)～(i)］[77-79] 等结构也得到了大量的报道。尽管这类结构相较担载型的铂纳米粒子在电化学活性面积上并不具有优势，但由于较大比例的贵金属优势晶面暴露以及较大尺度的晶体尺寸，比表面活性以及电化学稳定性都得到了大幅提高。但迄今为止，除了 3M 公司的 NSTF 电极实现了在 MEA 中的良好应用之外，其他电极结构在 MEA 中的实际应用依然鲜有报道。

近年来，许多其他形貌特征的有序结构被不断地提出（图 5-17），试图对燃料电池电极结构的发展提供更广泛的借鉴与参考。韩国 O. Kim 等[80] 开发了一种反相蛋白石结构（inverse opal structure）的有序大孔铂电极，如图 5-17(b) 和(c) 所示，实现了电极中传质过程的强化，并提高了电极铂基金属的利用率。德国 M. Rauber 等[81] 采用定向辐射刻蚀的方法，制备了具有 3D 网络结构的铂骨架电极，尽管并未实现在燃料电池中的应用，但该制备方法为实现多种结构提供了可行的手段。此外，采用自组装方法制备的层状网络结构[82-85]，也实现了电极性能的优化。

上述阵列结构电极虽然实验证明其优势明显，但在理论研究方面，这种结构在电极过程中的行为机制认识尚存不足。加拿大国家研究理事会的 M. Hussain 等[23,86,87] 以 E. Middelman 所提出的理想电极结构为模型基础，利用三维数学建模的手段，模拟研究了有序阵列结构电极中 ORR 过程的行为机制，并预测了不同结构参数的电极所具有的性能特点，与部分实验结果具有良好的一致性。研究认为，由于有序阵列结构的建立，氧气在垂直孔道结构中传质过程阻力已经不是阴极极化的主要来源，其影响几乎可以忽略不计。而氧气分子在载体表面的固体电解质中的扩散阻力，则成为制约电极性能至关重要的因素。

综上所述，目前在 MEA 介观尺度有序化的研究尽管并未在结构设计、制备方法以及理论模型等方面达成共识，但仍得到了许多启发性的研究结果，电极性能、成本、寿命都得到了一定程度的改善。然而目前仍面临诸多挑战。首先，结构设计的理论依据尚不完善，目前常用的流体力学模型在微纳尺度的电极结构中并不完全适用，加之电极中特殊的电化学环境，使得体系愈发复杂。其次，有序结构制备方法仍缺乏简易、实用的途径，目前有序结构的材料与制备方法千差万别，电极性能特征差异很大，难以实现构-效关联。最后，有序介观结构目前并无有效的电极表征手段，阻碍了电极的结构设计与制备的发展。

5.4.2 微观尺度有序电极研究进展

上述在介观尺度范围内实现的有序结构电极的设计与制备大部分都没有考虑

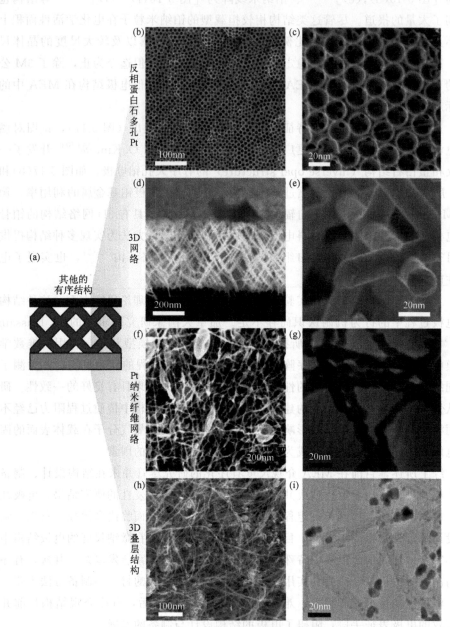

(a) 其他的有序结构

(b) (c) 反相蛋白石多孔Pt 100nm 20nm

(d) (e) 3D网络 200nm 20nm

(f) (g) Pt纳米纤维网络 200nm 20nm

(h) (i) 3D叠层结构 100nm 20nm

图 5-17 其他介观有序电极结构

燃料电池中电极反应的发生过程。先前的研究结果表明，电极反应主要发生在电极中位于微观尺度范围的三相反应界面（triple phase boundaries，TPB）区[88-92]，如图 5-18 所示。三相反应界面即三个不同相态物质的界面处，三个相态中分别发生电子的传导（通常于催化剂载体中）、离子的迁移（液态或固态电解质中）以及反应物/产物的传质（电极中的孔隙通道中），因此，想要改善电极过程、提高电催化剂利用率，铂等电催化剂纳米粒子需要较大程度地位于三相反应界面处。

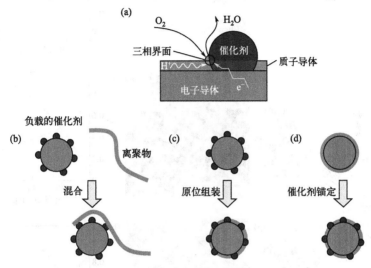

图 5-18　三相界面结构示意图（a）及三相界面构建方法［(b)～(d)］

以传统的碳载铂催化剂电极为例，为了实现有效的三相界面构建，通常采用 Nafion® 聚离子等可承担离子迁移功能的材料构建三相界面[90]。但其缺陷也是显而易见的，由于物理混合过程随机而无序，催化剂纳米粒子难以保证位于三相界面区内。以电化学活性面积为指标，目前传统结构碳载铂催化剂电极的铂利用率，通常约为 10%～30%。为了最大程度地利用催化剂粒子，目前可遵循的设计思路如下，在担载型电催化剂的表面，原位组装具有离子迁移能力的物种，使之形成均匀的层状结构，如图 5-18(c) 所示，以此建立三相反应界面，实现催化剂的高效利用。

微观有序结构电极示意如图 5-19 所示。武汉理工大学的潘牧等[93-97] 直接将铂纳米粒子组装于 Nafion® 膜表面，形成"单粒子层"的电极结构，如图 5-19(a) 所示，保证了绝大多数的铂纳米粒子位于三相反应界面区内，实现了催化剂粒子的高效利用。重庆大学魏子栋教授的研究团队[98-101] 和朱珊博士[102] 此前都以 Nafion® 聚离子交联的纳米碳球为基底，分别采用原位电化学还原以及化学浸渍还原方法，将铂纳米粒子锚定于 Nafion® 聚离子与碳载体形成

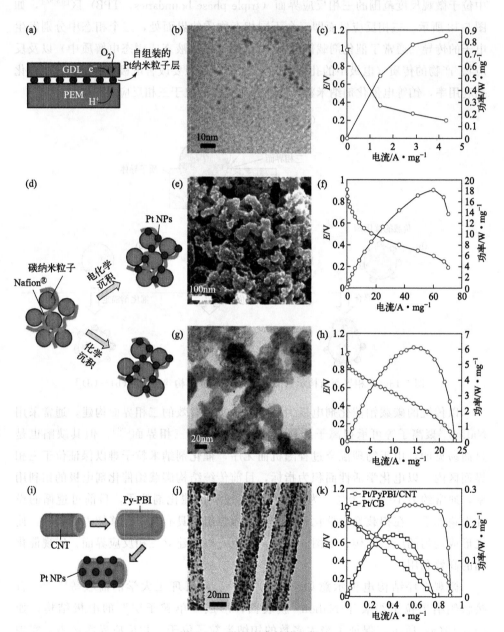

图 5-19　微观有序结构电极

的界面处，从而形成三相反应界面，电催化剂利用率大幅提升。其中前者应用于 PEMFC 阴极最高比质量功率密度可达 $18W \cdot mg^{-1}Pt$，后者用于阴、阳极最高比质量功率密度可达 $6W \cdot mg^{-1}Pt$，都远高于传统碳载铂结构电极的电极性能。该研究思路不仅适用于 PEMFC 的酸性体系中，也同样适用于碱性膜燃料电池等其他电极体系。如图 5-19(i) 所示，日本 T.Fujigaya 等[103-109] 设计了一种吡咯 (Py)-PBI 高分子包覆的碳纳米管载体，然后将铂纳米粒子担载其上，由于吡咯-PBI 在浸渍碱后具有氢氧根传导功能，催化剂利用率明显提高，电极性能较传统碳载铂结构大幅度提升。大连化物所孙公权等制备了一种将贵金属纳米粒子直接锚定于电子导体与质子导体的有序阵列结构界面处，该方法极大地解决了介观尺度传质通道有序与微观尺度催化剂高效利用之间的矛盾与制备技术的局限，实现了电极性能与稳定性的大幅提升。其利用吡咯中间体与 Nafion® 聚离子的静电相互作用，采用电化学聚合方法制备兼具质子迁移和电子传导能力的聚吡咯 (Ppy) 纳米纤维（图 5-20），实现了有序质子迁移通道的构建，大幅提升了催化剂利用率从而获得较高电池性能。

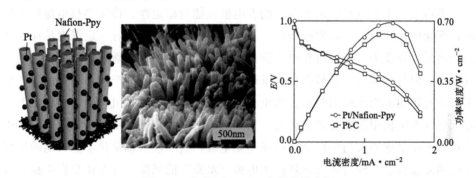

图 5-20 Pt/Nafion-Ppy 有序结构电极

上述电极结构的表征手段与理论阐释尚存在严重的不足，电极过程的分析通常还仅停留于电池性能方面，难以深入到微观结构的层面。对于三相界面的结构特征，美国斯坦福大学的 R.O'Hayre 教授[110-113] 通过一系列模型实验以及数值模拟手段阐释了三相界面结构，他认为三相界面并非空间结构上的相交界点，而是存在一个具有宽度与深度的区域，这个区域的大小与离子导体的结构及其传导能力密切相关。传统的碳纳米球载铂与 Nafion® 聚离子等离子导体混合的手段，难以有效形成三相反应界面，且纳米球的聚集体具有比较低的表面积-体积比，在催化层的三相反应界面的构建中也是比较低效的结构，因此亟待开发具有更高电催化剂利用效率的电极结构。

在微观尺度结构电极研究方面，虽然有相关结果见诸报道，但目前其实验制备、表征与理论模型等领域均还处于初级发展阶段。首先，在实验制备方面，目前还鲜有能够完整实现三相反应界面原位构筑的方法，特别是离子导体还难以有效地与电子导体以及催化剂粒子形成耦合良好的复合结构。其次，目前尚未出现能够恰当表征三相反应界面结构的方法，尽管各类谱学及显微技术在单一材料的表征方面具有较好的能力，但三相反应界面由于其涉及复杂结构特征以及复杂的电极过程，结构、性能表征还存在技术与方法上的困难。最后，在理论模型研究方面，目前大多数研究还依据经验以及采用模拟结构进行分析，这些研究方法都与实际的电极工作环境有一定差距，研究结果也还很难与实际电极过程所体现出来的特征相吻合。

5.5
自增湿膜电极

　　燃料电池膜电极水管理极大影响着电极性能与稳定性。传统燃料电池膜电极在正常操作条件下需要阴阳极增湿进料，以保证电解质膜具有一定湿度从而实现高的离子电导能力，也同时在电极催化层中形成三相反应界面，实现催化剂的高效利用。但与此同时，燃料电池阴极通常会生成水作为反应产物，过量的液态水无法及时排出电极进而累积在多孔电极的孔道中，将会造成电极"水淹"，大幅降低氧气在电极中的物质传输能力。自增湿膜电极是一类利用自身电极反应产生水从而实现电解质膜与电极增湿的新型膜电极，其不仅大幅简化了燃料电池进料系统的复杂程度，同时极大地降低了电极"水淹"的风险，可大幅提高电极的寿命。但由于传统结构膜电极在低湿度条件下难以实现放电启动，同时在低电流密度放电条件下电极中产水量减少，难以保持膜电极湿度，因此实现自增湿存在技术挑战。山梨大学的 Watanabe 研究组[114] 率先提出了电极中加入一定量的硅基或钛基化合物，作为保水材料从而实现了燃料电池的自增湿启动与稳定运行。宾州州立大学的 Liu 与大连化物所的衣宝廉等人也开发了一类具有保水作用的复合电解质膜，用于自增湿的燃料电池膜电极[115]。最近，天津大学与汉阳大学的研究人员发明了一种具有自主调节功能的自增湿电解质膜，其在传统电解质膜表面封装了一层具有纳米尺度裂痕的保水外壳，使电解质膜在工作状态下产水溶胀，而在间歇状态下失水从而裂纹封闭，实现保水作用[116]。图 5-21 示意了这类复合结构电解质膜的工作机制，以及其微观尺度下的结构特征。这一系列进展都为未来制备更高比功率与比能量的燃料电池系统奠定了基础。

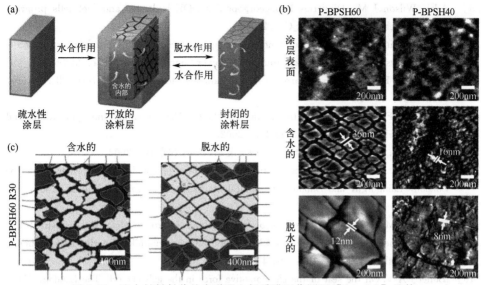

图 5-21　疏水材料封装的自增湿电解质膜工作原理〔(a),(c)〕及其
不同工作状态下的原子力显微镜照片(b)

5.6
总结与展望

　　膜电极作为燃料电池的"心脏"，其介微观结构与组成决定了其性能、寿命与成本，也直接影响堆组装的一致性与系统物质传输部件结构等，在燃料电池各部件中具有至关重要的作用。目前膜电极的发展，仍面临一系列关键技术问题，其中就包括贵金属大量使用导致的成本过高及资源短缺问题，电极组分老化导致系统寿命问题，液体燃料低温凝固导致的环境适应性问题，以及包括甲醇、乙醇在内的液体燃料向阴极渗透导致的性能与系统效率问题等。另外，随着燃料电池产业化的深入发展，高一致性的膜电极批量生产技术也日益成为限制该技术大规模商业化应用的重要挑战。未来的燃料电池膜电极研发将进一步从以上几个方面开展关键技术研究工作，为燃料电池的实际应用奠定基础。

参考文献

[1]　Ryan O'Hayre，Suk-Won Cha，Whitney Colella，et al. Fuel cell fundamentals. New York：John Wiley & Sons Inc，2016.

[2]　Litster S，McLean G. PEM fuel cell electrodes. Journal of Power Sources，2004，130：61-76.

［3］ Adria Wilson J M，Dimitrios Papageorgopoulos. DOE hydrogen and fuel cells program record：Fuel cell system cost ［C］. 2016.

［4］ Shao Y，Yin G，Gao Y. Understanding and approaches for the durability issues of Pt-based catalysts for PEM fuel cell. Journal of Power Sources，2007，171：558-566.

［5］ Debe M K. Electrocatalyst approaches and challenges for automotive fuel cells. Nature，2012，486：43-51.

［6］ Bard A J，Faulkner L R. Electrochemical methods：Fundamentals and applications. 2nd ed. New York：John Wiley & Sons Inc，2002.

［7］ 查全性，等. 电极过程动力学导论. 3 版. 北京：科学出版社，2002.

［8］ Butler J A V. LXXV. On the relation between metal contact potentials and the peltier effect. The London，Edinburgh，and Dublin Philosophical Magazine and Journal of Science，2009，48：746-752.

［9］ Thalinger M，Volmer M. Testings on the platinum-hydrogen electrode. Zeitschrift Fur Physikalische Chemie-Abteilung a-Chemische Thermodynamik Kinetik Elektrochemie Eigenschaftslehre，1930，150：401-417.

［10］ Butler J A V. On the seat of the electromotive force in the galvanic cell. The London，Edinburgh，and Dublin Philosophical Magazine and Journal of Science，2009，48：927-935.

［11］ Hogarth M P，Ralph T R. Ctalysis for low temperature fuel cells—Part Ⅲ：Challenges for the direct methanol fuel cell. Platinum Metal Review，2002，46：146-164.

［12］ 唐琪雯. 聚合物电解质膜燃料电池非铂和低铂氧还原电催化剂的研究 ［D］. 大连：中国科学院大连化学物理研究所，2012.

［13］ Sparreboom W，van den Berg A，Eijkel J C. Principles and applications of nanofluidic transport. Nature nanotechnology，2009，4：713-720.

［14］ Austin R. A fork in the nano-road. Nature nanotechnology，2007，2：79-80.

［15］ Christenson H K. Direct measurements of the force between hydrophobic surfaces in water. Advances in Colloid and Interface Science，2001，91：391-436.

［16］ van Oss C J. Long-range and short-range mechanisms of hydrophobic attraction and hydrophilic repulsion in specific and aspecific interactions. Journal of molecular recognition：JMR，2003，16：177-190.

［17］ Dukhin A S，Goetz P J. Fundamentals of Interface and Colloid Science//Characterization of liquids，dispersions，emulsions，and Porous materials using ultrasound：Chapter 2. 2017：19-83.

［18］ Giddings J C，Kucera E，Russell C P，et al. Statistical theory for the equilibrium distribution of rigid molecules in inert porous networks：Exclusion chromatography. Journal of Physical Chemistry，1968，72：4397-4408.

［19］ Teraoka I. Polymer solutions in confining geometries. Progress in Polymer Science，1996，21：89-149.

［20］ Burgreen D，Nakache F R. Electrokinetic Flow in Ultrafine Capillary Slits. The Journal of Physical Chemistry，1964，68：1084-1091.

［21］ Deen W M. Hindered transport of large molecules in liquid-filled pores. AIChE Journal，1987，33：1409-1425.

[22] Bowen W R, Mukhtar H. Characterisation and prediction of separation performance of nanofiltration membrances. Journal of Membrane Science, 1996, 112: 263-274.

[23] Hussain M, Song D, Liu Z S, et al. Modeling an ordered nanostructured cathode catalyst layer for proton exchange membrane fuel cells. Journal of Power Sources, 2011, 196: 4533-4544.

[24] Heinzel A, Barragán V M. A review of the state-of-the-art of the methanol crossover in direct methanol fuel cells. Journal of Power Sources, 1999, 84: 70-74.

[25] Xu C, Zhao T S. In situ measurements of water crossover through the membrane for direct methanol fuel cells. Journal of Power Sources, 2007, 168: 143-153.

[26] Lu G Q, Liu F Q, Wang C-Y. Water Transport Through Nafion 112 Membrane in DMFCs. Electrochemical and Solid-State Letters, 2005, 8: A1.

[27] Ren X, Gottesfeld S. Electro-osmotic drag of water in poly (perfluorosulfonic acid) membranes. journal of the electrochemical society, 2001, 148: A87-A93.

[28] 胡军. 质子交换膜燃料电池传递现象数值模拟 [D]. 大连：中国科学院大连化学物理研究所，2003.

[29] Pasaogullari U, Wang C Y. Liquid water transport in gas diffusion layer of polymer electrolyte fuel cells. Journal of The Electrochemical Society, 2004, 151: A399.

[30] Wang D, Li Q, Han C, et al. Single-atom ruthenium based catalyst for enhanced hydrogen evolution. Applied Catalysis B: Environmental, 2019, 249: 91-97.

[31] Yang F, Xin L, Uzunoglu A, et al. Investigation of the interaction between nafion ionomer and surface functionalized carbon black using both ultrasmall angle X-ray scattering and Cryo-TEM. ACS applied materials & interfaces, 2017, 9: 6530-6538.

[32] Klingele M, Breitwieser M, Zengerle R, et al. Direct deposition of proton exchange membranes enabling high performance hydrogen fuel cells. Journal of Materials Chemistry A, 2015, 3: 11239-11245.

[33] Yu H, Roller J M, Mustain W E, et al. Influence of the ionomer/carbon ratio for low-Pt loading catalyst layer prepared by reactive spray deposition technology. Journal of Power Sources, 2015, 283: 84-94.

[34] 王晓丽. 质子交换膜燃料膜电池电极结构研究 [D]. 大连：中国科学院大连化学物理研究所，2006.

[35] Williams M V, Begg E, Bonville L, et al. Characterization of Gas Diffusion Layers for PEMFC. Journal of The Electrochemical Society, 2004, 151: A1173.

[36] Hwang J T, Chung J S. The morphological and surface properties and their relationship with oxygen reduction activity for platinum-iron electrocatalysts. Electrochimica Acta, 1993, 38: 2715-2723.

[37] Wilson M S, Gottesfeld S. Thin-film catalyst layers for fuel cell electrodes polymer electrolyte. Journal of Applied Electrochemistry, 1992, 22: 1-7.

[38] Uchida M, Fukuoka Y, Sugawara Y, et al. Improved preparation process of very-low-platinum-loading electrodes for polymer electrolyte fuel cells. Journal of the Electrochemical Society, 1998, 145: 3708-3713.

[39] Uchida M, Aoyama Y, Eda N, et al. New preparation method for polymer-electrolyte

fuel-cells. Journal of the Electrochemical Society, 1995, 142: 463-468.

[40] Arico A S, Creti P, Giordano N, et al. Chemical and morphological characterization of a direct methanol fuel cell based on a quaternary Pt-Ru-Sn-W/C anode. Journal of Applied Electrochemistry, 1996, 26: 959-967.

[41] Wilson M S, Valerio J A, Gottesfeld S. Low platinum loading electrodes for polymer electrolyte fuel-cells fabricated using thermoplastic ionomers. Electrochimica Acta, 1995, 40: 355-363.

[42] Shin S J, Lee J K, Ha H Y, et al. Effect of the catalytic ink preparation method on the performance of polymer electrolyte membrane fuel cells. Journal of Power Sources, 2002, 106: 146-152.

[43] Denton J Malcolm G J, David T. Materials for use in catalytic electrode manufacture: EP 96301550. 8 [P]. 1996-03-06.

[44] Taylor E J, Anderson E B, Vilambi N R K. Preparation of high-platinum-utilization gas-diffusion electrodes for proton-exchange-membrane fuel-cells. Journal of the Electrochemical Society, 1992, 139: L45-L46.

[45] Loffler M S, Gross B, Natter H, et al. Synthesis and characterization of catalyst layers for direct methanol fuel cell applications. Physical Chemistry Chemical Physics, 2001, 3: 333-336.

[46] Liu R. In situ electrode formation on a Nafion membrane by chemical platinization. Journal of the Electrochemical Society, 1992, 139: 15-23.

[47] Fujiwara N, Yasuda K, Ioroi T, et al. Preparation of platinum-ruthenium onto solid polymer electrolyte membrane and the application to a DMFC anode. Electrochimica Acta, 2002, 47: 4079-4084.

[48] Witham C K, Chun W, Valdez T I, et al. Performance of direct methanol fuel cells with sputter-deposited anode catalyst layers. Electrochemical and Solid State Letters, 2000, 3: 497-500.

[49] Neergat M, Shukla A K. Effect of diffusion-layer morphology on the performance of solid-polymer-electrolyte direct methanol fuel cells. Journal of Power Sources, 2002, 104: 289-294.

[50] Mueller B, Zawodzinski T, Bauman J, et al. Carbon cloth gas diffusion backings for high performance PEFC cathodes. 2nd International Symposium on Proton Conducting Membrance Fuel Cells. Boston: 1999.

[51] Middelman E. Preparation of membrane-electrode structures for fuel cells involves application of coating which improves adhesion. Netherlands, NL1027443-C2. 2004-11-8.

[52] Middelman E. Fuel cell e. g. proton exchange membrane (PEM) fuel cell, has electrically conductive and electrically inductive ion conductive layer, which separates anode and cathode flow fields. Netherlands, EP2219257-A1.

[53] Middelman E. Improved PEM fuel cell electrodes by controlled self-assembly. Fuel Cells Bulletin, 2002, 2002: 9-12.

[54] Ruvinskiy P S, Bonnefont A, Savinova E R. 3D-ordered layers of vertically aligned carbon nanofilaments as a model approach to study electrocatalysis on nanomaterials. Elec-

trochimica Acta，2012，84：174-186.

[55] Ruvinskiy P S，Bonnefont A，Pham-Huu C，et al. Using ordered carbon nanomaterials for shedding light on the mechanism of the cathodic oxygen reduction reaction. Langmuir，2011，27：9018-9027.

[56] Ruvinskiy P S，Bonnefont A，Houlle M，et al. Preparation，testing and modeling of three-dimensionally ordered catalytic layers for electrocatalysis of fuel cell reactions. Electrochimica Acta，2010，55：3245-3256.

[57] Pronkin S N，Bonnefont A，Ruvinskiy P S，et al. Hydrogen oxidation kinetics on model Pd/C electrodes：Electrochemical impedance spectroscopy and rotating disk electrode study. Electrochimica Acta，2010，55：3312-3323.

[58] Tian Z Q，Lim S H，Poh C K，et al. A highly order-structured membrane electrode assembly with vertically aligned carbon nanotubes for ultra-low Pt loading PEM fuel cells. Advanced Energy Materials，2011，1：1205-1214.

[59] Tang Z Q，Poh C K，Tian Z，et al. In situ grown carbon nanotubes on carbon paper as integrated gas diffusion and catalyst layer for proton exchange membrane fuel cells. Electrochimica Acta，2011，56：4327-4334.

[60] Zhang W，Minett A I，Gao M，et al. Integrated high-efficiency Pt/carbon nanotube arrays for PEM fuel cells. Advanced Energy Materials，2011，1：671-677.

[61] Sherrell P C，Zhang W，Zhao J，et al. Microwave decoration of Pt nanoparticles on entangled 3D carbon nanotube architectures as PEM fuel cell cathode. Chemsuschem，2012，5：1233-1240.

[62] Liu Y，Chen J，Zhang W，et al. Nano-Pt modified aligned carbon nanotube arrays are efficient，robust，high surface area. Electrocatalysts，Chemistry of Materials，2008，20：2603-2605.

[63] Sakthivel M，Schlange A，Kunz U，et al. Microwave assisted synthesis of surfactant stabilized platinum/carbon nanotube electrocatalysts for direct methanol fuel cell applications. Journal of Power Sources，2010，195：7083-7089.

[64] Zhang W，Sherrell P，Minett A I，et al. Carbon nanotube architectures as catalyst supports for proton exchange membrane fuel cells. Energy & Environmental Science，2010，3：1286-1293.

[65] Bonakdarpour A，Tucker R T，Fleischauer M D，et al. Nanopillar niobium oxides as support structures for oxygen reduction electrocatalysts. Electrochimica Acta，2012，85：492-500.

[66] Lazar F，Morin A，Pauc N，et al. Supported platinum nanotubes array as new fuel cell electrode architecture. Electrochimica Acta，2012，78：98-108.

[67] Qin Y-H，Yang H-H，Lv R-L，et al. TiO_2 nanotube arrays supported Pd nanoparticles for ethanol electrooxidation in alkaline media. Electrochimica Acta，2013，106：372-377.

[68] Zhang C，Yu H，Li Y，et al. Highly stable ternary tin-palladium-platinum catalysts supported on hydrogenated TiO_2 nanotube arrays for fuel cells. Nanoscale，2013，5：6834-6841.

[69] Zhang C，Yu H，Li Y，et al. Preparation of Pt catalysts decorated TiO_2 nanotube arrays by redox replacement of Ni precursors for proton exchange membrane fuel cells. Electro-

chimica Acta，2012，80：1-6.

[70] Bonnefont A，Ruvinskiy P，Rouhet M，et al. Advanced catalytic layer architectures for polymer electrolyte membrane fuel cells. Wiley Interdisciplinary Reviews：Energy and Environment，2014，3：505-521.

[71] Xiong L，Manthiram A. Synthesis and characterization of methanol tolerant $Pt/TiO_x/C$ nanocomposites for oxygen reduction in direct methanol fuel cells. Electrochimica Acta，2004，49：4163-4170.

[72] van der Vliet D，Wang C，Debe M，et al. Platinum-alloy nanostructured thin film catalysts for the oxygen reduction reaction. Electrochimica Acta，2011，56：8695-8699.

[73] Debe M K. Tutorial on the fundamental characteristics and practical. Journal of The Electrochemical Society，2013，160：522-534.

[74] van der Vliet Dennis F，Wang C，Tripkovic D，et al. Mesostructured thin films as electrocatalysts with tunable composition and surface morphology. Nature Materials，2012，11：1051-1058.

[75] Zhang G，Sun S，Cai M，et al. Porous dendritic platinum nanotubes with extremely high activity and stability for oxygen reduction reaction. Scientific Reports，2013，3：526.

[76] Li C，Sato T，Yamauchi Y. Electrochemical synthesis of one-dimensional mesoporous Pt nanorods using the assembly of surfactant micelles in confined space. Angewandte Chemie-International Edition，2013，52：8050-8053.

[77] Wang R，Higgins D C，Hoque M A，et al. Controlled growth of platinum nanowire arrays on sulfur doped graphene as high performance electrocatalyst. Scientific Reports，2013，3.

[78] Ding L-X，Wang A-L，Li G-R，et al. Porous Pt-Ni-P composite nanotube arrays：Highly electroactive and durable catalysts for methanol electrooxidation. Journal of the American Chemical Society，2012，134：5730-5733.

[79] Galbiati S，Morin A，Pauc N. Supportless platinum nanotubes array by atomic layer deposition as PEM fuel cell electrode. Electrochimica Acta，2014，125：107-116.

[80] Kim O-H，Cho Y-H，Kang S H，et al. Ordered macroporous platinum electrode and enhanced mass transfer in fuel cells using inverse opal structure. Nature Communications，2013，4.

[81] Rauber M，Alber I，Mueller S，et al. Highly-ordered supportless three-dimensional nanowire networks with tunable complexity and interwire connectivity for device integration. Nano Letters，2011，11：2304-2310.

[82] Shui J，Li J C M. Platinum nanowires produced by electrospinning. Nano Letters，2009，9：1307-1314.

[83] Michel M，Taylor A，Sekol R，et al. High-performance nanostructured membrane electrode，assemblies for fuel cells made by layer-by-layer assembly of carbon nanocolloids. Advanced Materials，2007，19：3859.

[84] Roh S-H. Layer-by-layer self-assembled carbon nanotube electrode for microbial fuel cells application. Journal of Nanoscience and Nanotechnology，2013，13：4158-4161.

[85] Xiang Y，Lu S，Jiang S P. Layer-by-layer self-assembly in the development of electrochemical energy conversion and storage devices from fuel cells to supercapacitors. Chemi-

cal Society Reviews，2012，41：7291-7321.

[86] Zhang H F，Hussain I，Brust M，et al. Aligned two-and three-dimensional structures by directional freezing of polymers and nanoparticles. Nature Materials，2005，4：787-793.

[87] Soboleva T，Jankovic J，Hussain M，et al. Porous electrode for e. g. solid material polymer electrolyte fuel cell，has electrically conductive mesh which is provided with fiber sets whose pore size are provided in preset range corresponding to size of electrode. DE102013014841-A1；US2014080032-A1. 2013-9-10.

[88] Wood III D L，Chlistunoff J，Majewski J，et al. Nafion structural phenomena at platinum and carbon interfaces. Journal of the American Chemical Society，2009，131：18096-18104.

[89] Miyazaki K，Sugimura N，Kawakita K-I，et al. Aminated perfluorosulfonic acid ionomers to improve the triple phase boundary region in anion-exchange membrane fuel cells. Journal of the Electrochemical Society，2010，157：A1153-A1157.

[90] Lynch M E，Mebane D S，Liu Y，et al. Triple-phase boundary and surface transport in mixed conducting patterned electrodes. Journal of the Electrochemical Society，2008，155：B635-B643.

[91] Berg P，Novruzi A，Volkov O. Reaction kinetics at the triple-phase boundary in PEM fuel cells. Journal of Fuel Cell Science and Technology，2008，5.

[92] Kumar A，Ciucci F，Morozovska A N，et al. Measuring oxygen reduction/evolution reactions on the nanoscale. Nature Chemistry，2011，3：707-713.

[93] He D，Mu S，Pan M. Perfluorosulfonic acid-functionalized Pt/carbon nanotube catalysts with enhanced stability and performance for use in proton exchange membrane fuel cells. Carbon，2011，49：82-88.

[94] Jiang S P，Li L，Liu Z C，et al. Self-assembly of PDDA-Pt nanoparticle/nafion membranes for direct methanol fuel cells. Electrochemical and Solid State Letters，2005，8：A574-A576.

[95] Jiang S P，Liu Z，Tang H L，et al. Synthesis and characterization of PDDA-stabilized Pt nanoparticles for direct methanol fuel cells. Electrochimica Acta，2006，51：5721-5730.

[96] Pan M，Tang H L，Jiang S P，et al. Self-assembled membrane-electrode-assembly of polymer electrolyte fuel cells. Electrochemistry Communications，2005，7：119-124.

[97] Pan M，Tang H L，Jiang S P，et al. Fabrication and performance of polymer electrolyte fuel cells by self-assembly of Pt nanoparticles. Journal of the Electrochemical Society，2005，152：A1081-A1088.

[98] Zhang W，Chen J，Swiegers G F，et al. Microwave-assisted synthesis of Pt/CNT nanocomposite electrocatalysts for PEM fuel cells. Nanoscale，2010，2：282-286.

[99] Liu Y，Wei Z D，Chen S G，et al. PEMFC electrodes platinized by modulated pulse current Electrodeposition. Acta Physico-Chimica Sinica，2007，23：521-525.

[100] Chen S G，Wei Z D，Guo L，et al. Enhanced dispersion and durability of Pt nanoparticles on a thiolated CNT support. Chemical Communications，2011，47：10984-10986.

[101] Wei Z D，Chan S H，Li L L，et al. Electrodepositing Pt on a Nafion-bonded carbon electrode as a catalyzed electrode for oxygen reduction reaction. Electrochimica Acta，

2005, 50: 2279-2287.

[102] Zhu S, Wang S, Jiang L, et al. High Pt utilization catalyst prepared by ion exchange method for direct methanol fuel cells. International Journal of Hydrogen Energy, 2012, 37: 14543-14548.

[103] Okamoto M, Fujigaya T, Nakashima N. Design of an assembly of poly (benzimidazole), carbon nanotubes, and Pt nanoparticles for a fuel-cell electrocatalyst with an ideal interfacial nanostructure. Small, 2009, 5: 735-740.

[104] Nakashima N, Fujigaya T, Corp U K N. Catalyst layer structure for, e. g. electrodes, comprises catalyst particles supported on carbon support through carrying layer having proton-conducting layer and contact bonding layer which adheres proton-conducting layer and carbon. WO2013114957-A1; JP2013179030-A [P]. 2012-10-29.

[105] Matsumoto K, Fujigaya T, Yanagi H, et al. Very high performance alkali anion-exchange membrane fuel cells. Advanced Functional Materials, 2011, 21: 1089-1094.

[106] Fujigaya T, Okamoto M, Nakashima N. Design of an assembly of pyridine-containing polybenzimidazole, carbon nanotubes and Pt nanoparticles for a fuel cell electrocatalyst with a high electrochemically active surface area. Carbon, 2009, 47: 3227-3232.

[107] Fujigaya T, Nakashima N. Fuel cell electrocatalyst using polybenzimidazole-modified carbon nanotubes as support materials. Advanced Materials, 2013, 25: 1666-1681.

[108] Fujigaya T, Kim C, Matsumoto K, et al. Effective anchoring of Pt-nanoparticles onto sulfonated polyelectrolyte-wrapped carbon nanotubes for use as a fuel cell electrocatalyst. Polymer Journal, 2013, 45: 326-330.

[109] Fujigaya T, Kim C, Matsumoto K, et al. Palladium-based anion-exchange membrane fuel cell using KOH-doped polybenzimidazole as the electrolyte. Chempluschem, 2014, 79: 400-405.

[110] O'Hayre R, Prinz F B. The air/platinum/Nafion triple-phase boundary: Characteristics, scaling, and implications for fuel cells. Journal of the Electrochemical Society, 2004, 151: A756-A762.

[111] O'Hayre R, Lee S J, Cha S W, et al. A sharp peak in the performance of sputtered platinum fuel cells at ultra-low platinum loading. Journal of Power Sources, 2002, 109: 483-493.

[112] O'Hayre R, Barnett D M, Prinz F B. The triple phase boundary-a mathematical model and experimental investigations for fuel cells. Journal of the Electrochemical Society, 2005, 152: A439-A444.

[113] Dhanda A, Pitsch H, O'Hayre R. Diffusion impedance element model for the triple phase boundary. Journal of the Electrochemical Society, 2011, 158: B877-B884.

[114] Watanabe M, Uchida H, Seki Y, et al. Self-humidifying polymer electrolyte membranes for fuel cells. Journal of the Electrochemical Society, 1996, 143: 3847-3852.

[115] Liu F Q, Yi B L, Xing D M, et al. Development of novel self-humidifying composite membranes for fuel cells. Journal of Power Sources, 2003, 124: 81-89.

[116] Park C H, Lee S Y, Hwang D S, et al. Nanocrack-regulated self-humidifying membranes. Nature, 2016, 532: 480.

第 6 章

直接液体燃料电池技术

6.1
直接液体燃料电池进料方式

直接液体燃料电池（DLFC）是对所有使用液体小分子作为燃料、使用质子交换膜（PEM）作为固体电解质的燃料电池的统称。除了最常见的甲醇外，甲酸、乙醇、异丙醇、乙二醇、肼、二甲醚、甘油等也是常用或潜在的 DLFC 燃料。与质子交换膜燃料电池最常用燃料氢气相比，这些液体燃料具有更高的体积能量密度。除此之外，DLFC 相较于以氢气为燃料的质子交换膜燃料电池（PEMFC）还具有以下优点：结构简单、体积小、重量轻、工作温度温和、燃料易于储存运输等。根据 DLFC 中液体燃料进料方式不同，DLFC 可以简单分为主动式 DLFC 和被动式 DLFC 两种类型。其中主动式 DLFC 的燃料进样方式与 PEMFC 类似，燃料和氧气的进料过程都是通过外部装置，如液体泵和鼓风机等实现。与被动式 DLFC 相比，包含进样子系统的主动式 DLFC 系统结构相对复杂、便携性较差，但是整体功率输出可以较高。因此，主动式 DLFC 适用于对功率需求较大的用电场合，如电动自行车、小型电动船、房车供电系统等。与主动式 DLFC 相比，被动式 DLFC 由于反应物（燃料和氧气）进入阴/阳极催化层以及产物（CO_2 和 H_2O）的除去都是通过被动方式自发实现的，因此其结构更加简单，不需要任何额外供料系统，因而更能体现 DLFC 的优势。在被动式 DLFC 中被动方式自发进样方式包括自然对流及毛细作用等，其功率密度远低于主动式 DLFC，更适用于为便携式电子设备供电。除了主动式 DLFC 和被动式 DLFC 外，由于 DLFC 使用液体作为燃料，这也使得这类燃料电池具备使用液体电解质替代质子交换膜实现无质子交换膜结构的可能性。但是，这类研究仍处于概念验证研究阶段，因此，首先分别简述发展比较成熟的主动式 DLFC 和被动式 DLFC 的基本概念及发展现状。

6.1.1 主动式直接液体燃料电池

由于被动式 DLFC 在空气扩散、液体燃料流速以及燃料浓度控制方面均存在诸多操作限制，因此，被动式 DLFC 电堆中会大量放热致使其燃料效率较低。而主动式 DLFC 系统不仅功率输出性能更好，其长期运行可靠性也更高。通过使用泵和电动机等供料装置作为子系统，在完整的主动式 DLFC 系统中温度、燃料流速、进样浓度等操作条件都可以更精准地得到控制。为了实现上述目的，主动式 DLFC 电堆需要有更紧凑的结构为进样子系统提供足够额外空间。因此，主动式 DLFC 一般采用 PEMFC 相同的叠层式电堆结构。叠层式电堆最主要的特征就是采用了双极板的概念，除双极板外，如图 6-1 所示，叠层式电堆的主要部件还有端板、单极板、密封垫、膜电极组（MEA）、集流板等。双极板的两面分为阴、阳极流道，燃料及氧化剂可以分别由液体泵及气体泵/空气压缩机/风扇输送进入流道。双极板的材料为电子导电性较好的石墨或金属，在电堆运行过程中能够将前一单电池的阴极面和后一单电池的阳极面依次交替连接起来，串联形成电堆。

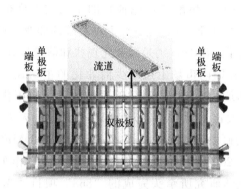

图 6-1　主动式 DLFC 的叠层式电堆结构示意图

主动式 DLFC 的叠层式电堆由不同组件堆栈串联而成，因此，不仅结构紧凑，还具有设计灵活、拆卸方便、易批量生产、体积比功率高等优点。主动式 DLFC 技术比较成熟，特别是使用甲醇作为燃料的主动式 DMFC（直接甲醇燃料电池）已经有比较成熟的商品出售。德国 SFC Energy 公司推出的 Efoy Pro 系列 DMFC 系统［图 6-2(a)］输出功率从 50～500W，截至 2016 年 6 月，已售出超过 35000 套 DMFC 系统产品。其中，Efoy Pro 12000 Duo DMFC 系统[1] 最高功率输出可以达到 500W，重量仅为 32kg，可以作为离网电源或应急电源来使用，最典型的应用场合是风力发电机和电信系统的备用电源。这种 DMFC 系统可以在携带四个 28L 燃料罐的情况下，连续离网满负荷供电 240h，在运行 3000h 后能保持 80％的最高功率输出。除了标准化产品外，SFC Energy 公司也可以为不同的应用场景提供能源解决方案。除了 SFC Energy 公司外，还有包括 Antig Technology Co. Ltd.，Viaspace Inc.，Neah Power Systems Inc.，Cmr Fuel Cells Plc，Polyfuel Inc.，Oorja Protonics Inc.，Samsung Sdi Co. Ltd. 等都推出了 DMFC 商品和服务，例如，Oorja Protonics 公司开发的主动式 DMFC 系统输出功率可以达到 1.5～4.5kW 级别，能够为叉车提供动力［图 6-2(b)］。

图 6-2 德国 SFC Energy 公司推出的 Efoy Pro 系列 DMFC 系统(a)；
由主动式 DMFC 系统提供动力的叉车(b)

除了 DMFC，使用乙醇作为燃料的 DEFC（直接乙醇燃料电池）和使用甲酸作为燃料的 DFAFC（直接甲酸燃料电池）的主动式电堆也得到大量研究。但是，无论如何，主动式 DEFC 和 DFAFC 电堆系统的商业化程度远未达到主动式 DMFC 电堆系统的水平，DMFC 仍是商业化现状和前景最好的 DLFC 系统。

出于成本考虑，在国内市场上还缺少商业化的主动式 DLFC 电堆系统。主动式 DLFC 系统的研究主要在中国科学院系统的长春应用化学研究所和大连化学物理研究所开展。大连化学物理研究所具备 25～500W DMFC 研制能力，满足 DMFC 系列产品的研发和批量生产要求，已开发的 DMFC-25-R-12 型、DM-FC-50-U 型和 DMFC-200-U 型等 DMFC 产品，可广泛用作车载、通信等便携移动电源。长春应用化学研究所牵头完成的"863"项目"先进燃料电池发电技术"，掌握了智能型 DMFC 电源长时发电应用技术，研制出额定输出功率为 5W、10W、20W、100W、150W 及 500W 等具有应用性能的系列样机。此外，中国科学院长春应用化学研究所还报道了一种具有较强稳定性的 30W 级 DFAFC 主动式电堆[2]。通过使用物理混合的 Pt/C＋Pd/C 催化剂作为阳极催化剂，叠层式 DFAFC 在 240h 的连续放电中表现出了极佳稳定性，持续放电测试后，电堆的最大功率输出未有衰减。

6.1.2　被动式直接液体燃料电池

与主动式 DLFC 相比，被动式 DLFC 结构更加紧凑，不需要任何额外的进料系统，因此被动式 DLFC 系统体积会大大缩小。虽然相同配置的 MEA 在被动式 DLFC 中的输出功率密度一般会远低于主动式 DLFC，但是由于没有额外进料系统的体积和功耗，被动式 DLFC 的体积功率/能量密度也能达到较高的水平。正是因为以上原因，被动式 DLFC 被认为是便携式应用电源的潜在选择。由于没有额外进料系统和其他辅助原件，同时考虑其较高的能量密度、较二次电池更长的续航时间、无需充电等优点，被动式 DLFC 甚至比主动式 DLFC 更具商业化前景。

如图 6-3 所示，在一个典型的被动式 DLFC 单电池中，MEA 两侧电极在安装过程中分别与开孔集流体、燃料仓、两侧端板紧密安装，实现完整的 DLFC 功能。开孔集流体在被动式 DLFC 中同时承担了集流体和流场的作用。在阳极侧，储存在燃料仓中的液体燃料穿过阳极集流体开孔达到阳极扩散层，经由扩散层通过浓差扩散进入阳极催化层并发生电化学氧化反应；同时，空气中的氧气则在阴极侧穿过阴极集流体开孔并经由阴极扩散层自由扩散进入阴极催化层发生电化学还原反应；最终，整个被动式 DLFC 可以实现对外放电。

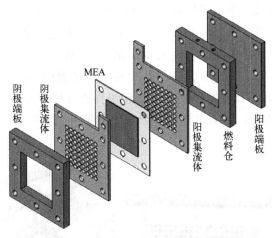

图 6-3　典型的被动式 DLFC 单电池结构

被动式 DLFC 虽然已经展示出在移动电子设备的应用前景，但是，被动式 DLFC 仍存在一些阻碍其商业化进程的问题，包括燃料渗透、燃料电化学氧化动力学慢、耐久性和稳定性差以及成本问题。与主动式 DLFC 类似，被动式 DLFC 中发展最为成熟的也是 DMFC。但是，甲醇燃料在商业化全氟磺酸质子交换膜中存在严重的渗透，这会导致被动式 DMFC 的开路电压（0.5～0.7V）远低于 DMFC 的可逆电动势（1.12V）。DMFC 实际开路电压的下降主要原因是甲醇通过质子交换膜渗透到阴极后，首先到达阴极催化层的氧还原反应形成微区电池，从而产生"混合电位"，降低 DMFC 的实际开路电压。因此，DMFC 中的燃料渗透不仅会造成燃料效率的降低，同时也会影响 DMFC 的实际输出功率，从而使得被动式 DMFC 的功率密度和能量密度都受到极大影响。此外，渗透到阴极的甲醇在阴极催化层中电氧化时会产生 CO 中间体，容易造成阴极催化剂中毒。当然，除了甲醇燃料渗透的问题外，阻碍被动式 DMFC 商业化的另一个最大障碍是对贵金属催化剂的严重依赖。虽然被动式 DMFC 存在以上问题，但是仍有不少公司推出了被动式 DMFC 商品。其中，最典型的就是日本东芝公司早于 2009 年推出的 Dynario 型 DMFC［图 6-4(a)］，其大小仅为 150mm×21mm×74.5mm，重量仅有 280g，内置 14mL 燃料容器，20s 的时间即可充满燃料，并通过 USB 接口向电子产品供电，其最大功率可达 2W，通过溶液混合子系统的设置，Dynario可以使用纯甲醇作为燃料直接供样。但是如前所述，由于对贵金属催化剂的依赖和微型辅助子系统的需求，Dynario 的定价高达 335 美元[3]。除了 DMFC，以其他液体燃料，如甲酸为燃料的被动式 DLFC 电堆也具有一些实验室级别的研究[图 6-4(b)]。由于甲酸透过质子交换膜的渗透速率要较甲醇低得多，被动式DFAFC 阳极对燃料浓度的耐受性较之 DMFC 也可以高得多。此外，由于单个甲酸分子电氧化只涉及两个电子转移，其电化学氧化动力学也快得多，阳极催化剂需求量也较低。因此，如图 6-4(b) 所示的 6 片单电池组装得到被动式 DFAFC电堆以 $10 mol \cdot L^{-1}$ 甲酸为燃料时可以输出 530mW 的功率，并实现了连续 5h供电测试[4]。但是，在被动式 DFAFC 设计组装过程中还需要考虑甲酸较强的腐蚀性，常规被动式 DMFC 中使用的金属组件直接应用在被动式 DFAFC 中非常容易被腐蚀，所以，要推出能够实际应用的被动式 DFAFC 电堆还需要大量工作。

图 6-4 东芝公司推出的 Dynario 被动式 DMFC 电堆(a) 和实验室级别被动式 DFAFC 电堆(b)

6.2
直接液体燃料电池关键技术

上一节中简述了以 DMFC 为代表的 DLFC 在配置不同燃料和氧化物进样装置时，主动式 DLFC 和被动式 DLFC 的发展现状及商业化现状。但是，无论是主动式 DLFC 还是被动式 DLFC 的规模化商业应用还存在很多问题。所以，在这一节主要对 DLFC 中除 MEA 外的不同部件的发展进行详述。

6.2.1 流场及集流体设计

无论是主动式 DLFC 还是被动式 DLFC，由于其较之氢气燃料 PEMFC 具有不同的流体特性及化学性质，因此在流场设计及集流体设计方面都会有巨大不同。虽然流场设计势必会对 DLFC 性能有巨大影响，但是针对性的研究工作并不多。由于 DLFC 阳极流体特性与 PEMFC 差别更大而阴极流场中的流体特性与 PEMFC 基本一致，因此，DLFC 阳极流场设计更为重要。同时，如上一节所述，考虑到 DMFC 技术发展相对比较成熟，在此主要对 DMFC 阳极流场的设计进行讨论。

在 DMFC 中，阳极流场具备双重功能：首先，阳极流场可以为甲醇燃料提供进入 MEA 表面的通道；此外，在阳极催化层中甲醇氧化反应产生的 CO_2 气体能够经由阳极流场快速排出燃料电池。也就是说，在 DMFC 阳极流场中同时存在气相流体和液相流体，这种两相流的存在使得 DMFC 阳极流场在设计上与只有气体的 PEMFC 阳极流场的要求会有所不同。实验证实 CO_2 气泡在流场中的流动对甲醇从流场到 MEA 的传质行为具有显著影响，进而影响 DMFC 输出性能。目前的技术条件下，主动式 DMFC 单电池或电堆中普遍使用的是 PEMFC 中使用的常规蛇形流道结构。作为结构更加简单的平行流道，在一些功率较小的 DMFC 中也有应用，但是不同流道结构会带来巨大的压力差的差别，导致 CO_2 气泡排出的效率受到显著影响。考虑到 DMFC 阳极两相流的存在，除了流道整体形状外，流道深度、流道/肩宽比（开放比）等因素对 DMFC 的输出性能影响都很显著。同时考虑流道进出口的压力差需求，蛇形流道在较大功率 DMFC 中的实际表现要比平行流道更好，即使电流密度较大，蛇形流道中也不易出现流道阻塞现象[5]。V. B. Oliveira 等[6] 在单蛇形流道的基础上，又制备了如图 6-5 所示的面积相同的多蛇形流道（三条平行流道同步弯折形成）和平行/蛇形流道混合组成的混合流道。在其他条件都相同的前提下，可以发现，这几种流场结构可以在不同的场合发挥应用：首先，对于在低温运行的 DMFC 且使用甲醇燃料浓度较低时，应用混合流道作为阳极流场设计方案对电池电压和功率输出都具有积

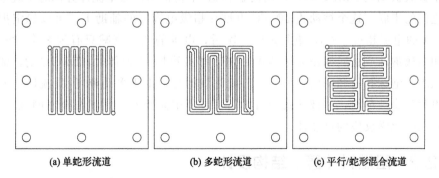

(a) 单蛇形流道　　　　　(b) 多蛇形流道　　　　　(c) 平行/蛇形混合流道

图 6-5　典型主动式 DMFC 阳极流道结构

极意义。主要原因是在这种应用条件下，流道进出口压差较低，因为液/气体积比较大，不会形成甲醇滞流区，同时由于 CO_2 又能顺利排出，MEA 中的反应物分布均匀；在使用低浓度甲醇为燃料而 DMFC 运行温度较高时，使用上述几种流场设计得到的性能类似。另外，对于使用高浓度甲醇燃料进样的情况下，应用多蛇形流道作为阳极流场结构比混合流道得到的 DMFC 放电性能更好，但极限电流密度会比较低。总的来说，针对 DMFC 不同的应用场合和运行条件，需要对其阳极流场结构进行有针对性的设计，才能实现 DMFC 对性能和成本的同步控制。

与主动式 DLFC 不同，在被动式 DLFC 中阳极流道往往同时需要承担集流体的功能，因此，在设计方面的要求也更加特殊，所以被动式 DLFC 流场设计中还要重点兼顾其电子导电性等。另外，由于在被动式 DLFC 阳极侧没有燃料泵带来的额外强制对流效应，在流场结构设计中引入特殊微结构以加速 CO_2 的快速排出也是被动式 DLFC 流场设计的重要考虑因素。在一些简单的被动式DLFC 测试/教学单电池装置中，通过直接在不锈钢集流体上进行开孔即可得到阳极流场，这些通孔为甲醇向催化层的扩散和 CO_2 产物的快速排出提供了通道。在这种流场结构中开孔率越大，CO_2 排出和甲醇传质速率越快。所以一般被动式 DLFC 阳极都会使用开口率较高的平行开孔流场代替阴极侧使用的圆形穿孔流场。这样的设计会导致集流体与阳极实际接触面积下降进而一定程度上牺牲了集流效果，但是优化的阳极传质可以使得 DMFC 的性能得到明显提升。为了进一步提升被动式 DLFC 的性能，在被动式 DLFC 小型电堆设计时，引入开孔率更高的金属网及金属泡沫与阳极扩散层直接接触作为流场及集流体，不仅能够实现 CO_2 气体的快速排出和甲醇的高效扩散，多孔金属网或金属泡沫类材料由于其良好的结构稳定性和电子导电性能，能够在 DMFC 中应用并扮演流场及集流体的功能[7]。在此时，开孔不锈钢板仅起到阳极端板的作用。Feng 等[8] 在组装平板式被动式 DMFC 时，使用镀金 316L 不锈钢网作为集流体并同时实现单电池之间的串联。这个被动式 DMFC 电堆在超级电容器的辅助下，可以稳定提供 60mA 的电流超过 300h，重复进样 5 次后，电堆的性能衰减只有约 8%。当然，使用金属泡沫或金属网作为被动式 DMFC 多孔流场/集流体时，DMFC 的性能主要取决于泡沫孔径和密度。另外，需要注意的是，由于多孔流场/集流体所处的是电化学腐蚀环境，在被动式 DLFC 运行过程中需要考虑燃料与金属网/泡沫之间存在电化学反应的可能性。

6.2.2 阻燃料（醇）结构设计

虽然流场设计和集流体材料的选择对阳极的两相传质，特别是 CO_2 气体的快速排出意义重大，进而会对 DLFC 的性能有明显影响。但是，DLFC 面临的最大技术难题仍是前述的严重燃料渗透问题。以甲醇为代表的液体燃料在燃料电池运行过程中会以浓差扩散和电渗析两种方式从阳极透过质子交换膜达到阴极侧，在阴极催化层发生的氧化反应不仅影响燃料电池能量密度，也会降低功率输出。因此，燃料阻挡成为 DLFC 研究中最重要的研究课题。虽然当前最主流的降低 DLFC 燃料渗透速率的方案是通过对质子交换膜进行改性或设计新型质子交换膜[9] 实现对燃料的物理阻挡。但是在当前还没有高阻醇性能的质子交换膜完美解决方案时，对 DLFC 的 MEA 结构、进样结构、控制子系统进行重新设计也可以有效减少 DLFC 中燃料从阳极流场渗透至阴极侧[10]。

以 DMFC 为例，即使使用商业 Nafion 膜作为质子交换膜，通过调整阳极扩散层的孔结构和疏水性就可以实现一定程度甲醇渗透。主要原因是通过对扩散层结构的改变可以增加甲醇燃料从阳极流道向阳极催化层的扩散难度。Liu 等[11] 使用一个阳极催化扩散介质代替常规 DMFC 中的阳极催化层并在阴极侧引入高疏水性的微孔层，实现减缓 DMFC 甲醇渗透的目的，最终也能够提高进样甲醇的浓度并提升 DMFC 的性能。在使用厚度只有 $50\mu m$ 的 Nafion 112 膜作为质子交换膜时，相应的 DMFC 可以以 $4mol \cdot L^{-1}$ 甲醇溶液作为燃料，得到的电池功率密度超过 $60mW \cdot cm^{-2}$。此外，通过改变 MEA 电解质的宏观结构也是提升 DMFC 阻醇能力的一个重要途径。通过将传统的单层质子交换膜结构改为双层质子交换膜结构，并在两层质子交换膜之间引入流动或固定的液体电解质薄层，在尽量不降低燃料电池整体质子电导率的前提下，增加甲醇由阳极向阴极扩散的阻力。针对主动式 DMFC，这种液体电解质可以是流动的，这样可以及时把渗透的甲醇带出电池外，显著地提升 DMFC 的阻醇能力。Kordesch 等[12] 引入一个循环电解液层代替 PEM，得到一个流动电解液 DMFC（FE-DMFC）。FE-DMFC 可以以高浓度的甲醇（$10mol \cdot L^{-1}$）为燃料，而此时开路电压（OCV）仍可高达 $0.8V$。Schaffer 等[13] 设计了另一种 FE-DMFC，在这种 FE-DMFC 阳极侧仍然保留有 Nafion 膜。研究结果表明，通过泵入流动液体电解液可以有效减少 DMFC 中甲醇渗透，并且能够明显提高 DMFC 的性能。当然，这种流动液体电解质层在被动式 DMFC 中不能应用，但是，固定式的电解液层也可以显著提升被动式 DMFC 的阻醇能力。例如，在一个常规的被动式 DMFC 中，如图 6-6 所示在两层 Nafion 膜之间引入一层液体电解质（LE）层[14]。LE 层的质子迁移遵循 Grotthus 质子迁移机理，这种机理比 Nafion 膜中存在的 Vehicle 质子迁移机理需要的水和甲醇较少。因此，在 LE-DMFC 中，LE 层决定了甲醇透过速率，并且大大降低了电池中的甲醇渗透。另外，这种结构设计的一个结果就是高浓度甲醇直接到达阳极催化层，可以一定程度上提升阳极甲醇氧化反应动力学。因此，当 LE 层为 $1.0\,mol\cdot L^{-1}$ 硫酸溶液、厚度为 2mm 时，LE-DMFC 使用 $3\,mol\cdot L^{-1}$ 和 $12\,mol\cdot L^{-1}$ 甲醇溶液进样时，最大功率密度几乎没有区别。使用相同电流密度放电时，相同体积、相同浓度甲醇燃料的运行时间可以延长 1 倍。

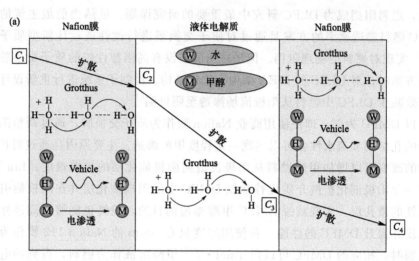

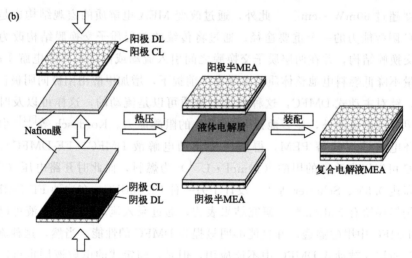

图 6-6　LE-DMFC 中复合电解质的结构示意图(a) 和装配示意图(b)

显然，上述对 MEA 做宏观结构的调整在单电池设计时有一定可行性，但是在电堆组装时基本不具备可行性。因此，为了不改变现行的比较成熟的 MEA 结构和装配方案，另一种更简单的阻碍甲醇从阳极流道向阳极催化层扩散的方案是调整燃料电池结构或在燃料电池系统中增加外设，实现燃料电池或燃料电池系统以高浓度甲醇和纯甲醇作为燃料。最终实现的结果是到达 MEA 阳极侧扩散层表面的甲醇溶液浓度仍与常规 DMFC 相同，到达阳极催化层的甲醇浓度亦与常规 DMFC 相同，而将燃料电池（系统）作为整体考虑则可以实现高浓度甲醇溶液甚至纯甲醇进样。

首先，能够实现这种目的的最直接策略就是在阳极流场与 MEA 之间增加多孔缓冲层，实现在流道与 MEA 之间构建额外的浓度梯度，以保证 DMFC 系统以高浓度甲醇作为燃料的同时 DMFC 运行过程中甲醇渗透率较低。这种缓冲层的形式较为丰富，如燃料腔与阳极催化层之间增加了一层多孔碳板，利用甲醇在碳板中的传质阻力较大这一事实在碳板内部建立额外甲醇浓度梯度以实现对阳极催化层甲醇浓度的控制，使得在燃料腔中以高浓度甲醇进样成为可能，在长时放电中电池功率输出可以比常规 DMFC 更稳定。除了使用多孔碳板，在被动式 DMFC 燃料腔内填充"水凝胶"也可以实现减缓甲醇从燃料腔向阳极催化层扩散速度的目的，这种引入"水凝胶"的方法可以将被动式 DMFC 进样燃料浓度提升超过 100%。PTFE 板也可以作为甲醇阻挡层并将半被动式 DMFC 进样燃料浓度提升至 20mol·L^{-1}。Shaffer 等[15] 建立了这样一个被动式 DMFC 的物理模型，在阳极扩散层与催化层之间增加了一层传质阻挡层和亲水性微孔层。阳极亲水微孔层可以减少水从阳极向阴极的扩散以及促进阴极生成水向阳极返回，在一定程度上也降低了甲醇从阳极向阴极侧的透过。同时与阳极扩散层相连的传质阻挡层也会延缓甲醇从阳极流道向阳极催化层的扩散。通过使用模型计算，对微孔层疏水度等各种结构参数进行了优化，实现了对 DMFC 以高浓度甲醇进样。

除了这种添加多孔材料层以增加甲醇从燃料腔到阳极催化层传质阻力这一策略外，还有一种方法不改变 DMFC 的基本结构而是在电池外部增加部件，也同样能够实现高浓度甲醇或者纯甲醇的进样。Faghri 等[16] 提出了一种新型 DMFC 结构，这种 DMFC 在电池外部增加了一个纯甲醇腔，利用甲醇与水的毛细作用力差实现对电极表面的甲醇浓度控制。在这种被动式 DMFC 中，使用亲水的灯芯材料作为连接纯甲醇腔和低浓度甲醇腔的介质，利用甲醇在其中较大的毛细作用力，实现了甲醇从纯甲醇腔向低浓度甲醇腔的扩散过程。当然，考虑到被动式 DMFC 电堆装配的需求，直接在双甲醇燃料腔之间配置低甲醇扩散速率薄膜，如多孔薄膜、渗透蒸发膜等，是更为可行的双燃料腔设置方案。如图 6-7 所示，通过将传统被动式直接甲醇燃料电池中的单室燃料腔改进为双室结构，即低浓度甲醇腔（DMR）和高浓度甲醇腔（HMR），两室中间使用多孔 PTFE 膜（PML）隔离以实现缓解甲醇渗透速度的目的[17]。在这样一种结构中，因为 DMR 中的甲醇不断被消耗，其浓度一直可以被控制在较低浓度范围，最终整个电池的甲醇透过可以得到很好的控制。更重要的是，在这样的结构中 CO_2 的排出过程并不经过新加的 PML 层，所以不会造成 CO_2 排出阻力的增大。模拟计算结果表明当 PML 孔结构优化后，DMR 中甲醇浓度较低时，HMR 中的甲醇浓度不会对 DMFC 的功率输出产生显著影响。实验结果表明，当被动式 DMFC 体积一定时，这种双燃料腔的 DMFC 的放电时长可以达到常规 DMFC 的 5.5 倍。在单电池模拟结果的指导下，将 PML 置换为渗透蒸发膜可以进一步提升这类双燃料腔 DMFC 的性能[18]。在使用纯甲醇作为燃料时，这种双室结构 DMFC 最大输出功率密度可以达到 $21\mathrm{mW} \cdot \mathrm{cm}^{-2}$，并可以在 $100\mathrm{mA} \cdot \mathrm{cm}^{-2}$ 电流密度条件下连续工作 45h，这一时长达到了常规 DMFC 的 7 倍。

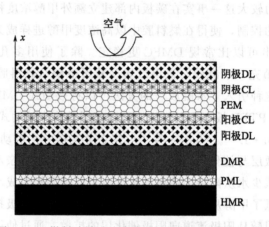

图 6-7　双燃料腔被动式直接甲醇燃料电池结构示意图

除了以上几种对 DMFC 结构实现改进的方案外，另外有一种方案是改进电池结构使用气相甲醇进料以实现高浓度/纯甲醇直接进料的目的。通过引入蒸发板或气相渗透膜，传统结构被动式 DMFC 的燃料腔可以作为蒸气室，实现气相纯甲醇与阳极催化层的直接接触。而气态甲醇的质量浓度较液态甲醇溶液浓度低得多，因此气相进料被动式 DMFC 的实际甲醇渗透也极低。Xu 等[19] 构建了一种多流体、二维、两相、非等温模型，并对蒸气进料直接甲醇燃料电池中的传质过程进行了模拟。在模型建立过程中考虑了通过膜蒸发器产生的蒸气和通过疏水蒸气传输层的蒸气传输，另外还考虑到了扩散层和催化层中甲醇和水的蒸发/冷凝过程。基于该模型，研究了各种操作参数、电池配置参数对质量传递和 DMFC 性能的影响。结果表明，以高浓度甲醇溶液或纯甲醇为燃料的被动气相 DMFC 可以与用稀释的甲醇溶液进料的液体进料被动式 DMFC 产生类似的性能，同时还显示出更高的系统能量密度。Jewett 等[20] 将传统被动式 DMFC 中的燃料腔作为蒸气室，在其中引入蒸发板 (evaporation pad)，实现纯甲醇在腔中的蒸发。这种特殊设计的气相 DMFC 可以通过调节蒸发板的加热功率实现燃料量的控制，在以纯甲醇进料时其最高功率密度能够到达约 $35\mathrm{mW} \cdot \mathrm{cm}^{-2}$。

6.2.3　两相管理及燃料传质优化

两相流问题是低温燃料电池所面临的共性问题，在低于100℃运行时，液体（水或液体燃料）与气体（反应物或气相产物）两相流的存在增加了燃料电池中水热管理的复杂性，这也是目前低温燃料电池技术商业化的一个瓶颈。以质子交换膜燃料电池为例，在阴极催化层反应生成的水从气体扩散层进入流道，会导致包括压差下降、流动模式改变和沿流场通道的液体滞留等问题。而在DLFC中，除了在阴极存在的两相流问题外，阳极侧两相流问题更受研究者关注。由于DLFC的阳极侧反应物为液体，因此产物中的CO_2气体与燃料溶液形成的两相流在阳极流道中极易阻塞液体流动，最终严重影响DLFC的放电性能及寿命[21]。

仍以DMFC为例进行详述。DMFC中甲醇溶液从阳极流场通过阳极扩散层输运到达阳极催化层并在催化剂的催化下氧化生成CO_2，而气体CO_2需要反向经由阳极扩散层进入流道最后排出DMFC。因此，流场中的流体是以气液两相的形式存在的，这种两相流行为不仅影响甲醇向阳极催化层的质量传递，更会影响气体CO_2从电池中快速去除，在流道中形成的气塞会导致局部严重极化，影响电堆的均一性，因此与DMFC的放电性能和寿命都直接相关。为了更好地了解DMFC阳极侧甲醇溶液和气体CO_2的质量传递，研究者早期对不同阳极流场结构中的两相流动行为进行了广泛研究[22-24]。DMFC阳极最早使用的流场结构多为平行流场，可以发现流道中的气体含量随电流密度提高会迅速增加，因此气泡容易变为段塞，气体段塞的通道限制了甲醇传输到阳极催化层，从而增加了DMFC阳极浓度极化，造成DMFC放电性能下降。除了平行流场外，研究发现在蛇形流场中也会出现周期性重复的气泡形成、分离和聚结到气体段塞的过程。研究结果表明蛇形流场具有优于平行流场的气体CO_2去除能力。在DMFC阳极中使用的流场模式除了平行、蛇形流场外，还包括曲线形、锯齿形或组合形式。不同的流场设计会影响甲醇在不同方向的传质行为。首先，不同结构流场中的CO_2气泡的传质行为是不同的，这会影响甲醇从流道到扩散层表面的传质。其次，不同流场结构会导致流道中液体压力分布不同，这会影响肋下扩散层中的甲醇传质。肋下对流可以增强甲醇向肋下催化层的传输，进而改善阳极催化层上的甲醇浓度的均匀性。蛇形流场中的肋下对流通常强于平行流场，因此蛇形流场的使用往往会带来更好的DMFC性能。更重要的是，由于蛇形流场的甲醇流速增加，相邻流道之间的压降会增加，肋下对流随着甲醇流速而增加。总的来说，增大流场的曲折程度可以提升DMFC阳极的肋下对流，实现甲醇在整个电极上的更均匀分布。流道尺寸和肋尺寸也可以影响甲醇的通过和平面内质量传递。通过改变通道尺寸，例如流道宽度、流道深度等参数都可以影响 CO_2 气泡传输行为并改变流道中的液体燃料流速，从而改变电池性能。改变流道宽度和流道深度可能对甲醇传质有两种不同的影响：①流道尺寸的减小可以带来更高的液体流速，这将导致流道/扩散层界面以及肋下对流传质系数的提高，进而提升 DMFC 性能；②流道尺寸的减小也会导致气体阻塞更容易发生，这显然会阻碍甲醇的质量传递，从而降低电池性能。因此，开放比也是流场设计的另一个关键参数，高开放比可以带来更高的甲醇传质以及更均匀的甲醇分布，更高开孔率的金属泡沫作为 DMFC 的阳极流场也得到尝试。

Yang 等[5] 使用可视化研究发现在阳极为单蛇形流道的 DMFC 中，在低电流密度下，阳极流场中出现小的离散气泡；在中等电流密度下，除了小的离散气泡外，还形成许多气体段塞；而在高电流密度下，与平行流道相似，流道中也会出现较长的气塞（图 6-8）。实验还考察了单电池摆放方向对 CO_2 气泡流动行为的影响：在较低甲醇燃料流速条件下，单蛇形流道的 DMFC 单电池垂直摆放可以得到较图 6-8 所示的水平摆放更好的电池性能。此外，温度和流速也显然会对 CO_2 气泡流动行为产生显著影响，速率增加带来的强制对流会明显减少长气塞的出现，但是同时甲醇渗透的情况也会增加，所以甲醇流速和 DMFC 性能在这种流场结构中并不完全是正向依赖的关系。但是，这个工作中由单个蛇形通道组成的流场在所有考察的测试条件下从未遇到由 CO_2 气塞引起的流道阻塞现象，

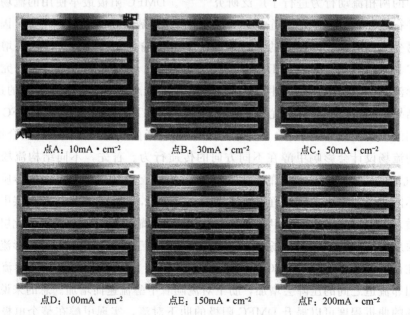

点A：10mA · cm^{-2} 点B：30mA · cm^{-2} 点C：50mA · cm^{-2}

点D：100mA · cm^{-2} 点E：150mA · cm^{-2} 点F：200mA · cm^{-2}

图 6-8　不同电流密度条件下 DMFC 阳极单蛇形流道中的 CO_2 气泡行为

这也证实了蛇形流场的优越性。

除了流场形状外，通过比较不同扩散层材质也能发现在碳布表面形成的 CO_2 气泡更均匀且尺寸更小，而在碳纸表面更容易形成 CO_2 大气泡进而阻塞流道。DMFC 的阳极扩散层通常由大孔扩散层和涂覆在其表面的微孔层组成。考虑到扩散层是气液两相流的必经之路，因此润湿性会显著影响 CO_2 气体的排出和甲醇的传质。使用 PTFE 处理可以调节扩散层的润湿性，PTFE 含量的增加导致甲醇的通过面传质阻力增大。因此，从增强甲醇传质以降低浓度极化的观点来看，在 DMFC 的阳极中应优选未经 PTFE 处理的扩散层，甚至可以添加一些亲水剂增强甲醇传质。类似的，扩散层的厚度也会对两相传质产生明显影响，当扩散层太薄时，甲醇难以渗透到肋下区域导致局部甲醇浓度低，增加了浓度极化。然而，扩散层太厚会导致甲醇从流道到催化层的传质阻力随之增加，但是这种使用较厚的扩散层导致的传质阻力增加可以通过提高进料甲醇浓度来解决。扩散层的材质和物理性质也可以影响两相传质，包括碳纸、碳布、金属丝布、金属泡沫、不锈钢纤维毡等都可用。这些多孔材料不同的孔结构和润湿性会导致气体 CO_2 和甲醇的不同的传质行为。涂覆在扩散层表面的微孔层虽然很薄，但在质量传递过程中起着更重要的作用。疏水性较强的微孔层可以显著增加甲醇穿过微孔层的传质阻力，可以实现提高甲醇供给浓度的目的。而具有较高表面积和较高亲水性的活性炭粉，如 Black Pearl 2000，可以增强甲醇传质，使用亲水性较强的 Nafion 作为黏合剂制备的亲水微孔层比使用 PTFE 作为黏合剂的疏水性微孔层产生更小的贯通平面传质阻力。因此，阳极流场设计、阳极扩散层的物理性质以及燃料电池的操作条件都会影响气泡形成、脱离以及在流道中的两相流行为。具体来说，DMFC 操作条件包括前述的甲醇溶液流速、放电电流、温度等参数。对放电电流来说，电流的增大将导致 CO_2 气体生成速度的增加从而提高流道中的气体比例。在一定的甲醇溶液流速下，增加 CO_2 气体生成速度会直接增加液相流动速度，进而导致流道/阳极扩散层界面处更高的流体传质系数，从而加快甲醇的传输速度。但是，从另一方面来说，放电电流增加引起的流道中气体比例的提高也直接减少了甲醇从流道到阳极扩散层的有效传质面积，变相增加了甲醇输送阻力。此外，电流密度增加产生的大量气体在垂直 MEA 方向逸出时也会占据阳极扩散层的孔隙进而减少甲醇传输路径，这也使得甲醇通过扩散层到催化层的传质阻力增加。因此，当增加电流密度时，这些效应之间存在竞争流道/阳极扩散层界面增加的流体传质系数可以很好地补偿另外两种效应带来的损失，结果使得甲醇总的有效传质系数几乎与电流密度无关。甲醇溶液的流速也会影响甲醇的质量传递，增加流速可以增强甲醇的各向传质并减少入口和出口之间甲醇浓度差。同时，流道/扩散层界面的流体传质系数和覆盖阳极扩散层中的固定气体段塞去除率也会随着流速的提高而增加。显然，随着甲醇溶液流速的增加，甲醇的传质会得到显著增强。另外，当 DMFC 运行温度提升时，由于甲醇扩散系数会指数级增加，甲醇在流道及扩散层中的流体传质系数也会显著提升。总的来说，操作条件对 DMFC 中 CO_2 传质行为以及对应的两相流行为有一定的影响，但是实际操作条件的选择要针对不同的 DMFC 结构以及不同使用环境和要求进行设置，以实现 DMFC 系统性能和寿命的最优化。

另外，针对被动式 DMFC，通过前述的调整燃料电池方向、引入磁场等外场[25] 等方式都可以明显改善 DMFC 阳极两相流问题，加速 CO_2 气体的排出以及提升甲醇由流道向催化层的传质，提升 DMFC 性能。Liu 等[25] 将被动式 DMFC 置于磁场中，提出了一种基于 Lorentz（洛伦兹）力的新方法来实现加速被动式 DMFC 阳极催化剂表面 CO_2 气泡排除的目的。图 6-9 中给出的是在引入磁场之

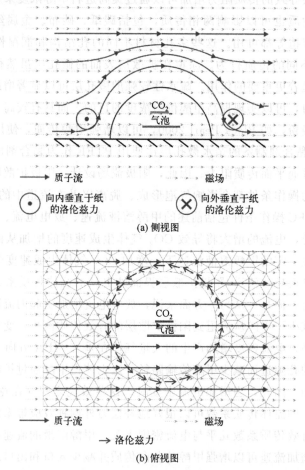

图 6-9　Lorentz 力使得 DMFC 阳极催化剂表面单个 CO_2 气泡剥离过程加速的示意图

后，阳极催化层表面的吸附 CO_2 气泡周围由于质子传输方向被扭曲而在气泡两侧与固相催化剂界面处产生方向相反的 Lorentz 力。而其中质子传输方向被扭曲的原因是 CO_2 气体是质子传输的绝缘体，因而为了质子传输、为了适应气泡形状必然会发生扭曲。根据俯视图，可以发现 CO_2 气泡在催化层表面形成的一个圆形界面周围，都会被 Lorentz 力所包围。因而，在催化剂表面的 CO_2 气泡周围会形成微观尺度的强制对流。也就是说，在被动式 DMFC 阳极催化剂表面生成的 CO_2 气泡的剥离过程会因为在电池内部引入磁场而得到加速。因为 CO_2 气泡剥离的加速使得阳极催化剂表面的物理阻隔得到了缓解，进而提高了催化剂的利用率。被动式 DMFC 的功率密度输出因此提升 12.5%。

除了对 CO_2 气泡的传质行为进行研究和优化外，水的传输过程在包括 DM-FC 的 DLFC 中也至关重要。以 DMFC 为例，其净反应是甲醇与氧气反应生成 CO_2 和 H_2O，但是，由于电化学反应的特殊性，H_2O 的生成发生在 DMFC 阴极，而阳极甲醇电化学氧化半反应需要一个额外的 H_2O 参与反应才能完成。因此，如何有效地将阴极生成的 H_2O 在 DMFC 阳极得到应用是提升 DMFC 系统性能的一个重要课题。对于主动式 DMFC 来说，可以通过增加水管理子系统来实现水在阴阳极两侧的分配，最终实现了 DMFC 电堆在无需额外补水的条件下，以纯甲醇进样持续工作。如前文所述，112L 纯甲醇可以支持 SFC 的 EFOY Pro 12000 Duo DMFC 系统 500W 连续放电 240h 而不需要额外的水分补充。与主动式 DMFC 不同，由于被动式 DMFC 主要是针对的就是便携式应用，因此增加水和甲醇传质管理系统会大大增加被动式 DMFC 系统的复杂性和成本。东芝公司 2009 年推出的 Dynario 型被动式 DMFC 售价之所以高达 335 美元，一个重要的原因就是其中微型水管理系统的高成本。因此，为了控制被动式 DMFC 系统的体积，研究者设计了不同的方案将阴极产生的水再循环到阳极以稀释燃料，这也是商用被动式 DMFC 系统中最优的实现方案，但是具体实施方案的细节目前并不多。例如，与主动式 DMFC 类似，使用 PTFE 对阴极气体扩散层进行防水处理，在确保阴极气体扩散层不被水淹的同时，能够促使阴极生成水通过质子交换膜反向渗透至 DMFC 阳极。考虑到气相进样可以显著降低 DMFC 的燃料渗透，Xu 等[26] 构建了如图 6-10 所示的被动式气相进样 DMFC，并对其不同部件对电池水管理的影响进行了研究。在这样一个被动式 DMFC 结构中，研究人员在阴极扩散层和集流体之间引入两层碳布作为水管理层（WML）和空气过滤层（AFL），以增加水透过质子交换膜向阳极反渗的能力。除了 WML 外，考虑到气相甲醇进样时阳极实际甲醇浓度较低，质子交换膜厚度减小时，从阴极到阳极的水反渗的速率会进一步增强，同时考虑到 DMFC 内阻的降低，此气相进样

DMFC 能够得到更高的质子交换膜水含量和更高的 DMFC 性能以及燃料使用效率。这种水反渗结构的引入使得这种被动式气相进样 DMFC 可以稳定运行 150h 而没有出现显著的性能下降。

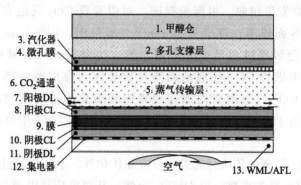

3. 汽化器
4. 微孔膜
6. CO₂通道
7. 阳极DL
8. 阳极CL
9. 膜
10. 阴极CL
11. 阴极DL
12. 集电器

1. 甲醇仓
2. 多孔支撑层
5. 蒸气传输层
空气
13. WML/AFL

图 6-10　被动式气相进样 DMFC 结构示意图

6.3
直接液体燃料电池模型及数值模拟

数值模拟是依赖电子计算机，结合有限元概念，通过数值计算和图像显示的方法，达到对工程问题或物理问题进行研究和预测的目的。数值模拟一般包括以下几个步骤：首先要建立能够反映工程问题或物理问题各量之间的微分方程及相应的定解条件，这是数值模拟的出发点，没有正确完善的数学模型，数值模拟就无从谈起；数学模型建立之后，需要解决的问题是寻求高效率、高准确度的计算方法，计算方法不仅包括微分方程的离散化方法及求解方法，还包括边界条件的处理等；在确定了计算方法和坐标系后，编制程序进行计算并通过实验来加以验证。正因如此，数值模拟也可以称为数值实验，也就是说数值模拟实际应理解为使用计算机来做实验。基于计算模拟结果，可以将各种场分布可视化，如力的强度、表面的压力分布、受力大小及其随时间的变化等。

6.3.1　建立燃料电池数学模型的意义

在燃料电池研究中，借助数学模型分析电池内部的传质、传热和电化学反应过程具有十分重要的意义。对燃料电池来说，不仅存在如流速分布、受力分布等难以通过实验直接测量的参数，即使是电流密度分布、温度分布这些参数也很难通过实验手段进行实时监控，而数学模型是一个廉价、省时的工具，能实现将这些参数进行可视化的目的[27]。在此基础上，我们还能借助数学模型为燃料电池电极结构的优化、流场的设计以及操作条件的筛选提供指导。另外，数学模型也是大功率燃料电池系统模拟和优化的核心。通过对较为复杂的基本方程组求解，对燃料电池的某个部分或者单电池甚至整个燃料电池电堆进行相对成本较低、效率较高、情况很复杂的过程进行模拟，它可以很好地辅助实验的进行，得到难以通过实验得到的数据和参数。因此数值模拟的方法在燃料电池领域得到了广泛的重视和应用。如图 6-11 所示为电池流场内物料浓度分布的模拟结果。

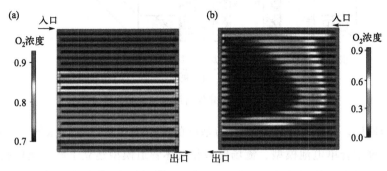

图 6-11　氧气在阴极通道内的浓度分布[28]

（a）蛇形流场；（b）平行流场

6.3.2　燃料电池数学模型的分类与特点

燃料电池数学模型一般包括机理模型和经验模型两种。机理模型的研究对象是燃料电池本身，一般需包含燃料电池中的主要部件（如图 6-12 所示），运用燃料电池组件内部基本的物质/能量传递和电化学反应方程，并在比较合理的假设基础上描述燃料电池内部各位置的特征。机理模型需要多个方程的联立求解，其复杂程度随所考察的参量增加而显著增加。对机理模型的研究，按研究侧重点（对象）不同又可分为：质子交换膜及其他组件水传递模型[29]、催化层数学模型[30,31]、扩散层数学模型[32]、流场模型[33,34]，以及全面描述燃料电池的整体模型[35]。

流场的模拟是机理模型的重要组成部分，它还需要同时模拟扩散层、催化层和质子交换膜中的物质传递及电化学过程，以准确描述流场中的状态。通过这一整套的模拟计算得到流场的实际工作状态并对流场结构等参数进行优化，或者比较已经实际应用的不同流场的优劣。如 E. Carcadea 等[36]建立了一个三维稳态的单相数学模型，比较了平行流场和交指型流场的传质行为和相应电池的运行特性。通过简单设置物质守恒方程，使得方程能够适应并体现质子交换膜燃料电池中

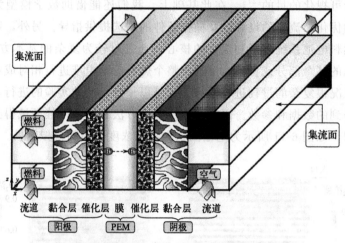

图 6-12　燃料电池建模所用的三维结构示意图

所有的物理层，然后用有限体积元为基础的流体力学方法进行求解。Thirumalai 等[37] 通过结合单电池模型、流场模型和气体管道模型建立了质子交换膜燃料电池模型，该模型应用了三维 Navier-Stocks 方程描述管道中的流体状态，其边界条件由相对复杂的燃料电池组的几何形状与单电池的电化学反应特性确定，采用简单的层流流动假设对流场中的流动进行简化，给出了反应气的消耗量、气体流速对压力降的影响，但求解过程忽略了电池组内的温度分布计算。模拟整个燃料电池或电堆的模型在机理模型建立中是要求最高的，它集成了燃料电池各个组件的模拟但又不是各个部分的简单加和，而是各部分相互影响、相互作用形成的整体。因此，对整个燃料电池进行模拟可以得到更加接近实际运行情况下的数学结果和可视化图像，对指导燃料电池结构设计和运行条件优化非常有价值。但是这部分的工作又是最复杂、最具挑战性的，因为模型中涉及电流密度-电压关系以及电池内部的物质/能量传递、反应现象等。为了研究这个复杂的体系，研究者们提出了许多不同的全面描述质子交换膜燃料电池的数学模型，按照空间维数的不同有一维模型[38-43]、二维模型[44-49]、三维模型[50,51]，通过解析求解或数值求解，结合与实验结果的对比，可以用来优化质子交换膜燃料电池的设计工作。

与机理模型不同，经验模型建立的依据是燃料电池实验测试中得到的数据，通过这些数据的分析来得到电池的相关信息并对电池的优化提供帮助。因此，经验模型相对比较简单，一般不必考虑电池内部的结构参数，只要依据表观的极化曲线拟合出相应方程，或者结合其他实验数据进行拟合处理便能够在一定程度上从理论上解释电池的性能，有效地用于商业化电池组的性能模拟，为电池系统的开发提供依据。最常见的燃料电池电压计算经验公式为[52]：

$$E = E_0 - b\lg i - Ri \tag{6-1}$$

$$E_0 = E^\ominus + b\lg i_0 \tag{6-2}$$

式中，$E^\ominus$ 是燃料电池的可逆电位；b 是氧还原反应 Tafel 斜率；i_0 是氧交换电流密度；R 是欧姆电阻（包括质子膜的电阻、氢氧化反应电子转移电阻、电极和极板等的电子电阻、质量传递电阻等）。R 与膜的结构、水含量、厚度有关。

但是，此模型只是在低、中电流的时候与实验结果吻合得比较好，如果燃料电池在大电流区间运行，那么由公式(6-1)计算得到的燃料电池工作电压会明显大于实验测量值。因此，在大电流运行条件下需要对上述模型中的公式(6-1)进行修正[53]：

$$E = E_0 - b\lg i - Ri - m\exp(ni) \tag{6-3}$$

对于大功率质子交换膜燃料电池电堆，其内部的传质、传热等过程异常复杂，因此对它的模拟也就非常具有挑战性。Amphett 以机理模型为基础，与经验方程线性回归相结合，采用如下的经验方程[54,55]拟合了 Ballard Mark Ⅳ 型燃料电池电堆的性能，给出了活化过电位和电池内阻计算的经验公式：

$$\eta_{act} = a_1 + a_2 T + a_3 T\lg C_{O_2} + a_4 T\lg i \tag{6-4}$$

$$R_{in} = b_1 + b_2 T + b_3 i + b_4 Ti + b_5 T^2 + b_6 i^2 \tag{6-5}$$

式中，η_{act} 和 R_{in} 分别是电堆的电极活化过电位和内阻，活化过电位可以被精确地拟合为温度、电流密度和氧气浓度（C_{O_2}）的函数，电池内阻则被精确地拟合为温度和电流密度的函数，在很宽的操作条件下该模型能很好地拟合 Ballard Mark Ⅳ 型燃料电池电堆性能。

除了上述的对燃料电池/电堆性能的预测外，经验模型的建立和求解对质子交换膜燃料电池设计有着重要指导作用。Zhou 等[56]为了弥补平行流场和蛇形流场在质子交换膜燃料电池应用中存在的不足，提出了将新型交指型流场引入质子交换膜燃料电池的可行能，在这种新型流场中进、出口的数量是一样的，也就是说有 n 个进口和 n 个出口，因此将这种流场简称为 NINO。在 NINO 流场中，每一个进、出口都是独立的，当进、出口的压力改变时，就可将新型流场扩展到更具有普遍意义的形式。基于这种新型流场，研究人员建立了质子交换膜燃料电池模型，通过研究燃料电池的阴极侧半电池模型探索流场中多孔性层和端口压力变化的影响。假定在阴极侧流场中的气体是空气，空气通过双极板的气体入口进入流场区域。基于一些基本假设，如定态假设、恒温假设、层流假设、孔各向同性假设等，研究者构建了物质传输控制方程组，结合合理边界条件，对质子交换膜阳极侧压力分布、浓度分布、氧气流速分布（图 6-13）等进行预测，并推导得到燃料电池极化曲线。在此基础上对运行条件和结构参数，如流道开放比，对质子交换膜燃料电池阴极测压力分布、浓度分布、氧气流速分布的影响以及电池性能的影响进行了考察。

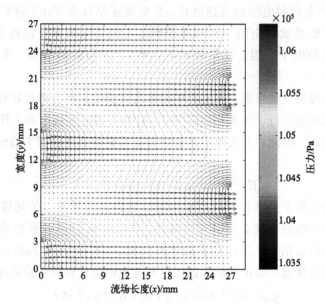

图 6-13　基本工作条件下 NINO 流场中的氧气流速分布图

6.3.3　直接液体燃料电池数值模拟

由于基本结构的高度相似性，显然，通过对质子交换膜燃料电池经验模型进行修正后，即可用于对以 DMFC 为代表的 DLFC 进行模拟。如通过构建与质子交换膜燃料电池相似的经验模型，将 DMFC 阳极催化层中微孔结构与阳极催化层甲醇电氧化活性面积和甲醇的传质行为之间关系建立数值化关系，进而对 DMFC 阳极催化层制备过程中造孔剂的载量进行优化[57]。另外，经验模型也可用于 DMFC 单电池及电堆热传输和热管理的研究[58-62]。模拟结果表明电堆温度及流体温度都随着流道长度变化而线性变化。为了更好地对大型 DMFC 电堆进行热管理，通过建立一维单相的经验模型可以快速预测电堆中的热分布，指导电堆的组装和运行。考虑运行的 DMFC 电堆中由于 CO_2 的产生和甲醇溶液的蒸发，在阳极流道中存在严重的两相流问题[5]，大量气相物质的存在必然会对 DMFC 电堆内部热量传递带来巨大影响，针对大规模 DMFC 电堆建立两相模型[63] 用于电堆热管理，将一些电堆的常用操作参数和结构参数引入模型中，通过对模型的解析实现对 DMFC 电堆热分布精确预测。

相对于主动式 DMFC，被动式 DMFC 与传统质子交换膜结构差别较大，使用数学模型进行模拟时，更多的是针对 DMFC 中存在的甲醇渗透过程进行模拟[64,65]，并基于经验模型基础对燃料电池阳极结构[66] 和燃料进样结构[67] 进行优化，实现提高被动式 DMFC 功率输出和能量密度的目的。针对一个被广泛研究的气相甲醇进样被动式 DMFC 结构，Yang 等[67] 建了数学模型描述了甲醇从阳极燃料仓→渗透汽化膜→多孔板→气体仓→阳极集流体→阳极扩散层→阳极微孔层→阳极催化层→质子交换膜，直到阴极催化层的过程。由于甲醇在渗透汽化膜中扩散只涉及浓差扩散，在一定合理假设的基础上甲醇从阳极燃料仓穿过渗透汽化膜的扩散速率可描述为式(6-6)：

$$N_{M, \text{diffusion}} = \frac{C_{M, N, \text{interfaceA}} - C_{M, N, \text{interfaceB}}}{\delta_{\text{mem}} / D_{M, N}} \tag{6-6}$$

式中，$D_{M, N}$ 和 δ_{mem} 分别是甲醇扩散系数和渗透扩散膜的厚度；$C_{M, N, \text{interfaceA}}$ 和 $C_{M, N, \text{interfaceB}}$ 分别是渗透扩散膜两个表面的甲醇浓度。由于到达阳极催化层前，甲醇传质行为都可以近似为浓差扩散，可以使用几个类似的方程表达甲醇从渗透汽化膜一直到催化层的移动。大部分情况下，阳极和阴极催化层在经验模型建立过程中可以忽略厚度，甲醇从阳极催化层渗透至阴极催化层的速率也可以用比较简单的公式描述：

$$N_{M, \text{crossover}} = -D_{M, N} \nabla C_{M, N} + n_{d, M} \frac{i_{\text{cell}}}{F} \tag{6-7}$$

由于被动式 DMFC 两侧压力基本相同，对流对扩散的贡献可以忽略，所以甲醇渗透由浓差扩散和电迁移两部分组成，分别对应式(6-7) 右侧两项。继续对水、氧气的传质行为建模并最终结合电流平衡的要求得到 DMFC 电压计算公式：

$$V_{\text{cell}} = V_0 - \eta_a - \eta_c - \int_{\text{PEM}} \frac{i_{\text{cell}}}{\kappa} dx \tag{6-8}$$

式中，V_0 是 DMFC 的标准电动势；η_a 是阳极过电位；η_c 是阴极过电位；κ 是质子交换膜电导率，而质子交换膜电导率还依赖于膜中水含量。最终基于一些合理边界条件及假设，如假设阴极催化层中甲醇浓度为 0，可以模拟得到不同条件下，气相被动式 DMFC 阴阳极过电位和极化曲线比较。

如图 6-14 所示是使用上述模型考察不同厚度 Nafion 膜对气相进样被动式 DMFC 性能的影响，使用厚度较薄的 Nafion 112 膜可以带来最高的放电电流密度和电池电压。当然通过这样一次模拟还可以得到一些其他信息：①从燃料仓到阳极催化层的甲醇传质速率主要受控于渗透蒸发过程，因此，可以通过渗透蒸发过程的控制来调节电池性能和甲醇传输之间的相关性；②在纯甲醇操作条件下，水在整个燃料电池中都以蒸汽状态存在，并且其在 MEA 上的分布受质子交换膜厚度、阴极结构、操作温度和环境相对湿度的影响。

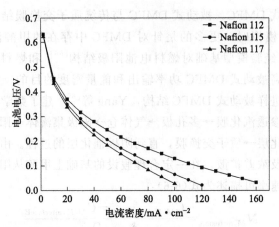

图 6-14　使用不同厚度 Nafion 膜模拟得到的气相进样被动式 DMFC 极化曲线

6.4
直接液体燃料电池集成技术

前一节中讨论了使用数值模拟方式对 DLFC 结构和操作条件进行模拟优化。在实验 DLFC 使用中，根据不同应用场景的需求，需要对电池进行不同方式的集成才能取得最高效的应用效果。

6.4.1　微型直接液体燃料电池技术

由于便携式设备（尤其是智能手机）功能增加带来的能量需求的提升，使得当前便携式设备的进一步发展主要受限于电池的续航能力。燃料电池是解决这种矛盾的一种绝佳方案，而其中微型燃料电池被认为是替代当前电池作为便携式应用电源的最好选择。与传统二次电池相比，微型燃料电池最显著的特点就是其具有更高能量密度。用于便携式应用的 PEMFC 的商业化可能性受限于潜在的安全问题以及缺少加氢设施的问题。因为 DLFC 的燃料在常温、常压条件下呈液态，同时考虑液体燃料的高能量密度和燃料电池结构简单的优点，微型 DLFC（主要是 DMFC）成为最有希望取代二次电池的能源技术。

在制造微型燃料电池系统时，必须在考虑增加功率和能量密度的同时保证燃料电池的可靠性。针对不同的便携式应用场合，微型燃料电池设计功率在 0.5～20W 之间，同时整个燃料电池系统体积必须很小。考虑了实际应用场合，便携式 DLFC 一般都是自呼吸结构，包括泵、阀门、风扇在内的外部设备的使用必须要尽量避免。除了对包括质子交换膜、催化层、扩散层、微孔层等传统元件进行优化外，微型 DLFC 还必须经过精心的结构设计实现最终系统的小型化。为更好地利用有限体积的同时获得优化的传热和传质效果，目前主要使用两种方法进行微型 DLFC 装配：使用传统组装方法缩小燃料电池系统，或者使用 MEMS（微电子机械系统）技术重新设计系统中的每个组件。

仍以 DMFC 为例，通过使用传统 DMFC 设计方法，即将气体扩散层、电极和质子交换膜热压得到 MEA 薄层后安装在通常聚碳酸酯等高分子材料制成的外壳中，然后机械黏合，可以得到微型 DMFC。该方法与用于组装几瓦级被动式 DMFC 电堆的方法相同，尺寸是唯一的区别。这类微型 DMFC 可以以 $0.5 \sim 4 mol \cdot L^{-1}$ 浓度甲醇溶液为燃料，不需要泵或其他任何外部辅助设备协助进料或供氧。如图 6-15 所示，在一个典型的微型 DMFC 堆栈结构中，通过在质子交换膜的每一侧放置多组阳极/阴极对，并使用导线进行串联可以完成组装。在这样一个微型 DMFC 堆栈结构中，阳极侧具有甲醇和气体 CO_2 传质通道及用于储存甲醇溶液的大的开放空间（甲醇仓），而阴极侧具有许多用于空气扩散的孔。在常温常压条件下，这样的 DMFC 堆栈可产生 1000mW 的功率输出。

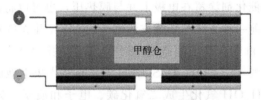

图 6-15 典型微型 DMFC 的堆栈结构

通过有针对性地对这种微型 DMFC 堆栈阳极侧甲醇扩散通道进行调整及对阴极扩散层疏水性进行优化后，可以进一步提升这类微型 DMFC 单次补充燃料的续航时间以及运行稳定性。此外，通过增加电池组中串联单电池的数量可以实现输出电压的提升，满足不同的应用场景。而微型 DMFC 系统的外部尺寸和形状可以通过 MEA 不同的堆叠和串联方式来确定。显然，对于便携式应用来说，微型 DMFC 系统设计的基本要求是：操作条件温和、阴极自呼吸进气、尽可能没有泵等外部进料设备。为了满足上述条件并降低 DMFC 系统的厚度，使用厚度极薄的、经过表面处理的不锈钢板作为阴阳极流道及集流体，两片 MEA 阳极侧之间留下薄层作为甲醇燃料仓，并同体积更大的外部甲醇仓相连接，实现在较薄空间中的应用可能。

但是，这种基于传统 DMFC 技术制备的微型 DMFC 在进一步轻薄化上存在局限，对一些空间极小的极端应用场景不适用。因此，研究人员将注意力转移到了传统半导体工业中广泛使用的微电子机械系统（MEMS）技术，其在燃料电池系统微型化过程中的应用可能性被广泛研究。MEMS 技术不仅可能解决在传统 DMFC 电堆叠层技术中也会遇到的一些关键问题，如针对在微纳尺度传质特性的微孔结构设计等。此外，由于 MEMS 技术已经非常成熟，因此，基于 MEMS 技术的微型 DMFC 系统在大规模推广中的成本也更低。总的来说，使用 MEMS 技术可以精准设计 MEA 及 DMFC 其他部件中的微观结构，达到控制电极中燃料、空气和水的精细和精确流动的目的，实现改善微型 DMFC 性能的目的。

此外，MEMS 技术的使用也为微型 DMFC 的加工方法提供了新的选择，如在微型燃料电池中使用硅晶片能够在 MEA 制造中实现更多变化。显然，使用 MEMS 技术制造微型 DMFC 面临的主要挑战是 Nafion 膜不适用于标准的 MEMS 微制造技术：首先，Nafion 膜吸水溶胀而导致的剧烈体积变化使其无法与以硅晶片为代表的硅基底匹配；另外，使用标准光刻法也不能在其表面形成图案实现催化层和微流道的直接制备。目前的解决方案是通过应用各种蚀刻方法，如深反应离子蚀刻（DRIE）或湿化学蚀刻，将微流体通道和进料孔刻在硅晶片上，之后在硅晶片上溅射一层 Au 或 Cu/Au 实现集流作用。而催化剂的引入有两种选择：可以将催化剂涂覆在电极上并与膜热压，也可以将催化剂直接涂覆在硅衬底的表面上。前一种方式与传统方法组装的 MEA 并无区别，而后一种将催化剂直接涂覆在硅衬底表面上的微型 DMFC 设计方案及工作原理可解释如下：含无机酸的燃料溶液（$CH_3OH/H_2SO_4/H_2O$）被送入单电池的阳极侧，硅衬底表面催化剂催化 CH_3OH 氧化生成二氧化碳、电子和质子。另一侧，氧分子在阴极与通过质子交换膜到达阴极的质子反应产生水，从而完成氧化还原过程。在这种电池结构中，从阳极到阴极的路径长度是两个微通道之间的间隙，可以只有几十微米。

基于 MEMS 方法设计组装得到的微型 DMFC 结构，具有若干区别于传统结构微型 DMFC 的优点：首先，通过将阳极和阴极集成在单片硅基底表面，微型 DMFC 可以被设计成超薄平面结构；其次，在这种设计中燃料和氧化剂的单独微通道被完全隔离，这种在设计上的完全隔离最大程度地避免了燃料和氧化剂在电池运行过程中的渗透；另外，由于催化剂层直接负载在金属集流体表面上，因此集流效率很高，同样，集电体层也是直接沉积在微通道中，电流不需要通过金属线导出，因此，DMFC 结构较为简单，电阻也较小。

这种使用单个 Si 晶片制造阳极和阴极微通道的方法可以将 DMFC 系统制造得非常小，同时，制备微型 DMFC 系统所使用的质子交换膜和贵金属催化剂的量都较少。所以虽然其输出功率密度较传统结构微型 DMFC 还有很大差距，但是由于其体积较小，在生物医学等特殊场合仍存在潜在应用价值。考虑到甲醇的毒性，使用乙醇作为甲醇的替代燃料是这种基于 MEMS 技术的微型 DLFC 的一个选择。通过微加工手段分别对微型直接乙醇燃料电池（DEFC）的阴阳极流场进行设计，并与 DMFC 类似将贵金属催化剂直接沉积在两个流场上，同时承担催化层进而集流体的作用。利用微加工形成的毛细作用力具有将燃料吸向电极方向的能力，这样能够消除 DEFC 取向对燃料供应及电池性能的影响。同时由于乙醇的渗透速率要比甲醇低得多，这类微型 DEFC 可以以更高浓度乙醇溶液作为燃料，因此也能得到比微型 DMFC 更长的续航时间。

总的来说，由于在电子集成电路行业拥有成熟的基础设施和制造方案，目前用于微型燃料电池的 MEMS 技术通常是基于硅基底和传统的碳负载铂催化剂制造的。然而，硅基底的一些缺点也不得不考虑：首先，硅的电子电导率较低；另外，硅基底与质子交换膜之间黏附性较差。硅基底的高电阻意味着这类微型 DLFC 的集流效果完全取决于硅基底上涂覆的导电层的厚度，而这一步处理将显著增加电池成本。另外，基于硅基底的干蚀刻微制造加工成本也很高。除了成本问题外，硅基底的脆性使得电池装配过程中难以实现良好的密封并同时降低 MEA 和硅基底流场之间的接触电阻。因此，寻找替代硅的基底材料成为目前基于 MEMS 技术的微型 DLFC 领域的重要研究课题。玻碳由于具有高的导电性和化学惰性，成为研究者关注的对象。通过使用湿法蚀刻技术处理玻碳基板并利用光刻技术制造阵列，可以得到与硅基底性能类似的微型 DMFC。选择具有更高电导率和机械强度的不锈钢作为基底双极板，通过光化学蚀刻技术加工微流场也可以实现微型 DLFC 制造的目的[68]。在环境压力和 60℃条件下使用 $2\,mol\cdot L^{-1}$ 甲醇溶液作为燃料，这种微型 DMFC 的最大功率密度可以达到 $100\,mW\cdot cm^{-2}$，这一性能甚至超过相当一部分常规结构的 DMFC 电堆。主要原因是使用钢板作为基底加工微型 DMFC 可以实现流场与 MEA 之间极佳的黏合，从而降低与 MEA 的接触电阻。

当然，MEMS 微加工技术在微型燃料电池加工中的使用也为 DLFC 技术带来一种新的可能。通过微加工方式制造微流道，实现两种或多种液体在流道中通过多层流方式合并成单个微流体（图 6-16），避免质子交换膜的使用[69]。通过灵活配置不同流体还可以改变这种无膜微液流 DLFC 的电化学特性，如使用碱性阳极（甲酸盐溶液）＋酸性阴极（溶解氧）的流体配置，这种微型 DLFC 的开路电压可高达 1.4V。

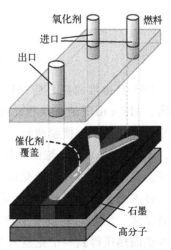

图 6-16　层流式无质子交换膜微型
DLFC 的结构示意图

6.4.2　直接液体燃料电池电堆集成技术

与微型 DLFC 使用被动式自呼吸结构不同，直接液体燃料电池电堆中燃料一般使用主动式进样方式。与被动式 DLFC 堆栈所使用的平板式结构不同，主动式 DLFC 电堆主要使用叠层式结构。而常规意义上的 DLFC 电堆在不作特别说明时都是指的叠层主动式 DLFC 电堆。叠层式电堆最主要的特征就是采用了双极板这一组件。双极板一般使用导电性好、力学性能足够的石墨板或金属板为原料，在双极板的两侧分别加工有阴/阳极流场。而双极板两侧的阴/阳极流场分属于电堆中相邻的两片单电池，通过这种方式可以在不使用额外导电材料的情况下实现单电池的串联，最大程度地降低了 DLFC 电堆的体积。除了同时提供流场和串联功能的双极板外，DLFC 电堆还需要有单极板、密封垫、端板、MEA、集流板等组件才能实现 DLFC 的功能（图 6-17）。除了之前提到的结构紧凑的优点外，设计灵活、拆卸方便、易批量生产、高体积比功率也都是叠层式 DLFC 电堆的特点。

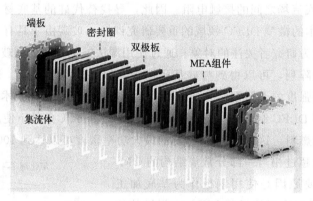

图 6-17　叠层式结构 DLFC 示意图

DMFC 电堆的核心是 MEA，是燃料和氧化剂发生电化学反应并产生电能的场所。MEA 由质子交换膜、阴/阳极催化层、扩散层组成，阳极和阴极催化层分别涂覆在质子交换膜两侧，而质子交换膜可以承担传输质子和分隔阴阳极的作用。考虑到 DMFC 电堆的大规模应用，阴阳极催化层通过喷涂技术精确沉积到质子交换膜表面。在工业化应用中，这种质子交换膜负载催化层技术与"卷对卷"技术结合可以得到 MEA 卷，通过切割后用以组装单电池。为了方便电堆的高效组装，切割后的质子交换膜负载催化层（CCM）与阴阳极扩散层（GDL）以及垫圈热压得到一个完整的 MEA 组件。

在 DMFC 电堆中，GDL 的选择也与氢气燃料的质子交换膜类似，是由编织或非编织碳纤维阵列组成的多孔层。GDL集成过程中安置于双极板和电极之间，除了协助双极板起到集流作用外，GDL的主要功能是促进反应物从流道向催化层的传输以及产物（阴极的水和阳极的CO_2）和热量的排出。同时，GDL在DMFC电堆中可以为MEA提供足够机械支撑。热压是MEA制备流水线中最慢的步骤。为了避免催化层中的非均匀膨胀，热压的升温过程必须极缓慢并在最高温度（接近质子交换膜的玻璃化温度）下保持$2\sim4min$以形成良好的界面。

双极板是在DMFC电堆中起到串联单电池作用的同时避免两个相邻电极室中的反应物混合。双极板的两侧通过机械加工或冲压制造流场用于反应物的进样和产物的排出。除了两侧的流场外，双极板内表面上一般还会加工一套另一流场作为冷却液流动场所。当然，如果DMFC电堆的运行温度超过80℃，甚至高于100℃，则阳极流场中的甲醇溶液自身就可作为冷却剂用于DMFC电堆的温度控制。

在DMFC电堆两侧是与双极板具有相同流场的单极板，与单极板紧密相连的是集流体，用以收集DMFC电堆产生的电流。集流体一般使用镀金铜片制成，这样可以最大限度地降低电阻并避免由热甲醇溶液和加湿空气引起的腐蚀。除了每个单电池所必需的MEA、垫圈和双极板等部件以及最外侧的单极板以及集流体外，在DMFC电堆的两端还需要专用的端板对单电池施加压力，保持电堆结构的同时防止燃料和气体从单电池组件之间逸出。

在MEA生产并通过所有泄漏测试后，就可进行DMFC电堆的集成。将双极板、单极板、MEA、集流体、端板和垫圈等部件按顺序组装并紧密压合在一起，使用专用的螺栓、螺母将电堆组件固定成型。在完全组装后，需要按程序使用N_2进行泄漏测试。

6.5
电池稳定性及衰减分析

以DMFC为代表的DLFC技术虽然由于其高能量密度和较简单的系统结构得到了研究人员和工业界的关注，也在多年前就进入了商品市场，但是由于DLFC系统在成本控制以及寿命方面存在明显缺陷而一直未能实现大规模商业化。为了将DLFC（主要是DMFC）寿命提升到商业化可接受的标准，研究人员对DMFC的性能衰减过程进行了深入研究并对其机理进行探索以期提升DMFC稳定性。

在25℃时，DMFC的标准电动势应为1.18V，这一数值仅仅较质子交换膜燃料电池低0.05V。但是，由于DMFC在实际运行中有各种类型的电压损失，特别是甲醇渗透产生的阴极混合电位和甲醇氧化动力学迟缓导致的电化学极化，

DMFC 在实际运行过程中提供的电压只有约 0.3～0.5V，远远低于以氢气为燃料的质子交换膜燃料电池。不仅在性能方面存在差距，由于 DMFC 运行环境较之质子交换膜燃料电池更为苛刻，目前 DMFC 的寿命也远未达到商业化要求。为了达到商业化要求，DMFC 系统应在 3000～5000h 的运行过程中保持性能稳定，功率密度损失应在初始值的 20% 以内。为了实现这一目标，人们首先应该系统了解 DMFC 性能衰减的机制。

　　一般来说，DMFC 性能衰减可以分为暂时性能衰减和永久性能衰减两类。暂时性能衰减通常与阳极侧的 CO_2 气体积聚、阴极侧的水淹相关，这些因素都会影响反应物的输送和产物的及时排出。另外催化剂的表面氧化也是一种可能的引起 DMFC 暂时性能衰减的原因。永久性能衰减一般由关键材料或 MEA 结构的不可逆变化引起的，如催化剂的聚集、膜/电极界面分离、Ru 的溶解等。这些变化会导致催化剂失活、离聚物分解、质子交换膜降解、催化剂载体氧化、电极微结构崩塌等不可逆后果。

　　在 DMFC 中，MEA 的工作环境非常恶劣，其中的膜和催化剂层必须经受氧化还原反应、CO_2 气体逸出、液态水的生成、高温、大电流等作用。因此，在长期操作过程中 DMFC 的 MEA 会出现电极与膜分离的现象，另外催化剂也会出现裂缝和孔结构破坏的问题，这些问题都会导致 DMFC 中电化学动力学下降以及传质阻力增加。电极/膜分离的可能原因，包括膜的膨胀/收缩循环、在界面处增加的额外机械应力、阳极催化层产生的 CO_2 气体、在阴极产生大量的热量、甲醇导致界面处存在 Nafion 离聚物的溶解。界面分层会导致膜/电极之间接触电阻增加，加速 DMFC 的性能衰减。除了分层之外，溶解的贵金属催化剂离子向质子交换膜的迁移，以及由阴极中副反应生成的 H_2O_2 引发的膜降解同样会导致 MEA 电阻显著增加。在 DMFC 中，Ru 溶解迁移导致的质子交换膜失活，以及阳极侧离聚物的降解是 MEA 结构破坏和失活的主要因素。

　　与质子交换膜燃料电池类似，DMFC 中也使用纳米（2～4nm）贵金属作为阴阳极催化剂，阳极使用的催化剂是 PtRu 合金纳米颗粒而阴极使用的是纯 Pt。试验观察发现这些 Pt 基催化剂在 DMFC 长期运行期间会经历结构的明显变化，并最终导致催化剂电催化活性的损失。这些结构变化包括形貌变化、纳米颗粒烧结、氧化和溶解或是中间体吸附引起的毒化。研究表明，经历长时间测试后的 DMFC 阳极 PtRu 和阴极 Pt 催化剂都有发生纳米颗粒生长的现象，而其中阴极 Pt 纳米粒子的聚集生长程度更高。主要原因是阳极 PtRu 催化剂中存在的无定形 RuO_2 在其中充当分散剂并抑制了 PtRu 颗粒的聚集生长。调整纳米粒子的形态特征（尺寸和形状）或者对载体进行表面改性以稳定贵金属纳米颗粒是当前缓解 DMFC 阴阳极催化剂聚集的主要方法。

由于 DMFC 的电极电位较高，在 DMFC 运行过程中相当一部分金属态催化剂会转变为对应的氧化物，这种转变会对催化剂的电催化活性产生负面影响，进而影响 DMFC 性能。DMFC 运行的初始阶段，由于电场环境的快速变化使阴极 Pt 催化剂快速氧化导致性能损失较高。当然，这种由于 Pt 催化剂表面快速氧化造成的性能损失是暂时的，通过重新活化阴极催化剂可以完全恢复。当然，在阳极侧 PtRu 催化剂的氧化也可能对 DMFC 性能造成负面影响，但是考虑到氧化态 Ru 在甲醇氧化过程中存在的正面影响，因此可以认为阳极 PtRu 催化剂氧化对 DMFC 性能下降的影响是可以忽略的。

除了催化剂烧结和氧化物形成之外，在 Pt 活性位点上吸附甲醇和以 CO 为代表的反应中间体会造成 Pt 催化剂中毒，从而造成 DMFC 的性能损失。与结构改变的因素不同，催化剂中毒不会改变催化剂的比表面积，但是催化剂的电化学活性比表面积（ECSA）会显著降低。通过控制 DMFC 运行温度、降低甲醇溶液浓度等方法可以一定程度缓解催化剂中毒。另外，通过脉冲技术也可以快速除去催化剂表面的毒化物。

DMFC 典型的阳极催化剂 PtRu 催化剂，在 DMFC 运行过程中 Ru 可以通过促进 CO 等吸附中间物种的氧化来防止 Pt 催化活性位点的失活。钌的氧化态及其与 Pt 的合金化程度对 PtRu 催化剂的电催化活性和长期稳定性有很大影响。在 DMFC 运行过程中，PtRu 催化剂中的 Ru 面临溶解和浸出的问题。浸出的 Ru 会通过质子交换膜迁移并部分沉积在阴极催化层表面上，这部分 Ru 不仅会影响阴极 Pt 催化剂的活性，更会污染质子交换膜，严重降低质子交换膜的质子电导率。

在 DMFC 的常规操作条件下，阳极电位通常在 $0.3\sim0.5\mathrm{V}$ 的范围内变化，显然，在这个电位范围内 Ru 是热力学稳定的。然而，在 DMFC 运行过程中不可避免地会出现燃料不足、局部短路、电流分布不均匀等现象，这些问题都会使得阳极瞬时电位超过 $0.6\mathrm{V}$，在这样一个高电位下，Ru 会快速氧化并溶解。借助物理表征手段，研究者发现，在长时间运行的 DMFC 电堆中，被还原的氧化态（或氢氧化态）Ru 比合金态金属 Ru 更容易溶解，所以，在制备 PtRu 催化剂时提升催化剂的合金化程度是减缓 Ru 溶解的一个有效方法。另外，对催化剂碳载体进行表面改性和官能化增强催化剂/载体相互作用也是解决 Ru 溶解的一个途径。如通过对碳载体进行简单的氮掺杂就可以将 Ru 的溶解速度降低一半。

根据上一部分内容我们可以知道，Ru 溶解流失影响 DMFC 性能的一个重要原因就是溶解 Ru 迁移进入质子交换膜内，严重降低其质子电导，因此，质子交换膜对 DMFC 寿命的影响是一个值得关注的问题。除了 Ru 迁移引起的性能下降外，质子交换膜降解也直接影响着 DMFC 的寿命，其降解机制分为三类：机械降解、热降解和化学/电化学降解。机械降解包括膜的裂缝、撕裂、穿孔或起泡，当膜处于高温高压低湿条件时，机械降解会显著加速。在高于150℃时，以Nafion膜为代表的质子交换膜开始发生热降解。高温条件下，质子交换膜不断失去水分并最终经历不可逆的化学结构破坏，完成热降解。显然，通过精准控制DMFC操作条件可以最大程度避免质子交换膜的机械降解和热降解，但是质子交换膜在DMFC运行过程中发生的化学/电化学降解几乎是不可避免的。DMFC阳极侧的电化学氧化环境是质子交换膜降解的主要原因。此外，DMFC阴极氧还原中间产物过氧化氢是导致质子交换膜化学降解的主要因素之一。

除了上述MEA中各部件的降解外，在DMFC运行过程中，扩散层和双极板也都面临降解问题进而会影响DMFC系统的寿命。由于GDL（包括微孔层在内）是DMFC中传质过程发生的主要场所，所以当GDL由于疏水性/孔隙率改变引起水管理能力失效时，扩散层的传质阻力会明显增加，进而影响DMFC的性能。对双极板来说，无论是传统的石墨双极板还是金属冲压双极板，较之DMFC中的其他部件都更加稳定。其中，由于可以显著降低燃料电池电堆的体积并较之石墨双极板更易加工，新型金属双极板开发是当前燃料电池领域的重要任务。无论是不锈钢还是Ti合金，金属双极板在耐蚀性和导电性方向仍与石墨双极板存在差距。寻找更适合的金属材料或处理方法是未来DMFC电堆集成研究的一个重要方向。

6.6
总结与展望

总的来说，由于能够解决氢燃料潜在的安全问题和氢气储运问题，使用含氢液体作为燃料的DLFC被广泛研究和开发。与氢气燃料的质子交换膜燃料电池不同，以甲醇、乙醇、丙醇、乙二醇、肼、二甲醚、甘油、甲酸、氨硼烷和硼氢化钠这些含氢液体为燃料的DLFC虽然燃料能量密度更高，但是其功率密度还远不能达到氢气质子交换膜燃料电池的水准。DLFC系统的输出功率可以从毫瓦级到千瓦级。因此很显然DLFC系统是便携式电子设备电源的最佳候选者，以满足其功能不断升级带来的对输出功率和续航时间要求的提升。功率较大的DLFC系统还适用于非常专业的军事用途以及缺少电能的偏远地区供电，解决目前在这类用电场合用锂离子电池供电的设备存在移动性的限制。考虑到DLFC更换燃料的便捷性，可以解决常规二次电池充电慢的问题。

目前发展最为成熟的DLFC类型是DMFC。考虑到DMFC阴阳极特殊的电化学反应和传质需求，DMFC关键材料及部件，包括阴阳极催化剂、质子交换膜、扩散层、微孔层、双极板等，都得到了充分研究；另外考虑到 DMFC 的两相传质特性和对高浓度甲醇进样的追求，对主动式和被动式 DMFC 的多级结构都进行了模拟优化。基于此，目前已经针对不同应用需求开发了不同功率大小的 DMFC 商品，以期解决便携式设备、远程野外供电甚至在生命医学中的长期供电需求。然而，DMFC 的价格和寿命问题还远未解决，降低 DMFC 关键材料的成本并提升 DMFC 系统的寿命是未来 DLFC 研究的最重要课题。

参考文献

[1] https：//www. efoy-pro. com/en/efoy-pro/efoy-pro-12000-duo/.

[2] Cai W，Yan L，Li C，et al. Development of a 30W class direct formic acid fuel cell stack with high stability and durability. Int J Hydrogen Energy，2012，37：3425-3432.

[3] Toshiba launches Dynario power source for mobile devices，but only in Japan. Fuel Cells Bull，2009，2009：6.

[4] Kong W L，Masdar M S，Zainoodin A M. Performances on direct liquid fuel cell in semi-passive and passive modes. Am J Chem，2015，5（3A）：35-39.

[5] Yang H，Zhao T S，Ye Q. In situ visualization study of CO_2 gas bubble behavior in DMFC anode flow fields. J Power Sources，2005，139：79-90.

[6] Oliveira V B，Rangel C M，Pinto A M F R. Effect of anode and cathode flow field design on the performance of a direct methanol fuel cell. Chem Eng J，2010，157：174-180.

[7] Arisetty S，Prasad A K，Advani S G. Metal foams as flow field and gas diffusion layer in direct methanol fuel cells. J Power Sources，2007，165：49-57.

[8] Feng L，Cai W，Li C，et al. Fabrication and performance evaluation for a novel small planar passive direct methanol fuel cell stack. Fuel，2012，94：401-408.

[9] Zhang H，Shen P K. Recent development of polymer electrolyte membranes for fuel cells. Chem Rev，2012，112：2780-2832.

[10] Munjewar S S，Thombre S B，Mallick R K. Approaches to overcome the barrier issues of passive direct methanol fuel cell-Review. Renewable Sustainable Energy Rev，2017，67：1087-1104.

[11] Liu F Q，Lu G Q，Wang C Y. Low crossover of methanol and water through thin membranes in direct methanol fuel cells. J Electrochem Soc，2006，153：A543-A553.

[12] Kordesch K，Hacker V，Bachhiesl U. Direct methanol-air fuel cells with membranes plus circulating electrolyte. J Power Sources，2001，96：200-203.

[13] Schaffer T，Hacker V，Besenhard J O. Innovative system designs for DMFC. Meeting of the International-Battery-Association（IBA）. Graz：Elsevier Science Bv，2004：217-227.

[14] Cai W，Li S，Yan L，et al. Design and simulation of a liquid electrolyte passive direct methanol fuel cell with low methanol crossover. J Power Sources，2011，196：7616-7626.

[15] Shaffer C E，Wang C Y. High concentration methanol fuel cells：Design and theory. J Power Sources，2010，195：4185-4195.

[16] Faghri A, Guo Z. An innovative passive DMFC technology. Appl Therm Eng, 2008, 28: 1614-1622.

[17] Cai W, Li S, Feng L, et al. Transient behavior analysis of a new designed passive direct methanol fuel cell fed with highly concentrated methanol. J Power Sources, 2011, 196: 3781-3789.

[18] Feng L, Zhang J, Cai W, et al. Single passive direct methanol fuel cell supplied with pure methanol. J Power Sources, 2011, 196: 2750-2753.

[19] Xu C, Faghri A. Mass transport analysis of a passive vapor-feed direct methanol fuel cell. J Power Sources, 2010, 195: 7011-7024.

[20] Jewett G, Guo Z, Faghri A. Performance characteristics of a vapor feed passive miniature direct methanol fuel cell. Int J Heat Mass Transfer, 2009, 52: 4573-4583.

[21] Yang W W, Zhao T S. A two-dimensional, two-phase mass transport model for liquid-feed DMFCs. Electrochim Acta, 2007, 52: 6125-6140.

[22] Wang C. Two-phase flow and transport: Handbook of Fuel Cells, New York: Wiley, 2010.

[23] Bewer T, Beckmann T, Dohle H, et al. Novel method for investigation of two-phase flow in liquid feed direct methanol fuel cells using an aqueous H_2O_2 solution. J Power Sources, 2004, 125: 1-9.

[24] Geiger A B, Tsukada A, Lehmann E, et al. In situ investigation of two-phase flow patterns in flow fields of PEFC's using neutron radiography. Fuel Cells, 2002, 2: 92-98.

[25] Liu W, Cai W, Liu C, et al. Magnetic coupled passive direct methanol fuel cell: Promoted CO_2 removal and enhanced catalyst utilization. Fuel, 2015, 139: 308-813.

[26] Xu C, Faghri A, Li X. Improving the water management and cell performance for the passive vapor-feed DMFC fed with neat methanol. Int J Hydrogen Energy, 2011, 36: 8468-8477.

[27] Wang C Y. Fundamental models for fuel cell engineering. Chem Rev, 2004, 104: 4727-4765.

[28] Ferng Y M, Su A. A three-dimensional full-cell CFD model used to investigate the effects of different flow channel designs on PEMFC performance. Int J Hydrogen Energy, 2007, 32: 4466-4476.

[29] Penga Z, Bergbreiter C, Barbir F, et al. Numerical and experimental analysis of liquid water distribution in PEM fuel cells. Energy Convers Manage, 2019, 189: 167-183.

[30] Wang Q, Song D, Navessin T, et al. A mathematical model and optimization of the cathode catalyst layer structure in PEM fuel cells. Electrochim Acta, 2004, 50: 725-730.

[31] Marr C, Li X. Composition and performance modelling of catalyst layer in a proton exchange membrane fuel cell. J Power Sources, 1999, 77: 17-27.

[32] Das P K, Li X, Liu Z-S. Effective transport coefficients in PEM fuel cell catalyst and gas diffusion layers: Beyond Bruggeman approximation. Appl Energy, 2010, 87: 2785-2796.

[33] Kazim A, Liu H T, Forges P. Modelling of performance of PEM fuel cells with conventional and interdigitated flow fields. J Appl Electrochem, 1999, 29: 1409-1416.

[34] Wang L, Liu H. Performance studies of PEM fuel cells with interdigitated flow fields. J

Power Sources, 2004, 134: 185-196.

[35] Pasaogullari U, Wang C Y. Two-phase modeling and flooding prediction of polymer electrolyte fuel cells. J Electrochem Soc, 2005, 152: A380-A390.

[36] Carcadea E, Ene H, Ingham D B, et al. Numerical simulation of mass and charge transfer for a PEM fuel cell. Int Commun Heat Mass Transfer, 2005, 32: 1273-1280.

[37] Thirumalai D, White R E. Mathematical modeling of proton-exchange-membrane fuel-cell stacks. J Electrochem Soc, 1997, 144: 1717-1723.

[38] Bernardi D M, Verbrugge M W. A mathematical-model of the solid-polymer-electrolyte fuel-cell. J Electrochem Soc, 1992, 139: 2477-2491.

[39] Bernardi D M, Verbrugge M W. Mathematical-model of a gas-diffusion electrode bonded to a polymer electrolyte. AIChE J, 1991, 37: 1151-1163.

[40] Rho Y W, Srinivasan S, Kho Y T. Mass-transport phenomena in proton-exchange membrane fuel-cells using O_2/He, O_2/Ar, and O_2/N_2 mixtures. 2. theoretical-analysis. J Electrochem Soc, 1994, 141: 2089-2096.

[41] Rho Y W, Velev O A, Srinivasan S, et al. Mass-transport phenomena in proton-exchange membrane fuel-cells using O_2/He, O_2/Ar, and O_2/N_2 mixtures. 1. experimental-analysis. J Electrochem Soc, 1994, 141: 2084-2088.

[42] Bernardi D M. Water-balance calculations for solid-polymer-electrolyte fuel-cells. J Electrochem Soc, 1990, 137: 3344-3350.

[43] Springer T E, Zawodzinski T A, Gottesfeld S. Polymer electrolyte fuel-cell model. J Electrochem Soc, 1991, 138: 2334-2342.

[44] Yi J S, Van Nguyen T. Multicomponent transport in porous electrodes of proton exchange membrane fuel cells using the interdigitated gas distributors. J Electrochem Soc, 1999, 146: 38-45.

[45] Nguyen T V, White R E. A water and heat management model for proton-exchange-membrane fuel-cells. J Electrochem Soc, 1993, 140: 2178-2186.

[46] Wang Z H, Wang C Y, Chen K S. Two-phase flow and transport in the air cathode of proton exchange membrane fuel cells. J Power Sources, 2001, 94: 40-50.

[47] Fuller T F, Newman J. Water and thermal management in solid-polymer-electrolyte fuel-cells. J Electrochem Soc, 1993, 140: 1218-1225.

[48] Yi J S, Nguyen T V. An along-the-channel model for proton exchange membrane fuel cells. J Electrochem Soc, 1998, 145: 1149-1159.

[49] Futerko P, Hsing I M. Two-dimensional finite-element method study of the resistance of membranes in polymer electrolyte fuel cells. Electrochim Acta, 2000, 45: 1741-1751.

[50] Dutta S, Shimpalee S, Van Zee J W. Three-dimensional numerical simulation of straight channel PEM fuel cells. J Appl Electrochem, 2000, 30: 135-146.

[51] Costamagna P. Transport phenomena in polymeric membrane fuel cells. Chem Eng Sci, 2001, 56: 323-332.

[52] Srinivasan S, Velev O A, Parthasarathy A, et al. High-energy efficiency and high-power density proton-exchange membrane fuel-cells-electrode-kinetics and mass-transport. J Power Sources, 1991, 36: 299-320.

[53] Kim J, Lee S M, Srinivasan S, et al. Modeling of proton-exchange membrane fuel-cell performance with an empirical-equation. J Electrochem Soc, 1995, 142: 2670-2674.

[54] Amphlett J C, Baumert R M, Mann R F, et al. Performance modeling of the ballard-mark-Ⅳ solid polymer electrolyte fuel-cell. 1. mechanistic model development. J Electrochem Soc, 1995, 142: 1-8.

[55] Amphlett J C, Baumert R M, Mann R F, et al. Performance modeling of the ballard-mark-Ⅳ sold polymer electrolyte fuel-cell. 2. empirical-model development. J Electrochem Soc, 1995, 142: 9-15.

[56] Zhou X, Ouyang W, Liu C, et al. A new flow field and its two-dimension model for polymer electrolyte membrane fuel cells (PEMFCs). J Power Sources, 2006, 158: 1209-1221.

[57] Cai W, Yan L, Liang L, et al. Model-based design and optimization of the microscale mass transfer structure in the anode catalyst layer for direct methanol fuel cell. AIChE J, 2013, 59: 780-786.

[58] Kulikovsky A A. Heat transport in the membrane-electrode assembly of a direct methanol fuel cell: Exact solutions. Electrochim Acta, 2007, 53: 1353-1359.

[59] Kulikovsky A A. Optimal temperature for DMFC stack operation. Electrochim Acta, 2008, 53: 6391-6396.

[60] Chippar P, Ko J, Ju H. A global transient, one-dimensional, two-phase model for direct methanol fuel cells (DMFCs)-Part Ⅱ: Analysis of the time-dependent thermal behavior of DMFCs. Energy, 2010, 35: 2301-2308.

[61] Zou J, He Y, Miao Z, et al. Non-isothermal modeling of direct methanol fuel cell. Int J Hydrog Energy, 2010, 35: 7206-7216.

[62] Rice J, Faghri A. Thermal and start-up characteristics of a miniature passive liquid feed DMFC system, including continuous/discontinuous phase limitations. Journal of Heat Transfer-Transactions of the Asme, 2008: 130.

[63] Cai W, Li S, Li C, et al. A model based thermal management of DMFC stack considering the double-phase flow in the anode. Chem Eng Sci, 2013, 93: 110-123.

[64] Zhang J, Wang Y. Modeling the effects of methanol crossover on the DMFC. Fuel Cells, 2004, 4: 90-95.

[65] Eccarius S, Garcia B L, Hebling C, et al. Experimental validation of a methanol crossover model in DMFC applications. J Power Sources, 2008, 179: 723-733.

[66] Jeng K T, Chen C W. Modeling and simulation of a direct methanol fuel cell anode. J Power Sources, 2002, 112: 367-375.

[67] Yang W W, Zhao T S, Wu Q X. Modeling of a passive DMFC operating with neat methanol. Int J Hydrogen Energy, 2011, 36: 6899-6913.

[68] Lu G Q, Wang C Y. Development of micro direct methanol fuel cells for high power applications. J Power Sources, 2005, 144: 141-145.

[69] Choban E R, Spendelow J S, Gancs L, et al. Membraneless laminar flow-based micro fuel cells operating in alkaline, acidic, and acidic/alkaline media. Electrochim Acta, 2005, 50: 5390-5398.

第 7 章

碱性直接液体燃料电池

7.1
概述

目前，直接液体燃料电池普遍采用全氟磺酸质子交换膜作为电解质膜，其性能近年来取得了显著进步，以纯氧为氧化剂时，直接甲醇燃料电池的比功率达到了 $200\sim340mW\cdot cm^{-2}$，以空气为氧化剂时比功率也已达到 $150\sim180mW\cdot cm^{-2}$。然而由于全氟磺酸质子交换膜的酸性环境，可选择的高活性、高稳定性的有机小分子电氧化催化剂种类较少，主要为 Pt、Pd 等贵金属催化剂；且大部分的液体有机小分子燃料的电催化氧化动力学缓慢，会产生 CO 类的中间产物，造成催化剂中毒而活性下降。此外，有机小分子燃料（如甲醇）在质子交换膜（如 Nafion 膜）中的渗透较为严重，不仅降低了燃料的利用率，而且透过的小分子液体燃料还会在阴极催化剂 Pt 的作用下发生氧化，使阴极产生混合电位，同时氧化的中间产物又会使阴极催化剂 Pt 中毒，使电池的开路电压和工作电压下降，导致酸性液体电池性能显著低于氢氧燃料电池性能，严重限制了直接液体燃料电池的大规模发展和应用。

在碱性条件下，有机液体小分子及氧还原反应的动力学反应速度明显优于酸性环境，电催化剂的选择空间可大幅拓宽。此外，碱性介质对双极板、端板等电池器件关键材料的腐蚀速度明显低于酸性介质，因此可以采用过渡金属材料作为液体燃料电池的双极板、多孔气体液体扩散电极等，可大幅降低电池成本。早期，由于碱性溶液作为电解质时，直接醇类液体燃料电池极易出现严重的碳酸化问题，其发展一直较为缓慢。近年来，得益于碱性聚合物电解质膜技术的飞速发展，可以较好地缓解碱液碳酸化析盐问题，碱性直接液体燃料电池的研究重新受到关注。与酸性电解质膜直接液体燃料电池相比，采用碱性电解质膜的直接液体燃料电池（如 AMDMFC）存在如下潜在优势：

① 在电极反应动力学方面，碱性介质中的阳极有机小分子氧化反应和阴极氧还原的动力学速率明显优于酸性介质中的，阴阳极反应过电位大幅降低。

② 催化剂的选择范围变宽。在阳极电催化方面，除了 Pt 及其合金催化剂外，还可以选择 Pd、Au 等贵金属催化剂和雷尼镍、钴等非贵金属催化剂；在阴极，除了 Pt 外，还可选择银、二氧化锰、卟啉、酞菁、过渡金属氧化物、碳基高耐甲醇的阴极催化剂。

③ 在燃料渗透方面，采用碱性阴离子交换膜作为电解质隔膜时，其载流子

为 OH⁻，电池运行时，其从阴极移动到阳极，消除了电渗析造成的有机燃料分子的渗透。

④ 在 AMDMFC 中，水从阴极移动到阳极，可大幅减轻阴极水淹的现象，电池水管理相对简单。

⑤ 碱性介质腐蚀性较小，可降低对材料的要求，双极板、气体扩散电极可采用 Ni 等过渡金属，大幅拓宽了电池材料的选择范围，降低了电池成本。

⑥ 在燃料选择方面，选择灵活性增加。除了大部分在酸性环境下采用的有机小分子液体燃料外，一些在酸性环境下不稳定的无机或有机低碳/不含碳富氢小分子（$NaBH_4$、$NH_3·H_2O$、水合肼及其衍生物）也可以作为液体燃料，而且它们在碱性环境下的电化学活性大部分优于含碳的醇类小分子燃料，其氧化产物为水或 N_2，可大幅减缓电池的碳酸化问题。

本章将重点介绍碱性膜直接液体燃料电池的工作原理以及近年来碱性直接液体电池在电催化剂、碱性阴离子交换膜和电池器件方面取得的相关研究进展。

7.2
碱性直接液体燃料电池工作原理

碱性直接液体燃料电池的组成与酸性膜液体燃料电池类似，包含阳极流场板、阳极多孔扩散电极、阳极催化剂、离子膜、阴极催化剂、阴极气体扩散电极和流场板等关键部件。然而，由于酸性介质和碱性介质传输离子的不同，碱性直接液体燃料电池的工作原理显著不同于酸性质子交换膜液体燃料电池。依据所采用的聚合物电解质膜传导阳离子或阴离子，其工作原理也有所不同，其工作示意图如图 7-1 所示。图 7-1(a) 展示的是以聚合物阳离子交换膜（如 Na^+ 或 K^+ 交换所得的 Nafion 膜）为电解质隔膜的碱性直接液体燃料电池的工作原理。电池工作时，添加有 NaOH 或 KOH 的小分子液体燃料被输送至阳极，在阳极催化剂的作用下发生电催化氧化，以甲醇作为燃料为例，1 分子甲醇与 6 个 OH⁻ 发生电催化反应，生成 1 分子 CO_2 和 5 分子水以及 6 个电子 [式(7-1)]，生成的 CO_2 迅速与碱液发生反应生成 HCO_3^- 或 CO_3^{2-} [式(7-2)]，随着未反应完全的燃料溶液一起排出阳极，电子经外电路通过负载到达阴极，碱溶液中阳离子（如 Na^+ 或 K^+）通过阳离子交换膜传递至阴极，形成离子传输。在阴极，氧气和水分子以及电子发生电催化反应生成 OH⁻ [式(7-3)]，与阳极传递过来的 Na^+ 或者 K^+ 形成 NaOH 或者 KOH，随着阳极电渗和扩散过来的水分子和未反应完全的 O_2 一起排出阴极。电池的总反应如式(7-4) 所示。

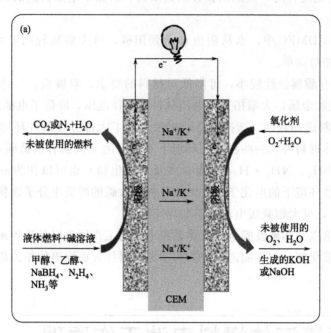

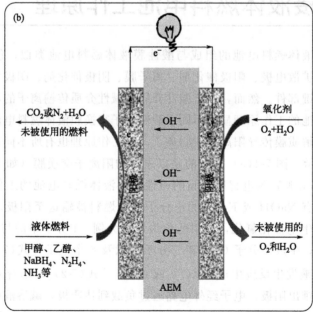

图 7-1　碱性直接液体燃料电池工作原理示意图

（a）以阳离子交换膜为电解质隔膜，Na^+ 或 K^+ 为传输离子；

（b）以碱性阴离子交换膜为电解质隔膜，OH^- 为传输离子阳极：

$$CH_3OH+6OH^- = CO_2+5H_2O+6e^- \quad E^\ominus=-0.81V \tag{7-1}$$

$$CO_2+OH^- = HCO_3^- \text{ 或 } CO_2+2OH^- = CO_3^{2-}+H_2O \tag{7-2}$$

阴极：

$$O_2+2H_2O+4e^- = 4OH^- \quad E^\ominus=0.401V \tag{7-3}$$

电池总反应：

$$CH_3OH+3/2O_2+2OH^- \longrightarrow CO_3^{2-}+3H_2O \quad E^\ominus=1.211V \tag{7-4}$$

如图 7-1(b) 所示，采用碱性阴离子交换膜作为电解质隔膜时，虽然阴阳极上发生的电化学反应与碱性环境下采用阳离子交换膜时是完全一样的，但传导离子和离子的传递方向完全不同，此时膜内传导的离子为 OH^-（采用空气作为氧化剂时还可能有少量 HCO_3^- 或 CO_3^{2-}），其传递方向为从阴极传递至阳极。其带来的好处是离子传导方向与小分子液体燃料渗透方向相反，与采用阳离子交换膜的酸性或碱性直接液体燃料电池（燃料渗透方向与离子传导方向相同）相比，可完全避免由电渗析导致的燃料渗透，大幅降低燃料渗透量。

上述两种工作模式的碱性液体燃料电池各有优缺点。采用阳离子交换膜作为电解质隔膜时，电解质膜材料易得，有高性能成熟的电解质膜材料，如全氟磺酸质子交换膜材料，使用时将膜交换成钠型或钾型离子膜即可，或者说电池在工作时，燃料中添加的碱液可以直接使其转化为 Na^+ 或 K^+ 传导膜；此外，全氟磺酸膜在高浓度碱液中十分稳定，其已广泛应用于氯碱工业中。采用阳离子交换膜作为电解质隔膜的碱性液体燃料电池的缺点是燃料中必需添加碱液，构建碱性环境，实现有机小分子在碱性环境下的电催化氧化，同时为电解质膜提供离子传输所必需的阳离子（Na^+ 或 K^+），导致电池的能量密度大幅下降，而且阳极废液中碱液回收处理较为困难。另外，Na^+ 或 K^+ 经过阳离子膜传递至阴极后，与氧气还原产物形成 NaOH 或者 KOH，当采用空气作为氧化剂时，空气中的 CO_2 会使 NaOH 或 KOH 碳酸化，在多孔电极中结晶析盐，导致电池性能大幅下降甚至失效。

碱性直接液体燃料电池依据所采用的液体燃料的不同，可分为直接甲醇燃料电池、直接乙醇燃料电池、直接肼燃料电池、直接硼氢化钠燃料电池等。

7.3
催化剂

7.3.1 阳极催化剂

在碱性条件下，可选用的液体小分子燃料更为广泛，许多在酸性条件无法稳定存在的小分子均可作为液体燃料。此外，碱性条件下有机小分子氧化过程中因 OH⁻ 的参与使得有机小分子的氧化机制不同于酸性环境，导致不同的液体燃料电池催化剂的选择也有明显的不同，如甲醇、乙醇等常用的催化剂有 PtRu 合金催化剂，直接甲酸采用的催化剂有 Pd 基催化剂。本章将重点讨论有机醇类小分子的碱性条件下的电氧化催化剂，第 8 章将分类介绍不同其他液体燃料的有机小分子的电氧化催化剂的研究进展。

7.3.1.1 贵金属催化剂

虽然 Pt 是 H_2/O_2 聚合物电解质膜燃料电池中常用的阳极催化剂，但是有机醇类小分子在氧化时产生的 CO 中间体会强吸附在 Pt 电极上使 Pt 催化剂中毒。尽管如此，通过水转化的含氧中间体可将 Pt 表面吸附的 $CO(CO_{ads})$ 氧化成 CO_2，从而去除 Pt 表面的 CO。因此，提高 Pt 的有机醇类小分子氧化活性的路径在于通过修饰 Pt 催化剂而使得水分解产生更多的含氧中间体，而通过 Pt 与其他金属形成合金被证明也是一种有效的抗 CO 毒化的方法。例如，在 PtRu 合金中，Ru 的加入可以在较负的电位活化水，从而去除 Pt 表面的 CO 或者其他中间产物进而释放 Pt 的活性位点以进行下一轮的甲醇氧化。此外，包括 PtRu、PtSn 和 PtNi 在内的二元催化剂，PtRuMo 等三元催化剂以及 PtRuSnW 等四元催化剂都表现出良好的甲醇电氧化（MOR）活性。但是，由于 Pt 催化剂的稀缺性和高价格限制了其在燃料电池中的应用，因此非 Pt 催化剂以及非贵金属催化剂成为近年来的研究热点[1]。

与甲醇类似，多元醇的氧化也始于 OH_{ads} 以及多元醇分子在催化剂表面的吸附。然而，多元醇的氧化过程则相对复杂得多，其氧化产物也纷杂多样，但其氧化行为也基本遵循双功能机理以及电子效应。乙醇是醇电氧化研究中的一个优良的模型。

虽然 Pd 在酸性条件下没有乙醇电氧化（EOR）活性，但其电催化活性在碱性条件下与 Pt 相当。密度泛函理论（density functional theory，DFT）计算结果表明，酸性介质中乙醇氧化较为困难的原因是缺少持续的 OH⁻ 使氧化中间产物脱氢，而碱性介质本身具有大量的 OH⁻，使得催化剂表面吸附的中间产物很容易发生脱氢氧化，所以在碱性介质中乙醇氧化速率更快。Jiang 等[2] 制备的 PdNiP/C 中 P 原子进入 PdNi 晶格的空隙中形成部分替代或者空隙合金，电荷从 Pd 原子向 Ni 原子转移，使得 Pd 带正电荷，从而增强 Pd 对 $(CH_3COO^-)_{ads}$ 和 $(CO)_{ads}$ 中间产物的去除，从而通过 4 电子反应形成乙酸根，其速率常数达到 $2.8 \times 10^{-4} cm^2 \cdot s^{-1} \cdot mol^{-1}$（$-0.3V$ vs SCE），展现出优异的 EOR 活性。广西大学的沈培康教授和香港科技大学的赵天寿教授分别系统地研究了 Pd 对乙醇的电催化机制。研究发现，乙醇的氧化步骤包括完全矿化反应的 C1 氧化机制以及部分矿化的 C2 氧化机制，如图 7-2 所示。乙醇完全氧化成 CO_2 必须断开 C—C 键，这个活化能比断开 C—H 键的活化能大很多。

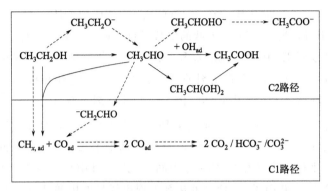

图 7-2　乙醇的电氧化路径，包括氧化为碳酸根的 C1 路径和乙酸根的 C2 路径

对于 C2 氧化机制，其氧化过程如下：

$$M+OH^- \longrightarrow M\text{-}(OH)_{ads}+e^- \tag{7-5}$$

$$M+(CH_3CH_2OH)_{ads} \longrightarrow M\text{-}(CH_3CH_2OH)_{ads} \tag{7-6}$$

$$M\text{-}(CH_3CH_2OH)_{ads}+3OH^- \longrightarrow M\text{-}(CH_3CO)_{ads}+3H_2O+3e^- \tag{7-7}$$

$$M\text{-}(CH_3CO)_{ads}+M\text{-}(OH)_{ads} \longrightarrow M\text{-}(CH_3COOH)_{ads}+M \tag{7-8}$$

$$M\text{-}(CH_3COOH)_{ads}+OH^- \longrightarrow M\text{-}(CH_3COO^-)+H_2O \tag{7-9}$$

$$M\text{-}(OH)_{ads}+M\text{-}(OH)_{ads} \longrightarrow M\text{-}O_{ads}+M+H_2O \tag{7-10}$$

整个反应限速步骤为反应式(7-8)，即中间产物 $(CH_3CO)_{ads}$ 被 OH_{ads} 氧化并最终生成乙酸的过程。因此，在催化剂表面同时吸附足够多的 CH_3CO_{ads} 以及 OH_{ads} 才能满足高活性的催化反应。理论研究表明，高电势能加快催化剂表面 CH_3CO_{ads} 的吸附量，但同时也因其表面活性位点的占据而阻止了 OH_{ads} 的吸附；而低电势条件下因催化剂表面吸附大量的 OH_{ads} 而阻止了 CH_3CO_{ads} 的吸附量。

在乙醇电氧化过程中，Pd 催化剂表面容易发生式(7-5)～式(7-7) 的吸附反应。Pd 是目前对乙醇分子的吸附以及乙酰中间产物的生成最有效的催化剂，而 OH^- 的吸附更容易发生在表面氧化的非贵金属表面，比如 Ni 等表面。因此，目前对于碱性条件下乙醇的催化氧化过程一般遵循如下两个原则：①寻找比 Pd 更容易氧化的催化剂；②通过合金化来改变 Pd 催化剂的电子状态，从而加快其对式(7-5)～式(7-7) 反应物种的吸附速率。

研究表明，复合物质的加入对 Pd 催化剂 EOR 催化增强的机理有双功能机理以及电子效应机理。在双功能机理中，其他物质，比如 Cu 的添加增强了 Pd 对 OH 的吸附作用，因此在式 (7-8) 反应中，

$$Pd\text{-}(CH_3CO)_{ads} + Cu\text{-}OH_{ads} \longrightarrow CH_3COOH \tag{7-11}$$

当 Cu 在比 Pd 吸附 OH_{ads} 更低的电势条件下吸附 OH_{ads}，可能导致 EOR 起峰电势的降低或者 EOR 峰电流的提升。钯合金催化剂中其他金属组分的引入与 Pd 形成协同效应，提高 Pd 催化剂的活性、电化学稳定性和抗毒化能力，包括 PdPt、PdAu 和 PdAg 等，其中 $Pd_{50}Pt_{50}$ 合金催化剂具有最好的乙醇电氧化活性和更低的起峰电势和峰电势[3]。此外，PdAu 催化剂展现出比 Pd/C 催化剂更好的活性和稳定性[4]。与 Pd 合金类似，Pt 催化剂中第二金属的加入同样可以促进移除甲醇电氧化过程中产生的 CO 等中间产物[5]。Pd@Pt 核壳催化剂[6] 以及 PtAu[7]、PtNi[8] 和 PtBi[9] 合金催化剂展现出优异的甲醇活性，主要归因于金属元素对 OH^- 的吸附。双功能机理也促进了不同形貌的 PdNi 合金催化剂对于碱性条件下 EOR 的催化性能，比如 Pd 负载于泡沫镍表面[10]。

与金属复合形成合金催化剂类似，金属氧化物与 Pd 的复合也能增强其对 OH_{ads} 的吸附。在通过氯化钯还原负载于 $M_xO_y/C(M=Ce,Co,Mn,Ni,Ti,In)$ 而得到 Pd-MO/C 复合材料中 Pd-NiO（6:1，质量比）/C 的复合催化剂具有最高的乙醇电氧化活性，$Pd\text{-}Mn_3O_4/C$ 展现出最高的乙醇电氧化稳定性[11]。这是由于金属氧化物的引入增强了催化剂表面 OH_{ads} 的浓度，从而促进 CO 以及乙醛等中间体的氧化，加快催化反应中间产物的吸附和脱附过程，加快催化反应的进行，比如 Ni 的氧化态物质 $Ni(OH)_2$ 促进了 Pd 表面的 OH_{ads} 的吸附[12]。此外，通过增加金属氧化物的比表面积，例如多孔 TiO_2 纳米管[13]，从而增加复合催化剂中 Pd 的负载位点，提高 Pd 基复合催化剂的活性。尽管如此，金属氧化物导电性较差，其在催化剂中过高的含量会降低催化剂的导电性，并且由于部分氧化物易溶于碱性溶液，例如 Co_3O_4，使得复合催化剂的稳定性降低。此外，上述催化剂中助催化剂含量较高，使得在燃料电池实际应用中具有较厚的催化层，不仅增大了物质传质阻力，而且降低了电极中的三相界面，导致电极活性降低。

如果物质的加入只是为了改变 Pd 催化剂的 d 带电子结构，导致 Pd 催化剂的吸脱附行为，这样的影响称为电子效应。电子效应可能影响式 (7-5)~式 (7-8) 反应中的任何一步，包括含碳物种以及 OH_{ads}。与双功能机理不同的是，在电子效应中，其他催化剂只是影响了 Pd 催化剂的电子状态，与中间吸附物种之间并不直接接触。因此，在双功能催化剂中，Pd 和其他催化剂都是在合金催化剂的表面，而在电子效应催化剂中其他催化剂和 Pd 形成合金或者核壳结构。当 Au 纳米颗粒表面覆盖两层 Pd 原子层时导致 Pd 3d 轨道电子偏移 $-0.8eV$，导致 Pd

对 EOR 中间产物的吸附因电子效应而减弱,从而影响 Pd 的催化活性[14]。Xu 等[15] 发现 PdAu 合金降低了 Pd 对 EOR 的活性,但是会提高 Pd 对于 EOR 的稳定性,并且当为 Pd_3Au 时对 EOR 的活性和稳定性表现出良好的平衡。另外,通过共还原的方法制备的 PdAu 合金的峰电流密度达到 $84.16mA \cdot cm^{-2}$,比 Pd/C 高 40.9%,其高活性主要来源于 Au 的电子效应[16]。当然,在 Au 表面沉积少量的 Pd 或者 Pt,从而影响了 Pd 的 3d 轨道电子状态,也可以提高 Pd 的催化活性[17]。除了 Au,PdNi 合金也表现出明显的电子效应,并可通过调节 Pd:Ni 的原子比调控电子效应的强弱,而 Ni 对 OH^- 吸附电势更低,因此 PdNi 合金中也表现出明显的双功能机理[18]。相对于 Pd/C,Pd_4Ni_5/C 对 EOR 的起峰电势负移了 180mV,而 Pd_2Ni_3/C 则对 EOR 表现出良好的稳定性,3h 稳定性测试后其 EOR 的质量电流密度达 $1.7mA \cdot mg^{-1}$,而 Pd/C 的活性在 3h 的稳定性测试后则为 0[19]。

尽管如此,双功能机理和电子效应机理并不能完全独立存在。在 PdCu 催化剂中,Cu 不仅能够吸附 OH_{ads} 从而增强 EOR 的催化活性,而且 Cu 能够影响 Pd 的 d 带电子状态,从而影响其对中间物种的吸脱附行为。Bambagioni 等[20] 制备的 Pd-Ni-Zn/C 合金展现出比 Pd-NiO/C 更高的活性,其中 Ni 既是 Pd 催化剂的载体,同时也扮演着助催化剂的作用,通过双功能机理提高催化剂对 OH^- 的吸附能力。重金属元素比如 Ag、Pb、Sn、Sb、Ru 和 Ir 等都可与 Pd 形成合金,并能通过不同的作用促进 Pd 对 EOR 的催化活性[21]。Shen 等[22] 发现当在 Pd 中加入少量的 Ir(20%),则能通过促进合金催化剂对 OH^- 吸附从而促进 Pd 对 EOR 的催化活性,即双功能机理。Wang 等[23] 发现 Pd_4Pb/C 展现出比 Pd/C 对 EOR 具有更低的起峰电势以及更高的稳定性,并将其归因于双功能机理以及电子效应的复合。由于 Pd(3.89Å) 和 Pb(4.93Å) 的晶格常数不同导致 PdPb 合金中出现应力而使得 Pd 的电子状态发生改变,而 Pb 能够促进羟基自由基与吸附中间物种的反应而去除中间产物,从而提高 Pd 的催化活性。Ag 则对于 Pd 同时展现出双功能机理以及电子效应机理[24,25]。

7.3.1.2 非贵金属催化剂

虽然贵金属催化剂展现出良好的有机醇类小分子电氧化活性,但是其自身的稀缺性以及高成本阻碍了该类催化剂在碱性燃料电池中的广泛应用。非贵金属催化剂,比如 Ni 等也在碱性条件下展现出良好的有机醇类小分子电氧化活性。Ni 在碱性条件下形成 $Ni(OH)_2$ 层,以保护 Ni 在碱性溶液中的氧化,从而在碱液中表现出良好的稳定性,在碱性醇氧化电催化中具有潜在应用价值。

非贵金属催化剂,如 Ni 和 Co 等纳米颗粒的晶面和粒径影响了醇电氧化活性。高择优取向的 Ni(220) 电极展现出对乙醇良好的电催化活性[26]，其氧化的产物为 CH_3COO^-，并且其催化活性位点来源于 Ni(Ⅲ)[27]。Tehrani 等[28] 制备的六方紧密堆积（hcp）的 Ni 催化剂（9.7nm±2.3nm）对 MOR 展现出良好的活性，主要是因为 Ni 表面氧化形成的 γ，β-NiOOH 是 MOR 的反应活性组成。此外，研究继续表明随着颗粒直径的降低，其对 MOR 的活性逐渐升高。与 NiOOH 类似，CoOOH 也通过对 CH_3OH 分子的吸附而完成 MOR 的氧化反应，因此包括 $Co_3(PO_4)_2$ 也展现出对 MOR 良好的催化活性[29]。尽管如此，其 MOR 的高的起峰电势（1.35V vs RHE）阻碍了其在碱性醇燃料电池中的运行。与 Ni 表面形成 NiOOH 氧化物类似，Au 对醇的高活性也来自表面形成的金属氧化物。Kwon 等[30] 研究发现，与 Pt 易被醇氧化中间体毒化而失去活性相比，AuO_x 对醇氧化的中间体表现出更加优秀的抗毒化性能，因此其活性更高；当溶液 pH 值大于 13 时，醇氧化产物主要为醛，而醇氧化活性的高低与醇的 pK_a 值满足 Hammett-type 关系。

此外，研究者对 Ni 的 MOR 催化提出了不同的机制。Fleischmann 等[31] 认为 Ni 对 MOR 的活性全部来自 NiOOH，因为 MOR 的氧化电位与 NiOOH 的产生电位一样，并且还原过程中 NiOOH 消失，即通过 NiOOH 将甲醇氧化后而自身转变为 $Ni(OH)_2$。而 Taraszewska 等[32] 认为甲醇氧化反应发生于 $Ni(OH)_2$ 完全转换为 NiOOH 之后。虽然 Ni NPs/ITO 对甲醇电氧化展现出一定的活性，但是由于 Ni NPs 在 ITO 表面的载量较低，并且由于其峰电势较低（0.71V vs Ag/AgCl），限制了其活性[33]。如果采用 MWCNT 作为物质的载体，则可提高 NiO 的催化活性，其电流密度至 9.8mA·cm^{-2}，而其峰电势也降低至 0.6V (vs Ag/AgCl)[34]。

尽管如此，非贵金属催化剂对醇氧化的催化活性和稳定性较低，而通过合金化是解决该困境的有效方式。Wang 等[35] 采用 Ag 为基体，在 Ag 表面覆盖少量的 Au 而形成 Au-Ag 复合催化剂，其在碱性条件下对乙二醇的电氧化质量活性是 Pt/C 的 3 倍。Ir@Sn 核壳催化剂表现出比 Pd/C 更高的 EOR 活性，表面被 SnO_2 覆盖，其中 SnO_2 通过双功能机理增强了催化剂表面 OH_{ads} 的吸附含量[36]。负载到石墨烯表面的 CoNi 合金催化剂也展现出良好的性能[37]。此外，通过 Ni 与有机物复合也可提高其催化活性。Ojani 等[38] 采用 Ni^{2+} 掺杂并采用离子液体 1-butyl-3-methylimidazolium bis (trifluoromethylsulfonyl) imide 作为黏结剂的碳膜电极（Ni/IL/CPE）展现出对 MOR 良好的催化活性，其 MOR 峰电流密度达到 17.6mA·cm^{-2}。Jafarian 等[39] 比较了在玻碳电极表面沉积 poly-NiTCPP 和 poly-TCPP/Ni 两种薄膜，发现对 MOR 的反应速率常数分别达到 $1.48×10^5 cm^3·mol^{-1}·s^{-1}$ 和 $1.40×10^5 cm^3·mol^{-1}·s^{-1}$，并且电子转移系

数 α 达到 0.54 和 0.58，来源于前者比后者优良的电导率。研究发现其活性中心为 poly-（$Ni^{III}OOH$）TCPP，并且甲醇与 $Ni^{III}OOH$ 反应而降低了电极的活性。

7.3.2 阴极催化剂

由于碱性条件氧还原反应（ORR）的交换电流密度比较小（$<1mA \cdot cm^{-2}$），使得 ORR 过电势比较大，即使在很小的电流密度下氧电极的过电势也超过 0.4V，因此只能研发高活性的电催化剂才能降低 ORR 的过电势。ORR 反应途径包括 O_2 在碱性条件下直接还原为 OH^- 的直接 4 电子反应以及分步还原为 HO_2^- 和 OH^- 的间接 2 电子反应。这是因为 O—O 的解离能高达 $494kJ \cdot mol^{-1}$，而过氧化氢中 O—O 的键能降低为 $146kJ \cdot mol^{-1}$。

直接 4 电子反应： $O_2 + 2H_2O + 4e^- \longrightarrow 4OH^- \quad E^\ominus = 0.40V$ （7-12）

间接 2 电子反应： $O_2 + H_2O + 2e^- \longrightarrow HO_2^- + OH^- \quad E^\ominus = -0.07V$ （7-13）

$$HO_2^- + H_2O + 2e^- \longrightarrow 3OH^- \quad E^\ominus = 0.87V \quad （7-14）$$

氧分子以及各种中间产物在催化剂表面的吸附行为决定了 ORR 电催化行为的类型。为了使得氧分子的还原反应能够顺利进行，O—O 键必须与电极表面发生强的相互作用，从而削弱 O—O 键。理论认为氧分子在电极表面的吸附行为包括 Griffiths 模式、Pauling 模式以及桥式模式三种，如图 7-3 所示。

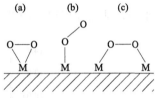

图 7-3　氧分子在电极上的
Griffiths 模式（a）、Pauling
模式（b）以及桥式模式
（c）三种吸附模式

其中 Pauling 模式中氧分子以一个氧原子末端吸附在电极表面，这种吸附方式中只有一个氧原子受到较强的活化，不能充分削弱 O—O 的强度，体系倾向于间接 2 电子反应。与 Pauling 模式不同，Griffiths 模式和桥式模式中氧分子的两个氧原子分别吸附在一个金属原子以及 2 个金属原子上，这种较强的相互作用使得 2 个原子均被活化而减弱了 O—O 键的强度，倾向于直接 4 电子反应路径还原为 OH^-。目前 Pt 催化剂在碱性条件下表现出优异的 ORR 活性，但是其动力学速率仍相对缓慢并且过电势相对较大，同时 Pt 资源匮乏、价格高昂。解决该困境的思路有两条：一是通过合金化降低催化剂中 Pt 催化剂的含量，并提高其活性和稳定性；二是寻找非 Pt 以及非贵金属催化剂来取代 Pt 基催化剂。

7.3.2.1 贵金属催化剂

在目前的碱性 ORR 催化材料中，以 Pt 为主的贵金属催化剂（包括 Pt、Pd、

Au 和 Ag 等）展示了良好的催化活性和稳定性，是目前碱性燃料电池中所采用的主要催化材料。然而，由于贵金属催化剂的高价格以及资源稀缺性导致燃料电池成本居高不下。具体的解决策略包括：①通过控制贵金属催化剂的晶面以及晶体结构从而提高贵金属的催化活性；②贵金属催化剂与其他金属合金化，并调节合金形貌（如核壳结构等），通过电子效应以改变 d 带中心或通过双功能机理提高贵金属催化剂的活性[40]。

金属材料对 O_2 的吸附能力强烈依赖于金属的 d 带中心，比如 Ru、Ir、Rh 以及 Pd 等。由于 O_2 在金属催化剂表面的强烈吸附，因此 O—O 键能够断裂[41]。尽管如此，O_2 还原反应的中间产物也会强烈地吸附在催化剂的表面，使得催化剂表面活性位点被中间产物占据。相反，像 Ag 和 Au 等低依赖 d 带中心的金属催化剂，其对 O_2 的吸附能力相对较弱，因此对 O—O 的断裂能力较弱，但同时带来的好处是其对 O_2 还原产物的脱附能力也较强。因此，Ag/C 展现出相对较差的 ORR 活性，如图 7-4 所示。其中，Pt 对 O_2 的吸附能力介于以上两组催化剂中间，因此其对 O—O 的断裂以及 O_2 还原中间产物的脱附展现出良好的平衡，从而在所研究的催化剂当中展现出最高的催化活性[42]。

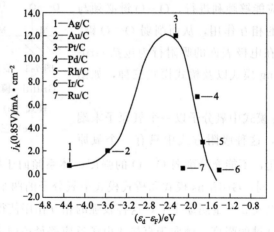

图 7-4　不同碳载金属催化剂对氧还原反应在 0.8V（vs RHE）条件下的电化学电流与
金属 d 带中心能量的关系（其中溶液为 0.1mol·L^{-1} NaOH，$\varepsilon_d-\varepsilon_F$ 相对于费米能级）

Pt 单晶的不同晶面对 ORR 的催化活性顺序为 Pt(100) < Pt(111) < Pt(110)，其原因在于 ORR 反应中吸附态的 OH_{ads} 中间产物在 Pt(hkl) 表面的脱附速率不一样。在 Pt(110) 表面 OH_{ads} 更加容易脱附，更加有利于 ORR 反应中 O_2 的吸附和解离过程。相比于低指数晶面的 Pt 催化剂，高指数晶面展现出具有更多暴露的原子棱、台等缺陷，从而展示出更高的催化活性和稳定性[43]。

厦门大学的孙世刚教授等[44] 利用方波电沉积方法成功制备了主要由（730）、（310）和（210）等高指数晶面构成的二十四面体 Pt，展现出非常高的热力学和化学稳定性。此外，包括 Pt 纳米立方体[45]、二十面体[46] 和纳米线[47,48] 等材料都因为更高数量的缺陷和高指数晶面从而获得了优异的 ORR 活性和稳定性。

Pt 催化剂的粒径大小也极大地影响了催化剂的活性。随着 Pt 纳米颗粒的直径从 12nm 降低到 2.5nm，其面积比活性也缓慢下降。而从质量比活性来讲，当 Pt 纳米颗粒的直径为 3nm 时，其表现出最高的质量比活性[49]。Arenz 等[50] 对 Pt 纳米颗粒模拟指出，对于立方八面体晶体而言，当 Pt 颗粒直径降低时，其暴露的晶面类型也随之改变，而当 Pt 的直径小于 5nm 时其晶面改变尤其明显。而哥本哈根大学的 Arenz 等[50] 指出对于 Pt/C 的 ORR 活性的差别主要体现在：多晶 Pt 电极（5mm 直径）≫Pt 黑（30nm）≫Pt/C（1～5nm），而当不同直径 Pt/C 纳米颗粒（1～5nm）的面积比活性扣除了碳载体的双电层电容之后，其质量比活性相差不大[51,52]。造成以上结果的原因可能是：①Pt 纳米催化剂中只有部分 Pt 原子展现出催化活性；②O_2 在多孔电极中的扩散受到了抑制；③碳材料载体影响了催化剂的活性；④ORR 催化反应路径随着 Pt 粒子粒径的变化而发生了变化。

由于降低贵金属催化剂的 O 结合能可以提高其对 ORR 的催化活性，因此 Pd 的电子云密度需要降低，也就是其 d 带中心负移[53]。其中一个可行的办法就是通过合适的载体，利用载体的电子效应影响贵金属的 d 带中心，从而影响催化剂的催化活性。中国科学院长春应用化学研究所的陈卫研究员等[54] 通过在 $W_{18}O_{49}$ 纳米片表面原位生长四面体 Pd 纳米颗粒，使其在 $0.1mol \cdot L^{-1}$ KOH 溶液中的 ORR 半波电势较商业化的 Pt/C 和 Pd/C 催化剂分别正移约 40mV 和 80mV，在 0.90V 的质量比活性达到 $0.216A \cdot mg^{-1}$，分别为商业化 Pt/C 和 Pd/C 催化剂的 2 倍和 10 倍。原因在于 $W_{18}O_{49}$ 纳米片和表面原位生长四面体 Pd 纳米颗粒之间具有更强的相互作用关系，从而弱化了 ORR 还原产物在 Pd 四面体表面的吸附。此外，在 0.6～1.0V 进行连续循环伏安扫描的加速老化实验后，半波电势下降 24mV，远低于商业化 Pt/C 和 Pd/C 催化剂的 60mV 和 100mV。超高稳定性的原因在于其良好的机械和化学稳定性，氧化物载体表面氧空位或缺陷提供了高效的电子和离子传输路径。

7.3.2.2　贵金属合金催化剂

通过 Pt 与其他金属形成合金或者核壳结构，从而达到在不降低催化剂活性的同时降低催化剂中 Pt 的含量的目的。与醇等小分子氧化反应的功能类似，掺入的其他金属主要也是通过电子效应改变 Pt 催化剂的 d 带中心、Pt—Pt 键长以及 Pt 周边的金属原子种类,调节其对 O_2 和还原中间产物的吸脱附能力,从而提高 Pt 合金的 ORR 催化活性;或者通过双功能机理提高 Pt 合金催化剂对 ORR 的还原性能。加拿大安大略理工大学的 Easton 等[55] 系统地研究了基于 PtMn 的二元合金、三元合金及 PtMnMo 的四元合金催化剂,发现 PtMnCu/C、PtMnFeCu/C 和 PtMnCoCu/C 等催化剂性能优势突出。

通过 X 射线吸收近边结构(XANES)对 PtM(M=V,Cr 和 Co 等)催化剂的研究表明在低电势条件下合金催化剂中的 Pt 5d 带空位与 Pt 相当,而在高电势条件下其 Pt 5d 带空位远少于 Pt,表明合金催化剂中形成的金属氧化物(如 Pt-OH 或者 Pt-O 等)含量低于 Pt 催化剂,从而展现出更高的催化性能。其中 PtCo 催化剂不管是在低电势还是高电势都展现出更低的 Pt 5d 带空位,尤其是 $Pt_{50}Co_{50}$,导致合金催化剂对 O_2 中间体更低的吸附能,从而导致更强的 ORR 活性[56]。Pt_3Ni 中也因为 Ni 对 Pt 的电子效应,其质量比活性达 $0.3A \cdot mg^{-1}Pt$,而其面积比活性达 $0.76mA \cdot cm^{-2}Pt$[57];而当 PtNi 合金催化剂通过酸处理去除表面的 Ni 后电催化活性则得到更大的提升[58],主要原因在于酸处理之后合金中 Pt 的结合能提升,导致 PtNi 催化剂 H_2O_2 产量降低,同时因 H_2O_2 在催化剂表面分解为羟基自由基(·OH)而增加了催化剂中·OH 的产率。

南洋理工大学的 Zhang 等[59] 制备了一种 PtCu 十面体纳米框架孪晶合金催化剂,通过电子结构以及表面活性位点调控使其在 0.9V 的 ORR($0.1mol \cdot L^{-1}$ KOH)面积比活性增加到 $1.71mA \cdot cm^{-2}Pt$,而商业化 Pt/C、Pt_3Cu 和 PtCu 催化剂的面积比活性只有 $0.358mA \cdot cm^{-2}Pt$、$0.531mA \cdot cm^{-2}Pt$ 和 $0.364mA \cdot cm^{-2}Pt$,合金催化剂的质量比活性和面积比活性为商业化 Pt/C 催化剂的 1.5 倍和 4.8 倍。美国俄亥俄州立大学的 Coleman 等[60] 发现 PtCu 催化剂因为其表面较低的 OH_{ads} 吸附,在 $0.1mol \cdot L^{-1}$ KOH 溶液中的 OH_{ads} 覆盖度为 Pt 的 47.8%,因此其表面的活性中心更多被用于 ORR 反应,因此展现出比 Pt 更高的 ORR 催化活性。

此外,合金催化剂还因应变效应而导致贵金属的催化活性增加。例如,Co 晶面间距小于 Pt 晶体的晶面间距使得 Co@Pt 核壳催化剂中 Pt 因为应变效应导致 Pt 的原子排布收缩,使 d 轨道的电子产生更多的重叠,而使得 d 带变宽[61]。随后,d 带中心移至低能级以维持相同的填充度,导致价态的费米能级降低,使得 Pt 的 4f 结合能正移[62]。

Cheng 等[63] 在多壁碳纳米管表面负载了平均直径为 10.6nm 的 Ag 颗粒而得 Ag/C 催化剂,ORR 起峰电势为 −0.05V(vs SCE,$0.1mol \cdot L^{-1}$ KOH),并且 Ag 能够促进 ORR 反应中间产物 HO_2^- 的还原或者分解,从而达到平均反应电子数为 3.8，接近于 Pt/C 的 4 电子反应。北京航空航天大学卢善富等[64] 研究了碳纳米管上官能团的不同对 Ag 纳米颗粒的 ORR 活性的影响。尽管在三种 Ag 和碳纳米管的系统中 Ag 纳米颗粒直径、载量和化学组成等都一样，但是相对于纯碳纳米管的 O 结合能（2.13eV），表面修饰为 OH（Ag/OH-CNT）或者 COOH 后（Ag/COOH-CNT），其 O 的结合能分别降低至 2.09eV 和 2.04eV [图 7-5(a)和(b)]。此外，XPS 研究证明 Ag 和碳纳米管之间并没有相互作用关系 [图 7-5(c)]。因此从以上结果可以推论，造成三种碳纳米管载 Ag 催化剂性能不同的原因是 Ag 和碳纳米管之间相互作用关系的不同，使得催化剂在 0.7V（vs RHE）的 ORR 还原电流密度从 Ag/CNT 的 1.66mA·cm^{-2} 分别提升到 1.88mA·cm^{-2}（Ag/OH-CNT）和 2.24mA·cm^{-2}（Ag/COOH-CNT）[图 7-5(d)]。

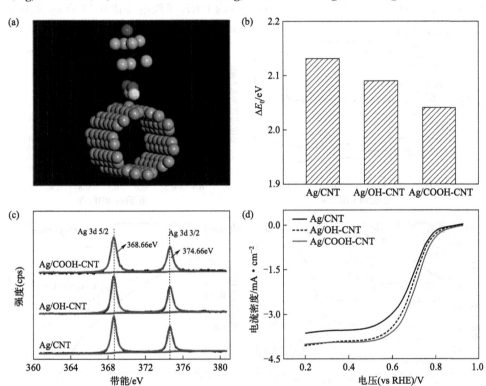

图 7-5　(a) Ag 纳米团簇在 COOH-CNT 的吸附示意图；(b) Ag 在不同碳纳米管表面的 O 吸附能；(c) Ag 在不同碳纳米管表面的 XPS 图；(d) 不同 Ag 载碳纳米管的 ORR 活性

（0.1mol·L^{-1} KOH，1600r·min^{-1}，扫描速率 10mV·s^{-1}）

7.3.2.3　非贵金属催化剂

钙钛矿结构的金属氧化物包括 BaTiO$_{3-x}$[65] 等具有良好的 ORR 活性，其在 0.5V（vs RHE，0.1mol·L^{-1} NaOH）的 ORR 电子转移数达到 3.6，双氧水产率为 15% 左右。并且由于金属氧化物在碱性条件下具有良好的稳定性，因此其 ORR 催化稳定性较高[66]。研究表明钙钛矿结构的金属氧化物对 ORR 的活性主要来源于氧化物中的氧缺陷。在氧缺陷的产生和填充的快速循环中，氧缺陷可作为供体或者受体来增加吸附物种和催化剂表面间的电荷传递[67]。类似地，MnO_x 包括 MnO、MnO_2、Mn_2O_3、Mn_3O_4、Mn_5O_8、$MnOOH$ 等能够有效地将 HO_2^- 还原为 H_2O[68]，其对 ORR 的催化活性也主要来源于氧化物中的氧缺陷[69]。

虽然尖晶石结构的金属氧化物如 Co_3O_4 对 ORR 活性较差，但是在还原后的氧化石墨烯（rmGO）表面原位负载 Co_3O_4 纳米颗粒后却展现出优异的碱性 ORR 活性［图 7-6(a)］[70]，Co_3O_4/rmGO 的 ORR 半波电势达 0.79V(vs RHE，

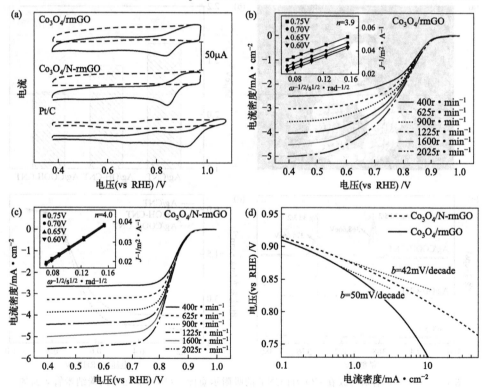

图 7-6　(a) Co_3O_4/rmGO，Co_3O_4/N-rmGO 和 Pt/C 在氧气饱和（实线）以及氩气饱和（虚线）的 0.1mol·L^{-1} KOH 溶液中的 CV 曲线，三种催化剂的载量为 0.17mg·cm^{-2}；

(b) Co_3O_4/rmGO 和 (c) Co_3O_4/N-rmGO 的 RDE 曲线，其中催化剂载量为 0.10mg·cm^{-2}，

溶液为氧气饱和的 0.1mol·L^{-1} KOH，扫描速率 5mV·s^{-1}；

(d) Co_3O_4/rmGO 和 Co_3O_4/N-rmGO 的 Tafel 曲线

0.1mol·L^{-1} KOH，1600r·min^{-1}），如图 7-6(b)。电子转移数达到 3.9，与 Pt/C 催化剂的性能相当。虽然 N-rmGO 对 ORR 展现出典型的 2 电子反应，但在 Co$_3$O$_4$/rmGO 的合成过程中加入 NH$_4$OH 所得的 Co$_3$O$_4$/N-rmGO 比 Co$_3$O$_4$/rmGO 具有更高的半波电势 [0.83V，1600r·min^{-1}，如图 7-6(c)] 和更低的塔菲尔斜率 [图 7-6(d)]，其原因在于 Co$_3$O$_4$/N-rmGO 催化剂中 Co—O—C 以及 Co—N—C 键的形成。已有报道表明将 MnO 负载到 N 掺杂碳载体所制备的复合催化剂的 ORR 起峰电势为 0.82V（vs RHE，0.1mol·L^{-1} KOH），远高于 MnO 的 0.56V（vs RHE）以及 N 掺杂碳载体的 0.75V（vs RHE）[71]。当 Co$_3$O$_4$ 通过 Mn 离子掺杂后转变为 MnCo$_2$O$_4$ 时不论是以石墨烯或者 N 掺杂石墨烯为载体，都展现出比 Pt/C 更高的稳定性和 ORR 活性[72]。

除了 Co$_3$O$_4$ 外，当 Fe$_2$O$_3$ 负载到 NG 表面时，其 ORR 电子反应数与 Pt/C 相当，并且在 0.1mol·L^{-1} KOH 中循环 10000 圈（−1.2～0.2V vs AgCl）之后其性能为初始性能的 94%，展现出良好的稳定性[73]。此外，当 Fe 被 N 掺杂石墨烯所包裹而形成竹节状的 N-Fe-CNT/CNP 催化剂时，由于石墨烯的缺陷以及 Fe—N—C 键其在碱性条件下的 ORR 半波电势达 0.87V（vs RHE，0.1mol·L^{-1} NaOH，1600r·min^{-1}），接近于 Pt/C 的半波电势 0.91V，但是其起峰电势比 Pt/C 正移 0.04V，并且因为 4 电子转移反应而展现出比 Pt/C 还好的循环稳定性[74]。由于 Fe/FeC 纳米颗粒通过活化包裹的石墨烯或者 N 掺杂石墨烯层从而对 ORR 展现出良好的活性，因此 Fe/FeC 与碳层的良好接触是保证 ORR 高活性的一项重要因素[75]，而在复合催化剂中引入介孔或者大孔结构不仅有利于金属纳米颗粒与碳层的接触，也能增加物质的传递，从而提高 ORR 的活性[76]。

此外，金属磷化物也展现出良好的碱性 ORR 活性。当金属磷化物作为 Pt 等贵金属载体时促进了 Pt 等催化剂的 ORR 活性以及对 CO 等杂质的抗毒化性能。比如当 Pt 负载到磷酸铁盐（FePO）的表面，FePO 通过 FeOOH 等形式吸附和储存含氧物种，即通过双功能机理增强 Pt 催化剂对 ORR 的催化活性[77]。另外，金属磷酸盐还可通过电子效应影响金属纳米催化剂的电子状态，如 AlPO$_4$ 中电子转移到 Au 表面使其表面的 O—O 键在负电荷的 Au 催化剂表面更容易解离和脱附，加快了 HO$_2^-$ 转变为 OH$^-$ 的速率，使得 Au 在碱性条件下对 ORR 的 2 电子反应转变为 4 电子反应路径，其半波电势达到 0.85V（vs RHE，1.0mol·L^{-1} NaOH）[78]。除此之外，金属磷化物自身也展现出良好的 ORR 活性。澳大利亚阿德雷德大学的乔世璋等[79] 通过金属有机框架聚合物热解方法而制备的 Co$_3$(PO$_4$)$_2$C-N/rGO 在 0.1mol·L^{-1} KOH 溶液中半波电势达 0.837V (vs RHE)，接近于相同条件下 Pt/C 的半波电势（0.851V vs RHE），并且其电子转移数接近于 4 电子。其主要原因为掺杂石墨烯中的 N 与 $Co_2(PO_4)_3$ 的配位作用，即磷酸盐的存在不仅稳固了 Co—N 键，而且磷酸盐为催化剂提供质子促进了质子耦合电子转移，从而加快了 ORR 的反应速率。

7.3.2.4 非金属材料催化剂

包括活性炭、碳纳米管和石墨烯在内的碳材料因为表面的含氧官能团而对 ORR 展现出一定的活性，其在碱性溶液中的反应路径主要遵循 2 电子反应而形成 H_2O_2 后转变为 HO_2^- [80,81]。杂原子掺杂的碳材料则表现出与 Pt/C 催化剂相当的 ORR 催化性能，杂原子为 B、N、S 以及 P 等非金属原子[82-88]。相对于 C 的电负性（2.55），N、P、B 和 S 的电负性分别为 3.04、2.19、2.04 和 2.58，而非金属原子掺杂通过破坏电中性的 C 而使其带电荷，从而有利于 O_2 的吸附[83]。Dai 等[88] 制备了 N 掺杂的垂直碳纳米管阵列（VA-NCNT），如图 7-7 (a)和(b) 所示，展现出良好的 ORR 活性，电子转移数接近于 Pt 的 4 电子反应路径 [图 7-7(c)]。DFT 计算表明与 N 相邻的 C 原子具有很高的正电荷密度来抗衡 N 强大的电子亲和能 [图 7-7(d)]，使得在 VA-NCNT 表面的 O_2 吸附由 CNT 表面的端点吸附 [Pauling model，图 7-7 (e) 上] 转变为平行的侧接吸附 [Yeager model，图 7-7 (e) 下]。在 N 掺杂碳纳米管中，主要的活性位点为吡啶 N 和石墨型 N，其中吡啶 N 为 ORR 提供活性位点而石墨型 N 增强碳材料的电流密度[89]。

除了 N 以外，F（电负性为 3.98）也比 C 具有更高的电负性，成键会产生较大的电子吸引而使得相邻的 C 产生正电荷极化作用，有利于 O_2 的吸附。中国科学院长春应用化学研究所的邢巍课题组[90] 利用 NH_4F 制备的 F 掺杂的炭黑表现出优异的 ORR 催化活性，其电子转移数达 3.96。此外，B、S 和 P 的电负性都低于 C，使得 C 产生负电荷极化作用，并且 C—B、C—P 或 C—S 键的形成会对碳材料造成缺陷以及电荷密度的变化，其中 1.5%P 掺杂的介孔碳对 ORR 的电子转移数达 3.9[91]。尽管如此，F 和 B 等不能像 N 原子一样为大 π 键提供电子，因此对于 C 原子的自旋密度影响弱于 N，导致其催化活性低于 N 掺杂碳材料[92]。而 S 半径大于 C，使得 S 因为 S—C 键长于 C—C 键而高于石墨烯平面 0.11nm，其主要催化活性中心为碳材料边缘的 S[93]。此外，由于 B 和 N 具有相反的电子特性，因此 B 和 N 共掺杂对 ORR 具有协同效应[94]。随着掺入元素种类的增加，掺杂原子之间的协同作用提高了碳材料的 ORR 催化活性，比如 N、P 和 B 三种元素共掺杂的碳材料催化剂的 ORR 活性（包括起峰电势等）优于单

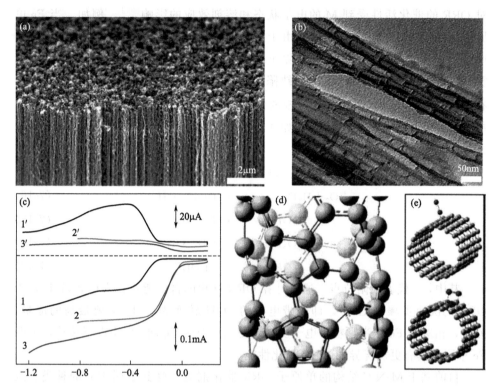

图 7-7　VA-NCNT 的 (a) SEM 和 (b) TEM 图；(c) NA-CCNT/GC（不掺杂 N 的碳纳米管，曲线 1 和 1′）、Pt-C/GC（曲线 2 和 2′）以及 VA-NCNT/GC（曲线 3 和 3′）在 O_2 饱和的 $0.1mol \cdot L^{-1}$ KOH 溶液中的 RRDE 图，其中 Pt 环的电压为 0.5V，转速为 $1400r \cdot min^{-1}$，扫描速率为 $10mV \cdot s^{-1}$；(d) NCNT 的电荷密度以及 (e) CCNT（上）与 NCNT（下）表面氧气吸附的模型

—N 元素掺杂以及 N、P 和 N、B 等双元素掺杂的碳材料[95]。总的来说，杂原子与碳材料通过共价键结合，使得杂原子与 C 之间因电荷转移而降低 ORR 的过电势，从而促进了 ORR 催化活性。在整个体系中，石墨化程度、比表面积和杂原子掺杂结构是影响碳材料催化性能的重要因素。

与非金属杂原子掺杂的碳材料相比，金属单原子掺杂的碳材料是另外一种具有更高 ORR 催化活性的非金属电催化剂[96]。近年来，基于 M-N-C 结构的单原子催化剂被广泛研究，其中 M 包括 Fe、Co、Ni、Mn、Zn 和 Cu 等非贵金属元素[97]。M-N-C 催化剂一般通过金属前驱体、N 和 C 源等热解而成，并且在碱性条件下展现出比 Pt 更加优异的 ORR 性能，如 Co 单原子纳米纤维催化剂对 ORR 的起峰电势为 0.92V（vs RHE，$0.1mol \cdot L^{-1}$ KOH），半波电势为 0.82V[98]。目前被广泛认可的 $M-N_x$（尤其是 $M-N_4$）为 ORR 活性中心，其对 ORR 的催化活性受到 M 的电子状态和溶剂效应的影响[99]。例如，当 Fe 单原子催化剂被 SCN⁻ 覆盖之后，由于 SCN⁻ 对 Fe 的强烈吸附，从而使得 Fe 单原子催化剂性能失活；而当去除 Fe 表面的 SCN⁻ 之后，其 ORR 活性又恢复[100]。除此之外，碳材料中的缺陷、N-C 以及 M-O$_x$ 等也被认为对 ORR 具有催化活性[101]。相对于实验体现的催化剂宏观性能，DFT 计算更加能体现出单个 M-N$_4$ 活性点的催化特征，如 4 电子 ORR 反应机制，其整个反应机制包含 5 个步骤：

$$O_2(g) + {}^* \longrightarrow {}^*O_2 \tag{7-15}$$

$$^*O_2 + H_2O(l) + e^- \longrightarrow {}^*OOH + OH^- \tag{7-16}$$

$$^*OOH + e^- \longrightarrow {}^*O + OH^- \tag{7-17}$$

$$^*O + H_2O(l) + e^- \longrightarrow {}^*OH + OH^- \tag{7-18}$$

$$^*OH + e^- \longrightarrow {}^* + OH^- \tag{7-19}$$

其中，* 代表吸附位点。通过计算 ORR 催化的自由能路径表明式(7-16) 为 ORR 的决速步骤（RDS），即将带电荷的 *OH 转变为 OH⁻ 需要最高的能量。另外，相对于 Fe 纳米颗粒，电子更加容易从单原子 Fe 向 *OH 进行转移，表明 Fe 单原子具有更加优异的 ORR 催化性能。

目前基于 M-N-C 结构的单原子 ORR 催化剂主要受到金属中心的种类、载量、催化剂的孔道结构以及 N 掺杂类型所影响[102]。相对于其他过渡金属原子而言，Fe 与 Co 单原子催化剂的 ORR 过电势更低，并且其电流密度更高，其中 Fe 单原子的催化活性优于 Co 单原子的，但是其催化稳定性却低于后者。这是因为在 FeN$_4$ 结构中吸附 O$_2$ 分子之后其结构稳定性减弱，而 CoN$_4$ 吸附 O$_2$ 分子后其结构稳定性得到了增强[98]。虽然目前认为单原子催化剂中金属原子的载量极大地影响了其催化活性，但是到目前为止还没有建立载量与活性之间的对应关系。此外，在燃料电池阴极 ORR 反应还与电极中物质的传递紧密相关。通过在单原子催化剂载体上引入介孔或者多级孔道结构能够有效提升单原子催化剂的 ORR 催化性能，主要归因于气体分子、中间产物等物质在孔道内的高效传输[103]。此外，对于 FeN$_x$ 等活性中心，碱性电解质溶液 pH 值的增强会导致过多 OH⁻ 吸附在金属原子的表面，从而阻碍了 O$_2$ 在其表面的吸附，使得 ORR 的催化反应中心转移到外 Hemlotz 层[104]。

由于 M-N-C 型催化剂的特殊结构、低金属载量以及高比表面积，其在碱性电池中的阴极制备方式有别于传统基于 Pt/C 催化剂的电极。武汉大学的庄林课题组[105] 制备了一种 FeC [图 7-8(a)] 和 Fe 单原子 [图 7-8(b)] 的 Fe/N/C 催化剂，其在碱性条件下展现出比 Pt/C 更加优异的稳定性 [图 7-8(c)]。并且通过调节碱性燃料电池阴极中的 Fe/N/C 催化剂（6.8%以 Fe 原子计）载量发现，当电极中催化剂载量为 2mg·cm^{-2} 时电池的输出性能功率密度达到 485mW·cm^{-2} [图 7-8(d)]，优于电极中催化剂载量为 1mg·cm^{-2} 与 4mg·cm^{-2} 条件时的电池输出性能。这是因为催化层中催化剂含量的增加提升了 ORR 反应的活性位点，从而有利于电池性能的提升。然而，当催化剂载量过高时会导致催化层过厚，从而阻碍了催化层中物质和气体的传输。此外，在燃料电池的运行过程中，高电位条件下碳材料的腐蚀易导致 M—N—C 键的断裂以及金属离子的脱落，从而使得催化剂活性降低[106]。因此，目前单原子催化剂在燃料电池中虽然表现出良好的输出功率，但是其电池稳定性仍然是碱性燃料电池的一大挑战。

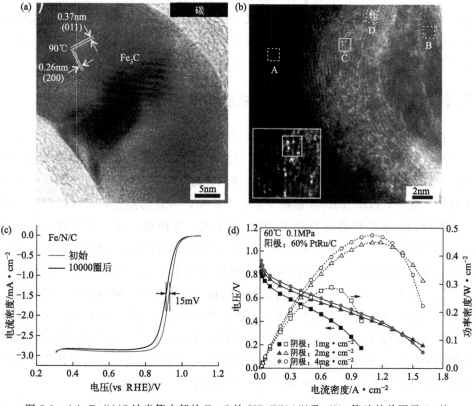

图 7-8 （a）Fe/N/C 纳米管内部的 Fe$_3$C 的 HR-TEM 以及（b）管壁的单原子 Fe 的 HAADF-STEM 图；（c）Fe/N/C 纳米管催化剂在稳定性测试后（0.6~1.0V，1.0mol·L^{-1} KOH，100mV·s^{-1}）的 ORR 性能，RDE 测试中转速 900r·min^{-1}，扫描速率 5mV·s^{-1}；（d）基于 Fe/N/C 阴极的碱性燃料电池在 H$_2$/O$_2$ 的极化曲线，其中 H$_2$ 和 O$_2$ 的流速都为 200mL·min^{-1}

7.4
阴离子交换膜

阴离子交换膜是碱性固体电解质膜燃料电池的核心部件之一，不仅将 OH^- 从阴极传递到阳极，还要隔绝电子以及阴阳极的物质接触，并阻止小分子燃料渗透到阴极。对于阴离子膜而言，较高的离子电导率、良好的化学和电化学稳定性以及良好的热稳定性和力学性能都是保证基于阴离子交换膜的碱性燃料电池优良输出功率的前提条件。阴离子交换膜一般由聚合物骨架、离子功能基团以及平衡离子构成。聚合物主链主要为膜提供机械强度和稳定性，而阳离子基团则主要为膜提供离子电导率。到目前为止，还缺少一种性能优越的阴离子交换膜，以至于阻碍了阴离子交换膜在燃料电池中的广泛应用。

7.4.1 碱性阴离子交换膜的物质传输与电导率

在碱性阴离子交换膜（AEM）中，与高分子侧链接枝的阳离子基团电荷平衡的 OH^- 是膜材料离子传导的根源。但由于 OH^- 较低的离子淌度、高的水分子依赖以及聚合物结构中疏水区的阻碍等，使得碱性阴离子膜中 OH^- 的传输效率较低。此外，OH^- 的传导依赖于水作为介质，与膜的温度和水合程度紧密相关。当膜内含水量较高时有利于 OH^- 的解离，从而提高膜中离子的浓度。此外，提高膜的工作温度使得聚合物分子链之间的活动性增强，使得聚合物分子之间相互作用力减弱，从而膜溶胀以容纳更多的水分子，增强 OH^- 的传导能力[107]。另外，与质子交换膜燃料电池在阴极生成水不同，碱性阴离子膜燃料电池阴极氧还原反应需要消耗水分子，并在阳极产生水。另外，碱性阴离子膜电池阳极生成的水分子比质子交换膜燃料电池阴极生成的水分子多 2 个，使得前者阴极因为消耗水分子而更加容易缺水，导致碱性阴离子膜两侧水浓度差比质子交换膜两侧的水浓度差大得多，更加容易因为膜内浓差扩散而缺水。

为提高碱性阴离子膜的离子电导率，通常的方法是增加碱性阴离子膜的离子交换容量（IEC）以提高膜中 OH^- 的浓度，如通过增加接枝度的方法。但同时聚合物分子侧链接枝基团过多会导致膜急剧溶胀，引起 OH^- 浓度的稀释，从而降低膜内的离子密度，导致膜离子电导率降低；同时由于剧烈溶胀使得膜的尺寸稳定性和力学性能也降低。对此，一种途径是在一个接枝位点上增加接枝基团的数量，比如双接枝基团、三接枝基团以及多接枝基团。通过在低官能基团的接枝度的条件下实现更多的官能团数量,从而在提高膜内 OH^- 浓度的同时降低膜的溶胀率,同时实现高电导率和高机械强度的目的。那辉等[108] 在聚芳醚酮主链上同时引入季铵基团以及 1-溴-6(三甲基铵)己基溴化物等多季铵基团制备了阴离子交换膜,调整其 IEC 于 $1.75\sim2.57\mathrm{meq}\cdot\mathrm{g}^{-1}$,其在 80℃的电导率高达 $7.4\times10^{-2}\mathrm{S}\cdot\mathrm{cm}^{-1}$。还可以通过引入阳基环结构以提高膜的电导率。阳基环结构因其较大的空间位阻,当其引入到聚合物主链中时有利于聚合物分子链之间的分离,从而形成容纳更多水分子的空间。此外,含有阳基环结构的单体通常具有良好的活性,通过简单的亲电取代反应引入较多的离子基团,获得较高的 IEC,有利于增加膜内的离子密度,从而提高膜的电导率[107]。但同时,膜大量吸水之后也会导致其过度溶胀和机械强度的降低。相对于季铵盐阳离子基团,胍盐离子较强的碱性使得其解离的 OH^- 和水分子数目显著增加,从而增加膜的离子电导率[109]。张所波等[110] 制备的胍盐型聚芳醚砜阴离子交换膜材料的离子交换容量达 $1.89\mathrm{mmol}\cdot\mathrm{g}^{-1}$ 时,其电导率达到 $4.5\times10^{-2}\mathrm{S}\cdot\mathrm{cm}^{-1}$(20℃),优于季铵盐阴离子交换膜在类似 IEC($1.85\mathrm{mmol}\cdot\mathrm{g}^{-1}$)和相同测试条件下的电导率($2.9\times10^{-2}\mathrm{S}\cdot\mathrm{cm}^{-1}$)。

提高碱性阴离子膜电导率的第二种途径是在聚合物膜中构建离子传输通道。良好的亲水/疏水微分相结构有利于亲水区重叠,从而形成连续的离子传递通道,提高膜的离子电导率。而差的微分相结构则导致离子通道的孤立和弯曲,降低膜的电导率[111]。与表面活性剂类似,两亲性聚合物电解质分子的亲水基团和疏水基团通过自组装形成局部的亲水和疏水域,而亲水域的联通则构成了连续的水传输通道,从而实现 OH^- 的快速传输。聚合物电解质膜中离子通道的构建受到膜溶剂、分子链结构以及温度等因素的影响。对于聚砜基季铵盐高分子聚合物而言,当使用二甲基甲酰胺以及水和异丙醇的混合溶剂制备碱性阴离子膜时,膜的电导率显著增加到 $1.0\times10^{-1}\mathrm{S}\cdot\mathrm{cm}^{-1}$(80℃)。庄林等[112] 将聚砜基季铵盐类的亲水性基团接枝到疏水侧链上,通过分子自组装而形成微相分离,如图 7-9 所示。图 7-9(a)~(c) 分别是干燥状态下的聚砜基季铵盐(QAPSF)和支链型聚砜基季铵盐(aQAPSF 和 pQAPSF)的 TEM 照片。在 QAPSF 中,阳离子分布在聚砜主链上,而亲水基团则均匀地分散于干燥的膜表面,因此膜中并没有微相分离 [图 7-9(a)]。通过将支链阳离子引入聚砜基季铵盐,亲水基团则表现出明显的聚集体,并且不均匀地分布在疏水主链上,形成明显的微相分离结构 [图 7-9(b),(c)]。通过分子动力学模拟表明,QAPSF 不论是在干燥还是在湿润条件下都没有明显的微相分离结构存在 [图 7-9(d),(g)],而 aQAPSF [图 7-9(e),(h)] 和 pQAPSF [图 7-9(f),(i)] 则在干燥和含水条件下都存在明显的微相分离结构。

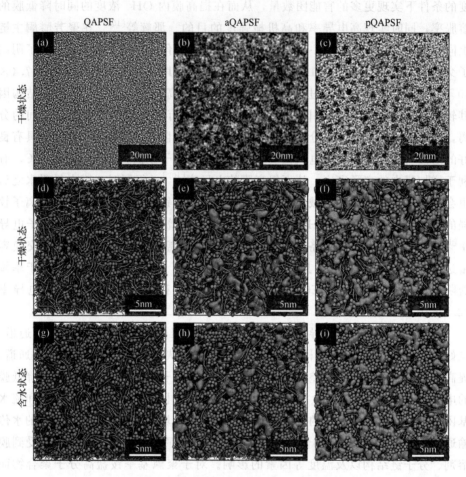

图 7-9 （a）～（c）QAPSF、aQAPSF 和 pQAPSF 的 TEM 照片；（d）～（f）分子动力学
模拟 QAPSF、aQAPSF 和 pQAPSF 在干燥状态下的示意图；（g）～（i）分子动力学模拟
QAPSF、aQAPSF 和 pQAPSF 在含水状态下的示意图[112]

　　相艳等[113] 通过在聚醚醚酮（PEEK）主链上接枝季铵基团的同时引入十二
烷基长链，通过同步增大亲疏水 2 个组分的浓度而实现了离子簇（直径 5～
10nm）的调控，并发现大尺寸的离子簇相互交叠更容易形成三维连续通道。并
首次通过二维 NOESY 谱表明了季铵基团聚合物分子链之间/分子内存在多重氢
键以及季铵基团与苯环之间的 cation-π 相互作用 ［图 7-10（a）］，有助于特定分子
构象和微观结构的形成 ［图 7-10（b）］。李南文等制备了一种新型的"梳状"季
铵盐聚合物分子，通过调节接枝度和疏水链段的长度，从而实现了 5～33nm 离
子通道的构筑。

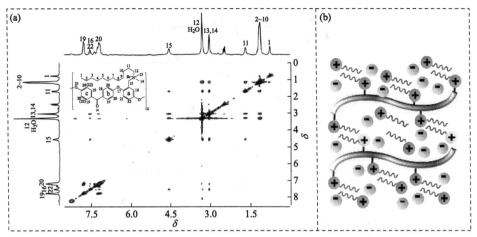

图 7-10　相分离的季铵化聚醚醚酮的 NOESY 谱（a）和聚集结构示意图（b）[113]

7.4.2　碱性阴离子交换膜的稳定性

除了提高碱性阴离子膜的电导率，碱性阴离子交换膜另外一个研究重点就是提高其碱稳定性。目前碱性阴离子膜稳定性较差的原因主要包括侧链型季铵碱官能团的降解以及聚合物分子主链的降解。研究表明，阳离子基团的碱性降解机制包括霍夫曼降解、亲核取代反应与 E1 消去反应。这三类反应受 OH⁻ 的水合数、β-H 的数量、取代基的场效应、空间位阻效应与几何构象等因素的综合影响。在强碱条件下，OH⁻ 会进攻功能基团，当 β-H 存在时，发生霍夫曼降解反应，如图 7-11（a）所示。没有 β-H 存在时发生亲核取代反应，如图 7-11（b）所示。而当季铵基团的 α，β 位置存在较大的空间位阻时，则会发生 E1 消除降解反应，如图 7-11（c）所示[114]。因此，通过理解阳离子功能基团碱性降解的分子机制，从而针对性地进行分子结构设计可以提高聚合物基团分子链的碱稳定性。

研究者们通过分子结构的设计，如引入供电子基团、增大空间位阻、减小 β-H 的数量以及促进 OH⁻ 的充分水合等方法降低亲核取代反应与 β-消去反应的动力学，从而提高阳离子基团的碱稳定性[113]。研究者们设计了不同类型的高稳定阳离子基团，包括胍盐型功能基团、季鏻型功能基团、咪唑盐型功能基团以及锍盐型碱性功能基团，来提高碱性阴离子膜的碱稳定性[115,116]。将胍盐功能基团接枝到苯环上，利用胍盐功能基团自身的共振结构与苯环的共轭结构形成超共轭结构，使得苯基胍盐型的离子交换膜在 80℃ 的 0.5mol·L⁻¹NaOH 中浸泡 72h 后其电导率只降低了 13.9%，优于传统苯基胍盐型阴离子交换膜[117]。2,4,6-三甲氧基苯可提供大空间位阻，并且因其供电子基团的作用使得阳离子功能基

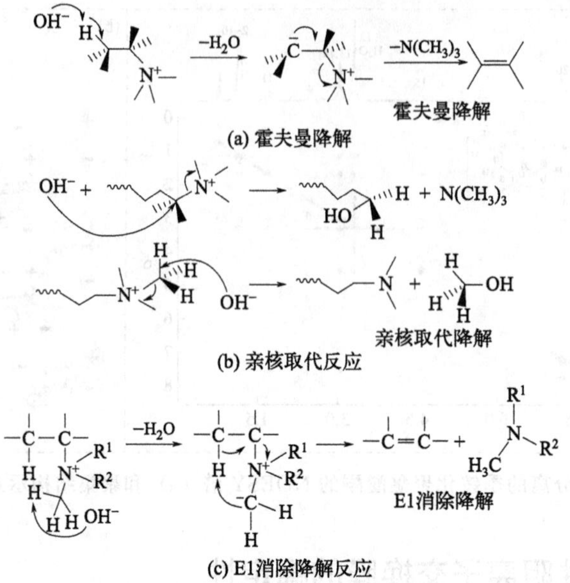

图 7-11　季铵盐不同降解机制[114]

团正电荷密度增加，使其引入到聚砜主链中时可降低 OH⁻ 对功能基团的进攻，从而提高季铵盐和季鳞盐等功能基团的碱稳定性[118,119]。另外，有研究发现环状季铵碱中环的张力也将影响季铵盐的稳定性，其中无张力的哌啶环季铵盐虽然具有多个 β-H，并且容易形成反叠构象，但它们均具有非常优异的碱性稳定性，在 $6mol \cdot L^{-1}$ 和 160℃ 的 NaOH 溶液下处理半衰期达 110h，表明了良好的碱性稳定性[120]。哌啶阳离子电导率的降低是因为 OH⁻ 进攻了哌啶阳离子使其脱去甲基或者发生开环从而失去离子交换能力。庄林等[121] 基于哌啶季铵碱的碱性阴离子交换膜（QAPPT）组装的碱性阴离子膜电池，在 80℃ 和 $0.2A \cdot cm^{-2}$ 条件下稳定放电 125h 而没有衰减。林本材等[122] 通过将 N,N-二烯丙基吡咯烷溴盐（[DAPy][Br]）通过与其他聚合物进行光聚合的方式而制备了拥有两个五元环的 N-螺环结构阳离子聚合材料，其在 80℃ 的电导率达 $7.3 \times 10^{-2} S \cdot cm^{-1}$，并且在 $1.0mol \cdot L^{-1}$ KOH 溶液中（80℃）浸泡 240h 后其电导率下降了 11%，表现出良好的碱性稳定性。

碱性阴离子膜主链的主要降解路径包括阳离子两侧的醚键和季碳的水解断裂，并且周围吸电子基团的存在加速了主链的降解。阳离子电场的极化以及吸电子基团的诱导效应是碱性阴离子膜主链降解的关键因素。目前解决的思路是通过吸电子基团的还原（如将羰基还原为亚甲基）以及延长烷烃侧链长度使得季铵基团与主链的空间距离延长[123]。相比于不稳定的苄基，全烷基、含胺和醚的支链链接结构具有良好的稳定性（图 7-12），如 1,2-二甲基咪唑[125]，1-氨基乙基-2,3-二甲基咪唑[126]，1-(2-羟乙基)-3-甲基咪唑[125] 和烷基季铵链[127] 等。严锋等[128]制备的烷基长侧链阳离子接枝的聚砜阴离子膜在 60℃的 1.0mol·L^{-1}KOH 溶液中浸泡 400h，其离子交换膜容量只降低了 6.1%。其优异的碱稳定性可能来源于咪唑基团的共振效应使得咪唑阳离子的正电荷密度降低，弱化了咪唑阳离子与OH$^-$的相互作用。类似的，刘庆林等[129] 将烷基咪唑溴盐离子接枝到聚芳醚砜主链中而获得具有柔性侧链的咪唑阳离子聚芳醚砜碱性阴离子膜，其在 60℃的2.0mol·L^{-1}KOH 溶液中浸泡 504h，其离子交换容量降低了 20%，电导率下降了 29.0%。Coates 等[130] 合成的咪唑鎓稠合环辛烯单体并使其开环易位聚合获

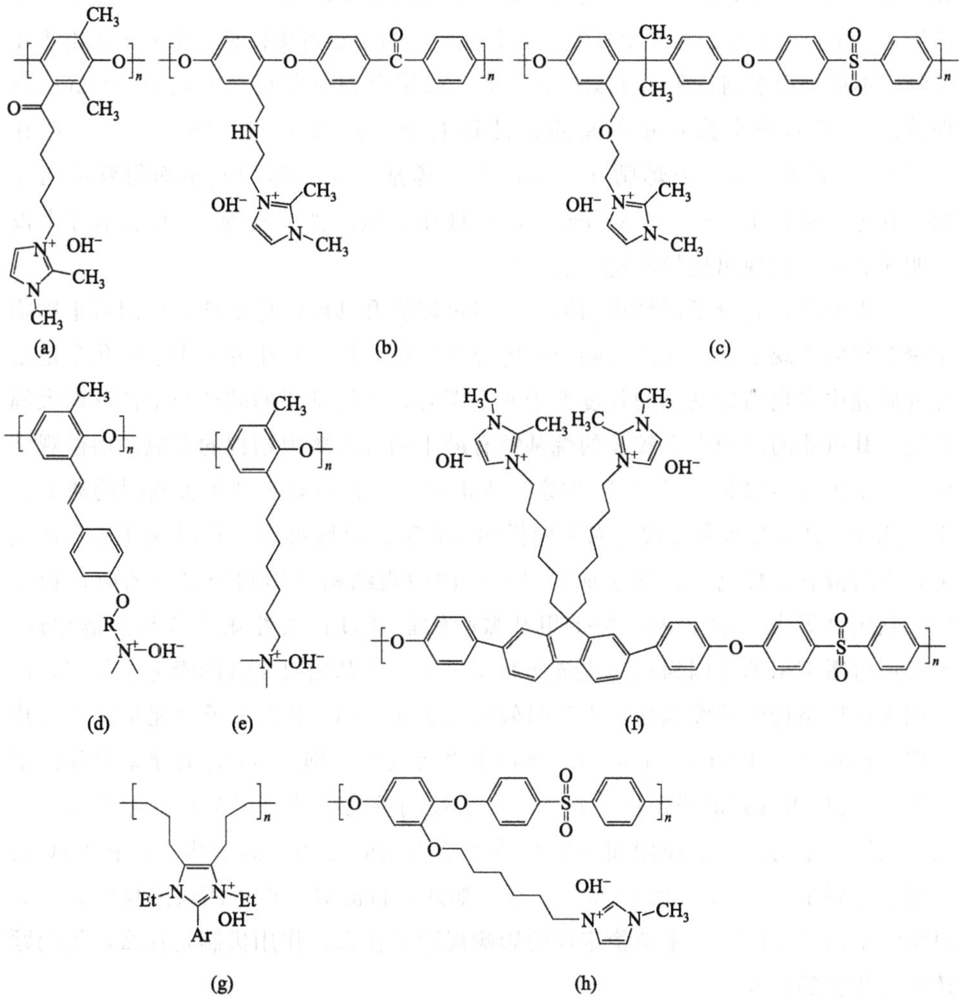

图 7-12　支链型 AEM 的化学结构[124]

得大环低聚物，通过交联大环化合的碱性阴离子膜在80℃的1.0mol·L⁻¹KOH浸泡720h后电导率下降10%。

除此之外，合成不含醚氧键的聚芳香、聚烷烃等聚合物主链也可改善碱性阴离子膜的碱稳定性。目前非共轭乙烯基单体聚合以及高分子接枝方法而得到的聚烯烃类阴离子交换膜表现出良好的性能[131]。俞红梅等[132]制备了季铵化的聚（苯乙烯-乙烯-丁烯-苯乙烯）碱性阴离子膜，其在80℃的离子电导率达到$1.6×10^{-2}S·cm^{-1}$，并且组装电池后在0.7V放电30h电池性能没有明显降低。尽管如此，聚烯烃的合成方法较少，导致膜的化学结构和微观结构的调控有限，仍需广泛深入的研究，包括新的合成方法，以及膜玻璃化转变温度和电池性能的提高。Tomothy N. Danks等[133]研究了聚偏氟乙烯和聚四氟乙烯辐射接枝氯甲基苯乙烯（VBC）的碱性阴离子交换膜。实验证明，对于辐射接枝膜，部分氟化由于化学降解不适合用于制备阴离子交换膜，而全氟聚合物膜在60℃时浸泡2500h仍能保持结构和离子交换容量的稳定，且其电导率达$2.0×10^{-2}S·cm^{-1}$。严锋等[134,135]将苯乙烯、丙烯腈和咪唑或1-乙烯基-3-甲基咪唑共聚而得到阴离子膜，其电导率达$1.0×10^{-2}S·cm^{-1}$，并且在强碱溶液中浸泡400h后电导率没有明显衰减，展现出优异的化学稳定性。

尽管如此，高分子链结构的调控虽然可以提升其碱性稳定性，但同时也影响了聚合物的微观结构，从而影响膜的电导率和稳定性。在小分子季铵碱化学稳定性的研究中发现当烷基链的长度大于6个碳时，季铵基团的碱性稳定性反而大幅降低。其可能的原因在于较长的烷基链有助于相分离微观结构的形成，而微观结构中的聚集体不仅影响了OH⁻的亲核攻击速率，也将影响到离去基团的离去速率。此外，Bae等研究发现，对于同样的聚合物，以膜形态存在时碱性稳定性较聚合物溶液有所提高，证实了成膜过程中的微观结构也影响膜材料的碱性稳定性。刘庆林等[136]将6-溴己烷-1-甲基哌啶鎓盐通过长柔性亚甲基与主链相连，不仅使得哌啶阳离子因为远离主链而减弱了阳离子基团对主链的吸电子作用，而且因为环形结构的哌啶鎓盐的大位阻效应减少了OH⁻对阳离子功能基团的进攻作用，使其在60℃的1.0mol·L⁻¹KOH水溶液中浸泡360h后电导率只降低了8.8%，表现出良好的稳定性。此外，由于长侧链的柔性亚甲基哌啶鎓盐亲水基团和主链分子的自组装作用而形成高效离子传输的微相分离结构，其80℃的电导率达到了$7.3×10^{-2}S·cm^{-1}$。尽管如此，目前对于离子团簇的尺寸、形态对侧链阳离子基团以及主链稳定性的影响规律是什么，作用机制是什么，等问题还缺乏相关的研究。

除此之外，新型多孔材料如金属-有机框架（MOF）、托格尔碱以及大环冠醚化合物等因其自身的三维孔道结构，可以为离子传输提供有序的离子通道，从而可以被用作碱性阴离子膜。那辉等[137] 通过离子热解法分别制备了离子液体和 ZIF-8 复合的 IL@ZIF-8/IL/PVA 复合阴离子交换膜，将胆碱分子固定在 ZIF-8 的有序孔道中，实现了 OH^- 的有序传输。徐铜文等制备了基于托格尔碱阴离子膜，IEC 为 $0.82mmol \cdot g^{-1}$ 的膜电导率达 $1.64 \times 10^{-1} S \cdot cm^{-1}$。此外，研究发现基于金属络合物的阳离子表现出良好的稳定性。基于二茂钴的碱性阴离子膜的电导率达到 $9 \times 10^{-2} S \cdot cm^{-1}$，并且其在 80℃ 的 $1mol \cdot L^{-1}$ 的 KOH 溶液中 1000h 后 IEC 损失率为 18%，而阳离子基团仍然完好，证明了全甲基二茂钴阳离子优异的稳定性。

最后，碱性膜中 OH^- 的传递方向与甲醇扩散方向相反，从而可以消除电拖拽产生的甲醇渗透率，最终降低甲醇溶液从阳极向阴极中的扩散。碱性膜的甲醇渗透率也是判断膜性能的一个重要指标。方军等[138] 通过甲基丙烯酸二甲基氨基乙酯（DMAEMA）和甲基丙烯酸三氟乙酯（TFMA）合成的 DMAEMA/TFMA 碱性阴离子膜，其室温下的电导率达 $10^{-2} S \cdot cm^{-1}$，甲醇渗透系数低于 $10^{-7} cm^2 \cdot s^{-1}$。组装成碱性甲醇燃料电池，当阳极甲醇浓度和流速分别为 $1.0mol \cdot L^{-1}$ 和 $1.0mL \cdot min^{-1}$ 时，开路电压达 0.71V，最大输出功率密度达 $43.2mW \cdot cm^{-2}$，在燃料电池中具有良好的应用前景。朱宝库等[139] 制备了季铵盐接枝的聚二氮杂萘酮醚酮（PPEK）阴离子膜，在优化的季铵盐接枝度（平均每个重复链节含有 1.3 个季铵盐基团）条件下，电导率可达 $1.14 \times 10^{-2} S \cdot cm^{-1}$，并且其甲醇渗透系数为 $6.6 \times 10^{-7} cm^2 \cdot s^{-1}$。

7.5
碱性直接液体燃料电池面临的挑战

尽管碱性直接液体燃料电池与酸性液体燃料电池在催化剂选择、电化学反应动力学以及燃料渗透等方面具有众多优势，然而以有机醇类小分子为燃料的碱性液体燃料电池性能普遍明显低于酸性膜直接醇类燃料电池，在其实用化进程中还面临诸多挑战：

① 碳酸化导致的电压热力学损失和电极动力学下降。尽管醇类小分子在碱性环境下的氧化动力学速度明显快于酸性环境，而且电催化剂的选择范围也更宽广，然而，其电催化氧化的产物 CO_2，使阳极发生碳酸化过程，导致阴阳极产生 pH 差，在热力学上必然引起电池的电压损失。阳极碳酸化引起的热力学电压损失是相当大的，25℃时为 367mV、80℃时为 307mV，使碱性液体电池的热力

学电压下降 $200\sim300\mathrm{mV}$[140]，大幅抵消了由动力学快而获得增益；此外，碳酸化使有机小分子的电催化氧化动力学速度快速下降[140]。

② 碳酸化导致的膜电导率下降。已有研究表明，在碱性膜置于 CO_2 环境中，其在 $250\mathrm{s}$ 左右的时间内就被完全碳酸化；另外膜中的 OH^- 使 CO_2 部分转化为 HCO_3^- 和 CO_3^{2-} 形式，而 HCO_3^- 和 CO_3^{2-} 固有离子淌度显著低于 OH^-，且无法像 OH^- 那样通过形成氢键网络，采用格鲁萨斯电导机理进行传输，因此碳酸化后其离子电导率下降为 OH^- 时的 35%[141]，而且很难被彻底清除干净，导致电池性能大幅下降。

③ 碱性环境下，有机小分子的电氧化需要 OH^- 的参与，以甲醇氧化为例，1 分子甲醇与 6 个 OH^- 发生电催化反应，生成 1 分子 CO_2 和 5 分子水以及 6 个电子，生成的 CO_2 迅速消耗阳极区的 OH^-，生成 HCO_3^- 或 CO_3^{2-}，因此，要获得高的电池性能，必须在阳极燃料溶液中添加高浓度碱液，这不仅使液体燃料电池高能量密度的优势大幅削减，同时由于流动液体碱液的存在还给电池器件长时间运行管理带来极大困难和挑战。尽管碱液的腐蚀性低于酸性溶液，但碱性溶液存在"爬碱"和碳酸化、阳极废碱液的排放问题，给电池器件的密封、长时间运行、管理带来了严峻的挑战。

④ 碱性膜的碱稳定性问题。尽管近年来，碱性聚合物电解质膜的发展取得了长足的进步，OH^- 传导率与酸性膜 H^+ 传导率相当，碱性水溶液中的稳定性也显著改善，但苏州大学严峰教授课题组[142] 的研究结果表明，在小分子存在的碱性环境下，季铵基团的碱稳性大幅下降，这将给碱性液体燃料电池的长期运行稳定性带来了极大的挑战。

7.6
总结与展望

碱性液体燃料电池由于其更快的阴阳极反应动力学速率、更宽的阴阳极催化剂选择范围、更宽的燃料选择灵活性等优势，近年来备受关注，也取得系列重要进展。在阳极非 Pt 催化剂、阴极非贵金属催化剂研究方面取得长足进步，碱性阴离子交换膜的离子传导率和碱稳定性大幅提升，基本上可满足电池器件的组装测试要求。但基于廉价易得的醇类小分子燃料的碱性直接液体燃料电池与酸性离子膜液体燃料电池相比，还存在较大差距，需要在燃料中添加碱液才能获得较为满意的性能（然而添加碱液对于碱性直接液体燃料电池器件应用是不利的）。因此，在未来的研究中，一方面需要进一步探索新的高效、低成本阴阳极电催化剂，以及具有高的离子电导率和碱稳定性的高性能阴离子聚合物电解质膜材料；另一方面要发展新型高效低碳或者无碳的液体燃料的碱性液体燃料电池，如碱性直接氨燃料电池、直接碳酰肼燃料电池等，减轻或避免电池的碳酸化问题；再者，需要多从电池器件的角度综合考虑问题，优化器件结构、膜电极构型，尽可能地减少液体燃料中碱溶液的添加，最终实现燃料中无外加碱液的高性能碱性直接液体燃料电池。

参考文献

[1] Kang Y, Xue Q, Jin P, et al. Rhodium nanosheets-reduced graphene oxide hybrids: A highly active platinum-alternative electrocatalyst for the methanol oxidation reaction in alkaline media. Acs Sustainable Chemistry & Engineering, 2017, 5: 10156-10162.

[2] Jiang R, Tran D T, McClure J P, et al. A Class of (Pd-Ni-P) electrocatalysts for the ethanol oxidation reaction in alkaline media. Acs Catalysis, 2014, 4: 2577-2586.

[3] Demarconnay L, Brimaud S, Coutanceau C, et al. Ethylene glycol electrooxidation in alkaline medium at multi-metallic Pt based catalysts. Journal of Electroanalytical Chemistry, 2007, 601: 169-180.

[4] Xu C, Tian Z, Chen Z, et al. Pd/C promoted by Au for 2-propanol electrooxidation in alkaline media. Electrochemistry Communications, 2008, 10: 246-249.

[5] Peng C, Hu Y, Liu M, et al. Hollow raspberry-like PdAg alloy nanospheres: High electrocatalytic activity for ethanol oxidation in alkaline media. Journal of Power Sources, 2015, 278: 69-75.

[6] Kim Y, Noh Y, Lim E J, et al. Star-shaped Pd@Pt core-shell catalysts supported on reduced graphene oxide with superior electrocatalytic performance. Journal of Materials Chemistry A, 2014, 2: 6976-6986.

[7] Yang L, Yang W, Cai Q. Well-dispersed PtAu nanoparticles loaded into anodic Titania nanotubes: A high antipoison and stable catalyst system for methanol oxidation in alkaline media. Journal of Physical Chemistry C, 2007, 111: 16613-16617.

[8] Tamaki T, Yamada Y, Kuroki H, et al. Communication-acid-treated nickel-rich platinum-nickel alloys for oxygen reduction and methanol oxidation reactions in alkaline media. Journal of the Electrochemical Society, 2017, 164: F858-F860.

[9] Matsumoto F. Ethanol and methanol oxidation activity of PtPb, PtBi, and PtBi$_2$ intermetallic compounds in alkaline media. Electrochemistry, 2012, 80: 132-138.

[10] Li Y, Lv J, He Y. A monolithic carbon foam-supported Pd-based catalyst towards ethanol electro-oxidation in alkaline media. Journal of The Electrochemical Society, 2016, 163: F424-F427.

[11] Xu C W, Shen K P. Novel Pt/CeO$_2$/C catalysts for electrooxidation of alcohols in alkaline media. Chemical Communications, 2004: 2238-2239.

[12] Ahmed M S, Jeon S. Highly active graphene-supported Ni$_x$Pd$_{100-x}$ binary alloyed catalysts for

electro-oxidation of ethanol in an alkaline media. Acs Catalysis, 2014, 4: 1830-1837.

[13] Hu F, Ding F, Song S, et al. Pd electrocatalyst supported on carbonized TiO_2 nanotube for ethanol oxidation. Journal of Power Sources, 2006, 163: 415-419.

[14] Zhu L D, Zhao T S, Xu J B, et al. Preparation and characterization of carbon-supported sub-monolayer palladium decorated gold nanoparticles for the electro-oxidation of ethanol in alkaline media. Journal of Power Sources, 2009, 187: 80-84.

[15] Xu J B, Zhao T S, Shen S Y, et al. Stabilization of the palladium electrocatalyst with alloyed gold for ethanol oxidation. International Journal of Hydrogen Energy, 2010, 35: 6490-6500.

[16] Shen S, Guo Y, Luo L, et al. Comprehensive analysis on the highly active and stable PdAu/C electrocatalyst for ethanol oxidation reaction in alkaline media. Journal of Physical Chemistry C, 2018, 122: 1604-1611.

[17] Wang H, Jiang K, Chen Q, et al. Carbon monoxide mediated chemical deposition of Pt or Pd quasi-monolayer on Au surfaces with superior electrocatalysis for ethanol oxidation in alkaline media. Chemical Communications, 2016, 52: 374-377.

[18] Shen S Y, Zhao T S, Xu J B, et al. Synthesis of PdNi catalysts for the oxidation of ethanol in alkaline direct ethanol fuel cells. Journal of Power Sources, 2010, 195: 1001-1006.

[19] Zhang Z, Xin L, Sun K, et al. Pd-Ni electrocatalysts for efficient ethanol oxidation reaction in alkaline electrolyte. International Journal of Hydrogen Energy, 2011, 36: 12686-12697.

[20] Bambagioni V, Bianchini C, Filippi J, et al. Ethanol oxidation on electrocatalysts obtained by spontaneous deposition of palladium onto nickel-zinc materials. ChemSusChem, 2009, 2: 99-112.

[21] Sadiki A, Vo P, Hu S, et al. Increased electrochemical oxidation rate of alcohols in alkaline media on palladium surfaces electrochemically modified by antimony, lead, and tin. Electrochimica Acta, 2014, 139: 302-307.

[22] Shen S Y, Zhao T S, Xu J B. Carbon-supported bimetallic PdIr catalysts for ethanol oxidation in alkaline media. Electrochimica Acta, 2010, 55: 9179-9184.

[23] Wang Y, Nguyen T S, Liu X, et al. Novel palladium-lead (Pd-Pb/C) bimetallic catalysts for electrooxidation of ethanol in alkaline media. Journal of Power Sources, 2010, 195: 2619-2622.

[24] Li L, Chen M, Huang G, et al. A green method to prepare Pd-Ag nanoparticles supported on reduced graphene oxide and their electrochemical catalysis of methanol and ethanol oxidation. Journal of Power Sources, 2014, 263: 13-21.

[25] Feng Y-Y, Liu Z-H, Kong W-Q, et al. Promotion of palladium catalysis by silver for ethanol electro-oxidation in alkaline electrolyte. International Journal of Hydrogen Energy, 2014, 39: 2497-2504.

[26] Rahim M A A, Hameed R M A, Khalil M W. Nickel as a catalyst for the electro-oxidation of methanol in alkaline medium. Journal of Power Sources, 2004, 134: 160-169.

[27] 黄令, 杨防祖, 许书楷, 等. 碱性介质中高择优取向 (220) 镍电极上乙醇的电氧化. 应

用化学，2005，22：590-594.

[28] Tehrani R M A，Ghani S Ab. The nanocrystalline nickel with catalytic properties on methanol oxidation in alkaline medium. Fuel Cells，2009，9：579.

[29] Arunachalam P，Shaddad M N，Alamoudi A S，et al. Microwave-assisted synthesis of $Co_3(PO_4)_2$ nanospheres for electrocatalytic oxidation of methanol in alkaline media. Catalysts，2017，7.

[30] Kwon Y，Lai S C S，Rodriguez P，et al. Electrocatalytic oxidation of alcohols on gold in alkaline media：Base or gold catalysis? Journal of the American Chemical Society，2011，133：6914-6917.

[31] Fleischmann M，Korinek K，Pletcher D. The kinetics and mechanism of the oxidation of amines and alcohols at oxide-covered nickel，silver，copper，and cobalt electrodes. Journal of the Chemical Society，Perkin Transactions，1972，2：1396-1403.

[32] Taraszewska J，Rosłonek G. Electrocatalytic oxidation of methanol on a glassy carbon electrode modified by nickel hydroxide formed by ex situ chemical precipitation. Journal of Electroanalytical Chemistry，1994，364：209-213.

[33] Guo M，Yu Y，Hu J. Nickel nanoparticles for the efficient electrocatalytic oxidation of methanol in an alkaline medium. Electrocatalysis，2017，8：392-398.

[34] Asgari M，Maragheh M G，Davarkhah R，et al. Methanol electrooxidation on the nickel oxide nanoparticles/multi-walled carbon nanotubes modified glassy carbon electrode prepared using pulsed electrodeposition. Journal of The Electrochemical Society，2011，158：K225-K229.

[35] Wang J，Chen F，Jin Y，et al. Dilute Au-containing Ag nanosponges，as a highly active and durable electrocatalyst for oxygen reduction and alcohol oxidation reactions. Acs Applied Materials & Interfaces，2018，10：6276-6287.

[36] Du W，Wang Q，Saxner D，et al. Highly active iridium/iridium-tin/tin oxide Heterogeneous nanoparticles as alternative electrocatalysts for the ethanol oxidation reaction. Journal of the American Chemical Society，2011，133：15172-15183.

[37] Barakat N A M，Motlak M，Lim B H，et al. Effective and stable CoNi alloy-loaded graphene for ethanol oxidation in alkaline medium. Journal of the Electrochemical Society，2014，161：F1194-F1201.

[38] Ojani R，Raoof J-B，Safshekan S. Nickel modified ionic liquid/carbon paste electrode for highly efficient electrocatalytic oxidation of methanol in alkaline medium. Journal of Solid State Electrochemistry，2012，16：2617-2622.

[39] Jafarian M，Haghighatbin M A，Gobal F，et al. A comparative investigation of the electrocatalytic oxidation of methanol on poly-NiTCPP and poly-TCPP/Ni modified glassy carbon electrodes. Journal of Electroanalytical Chemistry，2011，663：14-23.

[40] Debe M K. Electrocatalyst approaches and challenges for automotive fuel cells. Nature，2012，486：43.

[41] Zhang J L，Vukmirovic M B，Xu Y，et al. Controlling the catalytic activity of platinum-monolayer electrocatalysts for oxygen reduction with different substrates. Angewandte Chemie-International Edition，2005，44：2132-2135.

[42] Lima F H B, Zhang J, Shao M H, et al. Catalytic activity-d-band center correlation for the O_2 reduction reaction on platinum in alkaline solutions. Journal of Physical Chemistry C, 2007, 111: 404-410.

[43] 孙世刚，Jean C. 铂单晶（210）、（310）和（610）阶梯晶面在甲酸氧化中的电催化特性. 高等学校化学学报，1990，11：998-1002.

[44] Tian N, Zhou Z-Y, Sun S-G, et al. Synthesis of tetrahexahedral platinum nanocrystals with high-index facets and high electro-oxidation activity. Science, 2007, 316: 732-735.

[45] Yu T, Kim D Y, Zhang H, et al. Platinum concave nanocubes with high-index facets and their enhanced activity for oxygen reduction reaction. Angewandte Chemie International Edition, 2011, 50: 2773-2777.

[46] Zhou W, Wu J, Yang H. Highly uniform platinum icosahedra made by hot injection-assisted GRAILS method. Nano Letters, 2013, 13: 2870-2874.

[47] Ruan L, Zhu E, Chen Y, et al. Biomimetic synthesis of an ultrathin platinum nanowire network with a high twin density for enhanced electrocatalytic activity and durability. Angewandte Chemie-International Edition, 2013, 52: 12577-12581.

[48] Li M, Zhao Z, Cheng T, et al. Ultrafine jagged platinum nanowires enable ultrahigh mass activity for the oxygen reduction reaction. Science, 2016, 354: 1414-1419.

[49] Kinoshita K. Particle size effects for oxygen reduction on highly dispersed platinum in acid electrolytes. Journal of The Electrochemical Society, 1990, 137: 845-848.

[50] Nesselberger M, Ashton S, Meier J C, et al. The particle size effect on the oxygen reduction reaction activity of Pt catalysts: Influence of electrolyte and relation to single crystal models. Journal of the American Chemical Society, 2011, 133: 17428-17433.

[51] Mayrhofer K J J, Blizanac B B, Arenz M, et al. The impact of geometric and surface electronic properties of Pt-catalysts on the particle size effect in electrocatalysis. The Journal of Physical Chemistry B, 2005, 109: 14433-14440.

[52] Gasteiger H A, Kocha S S, Sompalli B, et al. Activity benchmarks and requirements for Pt, Pt-alloy, and non-Pt oxygen reduction catalysts for PEMFCs. Applied Catalysis B: Environmental, 2005, 56: 9-35.

[53] Nørskov J K, Rossmeisl J, Logadottir A, et al. Origin of the overpotential for oxygen reduction at a fuel-cell cathode. The Journal of Physical Chemistry B, 2004, 108: 17886-17892.

[54] Lu Y, Jiang Y, Gao X, et al. Strongly coupled Pd nanotetrahedron/tungsten oxide nanosheet hybrids with enhanced catalytic activity and stability as oxygen reduction electrocatalysts. Journal of the American Chemical Society, 2014, 136: 11687-11697.

[55] Ammam M, Easton E B. Oxygen reduction activity of binary PtMn/C, ternary PtMnX/C (X=Fe, Co, Ni, Cu, Mo and Sn) and quaternary PtMnCuX/C (X=Fe, Co, Ni, and Sn) and PtMnMoX/C (X = Fe, Co, Ni, Cu and Sn) alloy catalysts. Journal of Power Sources, 2013, 236: 311-320.

[56] Lima F H B, Salgado J R C, Gonzalez E R, et al. Electrocatalytic properties of PtCo/C and PtNi/C alloys for the oxygen reduction reaction in alkaline solution. Journal of the Electrochemical Society, 2007, 154: A369-A375.

[57] Wu J, Yang H. Synthesis and electrocatalytic oxygen reduction properties of truncated octahedral Pt_3Ni nanoparticles. Nano Research, 2011, 4: 72-82.

[58] Zhang K, Yue Q, Chen G, et al. Effects of acid treatment of Pt-Ni alloy nanoparticles@graphene on the kinetics of the oxygen reduction reaction in acidic and alkaline solutions. Journal of Physical Chemistry C, 2011, 115: 379-389.

[59] Zhang Z, Luo Z, Chen B, et al. One-pot synthesis of highly anisotropic five-fold-twinned PtCu nanoframes used as a bifunctional electrocatalyst for oxygen reduction and methanol oxidation. Advanced Materials, 2016, 28: 8712-8717.

[60] Coleman E J, Chowdhury M H, Co A C. Insights into the oxygen reduction reaction activity of Pt/C and PtCu/C catalysts. Acs Catalysis, 2015, 5: 1245-1253.

[61] Wakisaka M, Mitsui S, Hirose Y, et al. Electronic structures of Pt-Co and Pt-Ru alloys for Co-tolerant anode catalysts in polymer electrolyte fuel cells studied by EC-XPS. Journal of Physical Chemistry B, 2006, 110: 23489-23496.

[62] Zhang X, Wang H, Key J, et al. Strain effect of core-shell Co@Pt/C nanoparticle catalyst with enhanced electrocatalytic activity for methanol oxidation. Journal of the Electrochemical Society, 2012, 159: B270-B276.

[63] Cheng Y, Li W, Fan X, et al. Modified multi-walled carbon nanotube/Ag nanoparticle composite catalyst for the oxygen reduction reaction in alkaline solution. Electrochimica Acta, 2013, 111: 635-641.

[64] Cui L, Wang H, Chen S, et al. An efficient cluster model to describe the oxygen reduction reaction activity of metal catalysts: a combined theoretical and experimental study. Physical Chemistry Chemical Physics, 2018, 20: 26675-26680.

[65] Chen C-F, King G, Dickerson R M, et al. Oxygen-deficient $BaTiO_{3-x}$ perovskite as an efficient bifunctional oxygen electrocatalyst. Nano Energy, 2015, 13: 423-432.

[66] Wu G, Nelson M A, Mack N H, et al. Titanium dioxide-supported non-precious metal oxygen reduction electrocatalyst. Chemical Communications, 2010, 46: 7489-7491.

[67] Kushwaha H S, Halder A, Thomas P, et al. $CaCu_3Ti_4O_{12}$: A bifunctional perovskite electrocatalyst for oxygen evolution and reduction reaction in alkaline medium. Electrochimica Acta, 2017, 252: 532-540.

[68] Huang D, Zhang B, Li S, et al. Mn_3O_4/Carbon nanotube nanocomposites as electrocatalysts for the oxygen reduction reaction in alkaline solution. Chemelectrochem, 2014, 1: 1531-1536.

[69] Cheng F, Zhang T, Zhang Y, et al. Enhancing electrocatalytic oxygen reduction on MnO_2 with vacancies. Angewandte Chemie, 2013, 125: 2534-2537.

[70] Liang Y, Li Y, Wang H, et al. Co_3O_4 Nanocrystals on graphene as a synergistic catalyst for oxygen reduction reaction. Nature Materials, 2011, 10: 780-786.

[71] Tan Y, Xu C, Chen G, et al. Facile synthesis of manganese-oxide-containing mesoporous nitrogen-doped carbon for efficient oxygen reduction. Advanced Functional Materials, 2012, 22: 4584-4591.

[72] Liang Y, Wang H, Zhou J, et al. Covalent hybrid of spinel manganese-cobalt oxide and graphene as advanced oxygen reduction electrocatalysts. Journal of the American Chemical

Society，2012，134：3517-3523.

[73] Parvez K，Yang S，Hernandez Y，et al. Nitrogen-doped graphene and its iron-based composite as efficient electrocatalysts for oxygen reduction reaction. Acs Nano，2012，6：9541-9550.

[74] Chung H T，Won J H，Zelenay P. Active and stable carbon nanotube/nanoparticle composite electrocatalyst for oxygen reduction. Nature Communications，2013，4.

[75] Ren G，Lu X，Li Y，et al. Porous core-shell Fe_3C embedded N-doped carbon nanofibers as an effective electrocatalysts for oxygen reduction reaction. Acs Applied Materials & Interfaces，2016，8：4118-4125.

[76] Xiao M，Zhu J，Feng L，et al. Meso/macroporous nitrogen-doped carbon architectures with iron carbide encapsulated in graphitic layers as an efficient and robust catalyst for the oxygen reduction reaction in both acidic and alkaline solutions. Advanced Materials，2015，27：2521-2527.

[77] Bouwman P J，Dmowski W，Stanley J，et al. Platinum-iron phosphate electrocatalysts for pxygen reduction in PEMFCs. Journal of The Electrochemical Society，2004，151：A1989-A1998.

[78] Park Y，Lee B，Kim C，et al. Modification of gold catalysis with aluminum phosphate for oxygen-reduction reaction. The Journal of Physical Chemistry C，2010，114：3688-3692.

[79] Zhou T，Du Y，Yin S，et al. Nitrogen-doped cobalt phosphate@nanocarbon hybrids for efficient electrocatalytic oxygen reduction. Energy & Environmental Science，2016，9：2563-2570.

[80] Jürmann G，Tammeveski K. Electroreduction of oxygen on multi-walled carbon nanotubes modified highly oriented pyrolytic graphite electrodes in alkaline solution. Journal of Electroanalytical Chemistry，2006，597：119-126.

[81] Kruusenberg I，Alexeyeva N，Tammeveski K. The pH-dependence of oxygen reduction on multi-walled carbon nanotube modified glassy carbon electrodes. Carbon，2009，47：651-658.

[82] Liu Z，Peng F，Wang H，et al. Novel phosphorus-doped multiwalled nanotubes with high electrocatalytic activity for O_2 reduction in alkaline medium. Catalysis Communications，2011，16：35-38.

[83] Yang Z，Yao Z，Li G，et al. Sulfur-doped graphene as an efficient metal-free cathode catalyst for oxygen reduction. Acs Nano，2012，6：205-211.

[84] Wu J，Yang Z，Li X，et al. Phosphorus-doped porous carbons as efficient electrocatalysts for oxygen reduction. Journal of Materials Chemistry A，2013，1：9889-9896.

[85] Wu J，Zheng X，Jin C，et al. Ternary doping of phosphorus，nitrogen，and sulfur into porous carbon for enhancing electrocatalytic oxygen reduction. Carbon，2015，92：327-338.

[86] Wu J，Jin C，Yang Z，et al. Synthesis of phosphorus-doped carbon hollow spheres as efficient metal-free electrocatalysts for oxygen reduction. Carbon，2015，82：562-571.

[87] Li W，Yang D，Chen H，et al. Sulfur-doped carbon nanotubes as catalysts for the oxy-

gen reduction reaction in alkaline medium. Electrochimica Acta, 2015, 165: 191-197.

[88] Gong K, Du F, Xia Z, et al. Nitrogen-doped carbon nanotube arrays with high electro-catalytic activity for oxygen reduction. Science, 2009, 323: 760-764.

[89] Nagaiah T C, Kundu S, Bron M, et al. Nitrogen-doped carbon nanotubes as a cathode catalyst for the oxygen reduction reaction in alkaline medium. Electrochemistry Communications, 2010, 12: 338-341.

[90] Sun X, Zhang Y, Song P, et al. Fluorine-doped carbon blacks: Highly efficient metal-free electrocatalysts for oxygen reduction reaction. ACS Catalysis, 2013, 3: 1726-1729.

[91] Yang D-S, Bhattacharjya D, Inamdar S, et al. Phosphorus-doped ordered mesoporous carbons with different lengths as efficient metal-free electrocatalysts for oxygen reduction reaction in alkaline media. Journal of the American Chemical Society, 2012, 134: 16127-16130.

[92] Bo X, Guo L. Ordered mesoporous boron-doped carbons as metal-free electrocatalysts for the oxygen reduction reaction in alkaline solution. Physical Chemistry Chemical Physics, 2013, 15: 2459-2465.

[93] Zhang H, Liu X, He G, et al. Bioinspired synthesis of nitrogen/sulfur co-doped graphene as an efficient electrocatalyst for oxygen reduction reaction. Journal of Power Sources, 2015, 279: 252-258.

[94] Jin J, Pan F, Jiang L, et al. Catalyst-free synthesis of crumpled boron and nitrogen co-doped Graphite Layers with Tunable Bond Structure for Oxygen Reduction Reaction. Acs Nano, 2014, 8: 3313-3321.

[95] Zhao S, Liu J, Li C, et al. Tunable ternary (N, P, B)-doped porous nanocarbons and their catalytic properties for oxygen reduction reaction. Acs Applied Materials & Interfaces, 2014, 6: 22297-22304.

[96] Li Y, Zhou W, Wang H, et al. An oxygen reduction electrocatalyst based on carbon nanotube-graphene complexes. Nature Nanotechnology, 2012, 7: 394-400.

[97] Han A, Chen W, Zhang S, et al. A polymer encapsulation strategy to synthesize porous nitrogen-doped carbon-nanosphere-supported metal isolated-single-atomic-site catalysts. Advanced Materials, 2018, 30: 1706508.

[98] Cheng Q, Yang L, Zou L, et al. Single cobalt atom and N codoped carbon nanofibers as highly durable electrocatalyst for oxygen reduction reaction. Acs Catalysis, 2017, 7: 6864-6871.

[99] Patel A M, Ringe S, Siahrostami S, et al. Theoretical approaches to describing the oxygen reduction reaction activity of single-atom catalysts. The Journal of Physical Chemistry C, 2018, 122: 29307-29318.

[100] Chen Y, Ji S, Wang Y, et al. Isolated single iron atoms anchored on N-doped porous carbon as an efficient electrocatalyst for the oxygen reduction reaction. Angewandte Chemie International Edition, 2017, 56: 6937-6941.

[101] Lin L, Zhu Q, Xu A-W. Noble-metal-free Fe-N/C catalyst for highly efficient oxygen reduction reaction under both alkaline and acidic conditions. Journal of the American Chemical Society, 2014, 136: 11027-11033.

[102] Sanetuntikul J，Chuaicham C，Choi Y-W，et al. Investigation of hollow nitrogen-doped carbon spheres as non-precious Fe-N$_4$ based oxygen reduction catalysts. Journal of Materials Chemistry A，2015，3：15473-15481.

[103] Yang Z，Wang Y，Zhu M，et al. Boosting oxygen reduction catalysis with Fe-N$_4$ sites decorated porous carbons toward fuel cells. Acs Catalysis，2019，9：2158-2163.

[104] Rojas-Carbonell S，Artyushkova K，Serov A，et al. Effect of pH on the activity of platinum group metal-free catalysts in oxygen reduction reaction. ACS Catalysis，2018，8：3041-3053.

[105] Ren H，Wang Y，Yang Y，et al. Fe/N/C Nanotubes with atomic Fe sites：A highly active cathode catalyst for alkaline polymer electrolyte fuel cells. Acs Catalysis，2017，7：6485-6492.

[106] Yi J-D，Xu R，Chai G-L，et al. Cobalt single-atoms anchored on porphyrinic triazine-based frameworks as bifunctional electrocatalysts for oxygen reduction and hydrogen evolution reactions. Journal of Materials Chemistry A，2019，7：1252-1259.

[107] 林陈晓，张秋根，朱爱梅，等．燃料电池用阴离子交换膜：基于优化离子电导率的结构调控研究．膜科学与技术，2015，35：102-108.

[108] 赵成吉，卜凡哲，那辉．侧链含多季铵基团聚芳醚酮阴离子交换膜的制备与性能．科学通报，2019，64：172.

[109] 薛博欣，郑吉富，张所波．耐碱的胍盐阴离子交换膜研究进展．科学通报，2019，64：134-144.

[110] Wang J，Li S，Zhang S. Novel hydroxide-conducting polyelectrolyte composed of an poly（arylene ether sulfone）containing pendant quaternary guanidinium groups for alkaline fuel cell applications. Macromolecules，2010，43：3890-3896.

[111] Wu X，Chen W，Yan X，et al. Enhancement of hydroxide conductivity by the di-quaternization strategy for poly（ether ether ketone）based anion exchange membranes. Journal of Materials Chemistry A，2014，2：12222-12231.

[112] Chen C，Pan J，Han J，et al. Varying the microphase separation patterns of alkaline polymer electrolytes. Journal of Materials Chemistry A，2016，4：4071-4081.

[113] 司江菊，卢善富，相艳．燃料电池用碱性阴离子交换膜链结构调控研究进展．科学通报，2019，64：153-164.

[114] 袁园，沈春晖，陈继钦，等．用于燃料电池的碱性阴离子交换膜研究进展．化工进展，2017，36：3336-3342.

[115] Liu L，Li Q，Dai J，et al. A facile strategy for the synthesis of guanidinium-functionalized polymer as alkaline anion exchange membrane with improved alkaline stability. Journal of Membrane Science，2014，453：52-60.

[116] Hossain M A，Jang H，Sutradhar S C，et al. Novel hydroxide conducting sulfonium-based anion exchange membrane for alkaline fuel cell applications. International Journal of Hydrogen Energy，2016，41：10458-10465.

[117] Kim D S，Labouriau A，Guiver M D，et al. Guanidinium-functionalized anion exchange polymer electrolytes via activated fluorophenyl-amine reaction. Chemistry of Materials，2011，23：3795-3797.

[118] Cheng J, Yang G, Zhang K, et al. Guanidimidazole-quanternized and cross-linked alkaline polymer electrolyte membrane for fuel cell application. Journal of Membrane Science, 2016, 501: 100-108.

[119] Gu S, Cai R, Luo T, et al. A soluble and highly conductive ionomer for high-performance hydroxide exchange membrane fuel cells. Angewandte Chemie-International Edition, 2009, 48: 6499-6502.

[120] Marino M G, Kreuer K D. Alkaline stability of quaternary ammonium cations for alkaline fuel cell membranes and ionic liquids. ChemSusChem, 2015, 8: 513-523.

[121] Peng H, Li Q, Hu M, et al. Alkaline polymer electrolyte fuel cells stably working at 80℃. Journal of Power Sources, 2018, 390: 165-167.

[122] 徐斐，袁文森，朱媛媛，等. 基于螺环季铵盐的阴离子交换膜的制备与性能. 科学通报, 2019, 64: 165-171.

[123] Li L, Wang Y. Quaternized polyethersulfone Cardo anion exchange membranes for direct methanol alkaline fuel cells. Journal of Membrane Science, 2005, 262: 1-4.

[124] 高莉，吴雪梅，焉晓明，等. 碱性阴离子交换膜的碱稳定性. 科学通报, 2019, 64: 145-152.

[125] Gao L, He G, Pan Y, et al. Poly (2,6-dimethyl-1,4-phenylene oxide) containing imidazolium-terminated long side chains as hydroxide exchange membranes with improved conductivity. Journal of Membrane Science, 2016, 518: 159-167.

[126] Yan X, Gao L, Zheng W, et al. Long-spacer-chain imidazolium functionalized poly (ether ether ketone) as hydroxide exchange membrane for fuel cell. International Journal of Hydrogen Energy, 2016, 41: 14982-14990.

[127] Dang H-S, Jannasch P. Exploring different cationic alkyl side chain designs for enhanced alkaline stability and hydroxide ion conductivity of anion-exchange membranes. Macromolecules, 2015, 48: 5742-5751.

[128] Lin B, Qiu L, Qiu B, et al. A soluble and conductive polyfluorene ionomer with pendant imidazolium groups for alkaline fuel cell applications. Macromolecules, 2011, 44: 9642-9649.

[129] Zhuo Y Z, Lai A L, Zhang Q G, et al. Enhancement of hydroxide conductivity by grafting flexible pendant imidazolium groups into poly (arylene ether sulfone) as anion exchange membranes. Journal of Materials Chemistry A, 2015, 3: 18105-18114.

[130] You W, Hugar K M, Coates G W. Synthesis of alkaline anion exchange membranes with chemically stable imidazolium cations: Unexpected cross-linked macrocycles from ring-fused ROMP monomers. Macromolecules, 2018, 51: 3212-3218.

[131] 刘磊，褚晓萌，李南文. 碱性燃料电池用聚烯烃类阴离子交换膜的研究进展. 科学通报, 2019, 64: 123-133.

[132] 高学强，俞红梅，贾佳，等. 用于碱性膜燃料电池的 SEBS 基阴离子交换树脂. 电源技术, 2017, 41: 989-993.

[133] Danks T N, Slade R C T, Varcoe J R. Alkaline anion-exchange radiation-grafted membranes for possible electrochemical application in fuel cells. Journal of Materials Chemistry, 2003, 13: 712-721.

[134] Lin B，Qiu L，Lu J，et al. Cross-linked alkaline ionic liquid-based polymer electrolytes for alkaline fuel cell applications. Chemistry of Materials，2010，22：6718-6725.

[135] Qiu B，Lin B，Qiu L，et al. Alkaline imidazolium-and quaternary ammonium-functionalized anion exchange membranes for alkaline fuel cell applications. Journal of Materials Chemistry，2012，22：1040-1045.

[136] 林陈晓，卜俊杰，刘芳华，等. 哌啶阳离子功能化侧链型阴离子交换膜的制备. 膜科学与技术，2018，38：1-8.

[137] Liu C，Feng S，Zhuang Z，et al. Towards basic ionic liquid-based hybrid membranes as hydroxide-conducting electrolytes under low humidity conditions. Chemical Communications，2015，51：12629-12632.

[138] 张燕梅，方军，严格，等. 碱性直接甲醇燃料电池含氟阴离子交换膜的制备及性能研究. 电化学，2011，17：73-79.

[139] 张宏伟，刘小芬，麻小挺，等. 碱性甲醇燃料电池用季铵化 PPEK 膜的研究. 功能材料，2007，38：412-414.

[140] 庄林，汪洋，陆君涛. 直接甲醇燃料电池如何获益于碳酸盐介质（英文）. 电化学，2001：18-24.

[141] Ponce-González J，Whelligan D K，Wang L，et al. High performance aliphatic-heterocyclic benzyl-quaternary ammonium radiation-grafted anion-exchange membranes. Energy & Environmental Science，2016，9：3724-3735.

[142] Sun Z，Pan J，Guo J，et al. The alkaline stability of anion exchange membrane for fuel cell applications：The effects of alkaline media. Advanced Science，2018，5：1800065.

第 8 章

其他液体燃料电催化氧化

除了常见的有机小分子燃料，有些潜在的替代燃料，比如二甲醚、硼氢化物、氨、肼、尿素等也具备作为燃料电池液体燃料的一些优点。本章对这些液体燃料的相关电催化特点、催化剂材料作些简要介绍。

8.1
二甲醚燃料

二甲醚（dimethyl ether，DME，CH_3OCH_3），常温下，为无色、可燃性气体或压缩液体，熔点为 $-141.5℃$，沸点为 $-24.9℃$，气体相对密度（空气=1）1.617，液体相对密度（水=1）0.661，闪点 $-41℃$，着火点 $-27℃$。溶于水、醇和醚，无毒。二甲醚物理性质类似于液化石油气，储运方便并能与现有的液化气设施兼容。工业上主要用作有机合成中间体、制冷剂、发泡剂，民用方面用作气雾剂和化妆品等，属于清洁能源。在能源应用方面受到广泛的关注，由于可规模化生产，二甲醚作为车用及民用替代燃料的前景非常广阔。

目前主要有三种方式实现二甲醚燃料电池：二甲醚重整制氢，替代甲醇或汽油用于质子交换膜燃料电池；二甲醚固体氧化物燃料电池；直接二甲醚燃料电池（direct dimethyl ether fuel cell，DDMEFC）等。相对于氢气和醇类燃料，直接以二甲醚作为燃料构成二甲醚燃料电池有其独特的优势：

① DME 是结构最简单的醚，含有两个 C—O 键。在电催化氧化过程中，C—O 键比 C—C 键更易断裂，从燃料结构上看，二甲醚具有独特的优越性。

② 常温 5atm（1atm=101325Pa）下，二甲醚以液态形式存在。液体形式的燃料，储存密度高，同时一个二甲醚分子完全氧化放出 12 个电子，比甲醇氧化的 6 个电子和氢气氧化的 2 个电子高许多，因此能量储存密度高（表 8-1）。此外，在常温常压下，DME 以气态存在，所以 DDMEFC 阳极可以无泵进料，节省了蠕动泵本身工作需要的能量。

表 8-1　二甲醚、甲醇和氢气的能量储存密度

燃料组分	电催化氧化产生电子数(n)	质量比能量 /MJ·kg^{-1}	体积比能量 /MJ·L^{-1}
二甲醚	12	31.42	21.10
甲醇	6	22.73	17.70
氢气	2	142.92	8.40

③ 二甲醚偶极矩小，分子体积较甲醇大，因此在质子交换膜中的渗透量小。

并且二甲醚在阴极几乎不发生吸附和氧化，对电池性能和输出功率影响较小。

④ 二甲醚毒性低、环境友好，在大气中一般被降解为二氧化碳和水，臭氧消耗值为零，因而不会造成环境污染和影响臭氧层。

此外，二甲醚可以从煤炭、石油、天然气和生物质中大量合成，被视为多来源、多用途能源。目前由煤合成二甲醚的技术已相当成熟，二甲醚单位能量价格低于天然气，随着二甲醚应用领域的扩展，其作为车用及民用替代燃料的需求将会大大提高。

8.1.1 电催化氧化概述

二甲醚的分子结构简单，具有无毒、环保、能量密度高、渗透效应小、不含C—C键等优点，在燃料电池研究中被认为是理想的甲醇替代燃料之一。虽然在分子结构上比甲醇多一个甲基，但是醚键和羟基的氧化反应特性存在着很大差别，因此二甲醚在电极上的反应过程更为复杂。二甲醚在电极上的反应过程包括解离吸附过程和氧化过程，其电化学循环伏安特征与甲醇不同。要研究电催化氧化过程首先须运用多种检测手段检测其解离吸附产生的中间体及氧化产物，并分析其对应的反应过程。

Müller 等[1] 采用循环伏安和气相色谱法分别对三电极电解池和直接二甲醚燃料电池中二甲醚在阳极上的氧化过程进行了研究。与甲醇相比，二甲醚在电极上的吸附更弱，这是由于二甲醚分子中甲基 C—H 键活性低于甲醇分子中 C—H 引起的。研究发现，在二甲醚燃料电池阳极附近可检测到痕量的甲醇产物，他们据此提出了吸附于 Pt 电极上的二甲醚解离为 $(COH)_{ad}$ 及 CH_3OH 的电化学氧化机理。后来，Azic 等[2] 首次采用表面增强红外光谱（in-situ ATR-SEIRAS）研究了 $0.1 mol \cdot L^{-1}$ $HClO_4$ 溶液中不同浓度二甲醚在 Pt 电极上的反应过程，分别观察到不同的红外特征信号，同时还检测到解离产物 $(CH_3)_{ad}$ 和 $(H_2CO)_{ad}$ 的谱峰。据此他们推测二甲醚电化学氧化的反应机理如下：

$$CH_3OCH_3 \longrightarrow (CH_2OCH_3)_{ad} + H^+ + e^- \tag{8-1}$$

$$(CH_2OCH_3)_{ad} \longrightarrow (H_2CO)_{ad} + (CH_3)_{ad} \tag{8-2}$$

$$(CH_2OCH_3)_{ad} \longrightarrow (COCH_3)_{ad} + 2H^+ + 2e^- \tag{8-3}$$

$$(COCH_3)_{ad} \longrightarrow (CO)_{ad} + (CH_3)_{ad} \tag{8-4}$$

$$(H_2CO)_{ad} \longrightarrow (CO)_{ad} + 2H^+ + 2e^- \tag{8-5}$$

尹鸽平等[3] 与 Osawa 等[4,5] 研究了二甲醚在多种 Pt 单晶电极上的电氧化反应，伏安（CV）特性和电流时间曲线给出了单晶面催化活性的顺序依次为 $Pt(100) > Pt(910) > Pt(310) > Pt(110) \approx Pt(111)$，而多晶 Pt 的催化活性要高于

Pt(110) 晶面。说明二甲醚的电氧化与电极表面的原子排列结构密切相关。原位光谱结果指出在 0.3V（vs RHE）以上，CO 能稳定吸附于 Pt(hkl) 晶面，当电位达到 0.6V 时，开始出现 CO_2 的吸收峰。DME 与甲醇的 CV 特征非常相似，作者认为二甲醚氧化时可能的初始步骤为 C—H 键和 C—O 键的断裂。他们根据氧化的密度泛函理论计算（DFT）研究结果，认为二甲醚电氧化具有晶面选择性，类似于甲醇在 Pt(100) 晶面上易通过 CH_3O 中间体氧化的情况，即 Pt(100) 晶面更易使醚键断裂生成 CH_3O 中间体。

Tsutsumi 等[6] 在直接二甲醚燃料电池的阳极（80℃）检测到甲酸产物，其浓度随电流密度的增大而升高，但未检测到甲醛和甲醇。鉴于其实验结果他们提出如下反应机理：

$$CH_3OCH_3 \longrightarrow Pt_2COH—HOCPt_2 \longrightarrow Pt_2CO \tag{8-6}$$

$$Pt_2CO + H_2O \longrightarrow HCOOH + 2Pt \tag{8-7}$$

$$Pt_2CO + OH_{ad} \longrightarrow CO_2 + 2Pt + H^+ + e^- \tag{8-8}$$

而 Kamiya 等[7] 分析阳极（Pt/C）反应产物时，同时检测到甲醇和甲酸甲酯。研究发现检测到的甲醇含量随温度升高增加，而与工作电流无关。说明甲醇是由二甲醚水解产生，而不是二甲醚电化学氧化产物。另一产物甲酸甲酯的浓度与工作电流成正比，并随温度的升高（CO_2 的浓度增大，氧化产物多以 CO_2 的形式出现）而减小，表明甲酸甲酯和 CO_2 是二甲醚电化学氧化的产物。

如上所述，由于二甲醚的电化学氧化反应过程比较复杂，因而在检测其反应中间体及产物时有相当的难度，造成了研究者对二甲醚解离吸附及氧化过程的认识不一致，反应机理也不甚清楚。因此要实现二甲醚燃料的实用化，首先需要弄清楚二甲醚电氧化的基本过程及其速率控制步骤，然后选择合适的催化剂来降低电化学反应能垒，加速其动力学过程。

8.1.2 电极材料

电极催化层是决定二甲醚电催化反应性能的重要因素之一。因此，人们希望通过研究不同催化剂材料对二甲醚电氧化行为的影响，参考其反应机理寻找出具有高选择性和高催化活性的电极材料，使得二甲醚的氧化反应按照期望的方向和速度进行，以期实现二甲醚燃料电池良好的电池性能。

直接二甲醚燃料电池的工作原理如图 8-1 所示，由阳极、阴极和质子交换膜组成的膜电极组（membrane electrode assembly，MEA）是直接二甲醚燃料电池的核心部分，电池电极反应如下：

阳极反应： $$CH_3OCH_3 + 3H_2O \longrightarrow 2CO_2 + 12H^+ + 12e^- \tag{8-9}$$

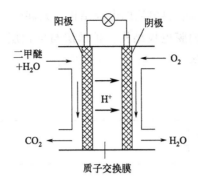

图 8-1　直接二甲醚燃料电池工作原理图

阴极反应：$\qquad$ $3O_2 + 12H^+ + 12e^- \longrightarrow 6H_2O$ (8-10)

总反应：$\qquad$ $CH_3OCH_3 + 3O_2 \longrightarrow 3H_2O + 2CO_2$ (8-11)

　　阳极催化层是二甲醚电化学氧化发生的场所，因此阳极催化剂的活性在很大程度上决定了二甲醚燃料电池的性能。目前，对二甲醚催化剂的研究主要集中在以下几个方面：①研究高活性的催化剂；②研究不同合金组分对催化性能的影响；③研究碳载体对催化剂的影响；④催化剂稳定性的研究等。

　　Tsutsumi 等[8,9] 对 Pt/C 和 PtRu/C 用作二甲醚燃料电池阳极催化剂进行了比较研究，特别是在不同运行温度下的催化活性差别。结果表明，运行温度在 90℃以下，Pt/C 催化剂显示高于 PtRu/C 的二甲醚电催化活性；而当温度上升到 100～130℃，PtRu/C 的活性则明显大于 Pt/C。Otawa 等[7,10,11] 也开展了对直接二甲醚燃料电池阳极催化剂的研究，发现在 50～70℃的范围内，电极电位在 0.55V（vs RHE）以上，Pt/C 显示更高的活性；而电极电位在 0.55V（vs RHE）以下，PtRu/C 的活性更好。通过研究二元催化剂对二甲醚电氧化的催化活性，发现 Mo、Sn 的加入能显著提高 Pt/C 的催化活性。Kerangueven 等[12] 考察了 PtSn/C 作为电池阳极催化剂的性能，实验发现，低电流密度（$< 50\text{mA} \cdot \text{cm}^{-2}$）下 PtSn/C 的催化活性要高于 PtRu/C 和 Pt/C，而在高电流密度下其催化活性因 Sn 氧化物的形成急剧降低。为了进一步提高催化剂的催化活性和降低 Pt 载量，目前报道的合金催化剂有 PtRu/C、PtSn/C、PtMo/C、PtRuNi/C、$PtWO_x/C$、PtNi/C、PtCr/C、PtFe/C、PtRuSnW/C、$PtTiO_2/C$ 等。目前催化剂的载体以炭黑为主，但是炭黑在燃料电池运行中的不稳定性，会影响电池的使用寿命。研究人员采用物理性能更好的碳纳米管（CNT）、石墨烯等作为催化剂载体以提高催化氧化二甲醚的性能。此外，选用合适的催化剂载体，可形成强的催化剂-载体相互作用，有利于提高催化剂的稳定性和寿命。

目前关于直接二甲醚燃料电池的电极结构研究甚少,大部分还沿用氢燃料电池或直接甲醇燃料电池的膜电极结构。扩散层与催化层中聚合物或 Nafion 离子聚合物的电极组成与结构优化还在进一步研究中。

8.2

硼氢化物燃料

直接硼氢化物燃料电池(DBFC)是把碱金属硼氢化物(NaBH$_4$、LiBH$_4$、KBH$_4$)加入对应的碱液中作为液体燃料,在阳极侧发生氧化反应,氧化剂在阴极得到电子发生还原反应的化学能向电能转换的装置,其工作原理如图 8-2 所示。DBFC 作为质子交换膜燃料电池液态进料燃料电池之一具有很大的优势:

① DBFC 所用燃料为硼氢化物(NaBH$_4$)碱液,安全无毒、化学性能稳定,并且储氢量很高,可达 10.6%(质量分数);

② DBFC 氧化产物(水与偏硼酸盐)无毒、无污染;

③ DBFC 有较高的理论开路电位(1.64V)和理论能量密度(9296W·h·kg^{-1})。

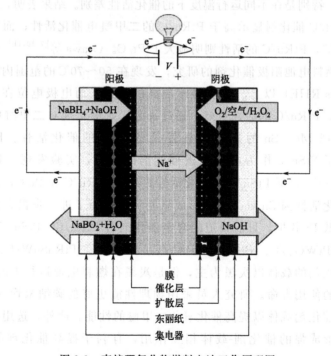

图 8-2 直接硼氢化物燃料电池工作原理图

早在 20 世纪 60 年代，Indig 和 Snyder[13] 就提出了 DBFC 的概念，但是此后将近 40 年 DBFC 的研究并没有进一步发展，这与当时的能源结构和能源需求状况有关。直到 1999 年，Amendola 等[14] 报道了直接硼氢化物-空气燃料电池，他们采用电沉积法将 $Au_{97}Pt_3$ 合金电镀到碳布上作为阳极，气体扩散电极为阴极，使用离子交换膜组装成 DBFC。电池性能测试结果表明，在 70℃，BH_4^- 发生电化学氧化时平均电子转移数为 6.9 个，电压在 0.4V 时的输出电流密度为 157.8mA·cm^{-2}，功率密度超过 60mW·cm^{-2}。此后，越来越多的关于 DBFC 的文章相继发表。

8.2.1 电催化氧化概述

直接硼氢化物燃料电池是将硼氢化物加入碱性溶液中作为燃料，在阳极侧硼氢酸根离子在电催化剂作用下，与氢氧根离子发生电化学氧化反应，释放出电子并形成偏硼酸根离子（BO_2^-）和水。碱性硼氢化钠溶液中的阳离子（Na^+、Li^+、K^+）通过电解质膜向阴极移动，释放出的电子在外部电路中移动形成电流。当碱金属阳离子到达阴极后，与阴极上的 O_2、H_2O 以及外部电路移动过来的电子发生还原反应生成 NaOH、LiOH 或 KOH 等（工作原理如图 8-2 所示）。目前，由于氧化剂的不同，所获得的 DBFC 电动势也不同，各类反应的方程式与电动势如表 8-2 所示。

表 8-2　直接硼氢化物燃料电池电极反应

氧化剂	电极反应	总反应	电动势/V
	阳极：$BH_4^- + 8OH^- \longrightarrow BO_2^- + 6H_2O + 8e^-$ $E = -1.24V$		
空气，O_2	阴极：$O_2 + 2H_2O + 4e^- \longrightarrow 4OH^-$ $E = 0.4V$	$NaBH_4 + 2O_2 \longrightarrow NaBO_2 + 2H_2O$	1.64
H_2O_2	阴极：$H_2O_2 + 2e^- \longrightarrow 2OH^-$ $E = 0.87V$	$NaBH_4 + 4H_2O_2 \longrightarrow NaBO_2 + 6H_2O$	2.11
$H_2O_2 + H^+$	阴极：$H_2O_2 + 2H^+ + 2e^- \longrightarrow 2H_2O$ $E = 1.77V$	$NaBH_4 + 4H_2O_2 \longrightarrow NaBO_2 + 6H_2O$	3.01

由表 8-2 可以看出，阴极选用不同的氧化剂可以获得 DBFC 不同的理论电池电动势。当使用空气或 O_2 为阴极氧化剂时，直接硼氢化钠-氧气燃料电池可获得 1.64V 电动势。阴极用 H_2O_2 作为催化剂，DBFC 可获得较高的理论电动势，高于氢燃料电池和直接甲醇燃料电池，以 $H_2O_2 + H^+$ 为氧化剂可获得的理论电动势最大，为 3.01V，有利于提高输出功率，称为直接硼氢化钠-过氧化氢燃料电池（DBHFC）。理论上，BH_4^- 完全氧化可以实现 8 电子转化（表 8-2），然而

在实际反应中，BH_4^- 会进行不同程度的水解反应：

$$BH_4^- + nOH^- \longrightarrow BO_2^- + (n-2)H_2O + \left(4 - \frac{n}{2}\right)H_2 + ne^- \tag{8-12}$$

根据 Rostamikia 和 Janik 等[15,16] 进行的密度泛函理论计算（DFT），BH_4^- 氧化反应进行的第一步是 B—H 键的断裂，产生氢（H^*），根据 H^* 外延性的不同，B—H 键的活化反应会导致 BH_4^- 的完全氧化或水解两种不同的结果（如图 8-3 所示）。如果 B—H 键的活化产生的 H^* 覆盖度超过催化剂表面的 H^*，H^* 相互结合就会产生 H_2，表现为 BH_4^- 的水解反应。此外，在一定的电位下，H^* 较容易发生电化学氧化反应，和 OH^- 结合生成水并释放出电子，这样 BH_4^- 的水解反应与电化学氧化反应就会产生竞争关系（如图 8-3），从而影响 DBFC 的电动势。因此，研究开发高活性的 BH_4^- 阳极催化剂，有效选择并促进 BH_4^- 阳极动力学速率，同时抑制 BH_4^- 的水解析氢，是推动 DBFC 快速发展的关键技术之一。

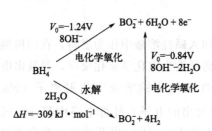

图 8-3　直接 BH_4^- 氧化与水解反应的竞争图

8.2.2　电极材料

直接硼氢化物燃料电池（DBFC）电极材料主要由阳极催化剂、阴极催化剂和质子交换膜组成。直接硼氢化物燃料电池的性能很大程度上取决于硼氢化物分子在阳极上发生的电化学反应，而阳极上的电化学反应又直接受阳极催化剂的影响。因此，本节从阳极催化剂种类和性能角度论述近年来贵金属、非贵金属作为 DBFC 阳极催化剂取得的进展和相应的电化学性能结果。目前，DBFC 阳极催化材料的研究主要集中在如下几个方面：① 贵金属催化剂，主要有 Pt、Pd、Au、Ag 及其合金等；②非贵金属（过渡金属）催化剂，主要有 Ni、Cu、Zn 等。

8.2.2.1　贵金属催化剂

在贵金属催化剂中，Pt 与 Pd 都属于"催化类"电极材料，即在催化 BH_4^- 电化学氧化的同时也能催化其发生水解反应。Jamard 等[17] 以 Pt/C 为阳极催化剂，$1.0mol \cdot L^{-1}$ NaOH$+2.0mol \cdot L^{-1}$ NaBH$_4$ 为阳极燃料时，可在 $400mA \cdot cm^{-2}$ 电流密度下获得最大功率密度（$200mW \cdot cm^{-2}$）。Kim 等[18] 使用 Pt 或负载型 Pt/C 用作 DBFC 阳极催化剂，室温下可获得最大功率密度为 $44.2mW \cdot cm^{-2}$。Chatenet 等[19,20] 测定了块状 Pt 与负载型 Pt/C 纳米颗粒催化剂的动力学参数和

氧化 BH_4^- 的电子转移数。研究发现，Pt 催化 BH_4^- 发生电化学氧化时，在不同 BH_4^- 浓度的溶液中，转移电子数在 3～6 之间。根据 BH_4^- 电化学氧化反应方程式，DBFC 中每个 BH_4^- 发生电化学氧化反应可释放出 8 个电子。而实际中 Pt 催化剂的动力学速率很快，Pt 在催化 BH_4^- 氧化过程中同时催化其水解反应而产生 H_2，一方面会降低 BH_4^- 的利用率，另一方面也使 DBFC 商业化存在安全隐患。在贵金属中，Au 和 Ag 对 BH_4^- 的水分解催化效率很低，因此被称为"非催化"类电极材料。Gasparotto 等[21] 用 Au 纳米颗粒作为阳极催化剂，利用 Levich 图推导出 Au 催化 BH_4^- 氧化的电子转移数为 7.2，非常接近理论的 8 个电子数转移。León 等[22] 以负载型 Au/C 为阳极，Pt/C 为阴极，Nafion 为电解质隔膜组成 DBFC 单电池系统。测试结果表明，在 20℃ 电流密度为 $37mA \cdot cm^{-2}$ 时，DBFC 可获得最大输出功率密度为 $34mW \cdot cm^{-2}$。Au 电极通常表现出很慢的动力学性能，因此输出电流和功率都很小。同样作为"非催化"类电极，Sanli 等[23] 用 Ag 作阳极，以 $NaBH_4$ 碱液为阳极燃料，H_2O_2 为阴极氧化剂组装成电池，在 0.52V 工作电压下获得最大输出功率密度（$45mW \cdot cm^{-2}$）。Chatenet 等[19,20] 对比了多晶状 Ag 与负载型 Ag 纳米颗粒对 BH_4^- 氧化的电催化效果。研究结果表明，Ag 催化剂对 BH_4^- 氧化会产生较高的超电势，计算所得的电子转移数 n 可达 7.5，并且对 BH_3OH^- 直接催化氧化效果较好。虽然 Ag 催化剂对 BH_4^- 电催化氧化的法拉第效率较高，可获得的电子数较高，但是不论块状 Ag 还是负载型 Ag/C 纳米颗粒，BH_4^- 氧化的动力学速率缓慢，很难直接用于 DBFC 阳极催化。目前还未能找到一种金属单质催化剂既对 BH_4^- 电化学氧化反应有良好的催化活性，又能抑制其水解反应。为改善贵金属单质作为阳极催化剂的性能，研究者们将贵金属与贵金属、贵金属与非贵金属复合制备了二元合金催化剂。

在贵金属与贵金属构成的二元合金中具有代表性的阳极催化剂有 AuPt、AuPd、PtRu、PdIr、PdAg 等，表 8-3 列出了代表性二元催化剂作为阳极催化剂的 DBFC 的性能参数。Lee 等[24] 为了减少 DBFC 中硼氢化物的水解反应，制备了不同质量比的 AuPd 二元合金作为 DBFC 阳极催化剂。随着 Pd 含量的增加，AuPd 阳极催化剂对应的 DBFC 电池性能（输出电势和功率密度）不断增加，而析氢速率几乎不变。表明 AuPd 二元金属催化剂对 BH_4^- 的电催化氧化活性较高而水解活性很低，这正是由于 Au 和 Pd 的双金属协同作用所致。对比研究发现，负载型 AuPd/C 催化剂无论是催化活性还是电池的性能都要优于单金属 Au/C 和 Pd/C 催化剂，并且两种金属配比不同其性能也有明显的差异。可见，在不考虑催化剂成本的基础上，二元甚至多元金属合金催化剂将是未来 DBFC 阳极催化剂的一个研究方向。

表 8-3　二元贵金属作为阳极催化剂的 DBFC 性能参数

阳极催化剂	阴极催化剂	氧化剂	功率密度/mW·cm^{-2}	参考文献
Pt black	Pt black	NA	31.6	[25]
Au	Pt/C	O_2	82.0	[24]
Pd	Pt/C	O_2	185	[24]
Au_1Pt_1	Pt-based	O_2	47	[26]
Au_2Pt_3	Pt/C	O_2	161.0	[27]
Au_1Pd_1	Au/C	NA	49	[28]
Au_1Pd_2	Au/C	NA	56.8	[28]
Au_2Pd_1	Au/C	NA	46	[28]

注：NA—在参考文献中没有信息。

8.2.2.2　非贵金属催化剂

由于 DBFC 所用的燃料为硼氢化物碱性溶液，碱性电解质对催化剂的抗腐蚀性要求较低。因此，除了贵金属外，其他过渡金属及合金化合物也能用作 DBFC 的阳极催化剂。为降低催化剂成本，人们对过渡金属 Ni、Cu、Zn 等作为 DBFC 阳极催化剂进行了较多的研究。Liu 等[17] 用 Ni 粉作为阳极催化剂、Pt/C 作为阴极催化剂制备 DBFC 单电池，在室温下获得 40mW·cm^{-2} 的最大功率密度。硼氢化钠在阳极催化剂上的电催化反应为 4 电子途径，库仑效率近 50%，燃料损失严重。可见，Ni 单独作为 DBFC 阳极催化剂的实际应用效率不高。

双金属催化剂在催化活性和稳定性方面优于单金属催化剂。为了改善单金属 Ni 催化剂的性能，研究者们对含 Ni 双金属催化剂 NiPt、NiAu、NiAg 以及 NiPd 等进行了研究，发现在电催化 BH_4^- 氧化反应中，双金属催化剂比单金属 Ni 催化剂具有更高的稳定性和活性。Gyenge 等[26] 研究发现 NiPt/C（Ni：Pt=1：1）催化剂比 Pt/C 催化剂的活性要好。考虑到 NiPt 双金属催化剂的催化性能与两种金属的成分比例密切相关，Geng 等[29] 制备了不同配比的 NiPt/C 双金属催化剂，通过研究催化剂性能发现，与 Ni/C 催化剂相比，$Ni_{37}Pt_3/C$（质量比 Ni：Pt=37：3）催化剂的电催化活性和稳定性得到明显的改善。在相同的测试条件下，对比不同阳极催化剂的 DBFC 的最大输出功率密度发现，$Ni_{37}Pt_3/C$ 作为阳极催化剂时 DBFC 的功率密度最高可达 210mW·cm^{-2} ［如图

8-4(a) 所示]。Duan 等[30] 和梁建伟等[31] 研究合成了不同组分的 NiAu/C 双金属催化剂用于电催化氧化硼氢化物，其中 Ni_1Au_1/C（摩尔比 Ni∶Au＝1∶1）催化剂表现出明显优于 Au/C 的催化性能。从 DBFC 单电池性能结果来看，Ni_1Au_1/C 阳极催化剂在电流密度为 $140mA \cdot cm^{-2}$ 时可获得接近 $80mW \cdot cm^{-2}$ 的最大输出功率，明显优于 Au/C（$20mW \cdot cm^{-2}$）和其他 NiAu/C 催化剂的性能 [如图 8-4(b) 所示]。由此可见，只有恰当比例的双金属催化剂才能更好地发挥电催化性能。

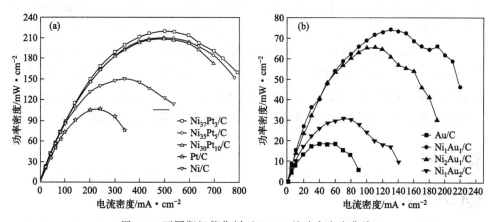

图 8-4　不同阳极催化剂下 DBFC 的功率密度曲线

在过渡金属中，除了对 Ni 金属研究较多外，Zn、Cu、Fe、Ti、Co 等过渡金属催化剂也涉及，但这些元素的相关性研究及相关报道还比较少，而且研究的角度也不够广。它们作为 DBFC 阳极催化剂时，主要是与贵金属结合形成二元合金，如 AuZn、PtZn、AgCu、PdCu、AuFe、AgTi 等。

8.2.2.3　阴极催化剂及膜材料

阴极催化剂的组成和结构对 DBFC 的性能同样有较大影响。目前，DBFC 阴极采用的催化剂主要有贵金属 Pt、Pd、Au、Ag 和金属氧化物等。Miley 等[32] 比较了 Au、Ag、Pt、Pd、Ru、Rh、Os、Ir 等催化剂对 H_2O_2 的电化学还原性能，发现 Pd、Os、Au 表现出了较好的催化活性，但 Pd 和 Os 会引起 H_2O_2 的分解，降低 H_2O_2 的利用率。当改用电化学沉积和等离子溅射法制备负载型的 Au 纳米颗粒作为阴极材料，以 Pd 作阳极，在 60℃时 DBFC 的输出功率密度有明显提高（高达 $600mW \cdot cm^{-2}$）。

目前用于 DBFC 的电解质膜主要是 Nafion 质子膜，它起着传递质子的作用，同时还担负着隔离阳极和阴极避免短路的作用。在电池工作状态下，电解质膜必须具有良好的耐腐蚀性和结构稳定性，以确保电池具有较长的工作寿命。此外，电解质膜不允许导电子，否则会因电池内部漏电而降低工作效率。作为 DBFC 的核心部件之一，Nafion 质子膜的好坏直接影响着燃料电池性能和使用寿命。

DBFC 比一般燃料电池具有更高的理论输出电压和功率密度，可用普通催化剂代替贵金属，具常温下工作、无毒、运输安全等优点，受到广大研究者的青睐。但是 DBFC 的性能很大程度上取决于硼氢化物分子在阳极上发生的电化学反应，而阳极上的电化学反应又直接受到阳极催化剂的影响。近年来 DBFC 的阳极催化剂的研究经历了贵金属、过渡金属以及金属合金等历程，在提高阳极催化剂的活性、稳定性及降低成本方面取得较明显的进步。但是，阳极催化剂的研究发展过程仍面临很多问题：首先作为阳极催化剂的贵金属主要有 Pt、Au、Pd、Ag、Os，任何一种单一贵金属作为阳极催化剂都存在固有缺点，不同种类贵金属复合可有效改善催化性能。此外，贵金属与其他较廉价的过渡金属复合可有效地改善催化性能，提高库仑效率。但过渡金属与贵金属复合形成二元甚至多元金属催化剂时，金属种类、制备工艺、组分比例等都值得深入研究。

8.3
氨燃料

作为食物、肥料、药物以及化工产品的重要成分，氨的生产和转化在人类社会的发展中有着举足轻重的地位。20 世纪初，德国化学家 Fritz Haber 和 Carl Bosch 提出了可实现工业级制备氨的 Haber-Bosch 法，该方法最初利用贵金属锇作为催化剂，在高温、高压的条件下催化氮气与氢气反应实现了氨的制备。由于锇储量稀少且价格昂贵，在随后的发展中德国 BASF 公司开发了可大幅降低催化剂成本的负载型铁基催化剂并沿用至今。时至今日，Haber-Bosch 法仍是最为主要的工业制氨手段。据统计，每年约制备共 1.76 亿吨的氨，仅该过程所消耗的能量就占到人类社会所消耗能量总量的 $1\% \sim 2\%$。

另外，随着对清洁能源的探索，氢气由于其热值高、燃烧产物（水）无污染等特点受到了广泛的关注，但其较高的储存和运输成本成为限制大规模应用的瓶颈之一。目前诸如甲醇、乙醇、氨等氢含量较高的基础化学品被认为是有前景的间接储氢材料，通过后期的化工转化可实现氢气的制备。氨分子中不含碳原子，因此在燃烧和转化过程中不会产生温室气体二氧化碳。相对于氢气而言，氨的运输与储存拥有极大的优势：在 8atm 的条件下氨气便可以被液化得到液态氨，而氢气的运输和储存则通常需要压缩至 700atm；同时，液氨与液氢相比具有更高的能量密度（液氨：$11.5MJ \cdot L^{-1}$，液氢：$8.491MJ \cdot L^{-1}$，氢气：$5MJ \cdot L^{-1}$，

700bar)[33]。基于以上优势，研究者开发了以氨作为燃料的涡轮发动机以及燃料电池以利用氨分子中所携带的化学能量。本节将着重就常温下运作的氨燃料电池的工作机理及阳极电催化剂的开发进行介绍。

基于先前章节所介绍的氢气-空气燃料电池的发展已较为成熟，有研究表明通过电解的手段可以裂解氨气制备氮气和氢气，从而间接实现氨气在燃料电池中的应用。然而，由于氢气-空气燃料电池中所使用的质子交换膜（proton exchange membrane，PEM）呈酸性，若作为燃料的氢气气流中含有浓度极低的氨气（$1\times10^{-6}\sim10\times10^{-6}$），便会生成铵根（$NH_4^+$）并替换质子交换膜中的质子（$H^+$），导致质子传导能力的降低并减弱燃料电池的性能[34]。此外，裂解氨气以及去除所制备的氢气中携带的氨气将会消耗额外的能量，因此开发能够以氨作为燃料的直接氨燃料电池（direct ammonia fuel cell，DAFC）具有更大的吸引力。阴离子交换膜（anion exchange membrane，AEM）的出现为氨燃料电池的发展提供了良好的条件，该种膜由碱性高分子构成，其中所含的季铵和吡啶基团可以作为离子传输位点。以阴离子交换膜构建的直接氨燃料电池的工作原理如图8-5所示：阴极侧 O_2+H_2O 在催化剂作用下结合电子发生还原反应，生成氢氧根［反应方程式(8-14)］。产生的氢氧根通过阴离子交换膜向阳极室传导。同时氨作为燃料由阳极流场进入阳极扩散层和催化层，在阳极催化剂作用下失去电子发生氧化反应，并与氢氧根反应生成氮气和水［反应方程式(8-13)］。通过氨燃料的氧化和氧气的还原，DAFC可实现化学能向电能的转化。

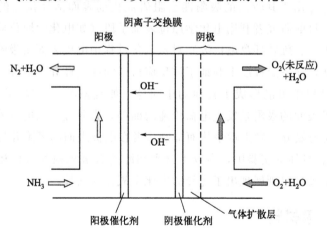

图8-5 以氧气还原为阴极反应的直接氨燃料电池的工作原理

阳极反应：　　　　$1/3NH_3+OH^-\longrightarrow1/6N_2+H_2O+e^-$　$E^\ominus=-0.77V$　　(8-13)

阴极反应：$1/4O_2+1/2H_2O+e^-\longrightarrow OH^-$　$E^\ominus=0.401V$　　(8-14)

总反应：　　　$1/3NH_3+1/4O_2\longrightarrow1/6N_2+1/2H_2O$　$E^\ominus=1.17V$　　(8-15)

由氨燃料电池反应方程式可知，室温下 DAFC 理论开路电动势和理论转化效率分别为 1.17V 和 88.7%，相比于氢气-氧气燃料电池（1.23V，83.0%）具有明显的优势。但是，目前室温条件下运行的氨燃料电池所展现的功率密度低，其主要原因在于阳极催化剂较低的催化活性和较差的稳定性，因此开发高效电催化氨氧化的催化剂材料对于直接氨燃料电池的应用以及性能提高起着至关重要的作用。

8.3.1　电催化氧化概述

目前被广泛接受的 Gerischer-Mauerer 机理提出，氨在氧化的过程中首先会脱去质子生成吸附在催化剂表面的 $NH_{x,ads}$ 物种（$x=1$，2），之后 $NH_{x,ads}$ 物种会发生加成二聚反应得到含有两个氮原子的反应中间体，该反应中间体在后续步骤中继续脱氢氧化生成氮气为最终产物[35]。

$$NH_{3,ads}+OH^- \longrightarrow NH_{2,ads}+H_2O+e^- \tag{8-16}$$

$$NH_{2,ads}+OH^- \longrightarrow NH_{ads}+H_2O+e^- \tag{8-17}$$

$$2NH_{ads} \longrightarrow N_2H_{2,ads} \quad （限速步骤） \tag{8-18}$$

$$N_2H_{2,ads}+OH^- \longrightarrow N_2H_{ads}+H_2O+e^- \tag{8-19}$$

$$N_2H_{ads}+OH^- \longrightarrow N_2+H_2O+e^- \tag{8-20}$$

反应步骤式(8-18)被认为是氨电催化氧化的决定步骤，而反应过程中得到的中间体 $N_{x,ads}$ 由于其较高的吸附能会阻碍催化剂表面活性位点的再生，导致活性的降低。目前研究者利用电化学原位表征手段（如电化学原位质谱、原位表面增强拉曼光谱、旋转环盘电极等）对氨氧化过程中电极表面所吸附的反应中间体进行了表征，在一定程度上验证了该反应机理的准确性和普适性，但同样有结果表明反应过程中可能形成了其他的中间体（如叠氮酸根，N_3^-）[36-38]。另外，由于氨在电极表面的吸附是发生电荷传递的前提，有研究表明电解液中的氢氧根（OH^-）可能与氨分子发生竞争从而抑制后者在电极表面的吸附并导致催化活性的降低[39]。在具体的实验中，当以不含水和游离态氢氧根的有机相作为电解液时，同样的电极材料则展现出了优异的电化学氧化氨活性。

8.3.2　电极材料

早期研究表明，当以单一金属作为电催化剂时，铂（Pt）展现出最为优异的电催化氨氧化活性。与 Pt 相比，其他贵金属与中间产物 $NH_{x,ads}$ 的结合过于稳定，导致反应能垒较高，因此电极材料如金（Au）、银（Ag）、铜（Cu）等对于氨的脱氢活化的催化性能较低，无法有效地实现氨的电化学氧化[40]。考虑到电化学催化反应发生在催化剂的表面，因此制备颗粒尺寸小、比表面积高的 Pt 纳米颗粒能够有效提高原子的利用率、减少 Pt 金属的使用量，从而降低催化剂的成本。通过胶体法首先制备含有 Pt 前驱体的油包水乳状液，随后使用硼氢化钠、肼等强还原剂还原铂离子可制得粒径较小且均一的 Pt 纳米颗粒[41]；通过电化学还原的方法也可在 ITO（indium tin oxide，氧化铟锡）、玻璃碳等导电基底上制备负载型 Pt 纳米颗粒[42,43]。研究表明，通过对前驱体浓度以及沉积参数的调控能够实现对所沉积金属颗粒尺寸和形貌的调控，从而优化其催化氧化氨的活性。通过恒电流法在玻璃碳上沉积极为少量的 Pt 纳米颗粒便展现出远高于 Pt 片的催化性能，这主要得益于高分散度 Pt 纳米颗粒所暴露的高电化学比表面积；而采用循环伏安法可制备片层状、花状及表面粗糙的球状 Pt 纳米结构，电化学结果表明单位面积 Pt 的催化氨氧化的活性与表面纳米结构密切相关。

此外，为了进一步降低 Pt 的用量，选择以成本较低的贵金属或过渡金属替代一定比例的 Pt 也是常被采用的途径，而替代金属的种类对所制备合金的催化活性有着直接的影响[44]。研究表明通过热解法制备的 $Pt_{0.5}Cu_{0.5}$ 和 $Pt_{0.67}Cu_{0.33}$ 合金的催化活性低于单一组分的 Pt；而在 Pt 中掺入钌（Ru，含量≤40%）或铱（Ir，含量≤80%）则能够在较低的电极电位下催化氨的脱氢氧化，因此所得合金纳米颗粒呈现出显著降低的氧化氨过电位和优于 Pt 的电催化活性[45]。

另外，Pt 电极催化氧化氨的能力与颗粒表面所暴露的晶面密切相关。如图 8-6 所示，Pt(100) 晶面在 0.57V（vs RHE）的电位下呈现出显著的氧化峰，表明其优越的催化活性；相比之下，Pt(110) 和 Pt(111) 晶面的 Pt 电极则展现出较低的催化氨氧化能力[46]。后续的原位电化学表征揭示了该现象是由于 Pt(100) 晶面能够有效地吸附作为反应中间体之一的 NH_2[47]。被吸附的 NH_2 发生二聚反应得到 N_2H_4，随后发生脱氢反应得到 N_2 作为最终的氧化产物。受该发现的启发，科研工作者制备了富含 Pt(100) 晶面的 Pt 纳米颗粒，结果表明当 Pt(100) 晶面的比例由 17% 提升到 65% 时，电催化氨氧化的活性提升了 7 倍[48]。

为了进一步降低电催化氧化氨的成本，非铂催化剂的探索同样具有重要的意义。目前已被报道的非铂催化剂，主要包括 Ru、Ir、Ni 的氧化物/氢氧化物以及硼掺杂金刚石电极[49-52]。虽然该类催化剂价格低廉，但性能较传统 Pt 催化剂差，需要较高的过电位方可有效催化氨的电化学氧化，因此对于其电化学性能的优化需要更进一步的研究。同时，借助原位表征手段揭示氨在电极上的催化氧化路径，将有助于揭示非铂电催化剂氧化氨的反应机理，为设计和制备高效、低成本的电催化剂提供理论指导。

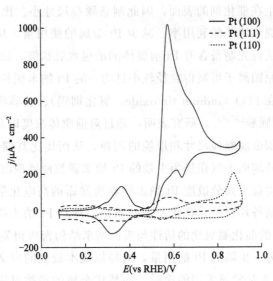

图 8-6 Pt(100)，Pt(111) 和 Pt(110) 电极在 $0.1mol \cdot L^{-1}$ NaOH +
$10^{-3} mol \cdot L^{-1}$ NH_3 中的 CV 曲线（扫描速率 $50mV \cdot s^{-1}$）

8.4

肼燃料

肼（N_2H_4）是一种具有腐蚀性以及强还原性的无色油状发烟液体。作为一种理想的燃料，肼的含氢量高达 12.5%（质量分数），与甲醇相同，高于 $NaBH_4$（10.6%，质量分数），当 N_2H_4 发生电化学氧化反应时，产物只有氮气和水，不会排放温室效应气体 CO_2。研究表明，肼电化学氧化过程不会产生像甲醇燃料电池那样使催化剂中毒的中间产物，也不会产生像直接硼氢化物燃料电池那样易结晶的产物。直接肼燃料电池（direct borohydride fuel cell，DHFC）具有较高的能量密度 $5.419W \cdot h \cdot g^{-1}$，能量转化效率为 100%，理论电动势为1.61V，高于直接甲醇燃料电池，与直接硼氢化物燃料电池的理论电动势相当。基于这些优势，DHFC 逐渐引起研究者的广泛关注。

尽管肼是一种受欢迎的能量来源，但是它的常见形式都具有急性毒性，其中就包括纯肼液体、水合肼和硫酸肼。肼的毒性对于肼的广泛使用提出了挑战。为了解决这一问题，Yamada 等[53] 提出将肼固体化的方法，具体做法是：使用羰基或酰胺基团替代肼，形成高分子聚合物腙或酰肼。通过毒性测试，高分子聚合物腙或酰肼均无毒性。当燃料电池需要工作时，加入一定量的温水与腙或酰肼混合，即可重新转化为液态肼使用。

8.4.1 电催化氧化概述

直接肼燃料电池（DHFC）的燃料为肼的水溶液，在电化学氧化反应过程中，如果发生的是完全氧化反应，则电极反应如下[54]：

阳极： $N_2H_4 + 4OH^- \longrightarrow N_2 + 4H_2O + 4e^-$ $E = -1.156V(vs\ SHE)$ (8-21)

阴极： $O_2 + 2H_2O + 4e^- \longrightarrow 4OH^-$ $E = 0.404V$ (vs SHE) (8-22)

总反应： $N_2H_4 + O_2 \longrightarrow N_2 + 2H_2O$ $E = 1.56V$ (vs SHE) (8-23)

如果发生的是不完全氧化反应，其阳极电化学反应如下：

3电子反应： $N_2H_4 + 3OH^- \longrightarrow N_2 + 1/2H_2 + 3H_2O + 3e^-$ (8-24)

2电子反应： $N_2H_4 + 2OH^- \longrightarrow N_2 + H_2 + 2H_2O + 2e^-$ (8-25)

1电子反应： $N_2H_4 + OH^- \longrightarrow N_2 + 3/2H_2 + H_2O + e^-$ (8-26)

1电子反应： $N_2H_4 + OH^- \longrightarrow 1/2N_2 + NH_3 + H_2O + e^-$ (8-27)

直接肼燃料电池工作原理如图 8-7 所示，可以看出两种不同类型的直接肼燃料电池都是由阳极（anode）、阴极（cathode）和交换膜（membrane）组成。以阴离子交换膜肼燃料电池 [图 8-7(b)] 为例，碱性肼燃料（N_2H_4＋NaOH）从阳极侧流入，扩散到阳极催化层，在阳极催化剂作用下 N_2H_4 与 OH^- 发生电化学氧化反应生成 N_2、H_2O 和电子，产生的电子经外电路到达阴极侧。在阴极侧氧气与阴极催化剂接触发生氧气还原反应，结合电子和 H_2O 生成氢氧根离子（OH^-）。阴极侧生成的 OH^- 穿过阴离子交换膜到达阳极侧并参与 N_2H_4 的氧

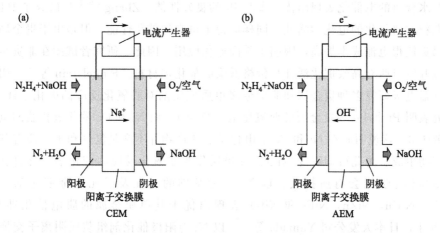

图 8-7 阳离子（a）和阴离子（b）交换膜直接肼燃料电池工作示意图

化反应，总的反应方程式如式(8-23) 所示。阳离子交换膜燃料电池［图 8-7(a)］也发生类似的反应，不同的是只能 Na^+ 穿过阳离子交换膜到达阴极侧参与反应。

对于直接肼燃料电池而言，在电池实际操作过程中，由于各种不可逆的极化损失使燃料电池电动势偏离理论电动势，造成电池输出功率的下降。这些不可逆的极化损失主要来源于四种不同的过程：①活化极化损失；②欧姆极化损失；③传质极化损失；④肼渗透损失。因此直接肼燃料电池面临的主要问题是如何进一步地提高电池的发电性能。主要的解决办法包括：优化电池结构；开发优质的电解质膜；选择高效的电催化剂。其中提高催化剂的催化性能效果最为明显。直接肼燃料电池的电极催化层包括阳极催化剂和阴极催化剂，阳极主要发生肼的电化学氧化反应，阴极主要发生氧气的电化学还原反应。阳极催化剂和阴极催化剂的催化活性极大地影响着直接肼燃料电池的发电性能。因此要开发合适的电催化剂，有效提升直接肼燃料电池的性能。

8.4.2 电极材料

8.4.2.1 阳极催化剂

N_2H_4 的电化学氧化反应机理的研究在 1960~1980 年就有诸多涉及，在研究的初始阶段，直接肼燃料电池阳极催化剂主要集中在 Pt、Pd、Ag、Au 和 Co、Ni 等单质催化剂。Yamada 等[55] 构造的直接肼燃料电池所使用的阳极催化剂即为贵金属 Pt。实验结果表明，在电流密度为 $40mA \cdot cm^{-2}$ 时，该燃料电池的工作电压仍高于 1.0V，优于同等条件下的直接甲醇燃料电池。Guay 等[56] 通过电沉积的方法在 Ti 基体上电镀一层 Pt 薄膜，该 Pt/Ti 催化剂在 (100) 晶面取向上对水合肼的电催化表现出优于多晶 Pt 的良好性能。Zhang 等[57] 研究了 Pd 纳米颗粒对肼氧化的电化学活性，同样取得了可观的催化性能。但是由于贵金属价格昂贵使得电池成本提高，限制了其商业化应用。因此，研究者试图在非贵金属领域开发对肼有高效催化活性且价格低廉的催化剂材料。Finkelstein 等[58] 用旋转环盘电极研究多种贵金属和非贵金属单质催化剂对肼氧化反应的电化学性能。研究表明 Pt 和 Pd 等贵金属的肼氧化电子数为 4，而 Ni 和 Co 催化氧化肼的电子数低于 3。这说明肼在 Ni 和 Co 上电化学氧化产物并不全是氮气和水，还有其他副产物生成。由此可知以纯 Ni 或 Co 单质作为肼氧化反应的催化剂，燃料利用率不高其化学能会有所损失。以 Ni 基为基础的二元及三元合金催化剂（如 NiCo，NiCu，NiZn，NiFe 和 NiB）表现出优于其单质金属的肼电催化性能。2009 年，日本大发公司 Yamada 等[55] 以 Ni 为阳极催化剂组装成阴离子交换膜直接肼燃料电池。研究表明，当电池工作温度为 80℃时，其输出功率可达到

617mW·cm^{-2}。2011 年，Yamada 等[54] 通过冷冻干燥和热处理相结合的方法制备了碳负载型的 NiCo 催化剂，该催化剂在 0.1mol·L^{-1} N$_2$H$_4$ 和 1.0mol·L^{-1} NaOH 溶液中实现了 1500A·g^{-1} 的催化活性。2012 年，Atanassov 等[59] 通过喷雾热解法制备了 NiZn 合金催化剂，该催化剂在电催化肼中表现出优于 NiCo 合金的性能，在 0.1mol·L^{-1} 碱肼溶液中，比质量活性高达 4000A·g^{-1}。NiZn 催化剂中 Zn 起到了电子"捐赠"的作用，将电子转移给 Ni，获得电子的 Ni 呈现电负性，更容易使吸附 N$_2$H$_4$ 发生 N—H 键的断裂，这使得 NiZn 合金作为高效的肼阳极催化剂成为可能。Yamada 等[60] 进一步将喷雾热解法和高能球磨法相结合，在碳粉上负载 NiZn 催化剂，实现了催化剂的有效分散，增大了催化剂的有效活性面积，进一步提高了 NiZn/C 电催化肼氧化的电化学性能。相比于 NiZn 合金，NiZn/C 的肼催化性能提高了接近 4 倍，实现了碳负载型 NiZn 催化剂的商业应用。

除了日本大发公司开发的粉体式阳极催化剂，北京化工大学 Sun 团队研究开发了整体式自支撑型肼阳极催化剂。2015 年，采用一步电镀法，Sun 等[61] 在铜薄片上电镀构筑了一层具有 3D 结构的亲水性 Cu 薄膜。线性扫描和计时电流安培法测试表明，该整体式催化剂薄片在 0.1mol·L^{-1} 碱肼溶液中可获得 200mA·cm^{-2} 的电流密度，在 3.0mol·L^{-1} 碱肼溶液中运行 5000s 后催化活性保持率高达 80%，说明 3D Cu 薄膜优异的电化学稳定性。由于 Cu 催化活性并不具有优势，Sun 等在 Cu 基体上电镀 NiCu 二元合金薄层[62]。与纯 Cu 薄膜相比，NiCu 合金薄膜表现出更优越的肼电催化活性，性能提高了 75%，且在 3.0mol·L^{-1} 碱肼溶液中运行 5000s 后，电流密度仍能保持原来的 85%。上述研究可知，自支撑整体式催化剂，由于催化剂薄层与基体之间的强结合力，可有效解决粉体式催化剂在电池运行过程中的脱落问题，同时 3D 多孔结构可有效增大催化剂和燃料之间的接触面积，有利于催化产物的运输和传导，为实现催化剂优良的电化学活性奠定了基础。这些研究结果启发我们对整体式自支撑材料直接肼燃料电池阳极催化剂的进一步研究方向。

8.4.2.2 阴极催化剂

对于大部分燃料电池，阴极主要发生的是氧还原反应。氧气进入阴极与阴极催化剂接触，失去 4 个电子，与水结合生成 4 个氢氧根离子。而实际反应过程中，氧还原反应比较复杂，表现为多电子反应，涉及的反应机理十分复杂。

直接肼燃料电池发展初期，阴极催化剂使用 Pt，虽然 Pt 是很好的氧还原催化剂，但其价格昂贵、资源匮乏，限制了燃料电池的商业化应用。因此，减少 Pt 的用量，研究开发可替代型廉价催化剂，是肼燃料电池实现商业化的必经之路。近年来，研究人员发现使用一些非贵金属制备的阴极催化剂取得了与 Pt 相当的催化活性。Yamada 等[53] 比较了 Co-PPY-C、Pt/C 和 Ag/C 作为直接肼燃料电池阴极催化剂的发电性能。结果表明，Co-PPY-C 的发电性能优于其他两种贵金属，使得非贵金属作为阴极催化剂用于肼燃料电池成为可能。

8.5
尿素燃料

氢气的储存和运输是限制氢能大规模利用的主要障碍之一，而探索和利用新型的富氢载体有望降低氢能的使用成本。尿素 $[CO(NH_2)_2]$ 是一种仅含有 C、O、N、H 元素的简单有机物，全世界所生产尿素的 90% 应用于农业生产中的肥料。尿素分子中氢的含量为 6.67%（质量分数），被视为是一种有前景的氢载体燃料。尿素的来源极为广泛，正常每人每天平均排尿约 1.5L，尿液中尿素的含量为 2.0%～2.5%（质量分数），换算成摩尔浓度为 0.33mol·L^{-1}；工业生产过程中也会产生富含尿素的废液。虽然尿素本身无毒无害，但被动植物、微生物降解及水解后会生成氨，氨进一步被氧化会生成硝酸根、亚硝酸根、氮氧化物等，进而对生态环境、动植物以及人类的健康造成危害。为了避免尿素排放引起的环境污染，研究者早期开发了诸如生物降解、化学氧化等途径用于降解尿素，但该类过程所需的设备较为复杂，通常需要酶催化剂或较高的反应温度，因而导致尿素的处理成本升高；同时也在一定程度上浪费了尿素分子中所携带的化学能量。

为了在转化尿素的同时实现尿素中能量的有效利用，研究者在 2010 年报道了第一例以尿素为燃料的直接尿素燃料电池（direct urea fuel cell，DUFC）[63]。该工作中作者采用 Ni/C 为阳极催化剂实现了碱性溶液中尿素的氧化，所得产物为无污染的 N_2、CO_2 和 H_2O；与传统燃料电池类似，氧气在阴极催化层发生还原反应，其电极反应方程式如下：

阳极反应：$CO(NH_2)_2 + 6OH^- \longrightarrow N_2 + 5H_2O + CO_2 + 6e^-$　$E^\ominus = -0.75V$　(8-28)

阴极反应：$3/2O_2 + 3H_2O + 6e^- \longrightarrow 6OH^-$　$E^\ominus = +0.40V$　(8-29)

总反应：　$CO(NH_2)_2 + 3/2O_2 \longrightarrow N_2 + 2H_2O + CO_2$　$E^\ominus = +1.15V$　(8-30)

由于尿素水解过程中产生的氨会影响质子交换膜的稳定性和电池效率，因此实验中采用了阴离子交换膜作为电解质隔膜。值得一提的是，虽然直接尿素燃料电池的理论开路电位（1.15V vs RHE）略低于氢气-氧气燃料电池理论电位（1.23V），但其理论能量效率（102.9%）较后者高出约 20%。同时考虑到该类燃料电池可利用日常生活以及工业生产中排出的富含尿素的废液发电并同步实现水质的净化,因此直接尿素燃料电池的研究和推广具有重要意义。为了进一步提高直接尿素燃料电池的开路电压,研究者提出以过氧化氢（H_2O_2）还原反应替代氧气用于阴极氧化剂。得益于双氧水更强的氧化性,直接尿素-过氧化氢燃料电池展现出更高的开路电压（1.63V vs RHE）和功率。但截至目前直接尿素燃料电池的性能仍低于其他类型的燃料电池,主要原因归结于发生在阳极的尿素电氧化反应所需过电位过高,同时阳极催化剂欠缺长期的稳定性。以下将对碱性条件下尿素电氧化的反应机理和目前所开发的阳极电催化剂做简要的介绍。直接尿素燃料电池如图 8-8 所示。

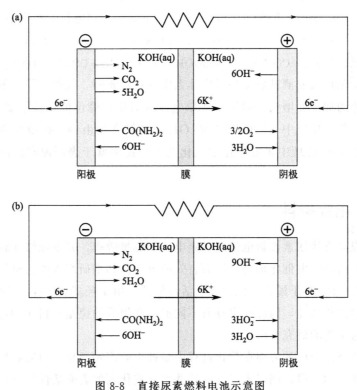

图 8-8　直接尿素燃料电池示意图

（a）直接尿素-氧气燃料电池；（b）直接尿素-过氧化氢燃料电池

8.5.1　电催化氧化概述

Botte 等[64]于 2009 年率先探讨了碱性条件下不同电极材料对尿素的电催化氧化性能。研究指出贵金属及其合金如 Pt、Rh、PtIr 等对尿素氧化的催化活性较为有限；相比之下,Ni 修饰的电极能够在明显低于水氧化反应的阳极电位下催化尿素氧化，在阳极测得的气相产物主要为 N_2（96.1%），同时在电解液中发现了碳酸钾，证实了镍催化的尿素氧化遵循反应式(8-30)。作者同时发现镍基电极材料催化尿素氧化的起始电位与 Ni^{2+}/Ni^{3+} 的氧化电位相同，这表明含有 Ni^{3+} 的羟基氧化镍（NiOOH）是催化剂中的活性组分。之后有研究者结合电化学原位拉曼光谱和 X 射线衍射图谱揭示了镍基电极材料在催化尿素氧化时遵循"电化学氧化-化学氧化"（electro-oxidation chemical-oxidation，E-C）的反应机理[65,66]。如式(8-31)和式(8-32)所示，含有二价镍的氢氧化镍 $[Ni(OH)_2]$ 在电化学氧化过程中失去电子被氧化为高价态的 NiOOH；而在随后发生的化学氧化步骤中，尿素分子与生成的 NiOOH 发生化学反应被氧化为 N_2 和 CO_2，NiOOH 由于失去电子被还原为 $Ni(OH)_2$ 并重新参与到电化学过程中。

电化学氧化步骤： $\qquad Ni(OH)_2 + OH^- \Longrightarrow NiOOH + H_2O + e^-$ （8-31）

化学氧化步骤： $CO(NH_2)_2 + 6NiOOH + H_2O \longrightarrow N_2 + CO_2 + 6Ni(OH)_2$ （8-32）

电化学循环伏安测试显示当反应体系中存在尿素时，镍的还原峰的峰值电流随电压扫速的加快而增大，但最大还原电流所对应的峰位值保持不变[64]。以上结果表明电化学反应中 NiOOH 向 $Ni(OH)_2$ 的转变是由物质扩散控制的可逆过程，揭示了 E-C 机理中尿素的化学氧化发生的速率低于表面镍向高价态氧化的速率。

8.5.2　电极材料

为了提高直接尿素燃料电池的开路电压和能量效率，开发能够在较低过电位下氧化尿素的高效电催化剂是直接而有效的方法。初期研究表明价格昂贵的贵金属如 Pt、Ir、Ru 对于尿素氧化的催化活性较低。由于羟基氧化镍（NiOOH）显示出较高的催化活性，因此开发具有不同形貌和组分的镍基材料作为电催化剂是该领域较为主流的研究方向。

由于金属镍电极的表面在催化过程中易被中间产物毒化，研究者采取了制备镍合金和掺杂的手段试图引入晶体缺陷并增加催化剂的表面活性位点；此外，掺杂组分与镍之间存在潜在的相互作用，因此该合金类材料可能改善镍的电子结构并对其电催化性能产生一定的影响。NiCo 合金是诸多研究中较具代表性的尿素氧化催化剂。Botte 以纳米氧化铝为模板制备了 NiCo 合金纳米线，其电催化氧化尿素的过电位较未经修饰的镍电极降低了 110mV，同时电流效率比纯 Ni 电极提升了 25%[67]。Guo 采用电化学沉积法，在泡沫镍表面以原位析出氢气为空隙制备了具有三维结构的多孔 NiCo 合金。结果表明当 Ni 与 Co 的原子比为 4∶1 时，Ni_4Co 催化剂在尿素电催化氧化反应中呈现出最低的起始电位和最高的电催化活性[68]。作者随后将 Ni_4Co 催化剂应用于直接尿素-H_2O_2 燃料电池中（阴极反应为 H_2O_2 还原），得到了约 0.8V 的电池开路电压和 7.5mW·cm^{-2} 的最大输出功率密度。该项工作验证了以人体尿液作为直接尿素燃料电池中阳极燃料的可行性。

镍的氧化物以及氢氧化物同样展现出氧化尿素的电催化活性。Yang 等[69] 采用水热法在泡沫镍表面制备了有序多孔的 $Ni(OH)_2$ 纳米片。由于其较高的比表面积及有利于反应物和产物扩散的孔道结构，该电极材料展现出较高的催化活性，同时在较低电位下氧化尿素的电流效率达到了 100%。为了最大程度地提高镍的利用效率，Botte 等[70] 通过化学剥离法制备了仅有几个原子层厚度的 $Ni(OH)_2$ 纳米片（nanosheet）。与块状 $Ni(OH)_2$ 相比，$Ni(OH)_2$ 纳米片电氧化尿素的过电位减小了 100mV，在 0.55V（vs Hg/HgO）电压下的电流密度提升了约 170 倍。此外，国内工作者通过硫掺杂的方法对 β-$Ni(OH)_2$ 的电子结构进行了优化，在提高了材料导电性的同时促进了氧化产物 CO_2 从表面的脱附，从而实现了电氧化尿素催化性能的大幅提升[71]。镍的磷化物及硒化物中由于镍电子结构受到掺杂元素的影响对尿素氧化反应展现出优异的催化活性[72,73]。除此以外，随着近年来纳米阵列在电化学领域中的推广，该类材料也被应用于尿素燃料电池阳极催化层中。中国科技大学俞书宏教授课题组在 2018 年报道了由水热法制备的 NiMo 氧化物纳米线阵列，将其用于电催化尿素氧化反应，表现出了高效的催化活性，NiMo 氧化物纳米阵列电极在 25h 的测试时间内展现出优异的稳定性和 100% 的电流效率[74]。国外研究者制备了 NiO 包覆的 Co_3O_4 纳米棒阵列，结果表明由于镍与钴的相互作用和独特的纳米结构，电极也展现出较高的催化活性。当以该复合材料作为阳极、以人体尿液作为燃料组装为直接尿素燃料电池时，所得到电池的最大功率达到了 23.2mV·cm^{-2}[75]。

8.6
总结与展望

二甲醚、硼氢化物、氨、肼和尿素是液体燃料电池典型的燃料。每种液体燃料都有其相应的优点和缺点。迄今为止，没有任何缺点的完美液体燃料还没有被开发出来。目前发展最多的液体燃料电池是直接甲醇燃料电池和直接乙醇燃料电池。根据研究数据分析，直接硼氢化物燃料电池和直接氨燃料电池被认为是将来最有潜力的可取代醇类电池的直接液体燃料电池。直接液体燃料电池电极催化剂的研究经历了贵金属、过渡金属以及金属合金等历程，在提高液体燃料电催化氧化的活性、稳定性及降低成本方面取得较明显的进步。但是，直接液体燃料电池的发展仍然面临着很多挑战：催化剂高成本和高载量的问题，将会增加液体燃料电池的成本。成本高的问题可以通过发掘能够应用于阳极和阴极的廉价催化剂来解决。另外，可以通过改进膜电极的制备方法更好地提高催化剂的利用率来降低催化剂的在电极上的载量和成本。此外，液体燃料电化学氧化的机理比氢气复杂，氧化产物多样化，因此进一步研究液体燃料氧化机理，特别是对燃料在电极上的吸附方式和电催化氧化副产物等方面需要做深入的研究，这对设计开发新型燃料催化剂起着关键性作用。

参考文献

[1] Müller T J, Urhan P M, Hölderich W F, et al. Electro-oxidation of dimethyl ether in a polymer-electrolyte-membrane fuel cell. The Electrochemical Society, 2000, 147 (11): 4058-4060.

[2] Shao M H, Warren J, Marinkovic N S, et al. In situ ATR-SEIRAS study of electrooxidation of dimethyl ether on a Pt electrode in acid solutions. Electrochemistry Communications, 2005, 7 (5): 459-465.

[3] 邵玉艳, 尹鸽平, 高云智, 等. 二甲醚电氧化及其阳极催化剂研究. 无机化学学报, 2004, 20 (12): 1453-1458.

[4] Lu L, et al. Electrochemical behaviors of dimethyl ether on platinum single crystal electrodes. Part I: Pt (111). Journal of Electroanalytical Chemistry, 2008, 619-620: 143-151.

[5] Tong Y, et al. Surface structure dependent electro-oxidation of dimethyl ether on platinum single-crystal electrodes. The Journal of Physical Chemistry C, 2007, 111 (51): 18836-18838.

[6] Tsutsumi Y, Na Kano Y, Kajitani S, et al. Direct type polymer electrolyte fuel cells using methoxy fuel. Electrochemistry (Japan), 2002, 70 (12): 984-987.

[7] Mizutani I, et al. Anode reaction mechanism and crossover in direct dimethyl ether fuel cell. Journal of Power Sources, 2006, 156 (2): 183-189.

[8] Haraguchi T, Tsutsumi Y, Takagi H, et al. Performance of Dimethyl-ether Fuel Cells using Pt-Ru Catalyst. Electrical Engineering in Japan, 2005, 150: 19-25.

[9] Ueda S, et al. Electrochemical characteristics of direct dimethyl ether fuel cells. Solid State Ionics, 2006, 177 (19): 2175-2178.

[10] Liu Y, et al. Electro-oxidation of dimethyl ether on Pt/C and PtMe/C catalysts in sulfuric acid. Electrochimica Acta, 2006, 51 (28): 6503-6509.

[11] Liu Y, et al. Electrochemical and ATR-FTIR study of dimethyl ether and methanol electro-oxidation on sputtered Pt electrode. Electrochimica Acta, 2007, 52 (19): 5781-5788.

[12] Kerangueven G, et al. Methoxy methane (dimethyl ether) as an alternative fuel for direct fuel cells. Journal of Power Sources, 2006, 157 (1): 318-324.

[13] Indig M E, Snyder R N. sodium borohybride, an interesting anodic fuel. Journal of Elec-

trochemical Society，1962，109 (11)：1104-1106.

[14] Amendola S C，et al. A novel high power density borohydride-air cell. Journal of Power Sources，1999，84 (1)：130-133.

[15] Rostamikia G，et al. First-principles based microkinetic modeling of borohydride oxidation on a Au(111) electrode. Journal of Power Sources，2011，196 (22)：9228-9237.

[16] Rostamikia G，Janik M J. Direct borohydride oxidation：Mechanism determination and design of alloy catalysts guided by density functional theory. Energy & Environmental Science，2010，3 (9)：1262-1274.

[17] Jamard R，et al. Study of fuel efficiency in a direct borohydride fuel cell. Journal of Power Sources，2008，176 (1)：287-292.

[18] Kim J H，Kim H S，Kang Y M. Carbon-supported and unsupported Pt anodes for direct borohydride liquid fuel cells. Journal of Electrochemical Society，2004，151 (7)：1039-1043.

[19] Molina Concha B，Chatenet M. Direct oxidation of sodium borohydride on Pt，Ag and alloyed Pt-Ag electrodes in basic media. Part Ⅰ：Bulk electrodes. Electrochimica Acta，2009，54 (26)：6119-6129.

[20] Molina Concha B，Chatenet M. Direct oxidation of sodium borohydride on Pt，Ag and alloyed Pt-Ag electrodes in basic media：Part Ⅱ. Carbon-supported nanoparticles. Electrochimica Acta，2009，54 (26)：6130-6139.

[21] Gasparotto L H S，et al. Electrocatalytic performance of environmentally friendly synthesized gold nanoparticles towards the borohydride electro-oxidation reaction. Journal of Power Sources，2012，218：73-78.

[22] de León C P，et al. A direct borohydride—Acid peroxide fuel cell. Journal of Power Sources，2007，164 (2)：441-448.

[23] Sanli E C H，Uysal B Z. Impedance analysis and electrochemical measurements of a direct borohydride fuel cell constructed with Ag anode. ECS Transactions，2007，5 (1)：137-145.

[24] Mee Lee H，Yoen Park S，Tae Park K，et al. Development of Au-Pd catalysts supported on carbon for a direct borohydride fuel cell. Research on Chemical Intermediates，2008，34：787-792.

[25] Lam W S，Alfantazi V A，Gyenge E. The effect of catalyst support on the performance of PtRu in direct borohydride fuel cell anodes. Journal of Applied Electro-chemistry，2009，39：1763-1770.

[26] Gyenge E，Atwan M，Northwood D. Electrocatalysis of borohydride oxidation on colloidal Pt and Pt-alloys (Pt-Ir，Pt-Ni，and Pt-Au) and application for direct borohydride fuel cell anodes. Journal of Electrochemical Chemistry，2006，153 (1)：A150-A158.

[27] İyigün Karadağ，Ç，et al. Investigation of carbon supported nanostructured ptAu alloy as electrocatalyst for direct borohydride fuel cell. Fuel Cells，2015，15 (2)：262-269.

[28] Pei F，Wang Y，Wang X，et al. Performance of supported Au-Co alloy as the anode catalyst of direct borohydride-hydrogen peroxide fuel cell. International Journal of Hydrogen Energy，2010，35：8136-8142.

[29] Geng X, et al. Ni-Pt/C as anode electrocatalyst for a direct borohydride fuel cell. Journal of Power Sources, 2008, 185 (2): 627-632.

[30] Duan D, et al. The effective carbon supported core-shell structure of Ni@Au catalysts for electro-oxidation of borohydride. International Journal of Hydrogen Energy, 2015, 40 (1): 488-500.

[31] Liang J W, Liu H H, Wei H K. Studies of anode of sodium borohydride fuel cell. Chinese Journal of Power Sources, 2015, 39 (10): 2119-2122.

[32] Gu L, Luo N, Miley G H. Cathode electrocatalyst selection and deposition for a direct borohydride/hydrogen peroxide fuel cell. Journal of Power Sources, 2007, 173 (1): 77-85.

[33] Siddharth K, et al. Ammonia electro-oxidation reaction: Recent development in mechanistic understanding and electrocatalyst design. Current Opinion in Electrochemistry, 2018, 9: 151-157.

[34] Suzuki S, et al. Fundamental studies on direct ammonia fuel cell employing anion exchange membrane. Journal of Power Sources, 2012, 208: 257-262.

[35] Gerischer H, Mauerer A. Untersuchungen zur anodischen oxidation von ammoniak an platin-elektroden. Journal of Electroanalytical Chemistry and Interfacial Electrochemistry, 1970, 25 (3): 421-433.

[36] de Vooys A C A, et al. The nature of chemisorbates formed from ammonia on gold and palladium electrodes as discerned from surface-enhanced Raman spectroscopy. Electrochemistry Communications, 2001, 3 (6): 293-298.

[37] Endo K, Katayama Y, Miura T. A rotating disk electrode study on the ammonia oxidation. Electrochimica Acta, 2005, 50 (11): 2181-2185.

[38] Vidal-Iglesias F J, et al. Evidence by SERS of azide anion participation in ammonia electrooxidation in alkaline medium on nanostructured Pt electrodes. Electrochemistry Communications, 2006, 8 (1): 102-106.

[39] Peng W, et al. Inhibition effect of surface oxygenated species on ammonia oxidation reaction. The Journal of Physical Chemistry C, 2011, 115 (46): 23050-23056.

[40] Herron J A, Ferrin P, Mavrikakis M. Electrocatalytic oxidation of ammonia on transition-metal surfaces: A first-principles study. The Journal of Physical Chemistry C, 2015, 119 (26): 14692-14701.

[41] Vidal-Iglesias F J, et al. Shape-dependent electrocatalysis: ammonia oxidation on platinum nanoparticles with preferential (100) surfaces. Electrochemistry Communications, 2004, 6 (10): 1080-1084.

[42] Zhong C, Hu W B, Cheng Y F. On the essential role of current density in electrocatalytic activity of the electrodeposited platinum for oxidation of ammonia. Journal of Power Sources, 2011, 196 (19): 8064-8072.

[43] Liu J, et al. Surfactant-free electrochemical synthesis of hierarchical platinum particle electrocatalysts for oxidation of ammonia. Journal of Power Sources, 2013, 223: 165-174.

[44] Vidal-Iglesias F J, et al. Screening of electrocatalysts for direct ammonia fuel cell: Am-

monia oxidation on PtMe（Me：Ir，Rh，Pd，Ru）and preferentially oriented Pt(100) nanoparticles. Journal of Power Sources，2007，171（2）：448-456.

[45]　Endo K，et al. Pt-Me（Me＝Ir，Ru，Ni）binary alloys as an ammonia oxidation anode. Electrochimica Acta，2004，49（15）：2503-2509.

[46]　Vidal-Iglesias F J，et al. Selective electrocatalysis of ammonia oxidation on Pt(100) sites in alkaline medium. Electrochemistry Communications，2003，5（1）：22-26.

[47]　Rosca V，Koper M T M. Electrocatalytic oxidation of ammonia on Pt(111) and Pt(100) surfaces. Physical Chemistry Chemical Physics，2006，8（21）：2513-2524.

[48]　Solla-Gullón J，et al. In Situ surface characterization of preferentially oriented platinum nanoparticles by using electrochemical structure sensitive adsorption reactions. The Journal of Physical Chemistry B，2004，108（36）：13573-13575.

[49]　Ji X，Banks C E，Compton R G. The electrochemical oxidation of ammonia at boron-doped diamond electrodes exhibits analytically useful signals in aqueous solutions. Analyst，2005，130（10）：1345-1347.

[50]　Kapałka A，et al. Electrochemical oxidation of ammonia（NH_4^+/NH_3）on thermally and electrochemically prepared IrO_2 electrodes. Electrochimica Acta，2011，56（3）：1361-1365.

[51]　Xu W，et al. Directly growing hierarchical nickel-copper hydroxide nanowires on carbon fibre cloth for efficient electrooxidation of ammonia. Applied Catalysis B：Environmental，2017，218：470-479.

[52]　Kim K-W，et al. Study on the electro-activity and non-stochiometry of a Ru-based mixed oxide electrode. Electrochimica Acta，2001，46（6）：915-921.

[53]　Asazawa K，et al. A platinum-free zero-carbon-emission easy fuelling direct hydrazine fuel cell for vehicles. Angewandte Chemie International Edition，2007，46（42）：8024-8027.

[54]　Sanabria-Chinchilla J，et al. Noble metal-free hydrazine fuel cell catalysts：EPOC effect in competing chemical and electrochemical reaction pathways. Journal of the American Chemical Society，2011，133（14）：5425-5431.

[55]　Asazawa K，Sakamoto T，Yamaguchi S，et al. Study of anode catalysts and fuel concentration on direct hydrazine alkaline anion-exchange membrane fuel cells. Journal of The Electrochemical Society，2009，156：B509-B512.

[56]　Roy C，Bertin E，Martin M H，et al. Hydrazine oxidation at porous and preferentially oriented {100} Pt Thin Films. Electrocatalysis，2013，4：76-84.

[57]　Zhang L，et al. Facet-dependent electrocatalytic activities of Pd nanocrystals toward the electro-oxidation of hydrazine. Electrochemistry Communications，2013，37：57-60.

[58]　Finkelstein D，et al. Trends in catalysis and catalyst cost effectiveness for N_2H_4 fuel cells and sensors：A rotating disk electrode（RDE）study. The Journal of Physical Chemistry C，2016，120.

[59]　Martinez U，Asazawa K，Halevi B，et al. Aerosol-derived $Ni_{1-x}Zn_x$ electrocatalysts for direct hydrazine fuel cells. Physical Chemistry Chemical Physics，2012，14：5512-5517.

[60]　Martinez U，et al. Aerosol-derived $Ni_{1-x}Zn_x$ electrocatalysts for direct hydrazine fuel cells. Physical Chemistry Chemical Physics，2012，14（16）：5512-5517.

［61］ Lu Z, et al. Superaerophobic electrodes for direct hydrazine fuel cells. Advanced Materials, 2015, 27 (14): 2361-2366.

［62］ Sun M, et al. A 3D porous Ni-Cu alloy film for high-performance hydrazine electrooxidation. Nanoscale, 2016, 8 (3): 1479-1484.

［63］ Lan R, Tao S, Irvine J T S. A direct urea fuel cell -power from fertiliser and waste. Energy & Environmental Science, 2010, 3 (4): 438-441.

［64］ Boggs B K, King R L, Botte G G. Urea electrolysis: Direct hydrogen production from urine. Chemical Communications, 2009 (32): 4859-4861.

［65］ Vedharathinam V, Botte G G. Understanding the electro-catalytic oxidation mechanism of urea on nickel electrodes in alkaline medium. Electrochimica Acta, 2012, 81: 292-300.

［66］ Wang D, Botte G G. In situ X-ray diffraction study of urea electrolysis on nickel catalysts, ECS Electrochemistry Letters, 2014, 3 (9): H29-H32.

［67］ Yan W, Wang D, Botte G G. Template-assisted synthesis of Ni-Co bimetallic nanowires for urea electrocatalytic oxidation. Journal of Applied Electrochemistry, 2015, 45 (11): 1217-1222.

［68］ Guo F, et al. Enhancement of direct urea-hydrogen peroxide fuel cell performance by three-dimensional porous nickel-cobalt anode. Journal of Power Sources, 2016, 307: 697-704.

［69］ Wu M-S, Lin G-W, Yang R-S. Hydrothermal growth of vertically-aligned ordered mesoporous nickel oxide nanosheets on three-dimensional nickel framework for electrocatalytic oxidation of urea in alkaline medium. Journal of Power Sources, 2014, 272: 711-718.

［70］ Wang D, Yan W, Botte G G. Exfoliated nickel hydroxide nanosheets for urea electrolysis. Electrochemistry Communications, 2011, 13 (10): 1135-1138.

［71］ Zhu X J, Dou X Y, Dai J, et al. Metallic nickel hydroxide nanosheets give superior electrocatalytic oxidation of urea for fuel cells. Angewandte Chemie, 2016, 55 (40): 12465-12469.

［72］ Tang C, et al. Se-Ni(OH)₂-shelled vertically oriented NiSe nanowires as a superior electrocatalyst toward urea oxidation reaction of fuel cells. Electrochimica Acta, 2017, 248: 243-249.

［73］ Wang G, et al. Porous Ni₂P nanoflower supported on nickel foam as an efficient three-dimensional electrode for urea electro-oxidation in alkaline medium. International Journal of Hydrogen Energy, 2018, 43 (19): 9316-9325.

［74］ Yu Z-Y, et al. Ni-Mo-O nanorod-derived composite catalysts for efficient alkaline water-to-hydrogen conversion via urea electrolysis. Energy & Environmental Science, 2018, 11 (7): 1890-1897.

［75］ Senthilkumar N, Gnana Kumar G, Manthiram A. 3D hierarchical core-shell nanostructured arrays on carbon fibers as catalysts for direct urea fuel cells. Adv Energy Mater, 2018, 8 (6): 1702207.

索 引